中 国 国 家 标 准 汇 编

474

GB 25543～25596

（2010 年制定）

中国标准出版社　编

中国质检出版社
中国标准出版社
北　京

图书在版编目（CIP）数据

中国国家标准汇编：2010年制定．474：GB 25543～25596/中国标准出版社编．—北京：中国标准出版社，2012
ISBN 978-7-5066-6555-1

Ⅰ．①中… Ⅱ．①中… Ⅲ．①国家标准-汇编-中国-2010 Ⅳ．①T-652.1

中国版本图书馆CIP数据核字(2011)第195029号

中国质检出版社
中国标准出版社 出版发行
北京市朝阳区和平里西街甲2号(100013)
北京市西城区三里河北街16号(100045)
网址:www.spc.net.cn
总编室:(010)64275323 发行中心:(010)51780235
读者服务部:(010)68523946
中国标准出版社秦皇岛印刷厂印刷
各地新华书店经销

*

开本 880×1230 1/16 印张 34.5 字数 840 千字
2012年1月第一版 2012年1月第一次印刷

*

定价 220.00 元

出 版 说 明

1.《中国国家标准汇编》是一部大型综合性国家标准全集。自1983年起，按国家标准顺序号以精装本、平装本两种装帧形式陆续分册汇编出版。它在一定程度上反映了我国建国以来标准化事业发展的基本情况和主要成就，是各级标准化管理机构，工矿企事业单位，农林牧副渔系统，科研、设计、教学等部门必不可少的工具书。

2.《中国国家标准汇编》收入我国每年正式发布的全部国家标准，分为"制定"卷和"修订"卷两种编辑版本。

"制定"卷收入上一年度我国发布的、新制定的国家标准，顺延前年度标准编号分成若干分册，封面和书脊上注明"20××年制定"字样及分册号，分册号一直连续。各分册中的标准是按照标准编号顺序连续排列的，如有标准顺序号缺号的，除特殊情况注明外，暂为空号。

"修订"卷收入上一年度我国发布的、修订的国家标准，视篇幅分设若干分册，但与"制定"卷分册号无关联，仅在封面和书脊上注明"20××年修订-1，-2，-3，……"字样。"修订"卷各分册中的标准，仍按标准编号顺序排列(但不连续)；如有遗漏的，均在当年最后一分册中补齐。需提请读者注意的是，个别非顺延前年度标准编号的新制定的国家标准没有收入在"制定"卷中，而是收入在"修订"卷中。

读者配套购买《中国国家标准汇编》"制定"卷和"修订"卷则可收齐上一年度我国制定和修订的全部国家标准。

3. 由于读者需求的变化，自1996年起，《中国国家标准汇编》仅出版精装本。

4. 2010年我国制修订国家标准共2846项。本分册为"2010年制定"卷第474分册，收入国家标准GB 25543～25596的最新版本。

中国标准出版社

2011年8月

目　　录

中华人民共和国国家标准

GB 25543—2010

食品安全国家标准

食品添加剂 *L*-丙氨酸

2010-12-21 发布　　2011-02-21 实施

中华人民共和国卫生部 发布

前　言

本标准的附录 A 为规范性附录。

食品安全国家标准

食品添加剂　*L*-丙氨酸

1　范围

本标准适用于以 *L*-天门冬氨酸为原料，经酶法生产制得的食品添加剂 *L*-丙氨酸。

2　规范性引用文件

本标准中引用的文件对于本标准的应用是必不可少的。凡是注日期的引用文件，仅所注日期的版本适用于本标准。凡是不注日期的引用文件，其最新版本(包括所有的修改单)适用于本标准。

3　分子式、结构式和相对分子质量

3.1　分子式

$C_3H_7NO_2$

3.2　结构式

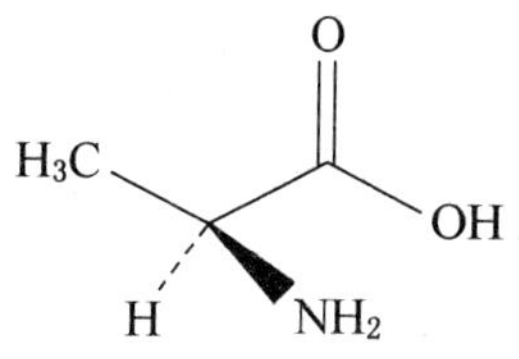

3.3　相对分子质量

89.09(按 2007 年国际相对原子质量)

4　技术要求

4.1　感官要求：应符合表 1 的规定。

表 1　感官要求

项目	要　求	检　验　方　法
色泽	白色	取适量实验室样品，置于清洁、干燥的白瓷盘中，在自然光线下，目视观察，嗅其气味
组织状态	结晶或结晶性粉末	

4.2　理化指标：应符合表 2 的规定。

表 2 理化指标

项 目		指 标	检验方法
L-丙氨酸(以干基计),w/%		98.5～101.5	附录 A 中 A.4
干燥减量,w/%	≤	0.20	附录 A 中 A.5
pH(50 g/L 水溶液)		5.7～6.7	附录 A 中 A.6
砷(As)/(mg/kg)	≤	1	附录 A 中 A.7
重金属(以 Pb 计)/(mg/kg)	≤	10	附录 A 中 A.8
灼烧残渣,w/%	≤	0.20	附录 A 中 A.9
比旋光度 α_m(20 ℃,D)/[(°)·dm^2·kg^{-1}]		+13.5～+15.5	附录 A 中 A.10

附 录 A
（规范性附录）
检 验 方 法

A.1 警示

试验方法规定的一些试验过程可能导致危险情况。操作者应采取适当的安全和防护措施。

A.2 一般规定

除非另有说明，在分析中仅使用确认为分析纯的试剂和GB/T 6682—2008中规定的三级水。

试验方法中所用标准滴定溶液、杂质测定用标准溶液、制剂及制品，在没有注明其他要求时，均按GB/T 601、GB/T 602和GB/T 603之规定制备。

A.3 鉴别试验

A.3.1 试剂和材料

A.3.1.1 高锰酸钾。

A.3.1.2 茚满三酮溶液：20 g/L。称取20.0 g茚满三酮，溶于水，稀释至1 000 mL。

A.3.1.3 硫酸溶液：1+30。

A.3.2 分析步骤

A.3.2.1 茚满三酮试验

称取约1 g实验室样品，精确至0.1 g，溶于1 000 mL水中，取此溶液5 mL，加1 mL茚满三酮溶液，加热至沸，约3 min后显紫色。

A.3.2.2 氧化试验

称取约0.2 g实验室样品，溶于10 mL硫酸溶液，加入0.1 g高锰酸钾，煮沸，有强烈的刺激臭味乙醛产生。

A.4 *L*-丙氨酸含量的测定

A.4.1 方法提要

试样以甲酸为助溶剂，冰乙酸为溶剂，以结晶紫为指示剂，用高氯酸标准滴定溶液滴定，根据消耗高氯酸标准滴定溶液的体积计算*L*-丙氨酸的含量。

A.4.2 试剂和材料

A.4.2.1 冰乙酸。

A.4.2.2 无水甲酸。

A.4.2.3 高氯酸标准滴定溶液：$c(HClO_4)=0.1$ mol/L。

A.4.2.4 结晶紫指示液:2 g/L。

A.4.3 分析步骤

A.4.3.1 称取约 0.2 g A.5 中的干燥物 A,精确至 0.000 1 g,置于 250 mL 干燥的锥形瓶中,加 3 mL 无水甲酸溶解,加 50 mL 冰乙酸,加 2 滴结晶紫指示液,用高氯酸标准滴定溶液滴定至溶液由蓝色变成蓝绿色为终点。

A.4.3.2 在测定的同时，按与测定相同的步骤，对不加试料而使用相同数量的试剂溶液做空白试验。

A.4.4 结果计算

L-丙氨酸($C_3H_7NO_2$)的质量分数 w_1,数值以%表示,按公式(A.1)计算:

$$w_1=\frac{(V_1-V_2)\times c\times M}{m\times 1\,000}\times 100\% \qquad \cdots\cdots\cdots\cdots(A.1)$$

式中:

V_1——试料消耗高氯酸标准滴定溶液(A.4.2.3)体积的数值,单位为毫升(mL);

V_2——空白消耗高氯酸标准滴定溶液(A.4.2.3)体积的数值,单位为毫升(mL);

c ——高氯酸标准滴定溶液浓度的准确数值,单位为摩尔每升(mol/L);

m ——试料质量的数值,单位为克(g);

M——L-丙氨酸的摩尔质量的数值,单位为克每摩尔(g/mol)(M=89.09)。

取两次平行测定结果的算术平均值为报告结果。两次平行测定结果的绝对差值不大于 0.3%。

A.5 干燥减量的测定

按 GB/T 6284 进行。测定时,称取 1 g～2 g 实验室样品,精确至 0.000 1 g。取两次平行测定结果的算术平均值为测定结果,两次平行测定结果的绝对差值不大于 0.03%。保留部分干燥物(此为干燥物 A)用作 L-丙氨酸含量的测定。

A.6 pH 的测定

按 GB/T 9724 进行。测定时,称取约 5 g 实验室样品,精确至 0.01 g,加约 20 mL 无二氧化碳的水溶解并稀释至 100 mL 后进行测定。

A.7 砷的测定

按 GB/T 5009.76 砷斑法进行。测定时称取约 1 g 实验室样品,精确至 0.01 g。限量标准液的配制:用移液管移取 1.00 mL 砷的限量标准液(含砷 0.001 mg),与试样同时同样处理。

A.8 重金属的测定

A.8.1 试剂和材料

A.8.1.1 硫代乙酰胺溶液:称取硫代乙酰胺约 4 g,精确至 0.1 g,溶解于 100 mL 水中,置于冰箱保存。临用前取此液 1.0 mL 加入预先由氢氧化钠溶液(40 g/L)15 mL、水 5 mL 和甘油 20 mL 组成的混合液 5 mL,置于水浴上加热 20 s,冷却立即使用。

A.8.1.2 无二氧化碳水。

A.8.1.3 乙酸铵缓冲溶液，pH=3.5：称取25.0 g醋酸铵，溶于25 mL水中，加45 mL 6 mol/L的盐酸，用稀盐酸或稀氨水调节pH=3.5后，用水稀释至100 mL。

A.8.1.4 铅(Pb)标准溶液：1 μg/mL。此溶液临用前制备。

A.8.2 分析步骤

称取约10 g实验室样品，精确至0.01 g，用约60 mL无二氧化碳水溶解并稀释至100 mL，为样品溶液。吸取样品溶液12 mL，置于25 mL具塞比色管中，即为A管。吸取10 mL铅标准溶液和2 mL样品溶液置于25 mL具塞比色管中，摇匀，即为B管(标准)。吸取10 mL无二氧化碳水和2 mL样品溶液置25 mL具塞比色管中，摇匀，即为C管(空白)。在A、B、C管中，各加入2 mL乙酸铵缓冲溶液，摇匀，分别滴加1.2 mL硫代乙酰铵溶液，迅速搅拌混合。

相对于C管，B管显现了淡棕色。2 min后，A管的颜色不应深于B管。

A.9 灼烧残渣的测定

A.9.1 试剂和材料

A.9.1.1 硫酸。

A.9.1.2 硫酸溶液：1+8。

A.9.2 分析步骤

称取约2 g～3 g实验室样品，精确至0.000 1 g，置于在800 ℃±25 ℃灼烧至质量恒定的瓷坩埚中，加入适量的硫酸溶液将样品完全浸湿。用温火加热，至样品完全炭化，冷却。加约0.5 mL硫酸浸湿残渣，用上述方法加热至硫酸蒸气逸尽。在800 ℃±25 ℃灼烧45 min。放入干燥器中冷却至室温，称量。

A.9.3 结果计算

灼烧残渣的质量分数w_2，数值以%表示，按公式(A.2)计算：

$$w_2 = \frac{m_1}{m} \times 100\% \qquad \cdots\cdots(A.2)$$

式中：

m ——试料质量的数值，单位为克(g)；

m_1——残渣质量的数值，单位为克(g)。

取两次平行测定结果的算术平均值为报告结果。两次平行测定结果的绝对差值不大于0.02%。

A.10 比旋光度的测定

A.10.1 称取10 g实验室样品，精确至0.000 1 g，加盐酸溶液(1+1)溶解，转移至100 mL容量瓶中并用盐酸溶液(1+1)稀释至刻度，摇匀。

比旋光度α_m(20 ℃，D)数值以(°)·dm²·kg⁻¹表示，按公式(A.3)计算：

$$\alpha_m(20\ ℃, D) = \frac{\alpha}{l\rho_\alpha} \qquad \cdots\cdots(A.3)$$

式中：

α ——测得的旋光角，单位为度(°)；

l ——旋光管的长度，单位为分米(dm)；

ρ_α——溶液中有效组分的质量浓度，单位为克每毫升(g/mL)。

A. 10. 2 其他按 GB/T 613 进行。

中华人民共和国国家标准

GB 25544—2010

食品安全国家标准

食品添加剂 *DL*-苹果酸

2010-12-21 发布　　　　2011-02-21 实施

中华人民共和国卫生部 发布

前言

本标准的附录 A、附录 B 和附录 C 为规范性附录。

食品安全国家标准
食品添加剂 *DL*-苹果酸

1 范围

本标准适用于以顺丁烯二酸酐、顺/反丁烯二酸为原料经水合反应、浓缩结晶、脱水、干燥而制得的食品添加剂 *DL*-苹果酸。

2 规范性引用文件

本标准中引用的文件对于本标准的应用是必不可少的。凡是注日期的引用文件，仅所注日期的版本适用于本标准。凡是不注日期的引用文件，其最新版本（包括所有的修改单）适用于本标准。

3 化学名称、分子式、结构式和相对分子质量

3.1 化学名称

DL-羟基丁二酸

3.2 分子式

$C_4H_6O_5$

3.3 结构式

HO—CH—COOH
|
CH_2—COOH

3.4 相对分子质量

134.09（按2007年国际相对原子质量）

4 技术要求

4.1 感官要求：应符合表1的规定。

表1 感官要求

项　　目	指　　标	检验方法
色泽	白色或类白色	取适量实验室样品，置于清洁、干燥的白瓷盘中，在自然光线下，目视观察，嗅其气味
气味	有特殊的酸味	
组织状态	结晶粉末或颗粒	

4.2 理化指标:应符合表2的规定。

表2 理化指标

项　目		指　标	检验方法
DL-苹果酸(以 $C_4H_6O_5$ 计),w/%		99.0～100.5	附录A中A.4
比旋光度 α_m(25 ℃,D)/[(°)·dm²·kg⁻¹]		−0.10～+0.10	附录A中A.5
砷(As)/(mg/kg)	≤	2	附录A中A.6
铅(Pb)/(mg/kg)	≤	2	附录A中A.7
灼烧残渣,w/%	≤	0.1	附录A中A.8
富马酸,w/%	≤	1.0	附录A中A.9
马来酸,w/%	≤	0.05	附录A中A.9
水不溶物,w/%	≤	0.1	附录A中A.10

附 录 A
（规范性附录）
检验方法

A.1 警示

试验方法规定的一些试验过程可能导致危险情况。操作者应采取适当的安全和防护措施。

A.2 一般规定

除非另有说明，在分析中仅使用确认为分析纯的试剂和 GB/T 6682—2008 中规定的三级水。

试验方法中所用标准滴定溶液、杂质测定用标准溶液、制剂及制品，在没有注明其他要求时，均按 GB/T 601、GB/T 602 和 GB/T 603 之规定制备。

A.3 鉴别试验

A.3.1 苹果酸氨盐呈色试验

A.3.1.1 试剂和材料

A.3.1.1.1 氨水溶液：2+3。

A.3.1.1.2 对氨基苯磺酸：10 g/L。

A.3.1.1.3 亚硝酸钠溶液：200 g/L。

A.3.1.1.4 氢氧化钠溶液：40 g/L。

A.3.1.2 分析步骤

称取 0.5 g 实验室样品，精确至 0.01 g，置于 50 mL 试管中，加入 10 mL 水溶解。用氨水溶液中和至中性，加入 1 mL 对氨基苯磺酸溶液，在沸水浴中加热 5 min。加入 5 mL 亚硝酸钠溶液，再置于水浴加热 3 min 后，加入 5 mL 氢氧化钠溶液，试验溶液应立即呈红色。

A.3.2 红外谱图对照

称取约 1 mg 实验室样品及 100 mg 溴化钾，研成均匀粉末，放入成形器中，压成薄片后用红外光谱仪测定其吸收光谱，其谱图与附录 B 图 B.1 给出的 *DL*-苹果酸红外标准谱图一致。

A.4 *DL*-苹果酸含量的测定

A.4.1 方法提要

以酚酞为指示剂，用氢氧化钠标准溶液滴定样品水溶液，根据氢氧化钠标准滴定溶液的用量，计算以 $C_4H_6O_5$ 计的总酸含量为 *DL*-苹果酸含量。

A.4.2 试剂和材料

A.4.2.1 氢氧化钠标准滴定溶液：$c(NaOH)=1.0\ mol/L$。

A.4.2.2 酚酞指示液：10 g/L。

A.4.3 分析步骤

A.4.3.1 称取 2.0 g 实验室样品，精确至 0.000 2 g，加 40 mL 无二氧化碳的水溶解，加 2 滴酚酞指示液，用氢氧化钠标准溶液滴定至微红色，保持 30 s 不褪色为终点。

A.4.3.2 在测定的同时，按与测定相同的步骤，对不加试料而使用相同数量的试剂溶液做空白试验。

A.4.4 结果计算

DL-苹果酸（以 $C_4H_6O_5$ 计）的质量分数 w_1，数值以%表示，按公式（A.1）计算：

$$w_1 = \frac{[(V - V_0)/1\,000]cM}{m} \times 100\% \quad \cdots\cdots\cdots\cdots (\text{A.1})$$

式中：

V ——试料消耗氢氧化钠标准滴定溶液（A.4.2.1）体积的数值，单位为毫升（mL）；

V_0——空白试验消耗氢氧化钠标准滴定溶液（A.4.2.1）体积的数值，单位为毫升（mL）；

c ——氢氧化钠标准滴定溶液浓度的准确数值，单位为摩尔每升（mol/L）；

m——试料质量的数值，单位为克（g）；

M——苹果酸（$1/2\ C_4H_6O_5$）的摩尔质量的数值，单位为克每摩尔（g/mol）（M=67.04）。

取两次平行测定结果的算术平均值为报告结果。两次平行测定结果的绝对差值不大于 0.2%。

A.5 比旋光度的测定

A.5.1 称取 4.25 g 实验室样品，精确至 0.001 g，加入 20 mL 水溶解，移至 50 mL 容量瓶中，用水稀释至刻度，摇匀。测定温度为 25 ℃±0.5 ℃。

比旋光度 α_m(25 ℃,D) 数值以（°）·dm²·kg⁻¹表示，按公式（A.2）计算：

$$\alpha_m(25\ ℃,\text{D}) = \frac{\alpha}{l\rho_\alpha} \quad \cdots\cdots\cdots\cdots (\text{A.2})$$

式中：

α ——测得的旋光角，单位为度（°）；

l ——旋光管的长度，单位为分米（dm）；

ρ_α——溶液中有效组分的质量浓度，单位为克每毫升（g/mL）。

A.5.2 其他按 GB/T 613 进行。

A.6 砷的测定

A.6.1 称取 1.0 g 实验室样品，精确至 0.01 g，放入测砷装置锥形瓶中，加入 5 mL 水溶解，加入 1 滴溴酚蓝指示液（0.4 g/L），滴加氨水溶液（1+4）中和至溶液呈紫色，补水至约 35 mL，再加入 20 mL 硫酸溶液（1+5），摇匀，作为试样溶液。使用吸收液 B。进行限量试验，量取 2 mL±0.02 mL 砷（As）标准溶液（相当于 2.0 μg As）制备限量标准溶液。

A.6.2 其他按 GB/T 5009.76 二乙氨基二硫代甲酸银比色法进行。

A.7 铅的测定

A.7.1 比色法（仲裁法）

按 GB/T 5009.75 进行。试样处理按干法消解法进行。临用前，将 1 mg/mL 的铅（Pb）标准溶液稀释成 5 μg/mL 的铅(Pb)标准溶液。测定时量取 25 mL±0.02 mL 试样溶液(相当于 2.5 g 实验室样品)和 1 mL±0.02 mL 铅(Pb)标准溶液(相当于 5 μg Pb),分别置于 125 mL 分液漏斗中,铅标准溶液中加 1%硝酸溶液至 25 mL。

A.7.2 原子吸收光谱法

试样处理按 GB/T 5009.75 干法消解法进行。其他按 GB 5009.12 进行。

A.8 灼烧残渣的测定

称取约 2 g 实验室样品,精确至 0.000 1 g。灼烧温度为 800 ℃±25 ℃。其他按 GB/T 9741 进行。取两次平行测定结果的算术平均值为报告结果。两次平行测定结果的绝对差值不大于 0.01%。

A.9 富马酸和马来酸的测定

A.9.1 方法提要

用高效液相色谱法,在选定的工作条件下,通过色谱柱使样品溶液中各组分分离,用紫外吸收检测器检测,用外标法定量,计算样品中富马酸及马来酸的含量。

A.9.2 试剂和材料

A.9.2.1 富马酸:质量分数≥99.0%。

A.9.2.2 马来酸:质量分数≥99.0%。

A.9.2.3 氢氧化钠溶液:20 g/L。

A.9.2.4 磷酸溶液:量取磷酸(优级纯)1 mL±0.02 mL 于 1 000 mL 容量瓶中,加入 100 mL 甲醇(HPLC 级,可根据柱效调整加入量),加水稀释至刻度,再经 0.45 μm 滤膜过滤。

A.9.3 仪器和设备

A.9.3.1 高效液相色谱系统(HPLC)

A.9.3.1.1 高压泵:无脉冲,能将流速保持在 0.1 mL/min~10.0 mL/min。

A.9.3.1.2 定量环:5 μL。

A.9.3.1.3 紫外光检测器:可变波长。

A.9.3.1.4 数据处理系统:色谱工作站或数据处理机。

A.9.3.2 抽滤系统

抽滤系统使用孔径为 0.45 μm 的纤维素酯膜滤纸(用于流动相的预处理)。

A.9.3.3 过滤系统

过滤系统使用孔径为 0.45 μm 的纤维素酯膜滤纸(用于样品的预处理)。

A.9.3.4 进样器

自动进样器或微量进样器,50 μL 或 100 μL。

A.9.4 色谱分析条件

推荐的色谱柱及典型色谱操作条件见表 A.1,富马酸和马来酸测定典型高效液相色谱图见附录 C

图 C.1,各组分的相对保留时间见附录 C 表 C.1。其他能达到同等分离程度的色谱柱和色谱操作条件均可使用。

表 A.1 色谱柱和典型色谱操作条件

色谱柱	柱长 250 mm,柱内径 4.6 mm,以硅胶为基质,表面键合 C_8 官能团的非极性填料色谱柱
柱温	15 ℃~60 ℃,控制精度±1 ℃
流动相	磷酸溶液
流动速度/(mL/min)	1.0
检测器检测波长/nm	214
进样量/μL	5

A.9.5 分析步骤

A.9.5.1 标准样品溶液的制备

A.9.5.1.1 富马酸标准样品溶液的制备

称取 50 mg 富马酸,精确至 0.000 2 g,溶于适量水(必要时加入少量氢氧化钠溶液),转移至 50 mL 容量瓶,用磷酸溶液稀释至刻度。

移取上述溶液 1 mL±0.02 mL,置于 50 mL 容量瓶,用磷酸溶液稀释至刻度,摇匀,经 0.45 μm 滤膜过滤,再经超声波脱气处理。

A.9.5.1.2 马来酸标准样品溶液的制备

称取 50 mg 马来酸,精确至 0.000 2 g,溶于适量水(必要时加入少量氢氧化钠溶液),转移至 250 mL 容量瓶,用磷酸溶液稀释至刻度。

移取上述溶液 1 mL±0.02 mL,置于 100 mL 容量瓶,用磷酸溶液稀释至刻度,摇匀,经 0.45 μm 滤膜过滤,再经超声波脱气处理。

A.9.5.2 样品溶液的制备

称取 0.2 g 实验室样品,精确至 0.000 2 g,置于 50 mL 容量瓶,以流动相稀释至刻度,摇匀,经 0.45 μm 滤膜过滤,再经超声波脱气处理。

A.9.5.3 测定

按高效液相色谱操作规程开机预热,调节温度及流量,达到分析条件并基线平稳后,将标准样品溶液进样。

用微量进样器取标准样品溶液 5 μL,进样(或自动进样),记录所得的富马酸或马来酸的峰面积 A_2。

用微量进样器取样品溶液 5 μL,进样(或自动进样),记录所得的待测物质的峰面积 A_1。

A.9.6 结果计算

富马酸或马来酸的质量分数 w_2,数值以%表示,按公式(A.3)计算:

$$w_2 = \frac{A_1 \times m_2}{A_2 \times m} \times 100\% \qquad \cdots\cdots(A.3)$$

式中：

A_1——样品液中待测物质的峰面积；

A_2——标准样品溶液中富马酸或马来酸的峰面积；

m_2——标准样品溶液中富马酸或马来酸的进样量，单位为微克(μg)；

m ——样品的进样量，单位为微克(μg)。

A.10 水不溶物的测定

A.10.1 分析步骤

称取 25.0 g 实验室样品，精确到 0.1 g，溶于 100 mL 水中，以干燥至质量恒定的坩埚式耐酸滤过漏斗过滤后，以热水洗涤漏斗，置于 100 ℃烘箱中干燥至恒重，冷却称量。

A.10.2 结果计算

水不溶物的质量分数 w_3，数值以%表示，按公式(A.4)计算：

$$w_3 = \frac{m_1}{m} \times 100\% \quad \cdots\cdots\cdots\cdots (A.4)$$

式中：

m_1——滤渣质量的数值，单位为克(g)；

m ——试料质量的数值，单位为克(g)。

附　录　B
（规范性附录）
DL-苹果酸红外标准谱图

图 B.1 给出了 *DL*-苹果酸红外标准谱图。

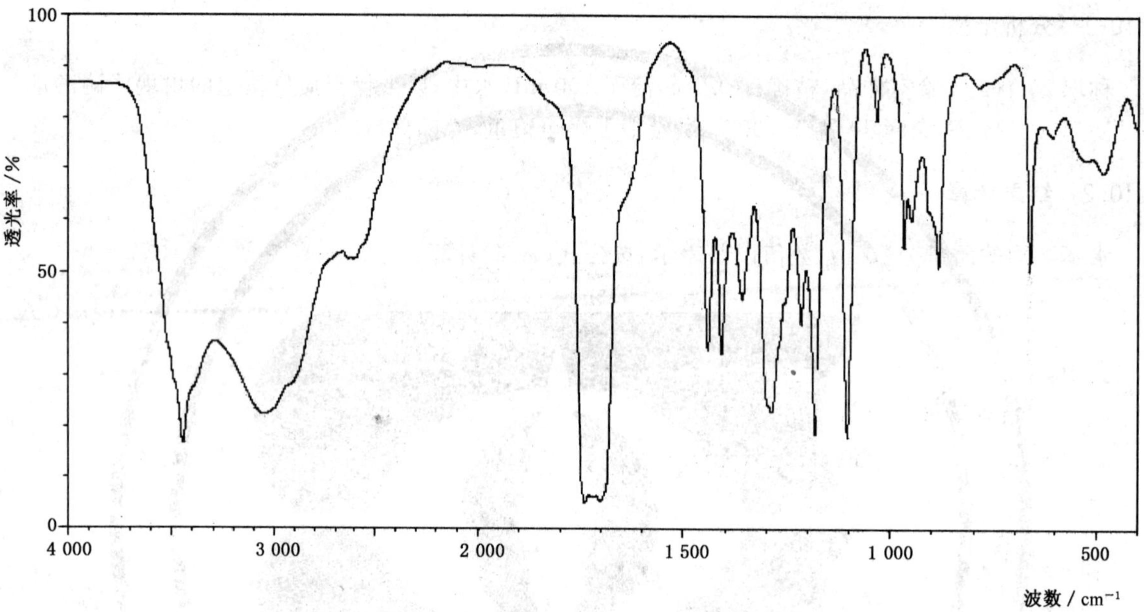

图 B.1　*DL*-苹果酸红外标准谱图

附 录 C
（规范性附录）
富马酸和马来酸测定典型高效液相色谱图和各组分的相对保留时间

C.1 图 C.1 给出了富马酸和马来酸测定典型高效液相色谱图。

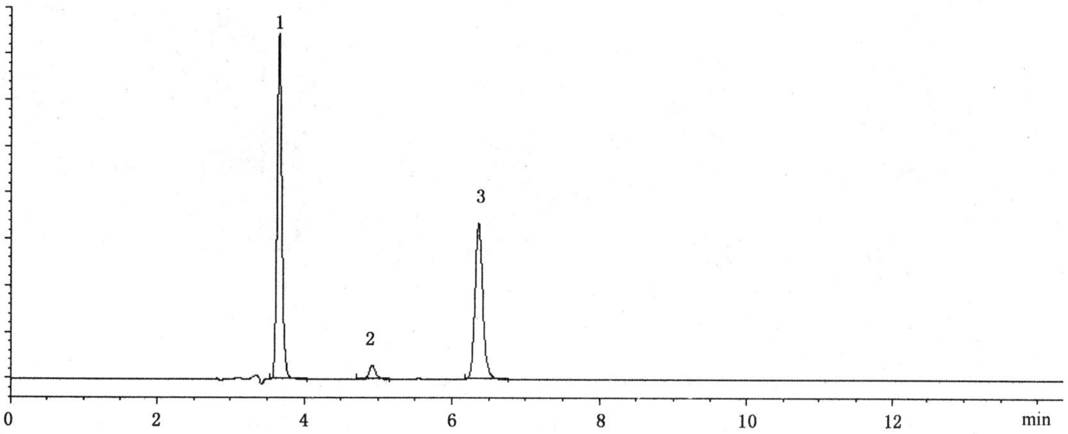

1——*DL*-苹果酸；

2——马来酸；

3——富马酸。

图 C.1 富马酸和马来酸测定典型高效液相色谱图

C.2 表 C.1 给出了各组分的相对保留时间。

表 C.1 各组分的相对保留时间

峰 序	组分名称	相对保留时间
1	*DL*-苹果酸	1
2	马来酸	1.34
3	富马酸	1.74

中华人民共和国国家标准

GB 25545—2010

食品安全国家标准
食品添加剂 L(+)-酒石酸

2010-12-21 发布　　2011-02-21 实施

中华人民共和国卫生部　发布

前　言

本标准的附录A为规范性附录。

食品安全国家标准

食品添加剂　*L*(＋)-酒石酸

1　范围

本标准适用于以顺丁烯二酸酐和过氧化氢为原料经氧化、酶法水解而制得的食品添加剂 *L*(＋)-酒石酸。

2　规范性引用文件

本标准中引用的文件对于本标准的应用是必不可少的。凡是注日期的引用文件，仅所注日期的版本适用于本标准。凡是不注日期的引用文件，其最新版本(包括所有的修改单)适用于本标准。

3　化学名称、分子式、结构式和相对分子质量

3.1　化学名称

L-2,3-二羟基丁二酸

3.2　分子式

$C_4H_6O_6$

3.3　结构式

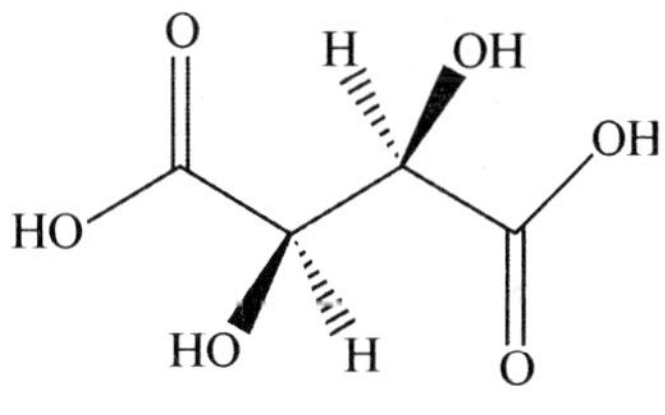

3.4　相对分子质量

150.09(按 2007 年国际相对原子质量)

4　技术要求

4.1　感官要求：应符合表 1 的规定。

表 1　感官要求

项　　目	要　　求	检验方法
色泽和组织状态	无色半透明晶体或白色粉末	取适量实验室样品，置于清洁、干燥的白瓷盘中，在自然光线下，目视观察，嗅其气味
气味	有酸味	

4.2 理化指标:应符合表2的规定。

表2 理化指标

项目	指标	检验方法
L(+)-酒石酸(以 $C_4H_6O_6$ 计,以干基计),*w*/%	99.7～100.5	附录A中A.4
比旋光度 α_m(25 ℃,D)/[(°)·dm^2·kg^{-1}]	+12.0～+13.0	附录A中A.5
砷(As)/(mg/kg) ≤	2	附录A中A.6
铅(Pb)/(mg/kg) ≤	2	附录A中A.7
灼烧残渣,*w*/% ≤	0.05	附录A中A.8
干燥减量,*w*/% ≤	0.5	附录A中A.9
草酸盐试验	通过试验	附录A中A.10
硫酸盐试验	通过试验	附录A中A.11

附 录 A
（规范性附录）
检 验 方 法

A.1 警示

试验方法规定的一些试验过程可能导致危险情况。操作者应采取适当的安全和防护措施。

A.2 一般规定

除非另有说明，在分析中仅使用确认为分析纯的试剂和 GB/T 6682—2008 中规定的三级水。

试验方法中所用标准滴定溶液、杂质测定用标准溶液、制剂及制品，在没有注明其他要求时，均按 GB/T 601、GB/T 602 和 GB/T 603 之规定制备。

A.3 鉴别试验

A.3.1 试剂和材料

A.3.1.1 吡啶。

A.3.1.2 乙酸酐。

A.3.2 分析步骤

称取约 10 mg 实验室样品，加入到 15 mL 吡啶和 5 mL 乙酸酐的混合溶液中，溶液应呈绿色。

A.4 *L*(＋)-酒石酸的测定

A.4.1 方法提要

以酚酞为指示剂，用氢氧化钠标准滴定溶液滴定干燥试样的水溶液，根据氢氧化钠标准滴定溶液的用量，计算以 $C_4H_6O_6$ 计的总酸含量为 *L*(＋)-酒石酸含量。

A.4.2 试剂和材料

A.4.2.1 氢氧化钠标准滴定溶液：$c(NaOH)=1.0$ mol/L。

A.4.2.2 酚酞指示液：10 g/L。

A.4.3 分析步骤

A.4.3.1 称取 2.0 g A.9 中干燥物 A，精确至 0.000 2 g，加 40 mL 无二氧化碳的水溶解，加 2 滴酚酞指示液，用氢氧化钠标准滴定溶液滴定至微红色，保持 30 s 不褪色为终点。

A.4.3.2 在测定的同时，按与测定相同的步骤，对不加试料而使用相同数量的试剂溶液做空白试验。

A.4.4 结果计算

L(＋)-酒石酸(以 $C_4H_6O_6$ 计，以干基计)的质量分数 w_1，数值以%表示，按公式(A.1)计算：

$$w_1=\frac{[(V-V_0)/1\,000]cM}{m}\times 100\% \qquad \text{(A.1)}$$

式中：

V ——试料消耗氢氧化钠标准滴定溶液(A.4.2.1)体积的数值，单位为毫升(mL)；

V_0——空白试验消耗氢氧化钠标准滴定溶液(A.4.2.1)体积的数值，单位为毫升(mL)；

c ——氢氧化钠标准滴定溶液浓度的准确数值，单位为摩尔每升(mol/L)；

m ——试料质量的数值，单位为克(g)；

M——酒石酸($1/2\ C_4H_6O_6$)的摩尔质量的数值，单位为克每摩尔(g/mol)(M=75.04)。

取两次平行测定结果的算术平均值为报告结果。两次平行测定结果的绝对差值不大于0.2%。

A.5 比旋光度的测定

A.5.1 称取10 g实验室样品，精确至0.001 g，加水溶解并转移至50 mL容量瓶中，用水稀释至刻度，摇匀，测定温度为25 ℃±0.5 ℃。

比旋光度 α_m(25 ℃,D) 数值以(°)·dm²·kg⁻¹表示，按公式(A.2)计算：

$$\alpha_m(25\ ℃,\mathrm{D})=\frac{\alpha}{l\rho_\alpha} \quad\cdots\cdots(\mathrm{A.2})$$

式中：

α ——测得的旋光角，单位为度(°)；

l ——旋光管的长度，单位为分米(dm)；

ρ_α——溶液中有效组分的质量浓度，单位为克每毫升(g/mL)。

A.5.2 其他按GB/T 613进行。

A.6 砷的测定

A.6.1 称取1.0 g实验室样品，精确至0.01 g，放入测砷装置锥形瓶中，加入5 mL水溶解，加入1滴溴酚蓝指示液(0.4 g/L)，滴加氨水溶液(1+4)中和至溶液呈紫色，补水至约35 mL，再加入20 mL硫酸溶液(1+5)，摇匀，作为试样溶液。使用吸收液B。限量标准液的配制：用移液管移取2 mL±0.02 mL砷(As)标准溶液(相当于2.0 μg As)，与试样同时同样处理。

A.6.2 其他按GB/T 5009.76二乙氨基二硫代甲酸银比色法进行。

A.7 铅的测定

A.7.1 原子吸收光谱法

试样处理按GB/T 5009.75干法消解法进行。其他按GB 5009.12进行。

A.7.2 比色法(仲裁法)

按GB/T 5009.75进行。试样处理按干法消解法进行。临用前，将1 mg/mL的铅(Pb)标准溶液稀释成5 μg/mL的铅(Pb)标准溶液。测定时量取25 mL±0.02 mL试样溶液(相当于2.5 g实验室样品)及1 mL±0.02 mL铅(Pb)标准溶液(相当于5 μg Pb)，分别置于125 mL分液漏斗中，铅标准溶液中加1%硝酸溶液至25 mL。

A.8 灼烧残渣的测定

称取约4 g实验室样品，精确至0.000 1 g。灼烧温度为800 ℃±25 ℃。其他按GB/T 9741进行。

取两次平行测定结果的算术平均值为报告结果。两次平行测定结果的绝对差值不大于0.01%。

A.9 干燥减量的测定

称取约2 g实验室样品，精确至0.000 2 g。其他按GB/T 6284进行。保留部分干燥物(此为干燥物A)用于L(+)-酒石酸含量的测定。

取两次平行测定结果的算术平均值为报告结果。两次平行测定结果的绝对差值不大于0.05%。

A.10 草酸盐试验

A.10.1 试剂和材料

A.10.1.1 氨水溶液：10%。

A.10.1.2 硫酸钙饱和溶液。

A.10.2 分析步骤

称取约1 g实验室样品，精确至0.01 g，溶于10 mL水中，用氨水溶液中和至中性，再加10 mL硫酸钙饱和溶液，摇匀后观察，不得出现浑浊。

A.11 硫酸盐试验

A.11.1 试剂和材料

A.11.1.1 盐酸溶液：1+4。

A.11.1.2 氯化钡溶液：称取12 g $BaCl_2 \cdot 2H_2O$ 溶于100 mL水中。

A.11.2 分析步骤

称取约1 g实验室样品，精确至0.01 g，溶于100 mL水中。取10 mL该溶液于试管中，加3滴盐酸溶液及1 mL氯化钡溶液，摇匀后观察，不得出现浑浊。

中华人民共和国国家标准

GB 25546—2010

食品安全国家标准
食品添加剂　富马酸

2010-12-21 发布　　　　2011-02-21 实施

中华人民共和国卫生部　发布

前言

本标准的附录 A、附录 B 和附录 C 为规范性附录。

食品安全国家标准
食品添加剂　富马酸

1　范围

本标准适用于以顺丁烯二酸为原料经异构化、结晶、干燥而制得的食品添加剂富马酸。

2　规范性引用文件

本标准中引用的文件对于本标准的应用是必不可少的。凡是注日期的引用文件，仅所注日期的版本适用于本标准。凡是不注日期的引用文件，其最新版本（包括所有的修改单）适用于本标准。

3　化学名称、分子式、结构式和相对分子质量

3.1　化学名称

反丁烯二酸

3.2　分子式

$C_4H_4O_4$

3.3　结构式

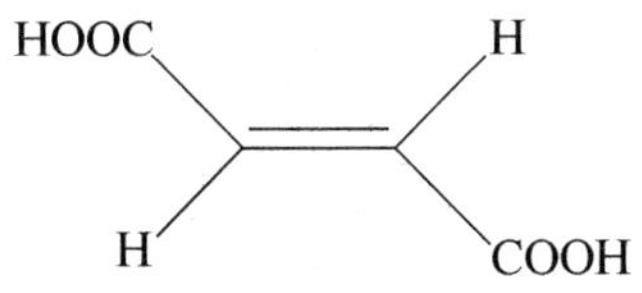

3.4　相对分子质量

116.07（按2007年国际相对原子质量）

4　技术要求

4.1　感官要求：应符合表1的规定。

表1　感官要求

项　目	要　求	检　验　方　法
色泽	白色	取适量实验室样品，置于清洁、干燥的白瓷盘中，在自然光线下，目视观察，嗅其气味
气味	酸味	
组织状态	结晶粉末或结晶颗粒	

4.2 理化指标:应符合表 2 的规定。

表 2 理化指标

项　　目	指　　标	检验方法
富马酸(以 $C_4H_4O_4$ 计,以干基计),w/%	99.5～100.5	附录 A 中 A.4
砷(As)/(mg/kg)　　≤	2	附录 A 中 A.5
铅(Pb)/(mg/kg)　　≤	2	附录 A 中 A.6
灼烧残渣,w/%　　≤	0.1	附录 A 中 A.7
马来酸,w/%　　≤	0.10	附录 A 中 A.8
水分,w/%　　≤	0.5	附录 A 中 A.9

附 录 A
（规范性附录）
检验方法

A.1 警示

试验方法规定的一些试验过程可能导致危险情况。操作者应采取适当的安全和防护措施。

A.2 一般规定

除非另有说明，在分析中仅使用确认为分析纯的试剂和GB/T 6682—2008中规定的三级水。

试验方法中所用标准滴定溶液、杂质测定用标准溶液、制剂及制品，在没有注明其他要求时，均按GB/T 601、GB/T 602和GB/T 603之规定制备。

A.3 鉴别试验

称取约1 mg实验室样品及100 mg溴化钾，研成均匀粉末，放入成形器中，压成薄片后用红外光谱仪测定其吸收光谱，其谱图与附录B中图B.1给出的富马酸红外标准谱图一致。

A.4 富马酸的测定

A.4.1 方法提要

以酚酞为指示剂，用氢氧化钠标准溶液滴定样品水溶液，根据氢氧化钠标准滴定溶液的用量，计算以$C_4H_4O_4$干基计的总酸含量为富马酸含量。

A.4.2 试剂和材料

A.4.2.1 氢氧化钠标准滴定溶液：$c(NaOH)=0.5\ mol/L$。

A.4.2.2 酚酞指示液：10 g/L。

A.4.3 分析步骤

A.4.3.1 称取1.0 g实验室样品，精确至0.000 2 g，放入250 mL锥形瓶中，加100 mL水，加热溶解，冷却后加3滴酚酞指示液，用氢氧化钠标准溶液滴定至微红色，保持30 s不褪色为终点。

A.4.3.2 在测定的同时，按与测定相同的步骤，对不加试料而使用相同数量的试剂溶液做空白试验。

A.4.4 结果计算

富马酸（以$C_4H_4O_4$计，以干基计）的质量分数w_1，数值以%表示，按公式（A.1）计算：

$$w_1=\frac{[(V-V_0)/1\ 000]cM}{(1-w_3)m}\times 100\% \qquad \text{(A.1)}$$

式中：

V——试料消耗氢氧化钠标准滴定溶液（A.4.2.1）体积的数值，单位为毫升（mL）；

V_0——空白试验消耗氢氧化钠标准滴定溶液(A.4.2.1)体积的数值,单位为毫升(mL);

c——氢氧化钠标准滴定溶液浓度的准确数值,单位为摩尔每升(mol/L);

m——试料质量的数值,单位为克(g);

w_3——A.9 测得的水分,%;

M——富马酸(1/2 $C_4H_4O_4$)的摩尔质量的数值,单位为克每摩尔(g/ mol)(M=58.04)。

取两次平行测定结果的算术平均值为报告结果。两次平行测定结果的绝对差值不大于0.2%。

A.5 砷的测定

A.5.1 称取1.0 g实验室样品,精确至0.01 g,试样处理按GB/T 5009.76湿法消解进行。使用吸收液B,进行限量试验。

A.5.2 限量标准液的配制:用移液管移取(2±0.02)mL砷(As)标准溶液(相当于2.0 μg As),与试样同时同样处理。

A.5.3 其他按GB/T 5009.76中的二乙氨基二硫代甲酸银比色法进行。

A.6 铅的测定

A.6.1 比色法(仲裁法)

按GB/T 5009.75进行。试样处理按干法消解法进行。临用前,将1 mg/mL的铅(Pb)标准溶液稀释成5 μg/mL的铅(Pb)标准溶液。测定时量取(25±0.02)mL试样溶液(相当于2.5 g实验室样品)及(1±0.02)mL铅(Pb)标准溶液(相当于5 μg Pb),分别置于125 mL分液漏斗中,铅标准溶液中加1%硝酸溶液至25 mL。

A.6.2 原子吸收光谱法

试样处理按GB/T 5009.75干法消解进行。其他按GB 5009.12进行。

A.7 灼烧残渣的测定

称取约2 g实验室样品,精确至0.000 1 g,灼烧温度为(800±25)℃。其他按GB/T 9741进行。取两次平行测定结果的算术平均值为报告结果。两次平行测定结果的绝对差值不大于0.01%。

A.8 马来酸的测定

A.8.1 方法提要

用高效液相色谱法,在选定的工作条件下,通过色谱柱使样品溶液中各组分分离,用紫外吸收检测器检测,用外标法定量,计算样品中马来酸的含量。

A.8.2 试剂和材料

A.8.2.1 马来酸:质量分数≥99.0%。

A.8.2.2 氢氧化钠溶液:20 g/L。

A.8.2.3 磷酸溶液:量取磷酸(优级纯试剂)(1±0.02)mL于1 000 mL容量瓶中,加入100 mL甲醇(HPLC级试剂)(可根据柱效调整加入量),加水稀释至刻度,再经0.45 μm滤膜过滤。

A.8.3 仪器和设备

A.8.3.1 高效液相色谱系统(HPLC)

A.8.3.1.1 高压泵:无脉冲,能将流速保持在0.1 mL/min～10.0 mL/min。

A.8.3.1.2 定量环:5 μL。

A.8.3.1.3 紫外光检测器:可变波长。

A.8.3.1.4 数据处理系统:色谱工作站或数据处理机。

A.8.3.2 抽滤系统

抽滤系统使用孔径为0.45 μm的纤维素酯膜滤纸(用于流动相的预处理)。

A.8.3.3 过滤系统

过滤系统使用孔径为0.45 μm的纤维素酯膜滤纸(用于样品的预处理)。

A.8.3.4 进样器

自动进样器或微量进样器,50 μL或100 μL。

A.8.4 色谱分析条件

推荐的色谱柱及典型操作条件见表A.1,马来酸含量测定典型高效液相色谱图见附录C中图C.1,各组分的相对保留时间见附录C中表C.1。其他能达到同等分离程度的色谱柱和色谱操作条件均可使用。

表A.1 色谱柱和典型色谱操作条件

色谱柱	柱长250 mm,柱内径4.6 mm,以硅胶为基质,表面键合C_8官能团的非极性填料色谱柱
柱温	15 ℃～60 ℃,控制精度±1 ℃
流动相	磷酸溶液
流动速度/(mL/min)	1.0
检测器检测波长/nm	214
进样量/μL	5

A.8.5 分析步骤

A.8.5.1 马来酸标准样品溶液的制备

称取50 mg马来酸,精确至0.000 2 g,溶于适量水(必要时加入少量氢氧化钠溶液),转移至250 mL容量瓶,用磷酸溶液稀释至刻度。

移取上述溶液(1±0.02)mL,置于100 mL容量瓶,用磷酸溶液稀释至刻度,摇匀,经0.45 μm滤膜过滤,再经超声波脱气处理。

A.8.5.2 样品溶液的制备

称取0.1 g实验室样品,精确至0.000 2 g,置于50 mL容量瓶,以流动相稀释至刻度,摇匀,经0.45 μm滤膜过滤,再经超声波脱气处理。

A.8.5.3 测定

按高效液相色谱操作规程开机预热,调节温度及流量,达到分析条件并基线平稳后,用微量进样器取标准样品溶液 5 μL,进样(或自动进样),记录所得的马来酸的峰面积 A_2。用微量进样器取样品溶液 5 μL,进样(或自动进样),记录所得的待测物质的峰面积 A_1。

A.8.6 结果计算

马来酸的质量分数 w_2,数值以%表示,按公式(A.2)计算:

$$w_2=\frac{A_1\times m_2}{A_2\times m}\times 100\% \qquad \cdots\cdots(A.2)$$

式中:

A_1——样品液中待测物质的峰面积;

A_2——标准样品溶液中马来酸的峰面积;

m_2——标准样品溶液中马来酸的进样量,单位为微克(μg);

m——样品的进样量,单位为微克(μg)。

A.9 水分的测定

A.9.1 干燥减量法

称取约 5 g 实验室样品,精确至 0.000 2 g。其他按 GB/T 6284 进行。

取两次平行测定结果的算术平均值为报告结果。两次平行测定结果的绝对差值不大于 0.05%。

A.9.2 卡尔·费休法(仲裁法)

称取 0.5 g～1.0 g 实验室样品,精确至 0.000 2 g。其他按 GB/T 6283 进行。

取两次平行测定结果的算术平均值为报告结果。两次平行测定结果的绝对差值不大于 0.05%。

附　录　B
（规范性附录）
富马酸红外标准谱图

图 B.1 给出了富马酸红外标准谱图。

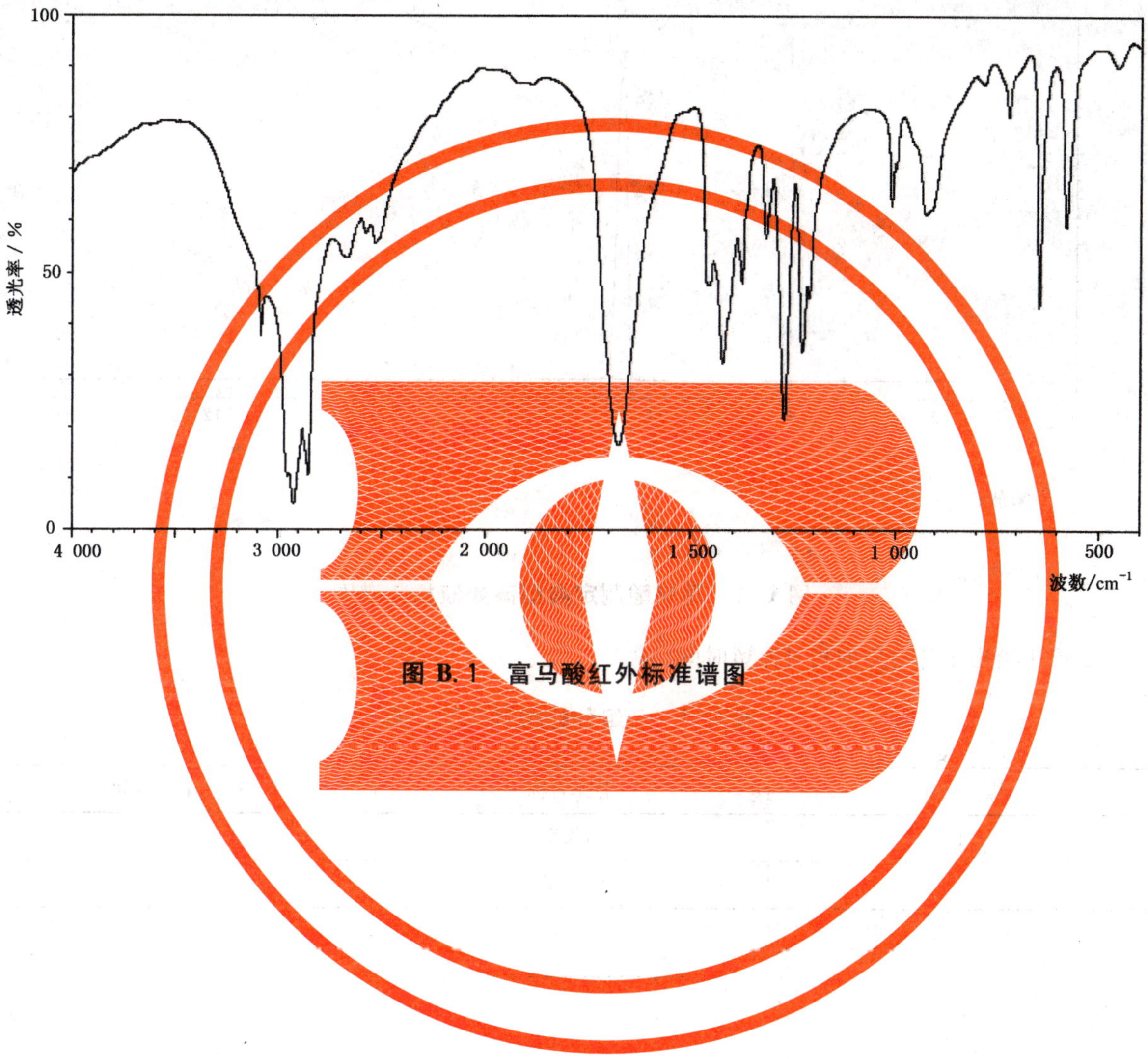

图 B.1　富马酸红外标准谱图

附　录　C
（规范性附录）
马来酸测定典型高效液相色谱图和各组分的相对保留时间

图 C.1 给出了马来酸测定典型高效液相色谱图。

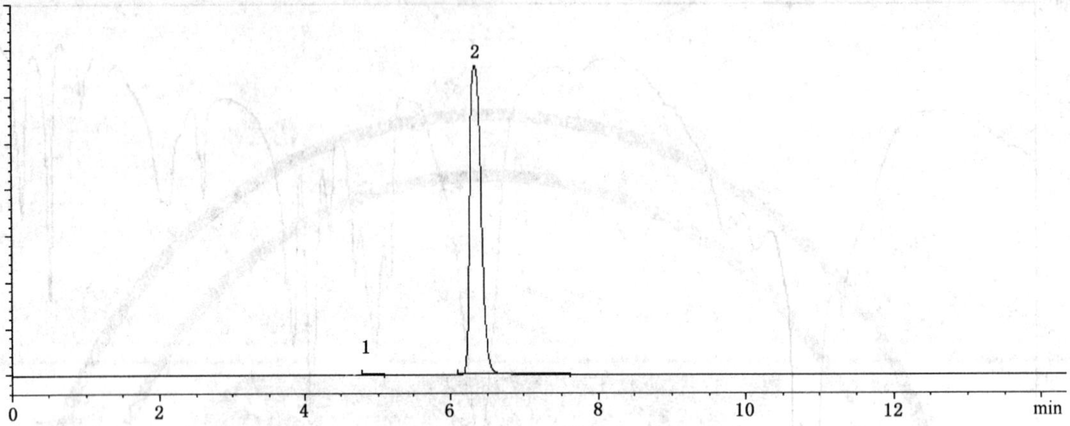

1——马来酸；
2——富马酸。

图 C.1　马来酸测定典型高效液相色谱图

表 C.1 给出了各组分的相对保留时间。

表 C.1　各组分的相对保留时间

峰　　序	组分名称	相对保留时间
1	马来酸	0.77
2	富马酸	1

中华人民共和国国家标准

GB 25547—2010

食品安全国家标准
食品添加剂 脱氢乙酸钠

2010-12-21 发布 2011-02-21 实施

中华人民共和国卫生部 发布

前　言

本标准的附录 A 为规范性附录。

食品安全国家标准
食品添加剂　脱氢乙酸钠

1　范围

本标准适用于以脱氢乙酸和氢氧化钠(或碳酸钠或碳酸氢钠)反应制得的食品添加剂脱氢乙酸钠。

2　规范性引用文件

本标准中引用的文件对于本标准的应用是必不可少的。凡是注日期的引用文件，仅所注日期的版本适用于本标准。凡是不注日期的引用文件，其最新版本(包括所有的修改单)适用于本标准。

3　化学名称、分子式、结构式和相对分子质量

3.1　化学名称

3-(1-羟基亚甲基)-6-甲基-1,2-吡喃-2,4(3H)-二酮钠

3.2　分子式

$C_8H_7NaO_4 \cdot H_2O$

3.3　结构式

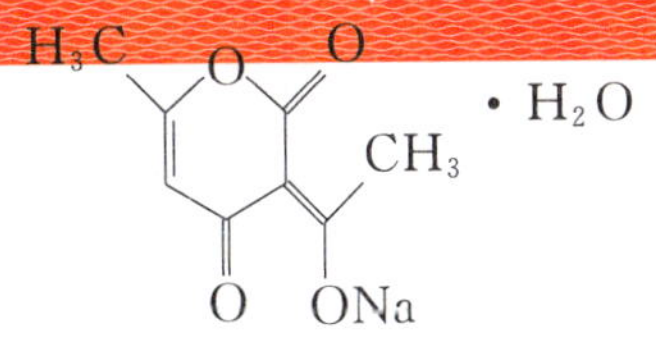

3.4　相对分子质量

208.15(按2007年国际相对原子质量)

4　技术要求

4.1　感官要求：应符合表1的规定。

表1　感官要求

项　目	要　求	检验方法
色泽	白色或近白色	取适量实验室样品，置于清洁、干燥的白瓷盘中，在自然光线下，目视观察
组织状态	粉末	

4.2 理化指标:应符合表2的规定。

表2 理化指标

项　目	指　标	检验方法
脱氢乙酸钠(以 $C_8H_7NaO_4$ 计,以干基计),w/%	98.0～100.5	附录A中A.4
游离碱试验	通过试验	附录A中A.5
水分,w/%	8.5～10.0	附录A中A.6
氯化物(以Cl计),w/%　　≤	0.011	附录A中A.7
砷(As)/(mg/kg)　　≤	3	附录A中A.8
铅(Pb)/(mg/kg)　　≤	2	附录A中A.9

附　录　A
（规范性附录）
检 验 方 法

A.1　警示

试验方法规定的一些试验过程可能导致危险情况。操作者应采取适当的安全和防护措施。

A.2　一般规定

除非另有说明，在分析中仅使用确认为分析纯的试剂和 GB/T 6682—2008 中规定的三级水。

试验方法中所用标准滴定溶液、杂质测定用标准溶液、制剂及制品，在没有注明其他要求时，均按 GB/T 601、GB/T 602 和 GB/T 603 之规定制备。

A.3　鉴别试验

取约 1.5 g 实验室样品，溶于 10 mL 水中，加入 5 mL 盐酸溶液（1+3），抽滤收集晶体，用 10 mL 水冲洗，在 75 ℃～80 ℃下干燥 4 h。此晶体应在 109 ℃～111 ℃熔化。

A.4　脱氢乙酸钠的测定

A.4.1　方法提要

样品以冰乙酸为溶剂，以 *p*-萘酚苯为指示剂，用高氯酸标准滴定溶液滴定，根据消耗高氯酸标准滴定溶液的体积计算以 $C_8H_7NaO_4$ 计的脱氢乙酸钠含量。

A.4.2　试剂和材料

A.4.2.1　冰乙酸。

A.4.2.2　高氯酸标准滴定溶液：$c(HClO_4)=0.1$ mol/L。

A.4.2.3　*p*-萘酚苯指示液：10 g/L，以冰乙酸为溶剂。

A.4.3　分析步骤

称取约 0.5 g 实验室样品，精确至 0.000 2 g，置于 125 mL 锥形瓶中。量取 25 mL 冰乙酸，加入 1 滴 *p*-萘酚苯指示液，用高氯酸标准滴定溶液滴定至蓝色，将此已中和至蓝色的冰乙酸倒入称有样品的锥形瓶中，样品完全溶解后用高氯酸标准滴定溶液滴定至原来的蓝色即为终点。

A.4.4　结果计算

脱氢乙酸钠（以 $C_8H_7NaO_4$ 计）的质量分数 w_1，数值以%表示，按公式（A.1）计算：

$$w_1=\frac{(V/1\ 000)cM}{m(1-w_2)}\times 100\% \qquad \cdots\cdots(A.1)$$

式中：

V ——试料消耗高氯酸标准滴定溶液（A.4.2.2）体积的数值，单位为毫升（mL）；

c ——高氯酸标准滴定溶液浓度的准确数值，单位为摩尔每升(mol/L)；

m ——试料质量的数值，单位为克(g)；

M ——脱氢乙酸钠($C_8H_7NaO_4$)的摩尔质量的数值，单位为克每摩尔(g/mol)(M=190.1)；

w_2 ——A.6测定的水分的质量分数，%。

取两次平行测定结果的算术平均值为报告结果。两次平行测定结果的绝对差值不大于0.2%。

A.5 游离碱试验

A.5.1 试剂和材料

A.5.1.1 硫酸标准滴定溶液：$c(1/2H_2SO_4)$=0.100 mol/L。

A.5.1.2 酚酞指示液：10 g/L。

A.5.2 分析步骤

称取1.0 g实验室样品，精确至0.01 g，溶于约20 mL无二氧化碳的水，加2滴酚酞指示液，溶液显红色，再加0.4 mL±0.02 mL硫酸标准滴定溶液，摇匀，红色应消失。

A.6 水分的测定

按GB/T 6283直接滴定法进行。

取两次平行测定结果的算术平均值为报告结果。两次平行测定结果的绝对差值不大于0.2%。

A.7 氯化物的测定

A.7.1 试剂和材料

A.7.1.1 硝酸溶液：1+10。

A.7.1.2 硝酸银溶液：17 g/L。

A.7.1.3 氯化物(Cl)标准溶液：0.1 mg/mL。

A.7.2 分析步骤

称取1 g实验室样品，精确至0.01 g，加水约30 mL溶解，边搅拌边加9.5 mL硝酸溶液，过滤，水洗，合并洗液和滤液置于100 mL比色管中，加水至50 mL为试验溶液。另取一只比色管，加入1 mL±0.02 mL氯化物(Cl)标准溶液，加30 mL水，加6 mL硝酸溶液，加水配至50 mL为标准比浊溶液。分别于两比色管中加入1 mL硝酸银溶液，充分混匀，避开日光直射，放置5 min。在黑色背景下侧面或轴向进行观察，试验溶液的浊度不得大于标准比浊溶液的浊度。

A.8 砷的测定

按GB/T 5009.76砷斑法进行。按湿法消解处理样品。测定时量取10.0 mL试样溶液(相当于1.0 g实验室样品)。限量标准液的配制：用移液管移取3.0 mL砷(As)标准溶液(相当于3.0 μg As)，与试样同时同样处理。

A.9 铅的测定

A.9.1 比色法(仲裁法)

按 GB/T 5009.75 进行。临用前,将 1 mg/mL 的铅标准溶液稀释成 5 μg/mL 的铅标准溶液。测定时吸取 25 mL±0.02 mL 试样溶液(相当于 2.5 g 实验室样品)及 1 mL±0.02 mL 铅标准溶液(相当于 5 μg Pb),分别置于 125 mL 分液漏斗中,铅标准溶液中加 1%硝酸溶液至 25 mL。

A.9.2 原子吸收光谱法

按 GB 5009.12 进行。试样处理按 GB/T 5009.75 进行。采用石墨炉原子吸收光谱法时,可视样品情况将试样溶液进行适当的稀释。

中华人民共和国国家标准

GB 25548—2010

食品安全国家标准
食品添加剂　丙酸钙

2010-12-21 发布　　　　2011-02-21 实施

中华人民共和国卫生部　发布

前　言

本标准的附录 A 为规范性附录。

食品安全国家标准
食品添加剂　丙酸钙

1　范围

本标准适用于以丙酸和氢氧化钙(或碳酸钙)为原料,经中和、精制、干燥制得的食品添加剂丙酸钙。

2　规范性引用文件

本标准中引用的文件对于本标准的应用是必不可少的。凡是注日期的引用文件,仅所注日期的版本适用于本标准。凡是不注日期的引用文件,其最新版本(包括所有的修改单)适用于本标准。

3　分子式、结构式和相对分子质量

3.1　分子式

$C_6H_{10}CaO_4 \cdot nH_2O(n=0,1)$

3.2　结构式

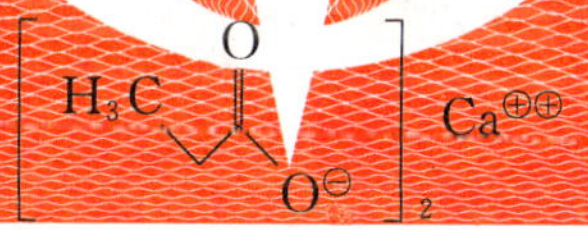

3.3　相对分子质量

186.22(无水物)(按 2007 年国际相对原子质量)

4　技术要求

4.1　感官要求:应符合表 1 的规定。

表 1　感官要求

项　目	要　求	检验方法
色泽和组织状态	白色结晶、颗粒或结晶性粉末	取适量实验室样品,置于清洁、干燥的白瓷盘中,在自然光线下,目视观察,嗅其气味
气味	无臭或带轻微丙酸味	

4.2　理化指标:应符合表 2 的规定。

表 2 理化指标

项目		指标	检验方法
丙酸钙(以 $C_6H_{10}CaO_4$ 计,以干基计),w/%	≥	99.0	附录 A 中 A.4
水不溶物,w/%	≤	0.30	附录 A 中 A.5
游离酸或游离碱试验		通过试验	附录 A 中 A.6
干燥减量,w/%	≤	9.5	附录 A 中 A.7
砷(As)/(mg/kg)	≤	3	附录 A 中 A.8
重金属(以 Pb 计)/(mg/kg)	≤	10	附录 A 中 A.9
氟化物(以 F 计)/(mg/kg)	≤	30	附录 A 中 A.10
铁(Fe)/(mg/kg)	≤	50	附录 A 中 A.11

附 录 A
（规范性附录）
检 验 方 法

A.1 警示

试验方法规定的一些试验过程可能导致危险情况。操作者应采取适当的安全和防护措施。

A.2 一般规定

除非另有说明，在分析中仅使用确认为分析纯的试剂和GB/T 6682—2008中规定的三级水。

试验方法中所用标准滴定溶液、杂质测定用标准溶液、制剂及制品，在没有注明其他要求时，均按GB/T 601、GB/T 602和GB/T 603之规定制备。

A.3 鉴别试验

A.3.1 试剂和材料

A.3.1.1 盐酸溶液：1+3。

A.3.1.2 硫酸溶液：1+9。

A.3.1.3 草酸铵溶液：40 g/L。

A.3.1.4 乙酸溶液：1+20。

A.3.2 分析步骤

A.3.2.1 丙酸鉴别

称取0.5 g实验室样品，精确至0.01 g，置于装有5 mL水的100 mL烧杯中，搅拌溶解，加5 mL硫酸溶液，加热时，应有特殊臭味产生。

A.3.2.2 钙盐鉴别

称取0.5 g实验室样品，精确至0.01 g，置于装有5 mL水的100 mL烧杯中，搅拌溶解，加草酸铵溶液，即产生白色沉淀。分离沉淀，加乙酸溶液，沉淀不溶解；再加盐酸溶液，可完全溶解。

用盐酸湿润后的铂丝蘸取样品，在无色火焰中呈红色。

A.4 丙酸钙的测定

A.4.1 方法提要

以钙试剂羧酸钠为指示剂，在碱性条件下用乙二胺四乙酸二钠（EDTA）标准滴定溶液滴定干燥试样的水溶液，根据消耗乙二胺四乙酸二钠（EDTA）标准滴定溶液的体积，计算以$C_6H_{10}CaO_4$计的丙酸钙含量。

A.4.2 试剂和材料

A.4.2.1 氢氧化钠溶液:100 g/L。

A.4.2.2 乙二胺四乙酸二钠(EDTA)标准滴定溶液:c(EDTA)=0.05 mol/L。

A.4.2.3 钙试剂羧酸钠指示剂:称取 0.5 g 钙试剂羧酸钠,加 50 g 硫酸钾研磨、混匀。

A.4.3 分析步骤

称取约 1 g A.7.1 中干燥物 A,精确至 0.000 2 g,溶于水,移入 100 mL 容量瓶中,稀释至刻度。量取(25±0.02)mL 该样品溶液,加 75 mL 水,用乙二胺四乙酸二钠标准滴定溶液滴定至近终点,加 15 mL 氢氧化钠溶液,放置 1 min,加 0.1 g 钙试剂羧酸钠指示剂,用乙二胺四乙酸二钠标准滴定溶液滴定至红色完全消失呈现蓝色为终点。

A.4.4 结果计算

丙酸钙(以 $C_6H_{10}CaO_4$ 计,以干基计)的质量分数 w_1,数值以%表示,按公式(A.1)计算:

$$w_1 = \frac{(V/1\,000)cM}{m \times 25/100} \times 100\% \qquad \cdots\cdots(\text{A.1})$$

式中:

V——乙二胺四乙酸二钠标准滴定溶液(A.4.2.2)体积的数值,单位为毫升(mL);

c——乙二胺四乙酸二钠标准滴定溶液浓度的准确数值,单位为摩尔每升(mol/L);

m——试料质量的数值,单位为克(g);

M——丙酸钙的摩尔质量的数值,单位为克每摩尔(g/mol)(M=186.2)。

取两次平行测定结果的算术平均值为报告结果。两次平行测定结果的绝对差值不大于 0.2%。

A.5 水不溶物含量的测定

A.5.1 仪器和设备

玻璃滤埚:滤板孔径 5 μm~15 μm。

A.5.2 分析步骤

称取 10.0 g 实验室样品,精确至 0.01 g,加 100 mL 水,搅拌溶解后放置 1 h,用已质量恒定的玻璃滤埚过滤,用水 30 mL 洗涤滤渣,于(180±2)℃干燥 4 h,冷却后称量。

A.5.3 结果计算

水不溶物的质量分数 w_2,数值以%表示,按公式(A.2)计算:

$$w_2 = \frac{m_1}{m_2} \times 100\% \qquad \cdots\cdots(\text{A.2})$$

式中:

m_1——滤渣质量的数值,单位为克(g);

m_2——试料质量的数值,单位为克(g)。

取两次平行测定结果的算术平均值为报告结果。两次平行测定结果的绝对差值不大于 0.02%。

A.6 游离酸或游离碱试验

A.6.1 试剂和材料

A.6.1.1 氢氧化钠标准滴定溶液:c(NaOH)=0.1 mol/L。

A.6.1.2 盐酸标准滴定溶液：$c(HCl)=0.1\ mol/L$。

A.6.1.3 酚酞指示液：10 g/L。

A.6.2 分析步骤

称取 2.0 g 实验室样品，精确至 0.01 g，溶于 20 mL 无二氧化碳水，加 2 滴酚酞指示液，若溶液呈红色，加(0.3±0.02)mL 盐酸标准滴定溶液，溶液应呈无色；若溶液呈无色，加(0.6±0.02)mL 氢氧化钠标准滴定溶液，溶液应呈粉红色。

A.7 干燥减量的测定

A.7.1 分析步骤

称取约 1 g 实验室样品，精确至 0.000 2 g，置于预先在(120±2)℃干燥至质量恒定的称量瓶中，铺成 5 mm 以下的层。在(120±2)℃的恒温干燥箱中干燥 2 h，置于干燥器中冷却 30 min 称量。保留部分干燥物(此为干燥物 A)用于丙酸钙含量的测定。

A.7.2 结果计算

干燥减量的质量分数 w_3，数值以%表示，按公式(A.3)计算：

$$w_3=\frac{m-m_1}{m}\times 100\% \qquad \cdots\cdots(A.3)$$

式中：

m ——干燥前试料质量的数值，单位为克(g)；

m_1 ——干燥后试料质量的数值，单位为克(g)。

取两次平行测定结果的算术平均值为报告结果。两次平行测定结果的绝对差值不大于 0.2%。

A.8 砷的测定

按 GB/T 5009.76 砷斑法进行。称取 0.25 g 实验室样品，精确至 0.01 g，加水 5 mL 溶解。

限量标准液的配制：用移液管移取(0.75±0.02)mL 砷(As)标准溶液(相当于 0.75 μg As)，与试样同时同样处理。

A.9 重金属的测定

A.9.1 试剂和材料

A.9.1.1 乙酸溶液：1+19。

A.9.1.2 硫化钠溶液：称取 5 g 硫化钠，用 10 mL 水及 30 mL 甘油的混合溶液溶解。将一半体积的该溶液边冷却边通入硫化氢使之饱和，然后将剩下的一半加入混合。在遮光下充满小瓶，加盖密闭保存。配制后三个月内有效。

A.9.2 分析步骤

称取 2.0 g 实验室样品，精确至 0.01 g，置于 50 mL 比色管中，加 40 mL 水溶解，加 2 mL 乙酸溶液，加水至 50 mL，加 2 滴硫化钠溶液，于暗处放置 5 min。所呈颜色不得深于标准比色溶液。

标准比色溶液的配制：取(2±0.02)mL 铅(Pb)标准溶液(0.01 mg/mL)，与样品同时同样处理。

A.10 氟化物的测定

A.10.1 试剂和材料

A.10.1.1 高氯酸。

A.10.1.2 丙酮。

A.10.1.3 高氯酸溶液:1+100。

A.10.1.4 氢氧化钠溶液:40 g/L。

A.10.1.5 氢氧化钠溶液:4 g/L。

A.10.1.6 乙酸溶液:1+16。

A.10.1.7 硝酸银溶液:17 g/L。

A.10.1.8 酚酞指示液:10 g/L。

A.10.1.9 茜素氨羧络合液:称取0.04 g茜素氨羧络合剂,加少许氢氧化钠溶液(A.10.1.5)溶解,以高氯酸溶液中和至橙红色(但不能生成乳浊),用水稀释至200 mL。

A.10.1.10 高氯酸镧溶液:称取0.04 g氧化镧,加0.25 mL高氯酸,温热溶解,用水稀释至50 mL。

A.10.1.11 乙酸-乙酸钠缓冲溶液:称取11.0 g无水乙酸钠,加30 mL冰乙酸、170 mL水,摇至溶解。

A.10.1.12 复合试剂:量取60.0 mL茜素氨羧络合液及6.0 mL高氯酸镧溶液、20.0 mL乙酸-乙酸钠缓冲溶液,用水稀释至200 mL。

A.10.1.13 氟化物(F)标准溶液:0.01 mg/mL。

A.10.2 分析步骤

称取5.0 g实验室样品,精确至0.01 g,置于125 mL带支管蒸馏瓶中,加入几粒玻璃珠,慢慢加入10 mL高氯酸溶液、10 mL水、3～5滴硝酸银溶液,蒸馏瓶装一双孔橡皮塞,一孔插入200 ℃温度计一支,温度计水银球应插入试验溶液中,另一孔装一分液漏斗,下接一毛细管,毛细管插入液面。支管接冷凝器,冷凝器出口端接一玻璃弯管,玻璃弯管插入盛有水10 mL、氢氧化钠溶液(A.10.1.4)数滴和酚酞指示液1滴的100 mL容量瓶液面下。加热蒸馏,用分液漏斗滴加水控制、保持试液温度在135 ℃～140 ℃之间,当馏出液约为80 mL时停止蒸馏。馏出液用氢氧化钠溶液(A.10.1.4)中和至浅红色,然后用乙酸溶液中和至无色,用水稀释至刻度,摇匀。量取10 mL置于50 mL比色管中,加5 mL复合试剂、6 mL丙酮,加水至50 mL,摇匀,室温放置25 min。与标准比色溶液比较,所呈蓝紫色不得深于标准比色溶液。

标准比色溶液的配制:取(1.5±0.02)mL氟化物(F)标准溶液,与样品同时同样处理。

A.11 铁的测定

A.11.1 试剂和材料

A.11.1.1 盐酸。

A.11.1.2 过硫酸铵。

A.11.1.3 硫氰酸铵溶液:250 g/L。

A.11.1.4 铁(Fe)标准溶液:0.01 mg/mL。

A.11.2 分析步骤

称取 0.5 g 实验室样品，精确至 0.01 g，溶于 40 mL 水中，加 2 mL 盐酸、40 mg 过硫酸铵和 5 mL 硫氰酸铵溶液，摇匀，此为试样溶液。

标准比色溶液的配制：取(2.5±0.02)mL 铁(Fe)标准溶液，加水至 40 mL，与样品同时同样处理。

试样溶液所呈红色不得深于标准比色溶液，即为通过试验。

中华人民共和国国家标准

GB 25549—2010

食品安全国家标准
食品添加剂　丙酸钠

2010-12-21 发布　　　　2011-02-21 实施

中华人民共和国卫生部　发布

前　言

本标准的附录 A 为规范性附录。

食品安全国家标准
食品添加剂　丙酸钠

1　范围

本标准适用于以丙酸和氢氧化钠(或碳酸钠)为原料,经中和、精制、干燥制得的食品添加剂丙酸钠。

2　规范性引用文件

本标准中引用的文件对于本标准的应用是必不可少的。凡是注日期的引用文件,仅所注日期的版本适用于本标准。凡是不注日期的引用文件,其最新版本(包括所有的修改单)适用于本标准。

3　分子式、结构式和相对分子质量

3.1　分子式

$C_3H_5NaO_2$

3.2　结构式

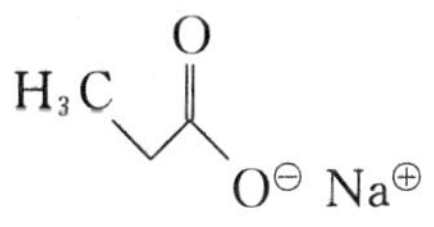

3.3　相对分子质量

96.06(按2007年国际相对原子质量)

4　技术要求

4.1　感官要求:应符合表1的规定。

表1　感官要求

项　目	要　求	检　验　方　法
色泽和组织状态	白色结晶、颗粒或结晶性粉末	取适量实验室样品,置于清洁、干燥的白磁盘中,在自然光线下,目视观察,嗅其气味
气味	无臭或带微量乙酸-丁酸味	

4.2　理化指标:应符合表2的规定。

表 2 理化指标

项 目		指 标	检验方法
丙酸钠(以干基计),w/%		99.0～100.5	附录 A 中 A.4
干燥减量,w/%	≤	1.0	附录 A 中 A.5
碱度试验		通过试验	附录 A 中 A.6
砷(As)/(mg/kg)	≤	3	附录 A 中 A.7
重金属(以 Pb 计)/(mg/kg)	≤	4	附录 A 中 A.8
铁(Fe)/(mg/kg)	≤	30	附录 A 中 A.9

附 录 A
（规范性附录）
检 验 方 法

A.1 警示

试验方法规定的一些试验过程可能导致危险情况。操作者应采取适当的安全和防护措施。

A.2 一般规定

除非另有说明，在分析中仅使用确认为分析纯的试剂和 GB/T 6682—2008 中规定的三级水。

试验方法中所用标准滴定溶液、杂质测定用标准溶液、制剂及制品，在没有注明其他要求时，均按 GB/T 601、GB/T 602 和 GB/T 603 之规定制备。

A.3 鉴别试验

A.3.1 试剂和材料

A.3.1.1 盐酸溶液：1+1。

A.3.1.2 硫酸溶液：1+9。

A.3.1.3 乙酸钴-双氧铀溶液：称取 40 g 乙酸双氧铀，加 28.6 mL 冰乙酸及适量水，温热溶解并用水稀释至 500 mL 为溶液 A。另称取 200 g 乙酸钴溶于 28.6 mL 冰乙酸及适量水中，并用水稀释至 500 mL 为溶液 B。在保持温热的情况下，将溶液 A 与溶液 B 混合，冷却至室温，静置 2 h，过滤，备用。

A.3.2 分析步骤

A.3.2.1 丙酸鉴别

称取 0.5 g 实验室样品，精确至 0.01 g，置于装有 5 mL 水的 100 mL 烧杯中，搅拌溶解，加 5 mL 硫酸溶液，加热时，应有特殊臭味产生。

A.3.2.2 钠盐鉴别

称取 1 g 实验室样品，精确至 0.01 g，用适量的水溶解，加 1 mL 盐酸溶液，用水稀释至 20 mL。取 1 mL 该试样溶液，加 5 mL 乙酸钴-双氧铀溶液，摇匀，应有黄色沉淀产生。

低温灼烧实验室样品产生的碱性残渣，加酸应有气泡产生。

A.4 丙酸钠的测定

A.4.1 方法提要

干燥试样以冰乙酸为溶剂，以结晶紫为指示剂，用高氯酸标准滴定溶液滴定，根据消耗高氯酸标准滴定溶液的体积计算丙酸钠含量。

A.4.2 试剂和材料

A.4.2.1 冰乙酸。

A.4.2.2 高氯酸标准滴定溶液：$c(HClO_4)=0.1$ mol/L。

A.4.2.3 结晶紫指示液：5 g/L。

A.4.3 分析步骤

A.4.3.1 称取约 0.2 g A.5.1 的中干燥物 C，精确至 0.000 2 g，置于干燥的锥形瓶中，加 40 mL 冰乙酸使其溶解，必要时可加温，冷却至室温。加 2 滴结晶紫指示液，用高氯酸标准滴定溶液滴定至溶液由紫色变为蓝绿色为终点。

A.4.3.2 在测定的同时，按与测定相同的步骤，对不加试料而使用相同数量的试剂溶液做空白试验。

A.4.4 结果计算

丙酸钠（以干基计）的质量分数 w_1，数值以%表示，按公式（A.1）计算：

$$w_1=\frac{[(V_1-V_2)/1\,000]cM}{m}\times 100\% \qquad \text{(A.1)}$$

式中：

V_1——试料消耗高氯酸标准滴定溶液（A.4.2.2）体积的数值，单位为毫升（mL）；

V_2——空白试验消耗高氯酸标准滴定溶液（A.4.2.2）体积的数值，单位为毫升（mL）；

c ——高氯酸标准滴定溶液浓度的准确数值，单位为摩尔每升（mol/L）；

m ——试料质量的数值，单位为克（g）；

M——丙酸钠的摩尔质量的数值，单位为克每摩尔（g/mol）（M=96.06）。

取两次平行测定结果的算术平均值为测定结果，两次平行测定结果的绝对差值不大于 0.2%。

A.5 干燥减量的测定

A.5.1 分析步骤

称取约 1 g 实验室样品，精确至 0.000 2 g，置于预先在 105 ℃～110 ℃干燥至质量恒定的称量瓶中，铺成 5 mm 以下的层。在 105 ℃～110 ℃的恒温干燥箱中干燥 1 h，置于干燥器中冷却 30 min 称量。保留部分干燥物（此为干燥物 C）用于丙酸钠含量的测定。

A.5.2 结果计算

干燥减量的质量分数 w_2，数值以%表示，按公式（A.2）计算：

$$w_2=\frac{m-m_1}{m}\times 100\% \qquad \text{(A.2)}$$

式中：

m ——干燥前试料质量的数值，单位为克（g）；

m_1——干燥后试料质量的数值，单位为克（g）。

取两次平行测定结果的算术平均值为报告结果。两次平行测定结果的绝对差值不大于 0.02%。

A.6 碱度试验

A.6.1 方法提要

以酚酞为指示液，用规定体积的硫酸标准滴定溶液中和试样溶液，做碱度的限量试验。

A.6.2 试剂和材料

A.6.2.1 硫酸标准滴定溶液：$c(1/2H_2SO_4)=0.1$ mol/L。

A.6.2.2 酚酞指示液：10 g/L。

A.6.3 分析步骤

称取 4.0 g 实验室样品，精确至 0.01 g，溶于 20 mL 无二氧化碳水中，加 2 滴酚酞指示液，如溶液显粉红色，用硫酸标准滴定溶液滴定至粉红色褪去，所耗用硫酸标准滴定溶液的体积应≤(0.6±0.02)mL。

A.7 砷的测定

按 GB/T 5009.76 砷斑法进行。称取 1.0 g 实验室样品，精确至 0.01 g，加 5 mL 水溶解。

限量标准液的配制：用移液管移取(3±0.02)mL 砷(As)标准溶液(相当于 3.0 μg As)，与试样同时同样处理。

A.8 重金属的测定

按 GB/T 5009.74 进行。称取 5.0 g 实验室样品，精确至 0.01 g，溶于适量水，置于 100 mL 容量瓶中稀释至刻度，取(20±0.02)mL 该试验溶液；量取(0.4±0.02)mL 铅(Pb)标准溶液(0.01 mg/mL)。

A.9 铁的测定

A.9.1 试剂和材料

A.9.1.1 盐酸。

A.9.1.2 过硫酸铵。

A.9.1.3 硫氰酸铵溶液：250 g/L。

A.9.1.4 铁(Fe)标准溶液：0.001 mg/mL。

A.9.2 分析步骤

称取 0.3 g 实验室样品，精确至 0.01 g，溶于 40 mL 水中，加 2 mL 盐酸、40 mg 过硫酸铵和 5 mL 硫氰酸铵溶液，摇匀，此为试样溶液。

标准比色溶液的配置：取(9±0.02)mL 铁(Fe)标准溶液，加水至 40 mL，与样品同时同样处理。

试样溶液所呈红色不得深于标准比色溶液，即为通过试验。

中华人民共和国国家标准

GB 25550—2010

食品安全国家标准
食品添加剂 L-肉碱酒石酸盐

2010-12-21 发布　　2011-02-21 实施

中华人民共和国卫生部 发布

前言

本标准的附录A和附录B为规范性附录。

食品安全国家标准
食品添加剂　L-肉碱酒石酸盐

1　范围

本标准适用于以食品添加剂 L-肉碱和酒石酸为原料合成的食品添加剂 L-肉碱酒石酸盐。

2　规范性引用文件

本标准中引用的文件对于本标准的应用是必不可少的。凡是注日期的引用文件，仅所注日期的版本适用于本标准。凡是不注日期的引用文件，其最新版本(包括所有的修改单)适用于本标准。

3　化学名称、分子式、结构式和相对分子质量

3.1　化学名称

(R)-双[(3-羧基-2-羟丙基)三甲胺基]-L-酒石酸盐

3.2　分子式

$C_{18}H_{36}N_2O_{12}$

3.3　结构式

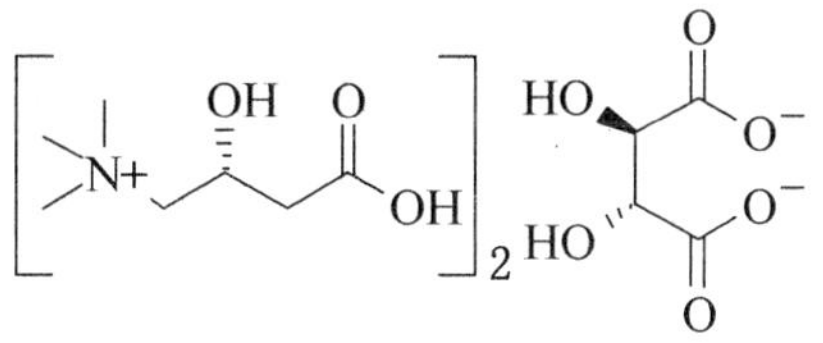

3.4　相对分子质量

472.49(按 2007 年国际相对原子质量)

4　技术要求

4.1　感官要求：应符合表 1 的规定。

表 1　感官要求

项　目	要　求	检　验　方　法
色泽	白色	取适量实验室样品，置于清洁、干燥的白瓷盘中，在自然光线下，目视观察
组织状态	结晶性粉末	

4.2 理化指标:应符合表2的规定。

表2 理化指标

项 目		指 标	检验方法
L-肉碱(以干基计),w/%		68.2±1.0	附录A中A.4
酒石酸(以干基计),w/%		31.8±1.0	附录A中A.5
干燥减量,w/%	≤	0.5	附录A中A.6
灼烧残渣,w/%	≤	0.5	附录A中A.7
pH(100 g/L水溶液)		3.0～4.5	附录A中A.8
比旋光度 α_m(20 ℃,D)/[(°)·dm^2·kg^{-1}]		−11.0～−9.5	附录A中A.9
砷(As)/(mg/kg)	≤	1	附录A中A.10
重金属(以Pb计)/(mg/kg)	≤	10	附录A中A.11

附 录 A
（规范性附录）
检 验 方 法

A.1 警示

试验方法规定的一些试验过程可能导致危险情况。操作者应采取适当的安全和防护措施。

A.2 一般规定

除非另有说明，在分析中仅使用确认为分析纯的试剂和 GB/T 6682—2008 中规定的三级水。

试验方法中所用标准滴定溶液、杂质测定用标准溶液、制剂及制品，在没有注明其他要求时，均按 GB/T 601、GB/T 602 和 GB/T 603 之规定制备。

A.3 鉴别试验

A.3.1 化学法

A.3.1.1 试剂和材料

A.3.1.1.1 甘油。

A.3.1.1.2 硫的二硫化碳溶液：20 g/L。取硫磺 2 g，加二硫化碳使其溶解成 100 mL。

A.3.1.1.3 乙酸铅试纸：取乙酸铅 10 g，加新煮沸过的冷水溶解，滴加冰乙酸使溶液澄清，再用新煮沸过的冷水稀释至 100 mL，取滤纸条浸入乙酸铅试液中，湿透后取出，在 100 ℃干燥。

A.3.1.2 分析步骤

称取约 50 mg 实验室样品，置于试管中，加硫的二硫化碳溶液一滴，混匀，加热片刻后，在干试管口盖上乙酸铅试纸，将试管悬于预热至 170 ℃左右的甘油浴中，3 min～4 min 后纸上即出现黑色斑点。

A.3.2 红外光谱法

采用红外光谱溴化钾压片法，分别取样品和对照品 1 mg～2 mg 及溴化钾，溴化钾：样品＝100：1，分别混合研磨均匀，放入压片机中压片，将片子放入红外光谱仪中得到红外谱图。其谱图应与附录 B 中图 B.1 L-肉碱酒石酸盐红外标准谱图一致。

A.4 L-肉碱的测定

A.4.1 方法提要

试样以冰乙酸为溶剂，以结晶紫为指示剂，用高氯酸标准滴定溶液滴定，根据消耗高氯酸标准滴定溶液的体积，计算 L-肉碱的含量。

A.4.2 试剂和材料

A.4.2.1 冰乙酸。

A.4.2.2 高氯酸标准滴定溶液：$c(HClO_4)=0.1$ mol/L。

A.4.2.3 结晶紫指示液：5 g/L。

A.4.3 分析步骤

A.4.3.1 称取试样 0.1 g，精确至 0.000 1 g，加冰乙酸 20 mL 溶解，加结晶紫指示液一滴，用高氯酸标准滴定溶液滴定至溶液显纯蓝色。

A.4.3.2 在测定的同时，按与测定相同的步骤，对不加试料而使用相同数量的试剂溶液做空白试验。

A.4.4 结果计算

L-肉碱（$C_7H_{15}NO_3$，以干基计）的质量分数 w_1，数值以%表示，按公式（A.1）计算：

$$w_1=\frac{(V_1-V_2)c_1M}{m(1-w_3)1\,000}\times 100\% \quad\cdots\cdots(A.1)$$

式中：

V_1——试料消耗高氯酸标准滴定溶液（A.4.2.2）体积的数值，单位为毫升（mL）；

V_2——空白消耗高氯酸标准滴定溶液体积的数值，单位为毫升（mL）；

c_1——高氯酸标准滴定溶液浓度的准确数值，单位为摩尔每升（mol/L）；

m——试料质量的数值，单位为克（g）；

w_3——A.6 测得的干燥减量，%；

M——L-肉碱的摩尔质量的数值，单位为克每摩尔（g/mol）（M=161.2）。

取两次平行测定结果的算术平均值为报告结果。两次平行测定结果的绝对差值不大于 0.3%。

A.5 酒石酸的测定

A.5.1 试剂和材料

A.5.1.1 氢氧化钠标准滴定溶液：$c(NaOH)=0.1$ mol/L。

A.5.1.2 酚酞指示液：10 g/L。

A.5.2 分析步骤

称取试样 0.3 g，精确至 0.000 1 g，置于 250 mL 锥形瓶中，加入新煮沸并冷却的水 50 mL 使溶解，加酚酞指示液 2 滴，用氢氧化钠标准滴定溶液滴定至溶液由无色变为粉红色。

A.5.3 结果计算

酒石酸（$C_4H_6O_6$，以干基计）的质量分数 w_2，数值以%表示，按公式（A.2）计算：

$$w_2=\frac{V_1c_2M}{m(1-w_3)1\,000}\times 100\% \quad\cdots\cdots(A.2)$$

式中：

V_1——试料消耗氢氧化钠标准滴定溶液（A.5.1.1）体积的数值，单位为毫升（mL）；

c_2——氢氧化钠滴定液浓度的准确数值，单位为摩尔每升（mol/L）；

m——试料质量的数值，单位为克（g）；

w_3——A.6 测得的干燥减量，%；

M——酒石酸的摩尔质量的数值，单位为克每摩尔（g/mol）（M=75.04）。

取两次平行测定结果的算术平均值为报告结果。两次平行测定结果的绝对差值不大于 0.3%。

A.6 干燥减量的测定

按 GB/T 6284 进行。测定时，称取 1 g～2 g 实验室样品，精确至 0.000 1 g。

取两次平行测定结果的算术平均值为报告结果。两次平行测定结果的绝对差值不大于这两个测定值的算术平均值的 20%。

A.7 灼烧残渣的测定

按 GB/T 9741 进行。灼烧温度为(750±50)℃。

取两次平行测定结果的算术平均值为报告结果。两次平行测定结果的绝对差值不大于这两个测定值的算术平均值的 20%。

A.8 pH 的测定

按 GB/T 9724 进行。测定时，称取约 5 g 实验室样品，精确至 0.000 1 g，加约 20 mL 无二氧化碳的水溶解并稀释至 100 mL 后进行测定。

取两次平行测定结果的算术平均值为报告结果。两次平行测定结果的绝对差值不大于 0.1。

A.9 比旋光度的测定

A.9.1 称取适量实验室样品，精确至 0.000 1 g，用水溶解并定量稀释制成每毫升中约含 100 mg 的溶液。

比旋光度 $\alpha_m(20\ ℃,D)$ 数值以"(°)·dm^2·kg^{-1}"表示，按公式(A.3)计算：

$$\alpha_m(20\ ℃,D)=\frac{\alpha}{l\rho_\alpha} \quad \cdots\cdots\cdots\cdots (A.3)$$

式中：

α ——测得的旋光角，单位为度(°)；

l ——旋光管的长度，单位为分米(dm)；

ρ_α ——溶液中有效组分的质量浓度，单位为克每毫升(g/mL)。

A.9.2 其他按 GB/T 613 进行。

A.10 砷的测定

按 GB/T 5009.76 中的砷斑法进行。测定时称取约 1 g 实验室样品，精确至 0.01 g。

限量标准液的配制：用移液管移取 1.00 mL 砷的限量标准液(含砷 0.001 mg)，与试样同时同样处理。

A.11 重金属的测定

按 GB/T 5009.74 的规定进行。按干法消解处理样品，测定时量取 10.0 mL 试样消化液(相当于 1.0 g 实验室样品)，量取 1.0 mL 铅标准液(相当于 10.0 μg 铅)制备铅限量标准液。

附 录 B
（规范性附录）
L-肉碱酒石酸盐红外标准谱图

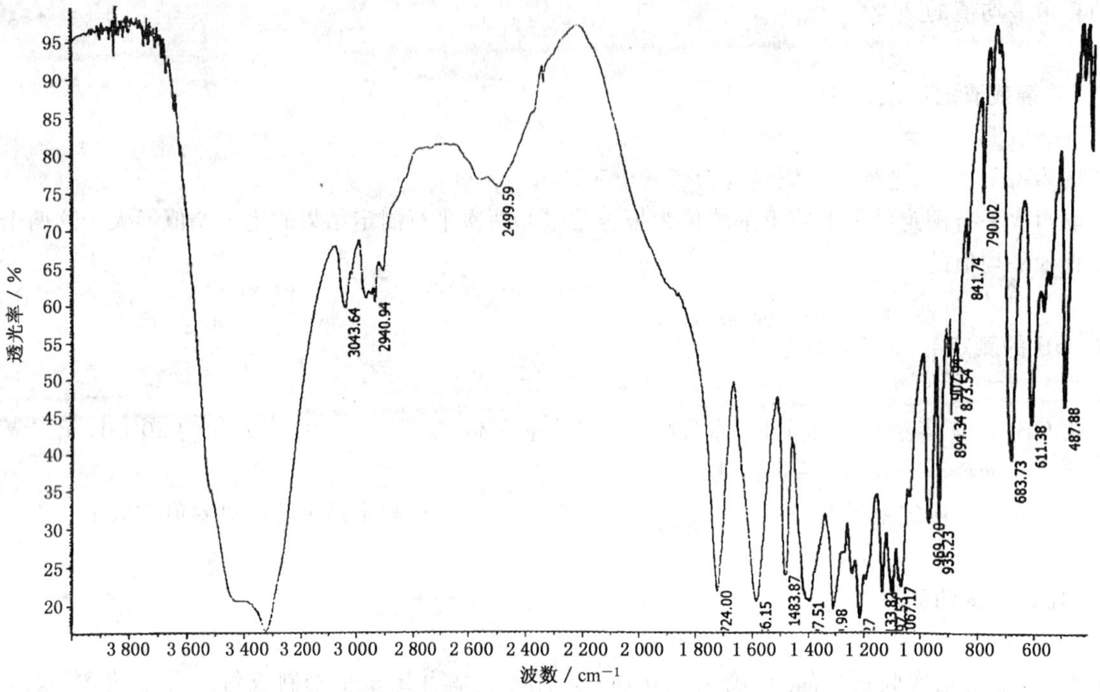

图 B.1 L-肉碱酒石酸盐红外标准谱图

中华人民共和国国家标准

GB 25551—2010

食品安全国家标准
食品添加剂
山梨醇酐单月桂酸酯(司盘 20)

2010-12-21 发布　　　　2011-02-21 实施

中华人民共和国卫生部　发布

前　言

本标准的附录 A 为规范性附录。

食品安全国家标准
食品添加剂
山梨醇酐单月桂酸酯(司盘 20)

1 范围

本标准适用于以月桂酸与失水山梨醇为原料,经酯化反应制得的食品添加剂山梨醇酐单月桂酸酯(司盘 20)。

2 规范性引用文件

本标准中引用的文件对于本标准的应用是必不可少的。凡是注日期的引用文件,仅所注日期的版本适用于本标准。凡是不注日期的引用文件,其最新版本(包括所有的修改单)适用于本标准。

3 技术要求

3.1 感官要求:应符合表 1 的规定。

表 1 感官要求

项　目	要　求	检 验 方 法
色泽	常温下为琥珀色	取适量实验室样品,置于清洁、干燥的玻璃管中,在自然光线下,目视观察
组织性状	常温下为黏稠液体	

3.2 理化指标:应符合表 2 的规定。

表 2 理化指标

项　目		指　标	检 验 方 法
脂肪酸,w/%		56～68	附录 A 中 A.4
多元醇,w/%		36～49	附录 A 中 A.5
酸值(以 KOH 计)/(mg/g)	≤	7	附录 A 中 A.6
皂化值(以 KOH 计)/(mg/g)		155～170	附录 A 中 A.7
羟值(以 KOH 计)/(mg/g)		330～360	附录 A 中 A.8
水分,w/%	≤	1.5	附录 A 中 A.9
灼烧残渣,w/%	≤	0.50	附录 A 中 A.10
砷(As)/(mg/kg)	≤	3	附录 A 中 A.11
铅(Pb)/(mg/kg)	≤	2	附录 A 中 A.12

附 录 A
（规范性附录）
检 验 方 法

A.1 警示

试验方法规定的一些试验过程可能导致危险情况。操作者应采取适当的安全和防护措施。

A.2 一般规定

除非另有说明，在分析中仅使用确认为分析纯的试剂和 GB/T 6682—2008 中规定的三级水。

试验方法中所用标准滴定溶液、杂质测定用标准溶液、制剂及制品，在没有注明其他要求时，均按 GB/T 601、GB/T 602 和 GB/T 603 之规定制备。

A.3 鉴别试验

A.3.1 脂肪酸酸值的测定

A.3.1.1 试剂和材料

A.3.1.1.1 无水乙醇。

A.3.1.1.2 氢氧化钠标准滴定溶液：$c(NaOH)=0.5$ mol/L。

A.3.1.1.3 酚酞指示液：10 g/L。

A.3.1.2 分析步骤

称取约 3 g A.4.3.2 中的凝固物 D，精确至 0.001 g，置于锥形瓶中，加入 50 mL 无水乙醇溶解，必要时加热。加入 5 滴酚酞指示液，用氢氧化钠标准滴定溶液滴定至溶液呈粉红色，保持 30 s 不褪色为终点。

A.3.1.3 结果计算

脂肪酸酸值 w_1，以氢氧化钾（KOH）计，数值以毫克每克（mg/g）表示，按公式（A.1）计算：

$$w_1=\frac{VcM}{m} \qquad \cdots\cdots(A.1)$$

式中：

V ——氢氧化钠标准滴定溶液（A.3.1.1.2）的体积的数值，单位为毫升（mL）；

c ——氢氧化钠标准滴定溶液浓度的准确数值，单位为摩尔每升（mol/L）；

m ——试料质量的数值，单位为克（g）；

M ——氢氧化钾的摩尔质量的数值，单位为克每摩尔（g/mol）[$M=56.109$]。

取两次平行测定结果的算术平均值为报告结果。两次平行测定结果的绝对差值不大于 0.5 mg/g。

A.3.1.4 结果判断

回收的脂肪酸酸值应为 270 mg/g～290 mg/g。

A.3.2 多元醇显色试验

取约 2 g A.5.2 中的黏稠物 E，加入 2 mL 邻苯二酚溶液（100 g/L）（现用现配），混匀，再加 5 mL 硫酸混匀，应显红色或红褐色。

A.4 脂肪酸的测定

A.4.1 方法提要

样品通过皂化水解，经酸化后生成的脂肪酸和多元醇，通过反复萃取分离及浓缩干燥，得到回收脂肪酸的质量，称量计算脂肪酸的质量分数。

A.4.2 试剂和材料

A.4.2.1 氢氧化钾。

A.4.2.2 乙醇（95%）。

A.4.2.3 石油醚。

A.4.2.4 硫酸溶液：1+2。

A.4.3 分析步骤

A.4.3.1 皂化：称取约 25 g 实验室样品，精确至 0.01 g。置于 500 mL 烧瓶中，加入 250 mL 乙醇（95%）和 7.5 g 氢氧化钾。连接冷凝器，置于水浴中加热回流 2 h。将皂化物转移至 800 mL 烧杯中，用约 200 mL 水洗涤烧瓶并转移至该烧杯中。将烧杯置于水浴中，蒸发直至乙醇挥发逸尽。用热水调节溶液的体积至约 250 mL，为溶液 A。

A.4.3.2 酸化、萃取分离：在加热搅拌下溶液 A 中加硫酸溶液，使其析出凝固物，再加入过量约 10% 的硫酸溶液，冷却分层。将上层凝固物转移至预先在 80 ℃质量恒定的 250 mL 烧杯中，3 次用 20 mL 热水洗涤，冷却后将洗液与下层溶液合并于 500 mL 分液漏斗中，3 次用 100 mL 石油醚提取，静置分层。将下层溶液 B 转移至 800 mL 烧杯中；合并石油醚提取液于第二个 500 mL 分液漏斗中，3 次用 100 mL 水洗涤。下层水洗液与溶液 B 合并为溶液 C，留作测定多元醇含量用；转移上层石油醚提取液于盛凝固物的烧杯中，置于水浴中浓缩至 100 mL，于 80 ℃干燥至质量恒定，得到回收的凝固物 D 作为脂肪酸的质量。称量后的凝固物 D 用于脂肪酸酸值的测定。

A.4.4 结果计算

脂肪酸的质量分数 w_2，数值以%表示，按公式（A.2）计算：

$$w_2 = \frac{m_2 - m_1}{m} \times 100\% \qquad \cdots\cdots(A.2)$$

式中：

m_1——250 mL 烧杯质量的数值，单位为克（g）；

m_2——250 mL 烧杯加凝固物 D 质量的数值，单位为克（g）；

m ——试料质量的数值，单位为克（g）。

取两次平行测定结果的算术平均值为报告结果。两次平行测定结果的绝对差值不大于 1%。

A.5 多元醇的测定

A.5.1 试剂和材料

A.5.1.1 无水乙醇。

A.5.1.2 氢氧化钾溶液：100 g/L。

A.5.2 分析步骤

用氢氧化钾溶液中和A.4.3.2中得到的溶液C至pH为7(用pH试纸检验)。将此溶液置于水浴中蒸发至白色结晶析出。然后4次用150 mL热无水乙醇提取残留物中的多元醇，合并提取液，用G4玻璃漏斗过滤，无水乙醇洗涤。滤液转移至另一个800 mL烧杯中，置于水浴中浓缩至约100 mL。再转移至预先在80 ℃质量恒定的250 mL烧杯中，继续蒸发至黏稠状。在80 ℃干燥至质量恒定，得到黏稠物E作为回收多元醇的质量。称量后的黏稠物E用于多元醇显色试验。

A.5.3 结果计算

多元醇质量分数 w_3 数值以%表示，按公式(A.3)计算：

$$w_3=\frac{m_2-m_1}{m}\times 100\% \qquad \cdots\cdots(A.3)$$

式中：

m_1——250 mL烧杯的质量，单位为克(g)；

m_2——250 mL烧杯加黏稠物E的质量，单位为克(g)；

m ——A.4.4中试料质量，单位为克(g)。

取两次平行测定结果的算术平均值为报告结果。两次平行测定结果的绝对差值不大于1%。

A.6 酸值的测定

A.6.1 试剂和材料

A.6.1.1 异丙醇。

A.6.1.2 甲苯。

A.6.1.3 氢氧化钠标准滴定溶液：$c(NaOH)=0.1$ mol/L。

A.6.1.4 酚酞指示液：10 g/L。

A.6.2 分析步骤

称取约2.5 g实验室样品，精确至0.000 1 g，置于锥形瓶中，加入异丙醇和甲苯各40 mL，加热使其溶解。加入5滴酚酞指示液，用氢氧化钠标准滴定溶液滴定至溶液呈粉红色，保持30 s不褪色为终点。

A.6.3 结果计算

酸值 w_4，以氢氧化钾(KOH)计，数值以毫克每克(mg/g)表示，按公式(A.4)计算：

$$w_4=\frac{V_1cM}{m_1} \qquad \cdots\cdots(A.4)$$

式中：

V_1——氢氧化钠标准滴定溶液(A.6.1.3)的体积的数值，单位为毫升(mL)；

c ——氢氧化钠标准滴定溶液浓度的准确数值，单位为摩尔每升(mol/L)；

m_1——试料质量的数值，单位为克(g)；

M——氢氧化钾的摩尔质量的数值，单位为克每摩尔(g/mol)[M=56.109]。

取两次平行测定结果的算术平均值为报告结果。两次平行测定结果的绝对差值不大于0.2 mg/g。

A.7 皂化值的测定

A.7.1 试剂和材料

A.7.1.1 无水乙醇。

A.7.1.2 氢氧化钾乙醇溶液：40 g/L。

A.7.1.3 盐酸标准滴定溶液：$c(HCl)=0.5$ mol/L。

A.7.1.4 酚酞指示液：10 g/L。

A.7.2 分析步骤

称取约2 g实验室样品，精确至0.000 1 g，置于250 mL磨口锥形瓶中，加入25 mL±0.02 mL氢氧化钾乙醇溶液，连接冷凝管，置于水浴中加热回流1 h，稍冷后用10 mL无水乙醇淋洗冷凝管，取下锥形瓶，加入5滴酚酞指示液，用盐酸标准滴定溶液滴定至溶液的红色刚刚消失，加热试液至沸。若出现粉红色，继续滴定至红色消失即为终点。

在测定的同时，按与测定相同的步骤，对不加试料而使用相同数量的试剂溶液做空白试验。

A.7.3 结果计算

皂化值 w_5，以氢氧化钾(KOH)计，数值以毫克每克(mg/g)表示，按公式(A.5)计算：

$$w_5=\frac{(V_0-V_2)cM}{m_2} \qquad \cdots\cdots(A.5)$$

式中：

V_2——试料消耗盐酸标准滴定溶液(A.7.1.3)体积的数值，单位为毫升(mL)；

V_0——空白试验消耗盐酸标准滴定溶液(A.7.1.3)体积的数值，单位为毫升(mL)；

c ——盐酸标准滴定溶液浓度的准确数值，单位为摩尔每升(mol/L)；

m_2——试料质量的数值，单位为克(g)；

M——氢氧化钾的摩尔质量的数值，单位为克每摩尔(g/mol)[M=56.109]。

取两次平行测定结果的算术平均值为报告结果。两次平行测定结果的绝对差值不大于1 mg/g。

A.8 羟值的测定

A.8.1 试剂和材料

A.8.1.1 吡啶：以酚酞为指示剂，用盐酸溶液(1+110)中和。

A.8.1.2 正丁醇：以酚酞为指示剂，用氢氧化钾乙醇标准滴定溶液中和。

A.8.1.3 乙酰化剂：乙酸酐与吡啶按1+3混匀，贮存于棕色瓶中。

A.8.1.4 氢氧化钾乙醇标准滴定溶液：$c(KOH)=0.5$ mol/L。

A.8.1.5 酚酞指示液:10 g/L。

A.8.2 分析步骤

称取约0.6 g实验室样品,精确至0.000 1 g,置于250 mL磨口锥形瓶中,加入5 mL±0.02 mL乙酰化剂,连接冷凝管,置于水浴中加热回流1 h。从冷凝管上端加入10 mL水于锥形瓶中,继续加热10 min后,冷却至室温。用15 mL正丁醇冲洗冷凝管,拆下冷凝管,再用10 mL正丁醇冲洗瓶壁。加入8滴酚酞指示液,用氢氧化钾乙醇标准滴定溶液滴定至溶液呈粉红色即为终点。

在测定的同时,按与测定相同的步骤,对不加试料而使用相同数量的试剂溶液做空白试验。

为校正游离酸,称取约10 g实验室样品,精确至0.01 g。置于锥形瓶中,加入30 mL吡啶,加入5滴酚酞指示液,用氢氧化钾乙醇标准滴定溶液滴定至溶液呈粉红色。

A.8.3 结果计算

羟值 w_6,以氢氧化钾(KOH)计,数值以毫克每克(mg/g)表示,按公式(A.6)计算:

$$w_6=\frac{(V_0-V_3)cM}{m_3}+\frac{V_4cM}{m_0} \qquad \cdots\cdots(A.6)$$

式中:

V_3——试料消耗氢氧化钾乙醇标准滴定溶液(A.8.1.4)体积的数值,单位为毫升(mL);

V_0——空白试验消耗氢氧化钾乙醇标准滴定溶液(A.8.1.4)体积的数值,单位为毫升(mL);

V_4——校正游离酸消耗氢氧化钾乙醇标准滴定溶液(A.8.1.4)体积的数值,单位为毫升(mL);

c——氢氧化钾乙醇标准滴定溶液浓度的准确数值,单位为摩尔每升(mol/L);

m_3——羟值测定时试料质量的数值,单位为克(g);

m_0——校正游离酸测定时试料质量的数值,单位为克(g);

M——氢氧化钾的摩尔质量的数值,单位为克每摩尔(g/mol)[M=56.109]。

取两次平行测定结果的算术平均值为报告结果。两次平行测定结果的绝对差值不大于4 mg/g。

A.9 水分的测定

称取约0.6 g实验室样品,精确至0.000 2 g。置于25 mL烧杯中,加入少量三氯甲烷加热溶解并转移至25 mL容量瓶中,用三氯甲烷冲洗烧杯数次,一并转入容量瓶中,稀释至刻度。量取5 mL±0.02 mL该试样溶液,按GB/T 6283中直接电量法测定。

取两次平行测定结果的算术平均值为报告结果。两次平行测定结果的绝对差值不大于0.05%。

A.10 灼烧残渣的测定

按GB/T 7531进行。灼烧温度为850 ℃±25 ℃。

A.11 砷的测定

按GB/T 5009.76砷斑法进行。按“湿法消解”处理样品,测定时量取10 mL±0.02 mL试样溶液(相当于1.0 g实验室样品)。

限量标准液的配制:用移液管移取3 mL±0.02 mL砷(As)标准溶液(相当于3 μg As),与试样同时同样处理。

A.12 铅的测定

A.12.1 比色法(仲裁法)

按 GB/T 5009.75 进行。样品的处理:称取约 2.5 g 实验室样品,精确至 0.000 1 g,置于 50 mL 坩埚中,先在低温下炭化,然后在 500 ℃～550 ℃灰化,冷却后,加入 5 mL 硝酸溶液(1+1),搅拌使之溶解,加水 10 mL 转移至 25 mL 容量瓶中,用水稀释至刻度,摇匀。

A.12.2 原子吸收光谱法

按 GB 5009.12 进行。按 GB/T 5009.75“干法消解”处理样品。采用石墨炉原子吸收光谱法时,可视样品情况将试样溶液进行适当的稀释。

中华人民共和国国家标准

GB 25552—2010

食品安全国家标准

食品添加剂　山梨醇酐单棕榈酸酯（司盘 40）

2010-12-21 发布　　　　2011-02-21 实施

中华人民共和国卫生部　发布

前言

本标准的附录A为规范性附录。

食品安全国家标准
食品添加剂　山梨醇酐单棕榈酸酯
（司盘 40）

1　范围

本标准适用于棕榈酸与失水山梨醇酯化反应制得的食品添加剂山梨醇酐单棕榈酸酯（司盘 40）。

2　规范性引用文件

本标准中引用的文件对于本标准的应用是必不可少的。凡是注日期的引用文件，仅所注日期的版本适用于本标准。凡是不注日期的引用文件，其最新版本（包括所有的修改单）适用于本标准。

3　技术要求

3.1　感官要求：应符合表 1 的规定。

表 1　感官要求

项　目	要　求	检验方法
色泽	淡黄色	取适量实验室样品，置于清洁、干燥的白瓷盘中，在自然光线下，目视观察
组织状态	蜡状物	

3.2　理化指标：应符合表 2 的规定。

表 2　理化指标

项　目		指　标	检验方法
脂肪酸，w/%		63～71	附录 A 中 A.4
多元醇，w/%		33～38	附录 A 中 A.5
酸值（以 KOH 计）/（mg/g）	≤	7	附录 A 中 A.6
皂化值（以 KOH 计）/（mg/g）		140～155	附录 A 中 A.7
羟值（以 KOH 计）/（mg/g）		270～305	附录 A 中 A.8
水分，w/%	≤	1.5	附录 A 中 A.9
灼烧残渣，w/%	≤	0.50	附录 A 中 A.10
砷（As）/（mg/kg）	≤	3	附录 A 中 A.11
铅（Pb）/（mg/kg）	≤	2	附录 A 中 A.12

附 录 A
（规范性附录）
检 验 方 法

A.1 警示

试验方法规定的一些试验过程可能导致危险情况。操作者应采取适当的安全和防护措施。

A.2 一般规定

除非另有说明，在分析中仅使用确认为分析纯的试剂和 GB/T 6682—2008 中规定的三级水。

试验方法中所用标准滴定溶液、杂质测定用标准溶液、制剂及制品，在没有注明其他要求时，均按 GB/T 601、GB/T 602 和 GB/T 603 之规定制备。

A.3 鉴别试验

A.3.1 脂肪酸酸值的测定

A.3.1.1 试剂和材料

A.3.1.1.1 无水乙醇。

A.3.1.1.2 氢氧化钠标准滴定溶液：$c(NaOH)=0.5$ mol/L。

A.3.1.1.3 酚酞指示液：10 g/L。

A.3.1.2 分析步骤

称取约 3 g A.4.3.2 中的凝固物 D，精确至 0.001 g，置于锥形瓶中，加入 50 mL 无水乙醇溶解，必要时加热。加入 5 滴酚酞指示液，用氢氧化钠标准滴定溶液滴定至溶液呈粉红色，保持 30 s 不褪色为终点。

A.3.1.3 结果计算

脂肪酸酸值 w_1，以氢氧化钾(KOH)计，数值以毫克每克(mg/g)表示，按公式(A.1)计算：

$$w_1=\frac{VcM}{m} \qquad \cdots\cdots(A.1)$$

式中：

V ——氢氧化钠标准滴定溶液(A.3.1.1.2)的体积的数值，单位为毫升(mL)；

c ——氢氧化钠标准滴定溶液浓度的准确数值，单位为摩尔每升(mol/L)；

m ——试料质量的数值，单位为克(g)；

M——氢氧化钾的摩尔质量的数值，单位为克每摩尔(g/mol)[M=56.109]。

取两次平行测定结果的算术平均值为报告结果。两次平行测定结果的绝对差值不大于 0.5 mg/g。

A.3.1.4 结果判断

回收的脂肪酸酸值应为 210 mg/g～ 225 mg/g(以 KOH 计)。

A.3.2 多元醇显色试验

取约 2 g A.5.2 中的黏稠物 E，加入 2 mL 邻苯二酚溶液(100 g/L)(现用现配)，混匀，再加 5 mL 硫酸混匀，应显红色或红褐色。

A.4 脂肪酸的测定

A.4.1 方法提要

样品通过皂化水解，经酸化后生成的脂肪酸和多元醇，通过反复萃取分离及浓缩干燥，得到回收脂肪酸的质量，称量计算脂肪酸的质量分数。

A.4.2 试剂和材料

A.4.2.1 氢氧化钾。
A.4.2.2 乙醇(95%)。
A.4.2.3 石油醚。
A.4.2.4 硫酸溶液：1+2。

A.4.3 分析步骤

A.4.3.1 皂化：称取约 25 g 实验室样品，精确至 0.01 g。置于 500 mL 烧瓶中，加入 250 mL 乙醇(95%)和 7.5 g 氢氧化钾。连接冷凝器，置于水浴中加热回流 2 h。将皂化物转移至 800 mL 烧杯中，用约 200 mL 水洗涤烧瓶并转移至该烧杯中。将烧杯置于水浴中，蒸发直至乙醇挥发逸尽。用热水调节溶液的体积至约 250 mL，为溶液 A。

A.4.3.2 酸化、萃取分离：在加热搅拌下溶液 A 中加硫酸溶液，使其析出凝固物，再加入过量约 10% 的硫酸溶液，冷却分层。将上层凝固物转移至预先在 80 ℃质量恒定的 250 mL 烧杯中，3 次用 20 mL 热水洗涤，冷却后将洗液与下层溶液合并于 500 mL 分液漏斗中，3 次用 100 mL 石油醚提取，静置分层。将下层溶液 B 转移至 800 mL 烧杯中；合并石油醚提取液于第二个 500 mL 分液漏斗中，3 次用 100 mL 水洗涤。下层水洗液与溶液 B 合并为溶液 C，留作测定多元醇含量用；转移上层石油醚提取液于盛凝固物的烧杯中，置于水浴中浓缩至 100 mL，于 80 ℃干燥至质量恒定，得到回收的凝固物 D 作为脂肪酸的质量。称量后的凝固物 D 用于脂肪酸酸值的测定。

A.4.4 结果计算

脂肪酸的质量分数 w_2，数值以%表示，按公式(A.2)计算：

$$w_2 = \frac{m_2 - m_1}{m} \times 100\% \qquad \cdots\cdots(A.2)$$

式中：

m_1——250 mL 烧杯质量的数值，单位为克(g)；
m_2——250 mL 烧杯加凝固物 D 质量的数值，单位为克(g)；
m ——试料质量的数值，单位为克(g)。

取两次平行测定结果的算术平均值为报告结果。两次平行测定结果的绝对差值不大于 1%。

A.5 多元醇的测定

A.5.1 试剂和材料

A.5.1.1 无水乙醇。

A.5.1.2 氢氧化钾溶液:100 g/L。

A.5.2 分析步骤

用氢氧化钾溶液中和 A.4.3.2 中得到的溶液 C 至 pH 为 7(用 pH 试纸检验)。将此溶液置于水浴中蒸发至白色结晶析出。然后 4 次用 150 mL 热无水乙醇提取残留物中的多元醇,合并提取液,用 G4 玻璃漏斗过滤,无水乙醇洗涤。滤液转移至另一个 800 mL 烧杯中,置于水浴中浓缩至约 100 mL。再转移至预先在 80 ℃质量恒定的 250 mL 烧杯中,继续蒸发至黏稠状。在 80 ℃干燥至质量恒定,得到黏稠物 E 作为回收多元醇的质量。称量后的黏稠物 E 用于多元醇显色试验。

A.5.3 结果计算

多元醇质量分数 w_3,数值以%表示,按公式(A.3)计算:

$$w_3 = \frac{m_2 - m_1}{m} \times 100\% \qquad \cdots\cdots\cdots\cdots(\text{A.3})$$

式中:

m_1——250 mL 烧杯的质量,单位为克(g);

m_2——250 mL 烧杯加黏稠物 E 的质量,单位为克(g);

m ——A.4.4 中试料质量的数值,单位为克(g)。

取两次平行测定结果的算术平均值为报告结果。两次平行测定结果的绝对差值不大于 1%。

A.6 酸值的测定

A.6.1 试剂和材料

A.6.1.1 异丙醇。

A.6.1.2 甲苯。

A.6.1.3 氢氧化钠标准滴定溶液:$c(NaOH)=0.1$ mol/L。

A.6.1.4 酚酞指示液:10 g/L。

A.6.2 分析步骤

称取约 2.5 g 实验室样品,精确至 0.000 1 g,置于锥形瓶中,加入异丙醇和甲苯各 40 mL,加热使其溶解。加入 5 滴酚酞指示液,用氢氧化钠标准滴定溶液滴定至溶液呈粉红色,保持 30 s 不褪色为终点。

A.6.3 结果计算

酸值 w_4,以氢氧化钾(KOH)计,数值以毫克每克(mg/g)表示,按公式(A.4)计算:

$$w_4 = \frac{V_1 c M}{m_1} \qquad \cdots\cdots\cdots\cdots(\text{A.4})$$

式中:

V_1——氢氧化钠标准滴定溶液(A.6.1.3)的体积的数值,单位为毫升(mL);

c ——氢氧化钠标准滴定溶液浓度的准确数值,单位为摩尔每升(mol/L);

m_1——试料质量的数值,单位为克(g);

M ——氢氧化钾的摩尔质量的数值,单位为克每摩尔(g/mol)[M=56.109]。

取两次平行测定结果的算术平均值为报告结果。两次平行测定结果的绝对差值不大于 0.2 mg/g。

A.7 皂化值的测定

A.7.1 试剂和材料

A.7.1.1 无水乙醇。

A.7.1.2 氢氧化钾乙醇溶液:40 g/L。

A.7.1.3 盐酸标准滴定溶液:$c(HCl)=0.5$ mol/L。

A.7.1.4 酚酞指示液:10 g/L。

A.7.2 分析步骤

称取约 2 g 实验室样品,精确至 0.000 1 g,置于 250 mL 磨口锥形瓶中,加入(25±0.02)mL 氢氧化钾乙醇溶液,连接冷凝管,置于水浴中加热回流 1 h,稍冷后用 10 mL 无水乙醇淋洗冷凝管,取下锥形瓶,加入 5 滴酚酞指示液,用盐酸标准滴定溶液滴定至溶液的红色刚刚消失,加热试液至沸。若出现粉红色,继续滴定至红色消失即为终点。

在测定的同时,按与测定相同的步骤,对不加试料而使用相同数量的试剂溶液做空白试验。

A.7.3 结果计算

皂化值 w_5,以氢氧化钾(KOH)计,数值以毫克每克(mg/g)表示,按公式(A.5)计算:

$$w_5=\frac{(V_0-V_2)cM}{m_2} \quad \cdots\cdots(A.5)$$

式中:

V_2——试料消耗盐酸标准滴定溶液(A.7.1.3)体积的数值,单位为毫升(mL);

V_0——空白试验消耗盐酸标准滴定溶液(A.7.1.3)体积的数值,单位为毫升(mL);

c ——盐酸标准滴定溶液浓度的准确数值,单位为摩尔每升(mol/L);

m_2——试料质量的数值,单位为克(g);

M——氢氧化钾的摩尔质量的数值,单位为克每摩尔(g/mol)[$M=56.109$]。

取两次平行测定结果的算术平均值为报告结果。两次平行测定结果的绝对差值不大于 1 mg/g。

A.8 羟值的测定

A.8.1 试剂和材料

A.8.1.1 吡啶:以酚酞为指示剂,用盐酸溶液(1+110)中和。

A.8.1.2 正丁醇:以酚酞为指示剂,用氢氧化钾乙醇标准滴定溶液中和。

A.8.1.3 乙酰化剂:乙酸酐与吡啶按 1+3 混匀,贮存于棕色瓶中。

A.8.1.4 氢氧化钾乙醇标准滴定溶液:$c(KOH)=0.5$ mol/L。

A.8.1.5 酚酞指示液:10 g/L。

A.8.2 分析步骤

称取约 1 g 实验室样品,精确至 0.000 1 g,置于 250 mL 磨口锥形瓶中,加入(5±0.02)mL 乙酰化剂,连接冷凝管,置于水浴中加热回流 1 h。从冷凝管上端加入 10 mL 水于锥形瓶中,继续加热 10 min 后,冷却至室温。用 15 mL 正丁醇冲洗冷凝管,拆下冷凝管,再用 10 mL 正丁醇冲洗瓶壁。加入 8 滴酚酞指示液,用氢氧化钾乙醇标准滴定溶液滴定至溶液呈粉红色即为终点。

在测定的同时，按与测定相同的步骤，对不加试料而使用相同数量的试剂溶液做空白试验。

为校正游离酸，称取约 10 g 实验室样品，精确至 0.01 g。置于锥形瓶中，加入 30 mL 吡啶，加入 5 滴酚酞指示液，用氢氧化钾乙醇标准滴定溶液滴定至溶液呈粉红色。

A.8.3 结果计算

羟值 w_6，以氢氧化钾(KOH)计，数值以毫克每克(mg/g)表示，按公式(A.6)计算：

$$w_6 = \frac{(V_0 - V_3)cM}{m_3} + \frac{V_4 cM}{m_0} \qquad \cdots\cdots (A.6)$$

式中：

V_3——试料消耗氢氧化钾乙醇标准滴定溶液(A.8.1.4)体积的数值，单位为毫升(mL)；

V_0——空白试验消耗氢氧化钾乙醇标准滴定溶液(A.8.1.4)体积的数值，单位为毫升(mL)；

V_4——校正游离酸消耗氢氧化钾乙醇标准滴定溶液(A.8.1.4)体积的数值，单位为毫升(mL)；

c——氢氧化钾乙醇标准滴定溶液浓度的准确数值，单位为摩尔每升(mol/L)；

m_3——羟值测定时试料质量的数值，单位为克(g)；

m_0——校正游离酸测定时试料质量的数值，单位为克(g)；

M——氢氧化钾的摩尔质量的数值，单位为克每摩尔(g/mol)[M=56.109]。

取两次平行测定结果的算术平均值为报告结果。两次平行测定结果的绝对差值不大于 4 mg/g。

A.9 水分的测定

称取约 0.6 g 实验室样品，精确至 0.000 2 g。置于 25 mL 烧杯中，加入少量三氯甲烷加热溶解并转移至 25 mL 容量瓶中，用三氯甲烷冲洗烧杯数次，一并转入容量瓶中，稀释至刻度。量取(5±0.02)mL 该试样溶液，按 GB/T 6283 中直接电量法测定。

取两次平行测定结果的算术平均值为报告结果。两次平行测定结果的绝对差值不大于 0.05%。

A.10 灼烧残渣的测定

按 GB/T 7531 进行。灼烧温度为(850±25)℃。

A.11 砷的测定

按 GB/T 5009.76 砷斑法进行。按“湿法消解”法处理样品，测定时量取(10±0.02)mL 试样溶液(相当于 1.0 g 实验室样品)。

限量标准液的配制：用移液管移取(3±0.02)mL 砷(As)标准溶液(相当于 3 μg As)，与试样同时同样处理。

A.12 铅(Pb)的测定

A.12.1 比色法(仲裁法)

按 GB/T 5009.75 进行。样品的处理：称取约 2.5 g 实验室样品，精确至 0.000 1 g，置于 50 mL 坩埚中，先在低温下炭化，然后在 500 ℃～550 ℃灰化，冷却后，加入 5 mL 硝酸溶液(1+1)，搅拌使之溶解，加水 10 mL 转移至 25 mL 容量瓶中，用水稀释至刻度，摇匀。

A.12.2 原子吸收光谱法

按 GB 5009.12 进行。按 GB/T 5009.75"干法消解"处理样品。采用石墨炉原子吸收光谱法时,可视样品情况将试样溶液进行适当的稀释。

中华人民共和国国家标准

GB 25553—2010

食品安全国家标准

食品添加剂　聚氧乙烯(20)山梨醇酐单硬脂酸酯(吐温60)

2010-12-21 发布　　　　2011-02-21 实施

中华人民共和国卫生部　发布

前　言

本标准的附录 A 为规范性附录。

食品安全国家标准

食品添加剂　聚氧乙烯(20)山梨醇酐单硬脂酸酯(吐温 60)

1　范围

本标准适用于以山梨醇酐单硬脂酸酯和环氧乙烷为原料，经加成反应制得的食品添加剂聚氧乙烯(20)山梨醇酐单硬脂酸酯(吐温 60)。

2　规范性引用文件

本标准中引用的文件对于本标准的应用是必不可少的。凡是注日期的引用文件，仅所注日期的版本适用于本标准。凡是不注日期的引用文件，其最新版本(包括所有的修改单)适用于本标准。

3　技术要求

3.1　感官要求：应符合表 1 的规定。

表 1　感官要求

项　目	要　求	检验方法
色泽	常温下为淡黄色	取适量实验室样品置于清洁、干燥的白瓷盘中，在自然光线下，目视观察
组织性状	常温下为膏状物	

3.2　理化指标：应符合表 2 的规定。

表 2　理化指标

项　目		指　标	检验方法
酸值(以 KOH 计)/(mg/g)	≤	2.0	附录 A 中 A.4
皂化值(以 KOH 计)/(mg/g)		45～55	附录 A 中 A.5
羟值(以 KOH 计)/(mg/g)		81～96	附录 A 中 A.6
水分，w/%	≤	3.0	附录 A 中 A.7
灼烧残渣，w/%	≤	0.25	附录 A 中 A.8
砷(As)/(mg/kg)	≤	3	附录 A 中 A.9
铅(Pb)/(mg/kg)	≤	2	附录 A 中 A.10
氧乙烯基(以 C_2H_4O 计)，w/%		65.0～69.5	GB/T 7385

附录 A
（规范性附录）
检验方法

A.1 警示

试验方法规定的一些试验过程可能导致危险情况。操作者应采取适当的安全和防护措施。

A.2 一般规定

除非另有说明，在分析中仅使用确认为分析纯的试剂和 GB/T 6682—2008 中规定的三级水。

试验方法中所用标准滴定溶液、杂质测定用标准溶液、制剂及制品，在没有注明其他要求时，均按 GB/T 601、GB/T 602 和 GB/T 603 之规定制备。

A.3 鉴别试验

A.3.1 试剂和材料

A.3.1.1 氢氧化钠溶液：43 g/L。

A.3.1.2 硫氰酸钴铵溶液：硫氰酸铵 17.4 g，硝酸钴 2.8 g，加水溶解成 100 mL。

A.3.1.3 盐酸溶液：23＋77。

A.3.2 分析步骤

A.3.2.1 取 1 mL 实验室样品，溶于 20 mL 水。取该溶液 10 mL，置于 25 mL 试管中，加 5 mL 硫氰酸钴铵溶液，混匀，加 5 mL 三氯甲烷，振摇混合，静置后，三氯甲烷层显蓝色。

A.3.2.2 取 1 mL 实验室样品，溶于 20 mL 水。取该溶液 5 mL，置于 25 mL 试管中，加 5 mL 氢氧化钠试液，煮沸数分钟，冷却，用盐酸溶液酸化，显乳白色浑浊。

A.3.2.3 取 6 mL 实验室样品，置于 25 mL 试管中，加 4 mL 水混匀，呈胶状物。

A.4 酸值的测定

A.4.1 试剂和材料

A.4.1.1 异丙醇。

A.4.1.2 甲苯。

A.4.1.3 氢氧化钠标准滴定溶液：$c(NaOH)=0.1\ mol/L$。

A.4.1.4 酚酞指示液：10 g/L。

A.4.2 分析步骤

称取约 5 g 实验室样品，精确至 0.000 1 g，置于锥形瓶中，加入异丙醇和甲苯各 40 mL，加热使其溶解。加入 5 滴酚酞指示液，用氢氧化钠标准滴定溶液滴定至溶液呈粉红色，保持 30 s 不褪色为终点。

A.4.3 结果计算

酸值 w_1，以氢氧化钾(KOH)计，数值以毫克每克(mg/g)表示，按公式(A.1)计算：

$$w_1 = \frac{V_1 c M}{m_1} \qquad \cdots\cdots\cdots\cdots\cdots\cdots(A.1)$$

式中：

V_1——氢氧化钠标准滴定溶液(A.4.1.3)的体积的数值，单位为毫升(mL)；

c——氢氧化钠标准滴定溶液浓度的准确数值，单位为摩尔每升(mol/L)；

m_1——试料质量的数值，单位为克(g)；

M——氢氧化钾的摩尔质量的数值，单位为克每摩尔(g/mol)[M=56.109]。

取两次平行测定结果的算术平均值为报告结果。两次平行测定结果的绝对差值不大于0.2 mg/g。

A.5 皂化值的测定

A.5.1 试剂和材料

A.5.1.1 无水乙醇。

A.5.1.2 氢氧化钾乙醇溶液：40 g/L。

A.5.1.3 盐酸标准滴定溶液：c(HCl)=0.5 mol/L。

A.5.1.4 酚酞指示液：10 g/L。

A.5.2 分析步骤

称取约2.5 g实验室样品，精确至0.000 1 g，置于250 mL磨口锥形瓶中，加入(25±0.02)mL氢氧化钾乙醇溶液，连接冷凝管，置于水浴中加热回流1 h，稍冷后用10 mL无水乙醇淋洗冷凝管，取下锥形瓶，加入5滴酚酞指示液，用盐酸标准滴定溶液滴定至溶液的红色刚刚消失，加热试液至沸。若出现粉红色，继续滴定至红色消失即为终点。

在测定的同时，按与测定相同的步骤，对不加试料而使用相同数量的试剂溶液做空白试验。

A.5.3 结果计算

皂化值 w_2，以氢氧化钾(KOH)计，数值以毫克每克(mg/g)表示，按公式(A.2)计算：

$$w_2 = \frac{(V_0 - V_2) c M}{m_2} \qquad \cdots\cdots\cdots\cdots\cdots\cdots(A.2)$$

式中：

V_2——试料消耗盐酸标准滴定溶液(A.5.1.3)体积的数值，单位为毫升(mL)；

V_0——空白试验消耗盐酸标准滴定溶液(A.5.1.3)体积的数值，单位为毫升(mL)；

c——盐酸标准滴定溶液浓度的准确数值，单位为摩尔每升(mol/L)；

m_2——试料质量的数值，单位为克(g)；

M——氢氧化钾的摩尔质量的数值，单位为克每摩尔(g/mol)[M=56.109]。

取两次平行测定结果的算术平均值为报告结果。两次平行测定结果的绝对差值不大于1 mg/g。

A.6 羟值的测定

A.6.1 试剂和材料

A.6.1.1 吡啶：以酚酞为指示剂，用 c(HCl)=0.1 mol/L 盐酸溶液中和。

A.6.1.2 正丁醇：以酚酞为指示剂，用氢氧化钾乙醇标准滴定溶液中和。

A.6.1.3 乙酰化剂：乙酸酐与吡啶按 1+3 混匀，贮存于棕色瓶中。

A.6.1.4 氢氧化钾乙醇标准滴定溶液：c(KOH)=0.5 mol/L。

A.6.1.5 酚酞指示液：10 g/L。

A.6.2 分析步骤

称取约 2.2 g 实验室样品，精确至 0.000 1 g，置于 250 mL 磨口锥形瓶中，加入(5±0.02)mL 乙酰化剂，连接冷凝管，置于水浴中加热回流 1 h。从冷凝管上端加入 10 mL 水于锥形瓶中，继续加热 10 min 后，冷却至室温。用 15 mL 正丁醇冲洗冷凝管，拆下冷凝管，再用 10 mL 正丁醇冲洗瓶壁。加入 8 滴酚酞指示液，用氢氧化钾乙醇标准滴定溶液滴定至溶液呈粉红色即为终点。

在测定的同时，按与测定相同的步骤，对不加试料而使用相同数量的试剂溶液做空白试验。

为校正游离酸，称取约 10 g 实验室样品，精确至 0.01 g。置于锥形瓶中，加入 30 mL 吡啶，加入 5 滴酚酞指示液，用氢氧化钾乙醇标准滴定溶液滴定至溶液呈粉红色。

A.6.3 结果计算

羟值 w_3，以氢氧化钾(KOH)计，数值以毫克每克(mg/g)表示，按公式(A.3)计算：

$$w_3=\frac{(V_0-V_3)cM}{m_3}+\frac{V_4cM}{m_0} \qquad \cdots\cdots(A.3)$$

式中：

V_3——试料消耗氢氧化钾乙醇标准滴定溶液(A.6.1.4)体积的数值，单位为毫升(mL)；

V_0——空白试验消耗氢氧化钾乙醇标准滴定溶液(A.6.1.4)体积的数值，单位为毫升(mL)；

V_4——校正游离酸消耗氢氧化钾乙醇标准滴定溶液(A.6.1.4)体积的数值，单位为毫升(mL)；

c——氢氧化钾乙醇标准滴定溶液浓度的准确数值，单位为摩尔每升(mol/L)；

m_3——羟值测定时试料质量的数值，单位为克(g)；

m_0——校正游离酸测定时试料质量的数值，单位为克(g)；

M——氢氧化钾的摩尔质量的数值，单位为克每摩尔(g/mol)[M=56.109]。

取两次平行测定结果的算术平均值为报告结果。两次平行测定结果的绝对差值不大于 2 mg/g。

A.7 水分的测定

称取约 0.6 g 实验室样品，精确至 0.000 2 g，置于 25 mL 烧杯中，加入少量三氯甲烷，加热溶解并转移至 25 mL 容量瓶中，用三氯甲烷冲洗烧杯数次，一并转入容量瓶中，稀释至刻度。量取 5 mL±0.02 mL 该试样溶液，按 GB/T 6283 直接电量法测定。

取两次平行测定结果的算术平均值为报告结果。两次平行测定结果的绝对差值不大于 0.05%。

A.8 灼烧残渣的测定

按 GB/T 7531 进行。灼烧温度为 850 ℃±25 ℃。

A.9 砷的测定

按 GB/T 5009.76 砷斑法进行。按"湿法消解"处理样品，测定时量取 10 mL±0.02 mL 试样溶液(相当于 1.0 g 实验室样品)。限量标准液的配制：用移液管移取 3 mL±0.02 mL 砷(As)标准溶液(相当于 3 μg As)，与试样同时同样处理。

A.10 铅的测定

A.10.1 比色法(仲裁法)

按 GB/T 5009.75 进行。样品的处理：称取约 2.5 g 实验室样品，精确至 0.000 1 g，置于 50 mL 坩埚中，先在低温下炭化，然后在 500 ℃～550 ℃灰化，冷却后，加入 5 mL 硝酸溶液(1+1)，搅拌使之溶解，加水 10 mL 转移至 25 mL 容量瓶中，用水稀释至刻度，摇匀。

A.10.2 原子吸收光谱法

按 GB 5009.12 进行。按 GB/T 5009.75“干法消解”处理样品。采用石墨炉原子吸收光谱法时，可视样品情况将试样溶液进行适当的稀释。

中华人民共和国国家标准

GB 25554—2010

食品安全国家标准

食品添加剂 聚氧乙烯(20)山梨醇酐单油酸酯(吐温80)

2010-12-21 发布

2011-02-21 实施

中华人民共和国卫生部 发布

前　言

本标准的附录 A 为规范性附录。

食品安全国家标准

食品添加剂　聚氧乙烯(20)山梨醇酐单油酸酯(吐温80)

1　范围

本标准适用于以山梨醇酐单油酸酯和环氧乙烷为原料,经加成反应制得的食品添加剂聚氧乙烯(20)山梨醇酐单油酸酯(吐温80)。

2　规范性引用文件

本标准中引用的文件对于本标准的应用是必不可少的。凡是注日期的引用文件,仅所注日期的版本适用于本标准。凡是不注日期的引用文件,其最新版本(包括所有的修改单)适用于本标准。

3　技术要求

3.1　感官要求:应符合表1的规定。

表1　感官要求

项　目	要　求	检验方法
色泽	常温下为淡黄色	取适量实验室样品,置于清洁、干燥的玻璃管中,在自然光线下,目视观察
组织状态	常温下为油状物	

3.2　理化指标:应符合表2的规定。

表2　理化指标

项　目		指　标	检验方法
酸值(以KOH计)/(mg/g)	≤	2.0	附录A中A.4
皂化值(以KOH计)/(mg/g)		45~55	附录A中A.5
羟值(以KOH计)/(mg/g)		65~80	附录A中A.6
水分,w/%	≤	3.0	附录A中A.7
灼烧残渣,w/%	≤	0.25	附录A中A.8
砷(As)/(mg/kg)	≤	3	附录A中A.9
铅(Pb)/(mg/kg)	≤	2	附录A中A.10
氧乙烯基(以C_2H_4O计),w/%		65.0~69.5	GB/T 7385

附 录 A
（规范性附录）
检验方法

A.1 警示

试验方法规定的一些试验过程可能导致危险情况。操作者应采取适当的安全和防护措施。

A.2 一般规定

除非另有说明，在分析中仅使用确认为分析纯的试剂和GB/T 6682—2008中规定的三级水。

试验方法中所用标准滴定溶液、杂质测定用标准溶液、制剂及制品，在没有注明其他要求时，均按GB/T 601、GB/T 602和GB/T 603之规定制备。

A.3 鉴别试验

A.3.1 试剂和材料

A.3.1.1 氢氧化钠溶液：43 g/L。

A.3.1.2 硫氰酸钴铵溶液：硫氰酸铵 17.4 g，硝酸钴 2.8 g，加水溶解成 100 mL。

A.3.1.3 盐酸溶液：23＋77。

A.3.2 分析步骤

A.3.2.1 取1 mL实验室样品，溶于20 mL水。取该溶液10 mL，置于25 mL试管中，加5 mL硫氰酸钴铵溶液，混匀，加5 mL三氯甲烷，振摇混合，静置后，三氯甲烷层显蓝色。

A.3.2.2 取1 mL实验室样品，溶于20 mL水。取该溶液5 mL，置于25 mL试管中，加5 mL氢氧化钠溶液，煮沸数分钟，冷却，用盐酸溶液酸化，显乳白色浑浊。

A.3.2.3 取6 mL实验室样品，置于25 mL试管中，加4 mL水混匀，呈胶状物。

A.4 酸值的测定

A.4.1 方法提要

样品加热溶于异丙醇和甲苯，以酚酞为指示剂，用氢氧化钠标准滴定溶液滴定，计算以氢氧化钾(KOH)计，数值以毫克每克(mg/g)表示的酸值。

A.4.2 试剂和材料

A.4.2.1 异丙醇。

A.4.2.2 甲苯。

A.4.2.3 氢氧化钠标准滴定溶液：$c(NaOH)=0.1$ mol/L。

A.4.2.4 酚酞指示液：10 g/L。

A.4.3 分析步骤

称取约5 g实验室样品，精确至0.000 1 g，置于锥形瓶中，加入异丙醇和甲苯各40 mL，加热使其溶解。加入5滴酚酞指示液，用氢氧化钠标准滴定溶液滴定至溶液呈粉红色，保持30 s不褪色为终点。

A.4.4 结果计算

酸值 w_1，以氢氧化钾(KOH)计，数值以毫克每克(mg/g)表示，按公式(A.1)计算：

$$w_1 = \frac{V_1 c M}{m_1} \qquad \cdots\cdots\cdots\cdots(A.1)$$

式中：

V_1——氢氧化钠标准滴定溶液(A.4.2.3)的体积的数值，单位为毫升(mL)；

c ——氢氧化钠标准滴定溶液浓度的准确数值，单位为摩尔每升(mol/L)；

m_1——试料质量的数值，单位为克(g)；

M——氢氧化钾的摩尔质量的数值，单位为克每摩尔(g/mol)[M=56.109]。

取两次平行测定结果的算术平均值为报告结果。两次平行测定结果的绝对差值不大于0.2 mg/g。

A.5 皂化值的测定

A.5.1 试剂和材料

A.5.1.1 无水乙醇。

A.5.1.2 氢氧化钾乙醇溶液：40 g/L。

A.5.1.3 盐酸标准滴定溶液：c(HCl)=0.5 mol/L。

A.5.1.4 酚酞指示液：10 g/L。

A.5.2 分析步骤

称取约2.5 g实验室样品，精确至0.000 1 g，置于250 mL磨口锥形瓶中，加入(25±0.02)mL氢氧化钾乙醇溶液，连接冷凝管，置于水浴中加热回流1 h，稍冷后用10 mL无水乙醇淋洗冷凝管，取下锥形瓶，加入5滴酚酞指示液，用盐酸标准滴定溶液滴定至溶液的红色刚刚消失，加热试液至沸。若出现粉红色，继续滴定至红色消失即为终点。

在测定的同时，按与测定相同的步骤，对不加试料而使用相同数量的试剂溶液做空白试验。

A.5.3 结果计算

皂化值 w_2，以氢氧化钾(KOH)计，数值以毫克每克(mg/g)表示，按公式(A.2)计算：

$$w_2 = \frac{(V_0 - V_2) c M}{m_2} \qquad \cdots\cdots\cdots\cdots(A.2)$$

式中：

V_2——试料消耗盐酸标准滴定溶液(A.5.1.3)体积的数值，单位为毫升(mL)；

V_0——空白试验消耗盐酸标准滴定溶液(A.5.1.3)体积的数值，单位为毫升(mL)；

c ——盐酸标准滴定溶液浓度的准确数值，单位为摩尔每升(mol/L)；

m_2——试料质量的数值，单位为克(g)；

M——氢氧化钾的摩尔质量的数值，单位为克每摩尔(g/mol)[M=56.109]。

取两次平行测定结果的算术平均值为报告结果。两次平行测定结果的绝对差值不大于1 mg/g。

A.6 羟值的测定

A.6.1 试剂和材料

A.6.1.1 吡啶：以酚酞为指示剂，用 $c(HCl)=0.1$ mol/L 盐酸溶液中和。

A.6.1.2 正丁醇：以酚酞为指示剂，用氢氧化钾乙醇标准滴定溶液中和。

A.6.1.3 乙酰化剂：乙酸酐与吡啶按 1+3 混匀，贮存于棕色瓶中。

A.6.1.4 氢氧化钾乙醇标准滴定溶液：$c(KOH)=0.5$ mol/L。

A.6.1.5 酚酞指示液：10 g/L。

A.6.2 分析步骤

称取约 2.2 g 实验室样品，精确至 0.000 1 g，置于 250 mL 磨口锥形瓶中，加入(5±0.02)mL 乙酰化剂，连接冷凝管，置于水浴中加热回流 1 h。从冷凝管上端加入 10 mL 水于锥形瓶中，继续加热 10 min 后，冷却至室温。用 15 mL 正丁醇冲洗冷凝管，拆下冷凝管，再用 10 mL 正丁醇冲洗瓶壁。加入 8 滴酚酞指示液，用氢氧化钾乙醇标准滴定溶液滴定至溶液呈粉红色即为终点。

在测定的同时，按与测定相同的步骤，对不加试料而使用相同数量的试剂溶液做空白试验。

为校正游离酸，称取约 10 g 实验室样品，精确至 0.01 g。置于锥形瓶中，加入 30 mL 吡啶，加入 5 滴酚酞指示液，用氢氧化钾乙醇标准滴定溶液滴定至溶液呈粉红色。

A.6.3 结果计算

羟值 w_3，以氢氧化钾(KOH)计，数值以毫克每克(mg/g)表示，按公式(A.3)计算：

$$w_3=\frac{(V_0-V_3)cM}{m_3}+\frac{V_4cM}{m_0} \qquad \text{(A.3)}$$

式中：

V_3——试料消耗氢氧化钾乙醇标准滴定溶液(A.6.1.4)体积的数值，单位为毫升(mL)；

V_0——空白试验消耗氢氧化钾乙醇标准滴定溶液(A.6.1.4)体积的数值，单位为毫升(mL)；

V_4——校正游离酸消耗氢氧化钾乙醇标准滴定溶液(A.6.1.4)体积的数值，单位为毫升(mL)；

c——氢氧化钾乙醇标准滴定溶液浓度的准确数值，单位为摩尔每升(mol/L)；

m_3——羟值测定时试料质量的数值，单位为克(g)；

m_0——校正游离酸测定时试料质量的数值，单位为克(g)；

M——氢氧化钾的摩尔质量的数值，单位为克每摩尔(g/mol)[$M=56.109$]。

取两次平行测定结果的算术平均值为报告结果。两次平行测定结果的绝对差值不大于 2 mg/g。

A.7 水分的测定

称取约 0.6 g 实验室样品，精确至 0.000 2 g。置于 25 mL 烧杯中，加入少量三氯甲烷，加热溶解并转移至 25 mL 容量瓶中，用三氯甲烷冲洗烧杯数次，一并转入容量瓶中，稀释至刻度。量取(5±0.02)mL 该试样溶液，按 GB/T 6283 直接电量法测定。

取两次平行测定结果的算术平均值为报告结果。两次平行测定结果的绝对差值不大于 0.05%。

A.8 灼烧残渣的测定

按 GB/T 7531 进行。灼烧温度为(850±25)℃。

A.9 砷的测定

按 GB/T 5009.76 砷斑法进行。按"湿法消解"处理样品，测定时量取(10±0.02)mL 试样溶液(相当于 1.0 g 实验室样品)。限量标准液的配制：用移液管移取(3±0.02)mL 砷(As)标准溶液(相当于 3 μg As)，与试样同时同样处理。

A.10 铅的测定

A.10.1 比色法(仲裁法)

按 GB/T 5009.75 进行。样品的处理：称取约 2.5 g 实验室样品，精确至 0.000 1 g，置于 50 mL 坩埚中，先在低温下炭化，然后在 500 ℃～550 ℃灰化，冷却后，加入 5 mL 硝酸溶液(1+1)，搅拌使之溶解，加水 10 mL 转移至 25 mL 容量瓶中，用水稀释至刻度，摇匀。

A.10.2 原子吸收光谱法

按 GB 5009.12 进行。按 GB/T 5009.75"干法消解"处理样品。采用石墨炉原子吸收光谱法时，可视样品情况将试样溶液进行适当的稀释。

中华人民共和国国家标准

GB 25555—2010

食品安全国家标准
食品添加剂 L-乳酸钙

2010-12-21 发布　　2011-02-21 实施

中华人民共和国卫生部 发布

前　言

本标准的附录A为规范性附录。

食品安全国家标准
食品添加剂　L-乳酸钙

1　范围

本标准适用于以发酵法生产的L-乳酸与碳酸钙(或氢氧化钙)合成制得的食品添加剂L-乳酸钙。

2　规范性引用文件

本标准中引用的文件对于本标准的应用是必不可少的。凡是注日期的引用文件,仅所注日期的版本适用于本标准。凡是不注日期的引用文件,其最新版本(包括所有的修改单)适用于本标准。

3　化学名称、分子式、结构式和相对分子质量

3.1　化学名称

α-羟基丙酸钙

3.2　分子式

$C_6H_{10}CaO_6 \cdot xH_2O(x=0\sim5)$

3.3　结构式

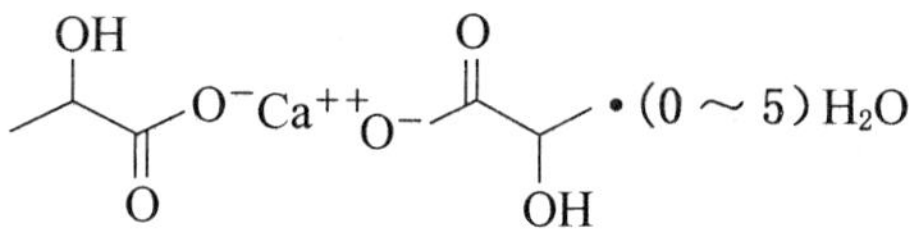

3.4　相对分子质量

218.22(无水物)(按2007年国际相对原子质量)

4　技术要求

4.1　感官要求:应符合表1的规定。

表1　感官要求

项　目	要　　求	检验方法
色泽	白色	取适量实验室样品,置于清洁、干燥的玻璃培养皿中,在自然光线下,从上方及侧面观察其色泽及外观,嗅其气味
气味	无异味	
组织状态	颗粒或粉末	

4.2 理化指标:应符合表 2 的规定。

表 2 理化指标

项　　目		指　　标	检验方法
立体化学纯度(L 体)/%	≥	96.0	附录 A 中 A.4
总乳酸钙(以干基计),w/%		98.0～101.0	附录 A 中 A.5
干燥减量,w/%		22.0～27.0(五水);15.0～20.0(三水); 5.0～8.0(一水);≤3.0(无水)	附录 A 中 A.6
水溶解试验		通过试验	附录 A 中 A.7
游离酸和游离碱试验		通过试验	附录 A 中 A.8
挥发性脂肪酸试验		通过试验	附录 A 中 A.9
镁及碱金属,w/%	≤	1.0	附录 A 中 A.10
氯化物(以 Cl 计),w/%	≤	0.05	附录 A 中 A.11
硫酸盐(以 SO_4 计),w/%	≤	0.075	附录 A 中 A.12
铁(Fe),w/%	≤	0.005	附录 A 中 A.13
砷(As)/(mg/kg)	≤	2	附录 A 中 A.14
铅(Pb)/(mg/kg)	≤	2	附录 A 中 A.15
钡(Ba)试验		通过试验	附录 A 中 A.16
氟化物(以 F 计),w/%	≤	0.001 5	附录 A 中 A.17

附 录 A
(规范性附录)
检 验 方 法

A.1 警示

试验方法规定的一些试验过程可能导致危险情况。操作者应采取适当的安全和防护措施。

A.2 一般规定

除非另有说明,在分析中仅使用确认为分析纯的试剂和GB/T 6682—2008中规定的三级水。

试验方法中所用标准滴定溶液、杂质测定用标准溶液、制剂及制品,在没有注明其他要求时,均按GB/T 601、GB/T 602和GB/T 603之规定制备。

A.3 鉴别试验

A.3.1 试剂和材料

A.3.1.1 硫酸。

A.3.1.2 高锰酸钾溶液:3.2 g/L。

A.3.1.3 草酸铵溶液:40 g/L。

A.3.1.4 盐酸溶液:1+3。

A.3.1.5 乙酸溶液:1+20。

A.3.2 分析步骤

A.3.2.1 钙盐的鉴别

取约0.5 g实验室样品,溶于10 mL水,滴加草酸铵溶液,即产生白色沉淀。分离沉淀,加入乙酸溶液,沉淀不溶解;再加入盐酸溶液,沉淀完全溶解。

A.3.2.2 乳酸盐的鉴别

取约0.5 g实验室样品,加10 mL热水溶解,滴加硫酸使其呈酸性,加高锰酸钾溶液,加热,即发出乙醛的气味。

A.4 立体化学纯度(L体)的测定

A.4.1 方法提要

用高效液相色谱法,在选定的工作条件下,通过色谱柱使样品溶液中L体乳酸钙和D体乳酸钙组分分离,用紫外吸收检测器检测,用面积归一化法定量,计算总乳酸钙中L体乳酸钙的含量,即为L-乳酸钙的立体化学纯度。

A.4.2 试剂和材料

硫酸铜溶液:0.001 mol/L。

A.4.3 仪器和设备

A.4.3.1 高效液相色谱系统(HPLC)

A.4.3.1.1 高压泵:无脉冲,能将流速保持在 0.1 mL/min～10.0 mL/min。

A.4.3.1.2 定量环:5 μL。

A.4.3.1.3 紫外光检测器:可变波长。

A.4.3.1.4 数据处理系统:色谱工作站或数据处理机。

A.4.3.2 抽滤系统

抽滤系统使用孔径为 0.45 μm 的纤维素酯膜滤纸(用于流动相的预处理)。

A.4.3.3 过滤系统

过滤系统使用孔径为 0.45 μm 的纤维素酯膜滤纸(用于样品的预处理)。

A.4.3.4 微量进样针

HPLC 专用,50 μL、100 μL(或自动进样器)。

A.4.4 色谱分析条件

推荐的色谱柱及典型操作条件见表 A.1,立体化学纯度(L 体)的测定典型高效液相色谱图见图 A.1。保留时间:L 体乳酸钙约 18.5 min,D 体乳酸钙约 23.5 min(保留时间会有变动,以标准样品出峰时间为准)。其他能达到同等分离程度的色谱柱和色谱操作条件均可使用。

表 A.1 色谱柱和典型色谱操作条件

色谱柱	柱长 150 mm,柱内径 4.6 mm,以配位交换型光学活性固定相涂敷于 ODS 二氧化硅的填料手性色谱柱
柱温	20 ℃～40 ℃,控制精度±1 ℃
流动相	硫酸铜溶液
流动速度/(mL/min)	1.0
检测器检测波长/nm	254
进样量/μL	5(注入乳酸浓度约为 0.1%),D 体与 L 体分离度在 1.0 以上

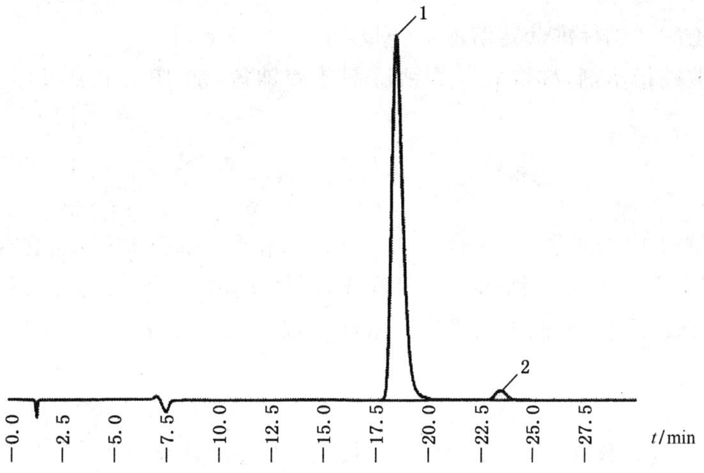

1——L 体乳酸钙；
2——D 体乳酸钙。

图 A.1　立体化学纯度(L 体)测定典型高效液相色谱图

A.4.5　分析步骤

A.4.5.1　样品制备

称取实验室样品约 0.15 g，精确至 0.001 g，加热水溶解后，转移至 100 mL 容量瓶中，稀释至刻度，摇匀备用。

A.4.5.2　测定

根据仪器说明书，调节仪器至表 A.1 所示的操作条件，待仪器稳定后即可开始测定。用微量注射器或用自动进样器进样，用色谱数据处理机或工作站处理计算结果，以面积归一化法定量。

A.4.6　结果计算

立体化学纯度(L 体)即总乳酸钙中 L 体乳酸钙的含量 X_1，数值以%表示，按公式(A.1)计算：

$$X_1 = \frac{A_l}{A_l + A_d} \times 100\% \qquad \cdots\cdots\text{(A.1)}$$

式中：

A_l——L 体乳酸钙组分的峰面积；

A_d——D 体乳酸钙组分的峰面积。

取两次平行测定结果的算术平均值为报告结果。两次平行测定结果的绝对差值不大于 0.2%。

A.5　总乳酸钙(以干基计)的测定

A.5.1　方法提要

在碱性条件下，以干燥减量后的试样消耗络合剂乙二胺四乙酸二钠标准滴定液的体积计算其总乳酸钙的含量，用钙试剂羧酸钠指示剂的颜色变化判断滴定的终点。

A.5.2　试剂和材料

A.5.2.1　氢氧化钠溶液：100 g/L。

A.5.2.2 盐酸溶液：1+4。

A.5.2.3 乙二胺四乙酸二钠标准滴定溶液：c(EDTA)=0.05 mol/L。

A.5.2.4 钙试剂羧酸钠指示剂：称取 0.1 g 钙试剂羧酸钠盐，加 10 g 在约 110 ℃干燥过的氯化钠研磨，混匀。

A.5.3 分析步骤

称取约 0.3 g A.6.1 中干燥物 A，精确至 0.000 2 g，溶于已加有 2 mL 盐酸溶液的 50 mL 水中，边搅拌边滴加 15 mL 乙二胺四乙酸二钠标准滴定溶液，再加 5 mL 氢氧化钠溶液和 0.1 g 钙试剂羧酸钠指示剂，用乙二胺四乙酸二钠标准滴定液滴定至溶液呈现蓝色为终点。

A.5.4 结果计算

总乳酸钙含量的质量分数 w_2，数值以%表示，按公式(A.2)计算：

$$w_2 = \frac{(V/1\,000)cM}{m} \times 100\% \qquad \cdots\cdots(A.2)$$

式中：

V——试料消耗乙二胺四乙酸二钠标准滴定溶液体积的数值，单位为毫升(mL)；

c——乙二胺四乙酸二钠标准滴定溶液浓度的准确数值，单位为摩尔每升(mol/L)；

m——试料质量的数值，单位为克(g)；

M——乳酸钙($C_6H_{10}CaO_6$)的摩尔质量的数值，单位为克每摩尔(g/mol)(M=218.2)。

取两次平行测定结果的算术平均值为测定结果，两次平行测定结果的绝对差值不大于 0.2%。

A.6 干燥减量的测定

A.6.1 分析步骤

称取约 1.5 g 实验室样品，精确至 0.000 2 g，置于预先在(120±2)℃干燥至质量恒定的扁形称量瓶中，铺成 3 mm 以下的层。在(120±2)℃的恒温干燥箱中干燥 4 h，置于干燥器中冷却 30 min 称量。保留部分干燥物(此为干燥物 A)用于总乳酸钙含量的测定。

A.6.2 结果计算

干燥减量的质量分数 w_3，数值以%表示，按公式(A.3)计算：

$$w_3 = \frac{m - m_1}{m} \times 100\% \qquad \cdots\cdots(A.3)$$

式中：

m——干燥前试料质量的数值，单位为克(g)；

m_1——干燥后试料质量的数值，单位为克(g)。

取两次平行测定结果的算术平均值为报告结果。两次平行测定结果的绝对差值不大于 0.2%。

A.7 水溶解试验

A.7.1 试剂和材料

A.7.1.1 硝酸溶液：1+2。

A.7.1.2 糊精溶液：20 g/L。

A.7.1.3 硝酸银溶液：17 g/L。

A.7.1.4 浊度标准溶液：含氯(Cl)0.01 mg/mL。量取 $c(HCl)=0.1$ mol/L 盐酸标准溶液 14.1 mL，置于 50 mL 容量瓶中，加水稀释至刻度。量取该溶液 10.00 mL，置于 1 000 mL 容量瓶中，加水稀释至刻度。

A.7.2 分析步骤

称取 1.0 g 实验室样品，精确至 0.01 g，置于 25 mL 比色管中，加 20 mL 水，在水浴上加热溶解，作为试验溶液；取另一只比色管，加入(0.20±0.02)mL 浊度标准溶液，加水至 20 mL，加 1 mL 硝酸溶液、0.2 mL 糊精溶液和 1 mL 硝酸银溶液，摇匀，避光放置 15 min，作为标准比浊溶液。在无阳光直射情况下，目视轴向及侧面观察，试验溶液的浊度不得大于标准比浊溶液的浊度。

A.8 游离酸和游离碱试验

A.8.1 试剂和材料

A.8.1.1 氢氧化钠标准溶液：$c(NaOH)=0.1$ mol/L。

A.8.1.2 酚酞指示液：10 g/L。

A.8.2 分析步骤

称取 1.0 g 实验室样品，精确至 0.01 g，溶于 20 mL 无二氧化碳的水，加 3 滴酚酞指示液，不应有粉红色产生；加 0.5 mL 氢氧化钠标准溶液，应呈粉红色。

A.9 挥发性脂肪酸试验

称取约 0.5 g 实验室样品，精确至 0.01 g，置于干燥蒸发皿中，加 1 mL 硫酸，搅拌，在水浴上加热，不应有脂肪酸气味逸出。

A.10 镁及碱金属含量的测定

A.10.1 方法提要

样品中的钙在酸性条件下与草酸生成难溶的草酸钙沉淀，过滤，滤液中的镁及碱金属和硫酸加热生成硫酸盐，再过滤，滤液蒸干，灼烧后定量。

A.10.2 试剂和材料

A.10.2.1 盐酸。

A.10.2.2 硫酸。

A.10.2.3 氨水。

A.10.2.4 草酸溶液：150 g/L。

A.10.2.5 甲基红指示液：1 g/L。

A.10.3 分析步骤

称取 1.0 g 实验室样品，精确至 0.01 g，加水 40 mL，再加 1 mL 盐酸，煮沸 1 min，迅速加 40 mL 草酸溶液和 2 滴甲基红指示液，用氨水中和至溶液刚好呈黄色，冷却至室温。移入 100 mL 容量瓶中，稀释至刻度，摇匀，放置 4 h 或过夜。用干燥滤纸过滤，取 50 mL 澄清滤液，置于预先于(800±25)℃干燥至质量恒定的坩埚中，加 0.5 mL 硫酸，在水浴上蒸发至近干，在电炉上加热至硫酸蒸气逸尽，于(800±

25)℃灼烧至质量恒定。残渣质量不得大于 5.0 mg。

A.11 氯化物的测定

按《中华人民共和国药典》2005 年版二部附录Ⅷ A 的规定进行。称取 0.1 g 实验室样品，精确至 0.001 g，其所呈浊度不得大于标准比浊溶液。量取（5±0.02）mL 氯化物（Cl）标准溶液（0.01 mg/mL）制备标准比浊溶液。

A.12 硫酸盐的测定

按《中华人民共和国药典》2005 年版二部附录Ⅷ B 的规定进行。称取试样 0.20 g，精确至 0.001 g，其所呈浊度不得大于标准比浊溶液。量取（1.5±0.02）mL 硫酸盐（SO_4）标准溶液（0.1 mg/mL）制备标准比浊溶液。

A.13 铁的测定

按《中华人民共和国药典》2005 年版二部附录ⅧG 的规定进行。称取 0.5 g 实验室样品，精确至 0.01 g，加 25 mL 水，置于水浴中加热溶解，冷却后为试验溶液，其所呈颜色不得深于标准比色溶液。量取（2.5±0.02）mL 铁（Fe）标准溶液（0.01 mg/mL）制备标准比色溶液。

A.14 砷的测定

按 GB/T 5009.76 砷斑法进行。测定时称取 1.0 g 实验室样品，精确至 0.01 g，加 10 mL 热水溶解。

限量标准液的配制：用移液管移取 2.00 mL 砷（As）标准溶液（相当于 0.002 mg As），与试样同时同样处理。

A.15 铅的测定

按 GB/T 5009.75"限量试验"进行。样品处理为：称取 3.0 g 试样，精确至 0.01 g，加热水 30 mL 溶解，移入分液漏斗中，加 1%硝酸至 40 mL。量取 0.60 mL 铅（Pb）标准溶液（相当于 0.006 mg Pb）制备铅限量标准液。

A.16 钡试验

称取 1.0 g 实验室样品，精确至 0.01 g，加 20 mL 热水溶解，分为两等份置于 2 个 25 mL 比色管中，一份加 1 mL 硫酸钙饱和溶液混匀，另一份加 1 mL 水，放置 15 min 后比较，样品管所呈混浊不得大于对照管。

A.17 氟化物的测定

A.17.1 方法提要

在高氯酸介质中，通过蒸汽蒸馏使氟自样品中分离，氟与茜素氨羧络合剂和硝酸镧的混合剂形成蓝色络合物，在 620 nm 处测定其吸光度，根据工作曲线计算试样的氟化物含量。

A.17.2 试剂和材料

A.17.2.1 丙酮。

A.17.2.2 高氯酸。

A.17.2.3 氢氧化钠溶液:4 g/L。

A.17.2.4 氢氧化钠溶液:40 g/L。

A.17.2.5 硝酸银溶液:2 g/100 mL。

A.17.2.6 盐酸:1+10。

A.17.2.7 硝酸镧溶液:称取 0.22 g 硝酸镧,用少量乙酸溶液(3+47)溶解,加水至约 450 mL,用乙酸钠溶液(250 g/L)调节 pH 为 5.0,再加水稀释至 500 mL,置冰箱内(6 ℃~8 ℃)保存,生霉后则重配。

A.17.2.8 缓冲液(pH4.7):称取 44 g 乙酸钠,溶于 400 mL 水中,加 22 mL 冰乙酸,再缓缓加冰乙酸调节 pH 为 4.7,然后加水稀释至 500 mL。

A.17.2.9 氟标准溶液:0.01 mg /mL。

称取经 105 ℃干燥 2 h 的氟化钠 0.221 g,精确至 0.000 2 g。溶于水,移入 100 mL 容量瓶中,加水至刻度,混匀,贮于聚乙烯瓶中备用,置冰箱中保存,此氟标准储备液浓度为 1.0 mg/mL。

临用前,吸取(1±0.02)mL 氟标准储备液,稀释至 100 mL,混匀,贮于聚乙烯瓶中。此为 0.01 mg/mL 的氟标准溶液。

A.17.2.10 酚酞指示液:10 g/L。

A.17.2.11 茜素氨羧络合剂溶液:称取 0.193 g 茜素氨羧络合剂,加少量水及氢氧化钠溶液(40 g/L)使其溶解,加 0.13 g 乙酸钠,用 1 mol/L 乙酸调节 pH 为 5.0(红色),加水稀释至 500 mL,贮于棕色瓶中,置冰箱内(6 ℃~8 ℃)保存,出现沉淀时应重配。

A.17.3 仪器和设备

A.17.3.1 分光光度计:带有光程为 30 mm 的石英比色皿,吸光度精度为±0.004(A)。

A.17.3.2 测氟蒸馏装置示意图见图 A.2。

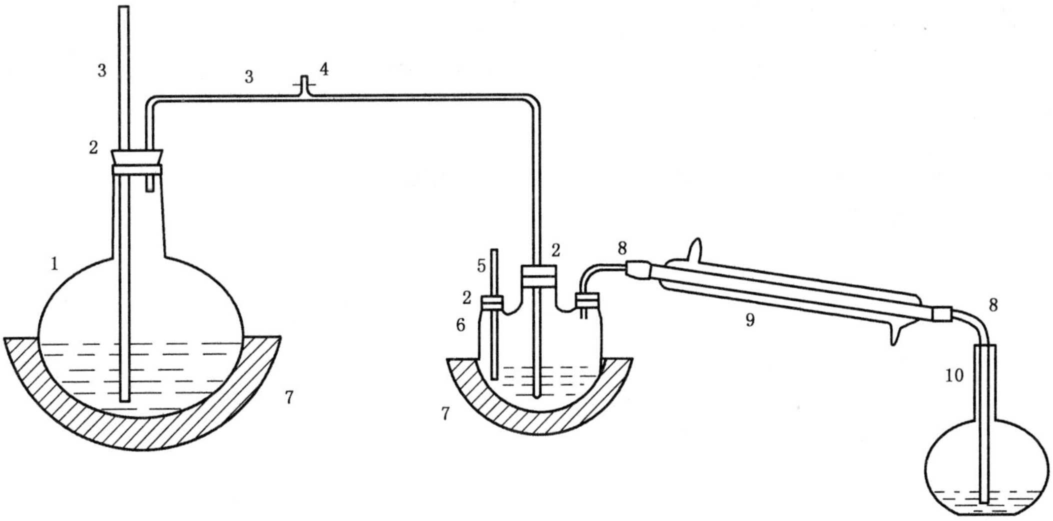

1——水蒸气发生器(1 000 mL 烧瓶);
2——橡皮塞;
3——ϕ5 mm 玻璃管;
4——三通管和螺丝夹;
5——200 ℃温度计;
6 ——250 mL 三口烧瓶;
7 ——加热套或电炉;
8 ——玻璃弯管;
9 ——500 mm 直形冷凝管;
10——250 mL 容量瓶。

图 A.2 测氟蒸馏装置示意图

A.17.4 分析步骤

A.17.4.1 氟标准曲线的绘制

分别吸取 0 mL、0.5 mL、1.0 mL、1.5 mL、2.0 mL、2.5 mL 氟标准溶液置于 6 根 50 mL 比色管中，每根比色管加入(5±0.02)mL 茜素氨羧络合剂溶液和(3±0.02)mL 缓冲液，混匀。慢慢加入(5±0.02)mL 硝酸镧溶液，振摇，再加(10±0.02)mL 丙酮，加水至 50 mL，混匀，室温放置 25 min。移入 30 mm 的石英比色皿中，于波长 620 nm 处测定吸光度；以氟质量为横坐标，相应的吸光度为纵坐标，绘制标准曲线。

A.17.4.2 测定

称取 2 g 实验室样品，精确至 0.01 g，置于 250 mL 三口烧瓶中，加玻璃珠 5～6 粒，缓慢加入高氯酸 10 mL，用约 8 mL 的水冲洗瓶壁，加硝酸银试液 4～6 滴；按测氟蒸馏装置示意图(见图 A.2)接好装置，瓶塞上的温度计应密塞，温度计的水银球应插入试验溶液中，冷凝器末端的玻璃弯管插入已加入约 90 mL 氢氧化钠溶液(A.17.2.3)和 2 滴酚酞的 250 mL 容量瓶中。水蒸气发生器中加入 500 mL 水，5～10 粒玻璃珠；并滴加氢氧化钠溶液(A.17.2.4)使成碱性。打开螺丝夹，加热至近沸。关闭螺丝夹，将水蒸气通入 250 mL 三口烧瓶，同时加热三口烧瓶，调节水蒸气的进入量使温度上升后保持在 135 ℃～140 ℃之间；如果容量瓶中溶液褪色，补加适量的氢氧化钠溶液(A.17.2.3)，保持馏出液呈碱性，直至 200 mL，停止蒸馏；用氢氧化钠溶液(A.17.2.3)和盐酸溶液调节 pH 为中性(用精密 pH 试纸检验)，再加盐酸溶液 2 滴，加水至 250 mL，摇匀，为试验溶液。从容量瓶中吸取(25±0.02)mL 样品溶液于比色管中，加(5±0.02)mL 茜素氨羧络合剂溶液和(3±0.02)mL 缓冲液，混匀。慢慢加入(5±0.02)mL 硝酸镧溶液，振摇，再加(10±0.02)mL 丙酮，加水至 50 mL，混匀，室温放置 25 min。移入 30 mm 的石英比色皿中，在波长 620 nm 处测定吸光度。根据预先做好的标准曲线查出氟的质量。

A.17.5 结果计算

氟化物(以 F 计)的质量分数 w_4，数值以%表示，按公式(A.4)计算：

$$w_4 = \frac{10m_1}{1\,000m} \times 100\% \qquad \cdots\cdots(A.4)$$

式中：

m_1——注入分光光度计试样中的氟的质量，单位为毫克(mg)；

m ——试料的质量，单位为克(g)。

中华人民共和国国家标准

GB 25556—2010

食品安全国家标准

食品添加剂 酒石酸氢钾

2010-12-21 发布

2011-02-21 实施

中华人民共和国卫生部 发布

前　言

本标准的附录 A 为规范性附录。

食品安全国家标准
食品添加剂 酒石酸氢钾

1 范围

本标准适用于以 L(+)-酒石酸和氢氧化钾(或碳酸钾)反应制得的食品添加剂酒石酸氢钾。

2 规范性引用文件

本标准中引用的文件对于本标准的应用是必不可少的。凡是注日期的引用文件,仅所注日期的版本适用于本标准。凡是不注日期的引用文件,其最新版本(包括所有的修改单)适用于本标准。

3 化学名称、分子式、结构式和相对分子质量

3.1 化学名称

(2R,3R)2,3-二羟基丁二酸氢钾

3.2 分子式

$C_4H_5KO_6$

3.3 结构式

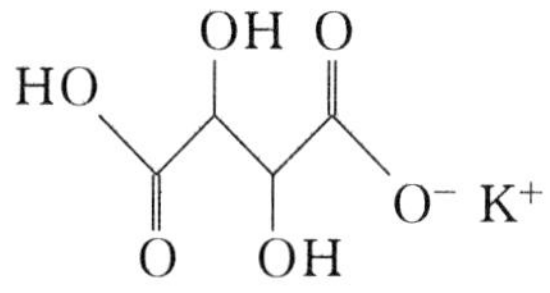

3.4 相对分子质量

188.18(按 2007 年国际相对原子质量)

4 技术要求

4.1 感官要求:应符合表 1 的规定。

表 1 感官要求

项 目	要 求	检 验 方 法
色泽和组织状态	白色结晶或结晶粉末	取适量实验室样品,置于清洁、干燥的白瓷盘中,在自然光线下,观察其外观,并嗅其味
气味	有酸味	

4.2 理化指标:应符合表 2 的规定。

表 2 理化指标

项　　目		指　标	检验方法
酒石酸氢钾(以 $C_4H_5KO_6$ 计,以干基计),w/%		99.0～101.0	附录 A 中 A.4
比旋光度 α_m(20 ℃,D)/[(°)·dm^2·kg^{-1}]		+32.5～+35.5	附录 A 中 A.5
澄清度试验		通过试验	附录 A 中 A.6
干燥减量,w/%	≤	0.5	附录 A 中 A.7
砷(As)/(mg/kg)	≤	3	附录 A 中 A.8
铅(Pb)/(mg/kg)	≤	2	附录 A 中 A.9
硫酸盐(以 SO_4 计),w/%	≤	0.019	附录 A 中 A.10
铵盐试验		通过试验	附录 A 中 A.11

附 录 A
(规范性附录)
检 验 方 法

A.1 警示

试验方法规定的一些试验过程可能导致危险情况。操作者应采取适当的安全和防护措施。

A.2 一般规定

除非另有说明,在分析中仅使用确认为分析纯的试剂和 GB/T 6682—2008 中规定的三级水。

试验方法中所用标准滴定溶液、杂质测定用标准溶液、制剂及制品,在没有注明其他要求时,均按 GB/T 601、GB/T 602 和 GB/T 603 之规定制备。

A.3 鉴别试验

A.3.1 试剂和材料

A.3.1.1 硝酸。

A.3.1.2 盐酸。

A.3.1.3 氨水溶液:2+3。

A.3.1.4 盐酸溶液:1+3。

A.3.1.5 硝酸银溶液:2 g/L。

A.3.2 分析步骤

A.3.2.1 称取 1 g 实验室样品,精确至 0.01 g,加 10 mL 氨水溶液溶解,溶液呈右旋光性。

A.3.2.2 称取 0.5 g 实验室样品,精确至 0.01 g,缓缓加热发生焦糖气味并炭化。向残渣中加 5 mL 水,充分摇混,此试液显碱性。取试液加盐酸溶液中和后过滤。此试液呈现钾盐反应。

钾盐反应:用铂丝环蘸盐酸润湿后,在火焰上燃烧至无色。再蘸取试液在火焰上燃烧,在钴玻璃下,火焰应呈紫罗兰色。

A.3.2.3 称取 1 g 实验室样品,精确至 0.01 g,加 20 mL 水加热溶解,加 2~3 滴硝酸银溶液,生成白色沉淀。分离该沉淀,加硝酸于其中一部分,沉淀即溶解。加氨水溶液于另一部分并加温,沉淀溶解并慢慢有银镜生成。

A.4 酒石酸氢钾的测定

A.4.1 方法提要

以酚酞为指示剂,用氢氧化钠标准滴定溶液滴定干燥试样的水溶液,根据氢氧化钠标准滴定溶液的用量,计算酒石酸氢钾(以 $C_4H_5KO_6$ 计)的含量。

A.4.2 试剂和材料

A.4.2.1 氢氧化钠标准滴定溶液:$c(NaOH)\approx 0.5$ mol/L。

A.4.2.2 酚酞指示液:10 g/L。

A.4.3 分析步骤

称取 2.0 g A.7 中干燥物 A,精确至 0.000 2 g,加 100 mL 水加热溶解,加 2 滴酚酞指示液,用氢氧化钠标准滴定溶液滴定至微红色,保持 30 s 不褪色为终点。

A.4.4 结果计算

酒石酸氢钾(以 $C_4H_5KO_6$ 计,以干基计)的质量分数 w,数值以%表示,按公式(A.1)计算:

$$w=\frac{(V/1\,000)cM}{m}\times 100\% \qquad \cdots\cdots(A.1)$$

式中:

V ——试料消耗氢氧化钠标准滴定溶液(A.4.2.1)体积的数值,单位为毫升(mL);

c ——氢氧化钠标准滴定溶液浓度的准确数值,单位为摩尔每升(mol/L);

m ——试料质量的数值,单位为克(g);

M——酒石酸氢钾的摩尔质量的数值,单位为克每摩尔(g/mol)(M=188.18)。

取两次平行测定结果的算术平均值为报告结果。两次平行测定结果的绝对差值不大于 0.2%。

A.5 比旋光度的测定

A.5.1 称取 5 g 实验室样品,精确至 0.001 g,加 10 mL 氨水溶液(2+3),并转移至 50 mL 容量瓶中,用水稀释至刻度,摇匀。

比旋光度 α_m(20 ℃,D),数值以"(°)·dm²·kg⁻¹"表示,按公式(A.2)计算:

$$\alpha_m(20\ ℃,D)=\frac{\alpha}{l\rho_\alpha} \qquad \cdots\cdots(A.2)$$

式中:

α ——测得的旋光角,单位为度(°);

l ——旋光管的长度,单位为分米(dm);

ρ_α——溶液中有效组分的质量浓度,单位为克每毫升(g/mL)。

A.5.2 其他按 GB/T 613 进行。

A.6 澄清度试验

A.6.1 试剂和材料

A.6.1.1 糊精溶液:20 g/L。

A.6.1.2 硝酸银溶液:20 g/L。

A.6.1.3 硝酸溶液:1+1。

A.6.1.4 氨水溶液:2+1。

A.6.1.5 浊度标准溶液:含氯(Cl)0.01 mg/mL。量取 c(HCl)=0.1 mol/L 盐酸标准滴定溶液(14.1±0.02)mL,置于 50 mL 容量瓶中,稀释至刻度。量取该溶液(10±0.02)mL 于 1 000 mL 容量瓶中,加水稀释至刻度,摇匀。

A.6.2 分析步骤

取(0.5±0.02)mL 浊度标准溶液,加水至 20 mL,加 1 mL 硝酸溶液,0.2 mL 糊精溶液及 1 mL 硝酸银溶液,加水至 25 mL,摇匀,避光放置 15 min,作为标准比浊溶液。

称取0.5 g实验室样品，精确至0.01 g，置于10 mL比色管中，加入3.0 mL氨水溶液，作为试验溶液。

量取与试验溶液等体积的标准比浊溶液置于另一只比色管中，在无阳光直射情况下，轴向及侧向观察，试验溶液的浊度不得大于标准比浊溶液的浊度。

A.7 干燥减量的测定

称取约3 g实验室样品，精确至0.000 2 g，在(105±2)℃下干燥3 h。其他按GB/T 6284进行。保留部分干燥物(此为干燥物A)用于酒石酸氢钾的测定。

取两次平行测定结果的算术平均值为报告结果。两次平行测定结果的绝对差值不大于0.05%。

A.8 砷的测定

按GB/T 5009.76进行。

A.9 铅的测定

按GB/T 5009.75进行。

A.10 硫酸盐的测定

A.10.1 试剂和材料

A.10.1.1 氯化钡溶液：120 g/L，称取12 g $BaCl_2 \cdot 2H_2O$溶于100 mL水中。

A.10.1.2 盐酸溶液：1+3。

A.10.1.3 硫酸标准溶液：$c(1/2H_2SO_4)=0.005$ mol/L。

A.10.2 分析步骤

A.10.2.1 标准比浊溶液的配制

量取(0.2±0.02)mL硫酸标准溶液及(2±0.02)mL盐酸溶液置于50 mL比色管中，用水稀释至50 mL。

A.10.2.2 样品溶液的配制

称取0.5 g实验室样品，精确至0.01 g，加入2 mL盐酸溶液及30 mL水，加热使之溶解，转移至50 mL比色管中，用水稀释至50 mL。

A.10.2.3 测定

于两只比色管中分别加入2 mL氯化钡溶液，充分混合。放置10 min后，将两只比色管放在黑色背景上，由侧面及上方观察其浊度，样品溶液呈现浊度不得大于标准比浊溶液。

A.11 铵盐试验

称取0.5 g实验室样品，精确至0.01 g，加入5 mL氢氧化钠溶液(40 g/L)，加热，不产生氨味。

中华人民共和国国家标准

GB 25557—2010

食品安全国家标准
食品添加剂　焦磷酸钠

2010-12-21 发布　　2011-02-21 实施

中华人民共和国卫生部　发布

前　言

本标准的附录A为规范性附录。

食品安全国家标准
食品添加剂 焦磷酸钠

1 范围

本标准适用于热法磷酸与工业碳酸钠(纯碱)或离子膜氢氧化钠(烧碱)中和反应制得的食品添加剂焦磷酸钠。

2 规范性引用标准

本标准中引用的文件对于本标准的应用是必不可少的。凡是注日期的引用文件,仅所注日期的版本适用于本标准。凡是不注日期的引用文件,其最新版本(包括所有的修改单)适用于本标准。

3 分子式和相对分子质量

3.1 分子式

无水焦磷酸钠:$Na_4P_2O_7$

十水合焦磷酸钠:$Na_4P_2O_7 \cdot 10H_2O$

3.2 相对分子质量

无水焦磷酸钠:265.90(按2007年国际相对原子质量)

十水合焦磷酸钠:446.10(按2007年国际相对原子质量)

4 技术要求

4.1 感官要求:应符合表1的规定。

表1 感官要求

项 目	要 求	检验方法
色泽	白色	取适量试样置于50 mL烧杯中,在自然光下观察色泽和组织状态
组织状态	粉末或结晶	

4.2 理化指标:应符合表2的规定。

表2 理化指标

项 目		指 标	检验方法
十水合焦磷酸钠($Na_4P_2O_7 \cdot 10H_2O$),w/%	≥	98.0	附录A中A.4
无水焦磷酸钠($Na_4P_2O_7$),w/%		96.5~100.5	

表 2（续）

项目			指标	检验方法
正磷酸盐			通过试验	附录 A 中 A.5
pH(10 g/L 溶液)			9.9～10.7	附录 A 中 A.6
砷(As)/(mg/kg)		≤	3	附录 A 中 A.7
氟化物(以 F 计)/(mg/kg)		≤	50	附录 A 中 A.8
重金属(以 Pb 计)/(mg/kg)		≤	10	附录 A 中 A.9
铅(Pb)/(mg/kg)		≤	4	附录 A 中 A.10
水不溶物，w/%		≤	0.2	附录 A 中 A.11
灼烧减量	($Na_4P_2O_7 \cdot 10H_2O$)，w/%		38.0～42.0	附录 A 中 A.12
	($Na_4P_2O_7$)[a]，w/%	≤	0.5	
[a] 灼烧减量($Na_4P_2O_7$)指标为出厂时检验指标。				

附 录 A
(规范性附录)
检验方法

A.1 警示

本标准的检验方法中使用的部分试剂具有毒性或腐蚀性,操作时须小心谨慎!必要时,需在通风橱中进行。如溅到皮肤上应立即用水冲洗,严重者应立即就医。

A.2 一般规定

本标准的检验方法中所用试剂和水在没有注明其他要求时,均指分析纯试剂和GB/T 6682—2008中规定的三级水。试验中所用标准滴定溶液、杂质标准溶液、制剂及制品,在没有注明其他要求时,均按HG/T 3696.1、HG/T 3696.2、HG/T 3696.3之规定制备。

A.3 鉴别试验

A.3.1 试剂和材料

A.3.1.1 盐酸。

A.3.1.2 硝酸溶液:1+1。

A.3.1.3 乙酸溶液:1+1。

A.3.1.4 氨水溶液:2+3。

A.3.1.5 硝酸银溶液:17 g/L。

A.3.2 分析步骤

A.3.2.1 钠离子鉴别

称取1 g试样,加20 mL水溶解,用铂丝环蘸盐酸润湿后,在火焰上燃烧至无色。再蘸取试液在火焰上燃烧,火焰应呈亮黄色。

A.3.2.2 焦磷酸根离子鉴别

A.3.2.2.1 试样溶液:将0.1 g试样溶于100 mL硝酸溶液中;

A.3.2.2.2 试验溶液A:于30 mL喹钼柠酮溶液中滴入0.5 mL试样溶液;

A.3.2.2.3 试验溶液B:将剩余的试样溶液于95 ℃加热10 min,取0.5 mL此溶液滴入30 mL喹钼柠酮溶液中;

A.3.2.2.4 判定:试验溶液B立即形成黄色沉淀,试验溶液A则不出现。

A.4 焦磷酸钠的测定

A.4.1 方法提要

焦磷酸钠与盐酸反应生成焦磷酸二氢二钠,向溶液中加入硫酸锌,定量生成焦磷酸锌沉淀和硫酸,用氢氧化钠标准滴定溶液滴定生成的硫酸，再根据氢氧化钠标准滴定溶液的消耗量计算出焦磷酸钠的含量。

A.4.2 试剂和材料

A.4.2.1 盐酸溶液：1+20。

A.4.2.2 硫酸锌溶液：125 g/L；

将 125 g 硫酸锌($ZnSO_4 \cdot 7H_2O$)溶解于水，用水稀释至 1 L，在 pH 计上，根据显示的 pH，用硫酸溶液(1+500)或氢氧化钠溶液(6 g/L)将 pH 调至 3.8。

A.4.2.3 无水焦磷酸钠：

a) 以工业无水焦磷酸钠为原料的制备方法：

第一次结晶：称取 30 g 工业无水焦磷酸钠，置于 400 mL 烧杯中，加 100 mL 水，加热溶解，用中速定量滤纸过滤。将滤液在冷水浴中冷却，析出结晶，倾出溶液，用少量水洗涤结晶两次。

第二次结晶：将第一次结晶用少量水加热溶解，在冷水浴中冷却，析出结晶，倾出溶液。

第三次结晶：将第二次结晶按第二次结晶方法再结晶一次。

b) 以试剂十水合焦磷酸钠为原料的制备方法：

称取 80 g 试剂十水合焦磷酸钠，按 a)项中第一次和第二次结晶方法操作。

将上述方法重结晶的焦磷酸钠置于瓷坩埚中，于 400 ℃下灼烧至质量恒定。

A.4.2.4 氢氧化钠标准滴定溶液：$c(NaOH)=0.1$ mol/L。

标定：称取约 0.5 g 无水焦磷酸钠(A.4.2.3)，精确至 0.000 2 g，置于 250 mL 烧杯中，加 90 mL 水溶解，在搅拌下加入盐酸溶液调至溶液 pH 为 3.8。加入 50 mL 硫酸锌溶液，搅拌 5 min，在搅拌下用氢氧化钠标准滴定溶液滴定至溶液的 pH 接近 3.6 停止滴定，搅拌 2 min 使溶液达到平衡，继续滴定至 pH 为 3.8，此时每加一滴后要搅拌 30 s。

每毫升 0.1 mol/L 氢氧化钠标准滴定溶液相当于焦磷酸钠的质量(ρ)以克每毫升(g/mL)表示，按公式(A.1)计算：

$$\rho=\frac{m_1}{V_1} \qquad \text{(A.1)}$$

式中：

m_1——称取无水焦磷酸钠的质量的数值，单位为克(g)；

V_1——在标定中消耗氢氧化钠标准滴定溶液的体积的数值，单位为毫升(mL)。

A.4.3 仪器和设备

A.4.3.1 电位滴定仪或 pH 计：分度值为 0.01 mV 或 0.02。

A.4.3.2 电磁搅拌器。

A.4.4 分析步骤

称取约 5 g 试样，精确至 0.000 2 g，将试样溶于水，转移至 500 mL 容量瓶中，稀释至刻度并摇匀，必要时过滤。

用移液管移取 50 mL 试验溶液置于 250 mL 烧杯中，加 40 mL 水，在搅拌下慢慢加入盐酸溶液调至溶液 pH 为 3.8，然后按 A.4.2.4 中所述步骤，从“加入 50 mL 硫酸锌溶液……”开始进行标定。

A.4.5 结果计算

无水焦磷酸钠含量以焦磷酸钠($Na_4P_2O_7$)的质量分数 w_1 计，数值以%表示，按公式(A.2)计算：

$$w_1=\frac{\rho V_2}{m\times(50/500)}\times 100\% \qquad \text{(A.2)}$$

十水合焦磷酸钠含量以十水合焦磷酸钠($Na_4P_2O_7 \cdot 10H_2O$)的质量分数 w_2 计,数值以%表示,按公式(A.3)计算:

$$w_2 = \frac{\rho V_2 \times 1.678}{m \times (50/500)} \times 100\% \quad \cdots\cdots\cdots\cdots (A.3)$$

式中:

ρ ——每毫升氢氧化钠标准滴定溶液相当于无水焦磷酸钠的质量,单位为克每毫升(g/mL);

V_2 ——滴定试验溶液所消耗的氢氧化钠标准滴定溶液的体积的数值,单位为毫升(mL);

m ——试料的质量的数值,单位为克(g);

1.678 ——将无水焦磷酸钠换算为十水合焦磷酸钠的系数。

取平行测定结果的算术平均值为测定结果,两次平行测定结果的绝对差值不大于0.3%。

注:本方法仅用于测定焦磷酸钠,当有聚磷酸盐存在时,此法不准确。

A.5 正磷酸盐试验

A.5.1 试剂和材料

硝酸银溶液:17 g/L。

A.5.2 分析步骤

称取1.0 g研成粉末的试样,加2滴～3滴硝酸银溶液,不得产生明显的黄色。

A.6 pH的测定

A.6.1 试剂和材料

无二氧化碳的水。

A.6.2 仪器和设备

pH计:分度值为0.02。

A.6.3 分析步骤

将参比电极和测量电极与pH计连接好,预热、调零、定位。称取1.00 g±0.01 g试样,置于100 mL烧杯中,用无二氧化碳的水溶解,全部移入100 mL容量瓶中,稀释至刻度,摇匀。倒入100 mL干燥的烧杯中,用pH计测定试验溶液的pH。

A.7 砷的测定

A.7.1 试剂和材料

A.7.1.1 砷标准溶液:1 mL溶液含砷(As)0.001 mg;

移取1.00 mL按HG/T 3696.2要求配制的砷标准溶液,置于1 000 mL容量瓶中,用水稀释至刻度,摇匀。该溶液现用现配。

A.7.1.2 其他试剂同GB/T 5009.76—2003第9章。

A.7.2 仪器和设备

同GB/T 5009.76—2003第10章。

A.7.3 分析步骤

称取 1.00 g±0.01 g 试样，置于测砷瓶中，加 6 mL 盐酸溶解，以下操作按 GB/T 5009.76—2003 中第 11 章的规定从“加水至 30 mL……”起进行测定。溴化汞试纸所呈砷斑颜色不得深于标准。

限量标准溶液的配制：移取 3.00 mL 砷标准溶液，与试样同时同样处理。

A.8 氟化物的测定

A.8.1 试剂和材料

A.8.1.1 盐酸溶液：1+11。

A.8.1.2 乙酸钠溶液：3 mol/L；

称取 204 g 乙酸钠（$CH_3COONa \cdot 3H_2O$），溶于 300 mL 水中，加 1 mol/L 乙酸溶液调节 pH 至 7.0，加水稀释至 500 mL。

A.8.1.3 柠檬酸钠溶液：0.75 mol/L；

称取 110 g 柠檬酸钠（$Na_3C_6H_5O_7 \cdot 2H_2O$），溶于 300 mL 水中，加 14 mL 高氯酸，再加水稀释至 500 mL。

A.8.1.4 总离子强度缓冲剂：

乙酸钠溶液（3 mol/L）和柠檬酸钠溶液（0.75 mol/L）等量混合，临用时现配制。

A.8.1.5 氟化物标准溶液：1 mL 溶液含氟（F）0.010 mg。

移取 1.00 mL 按 HG/T 3696.2 要求配制的氟化物标准溶液，置于 100 mL 容量瓶中，用水稀释至刻度，摇匀。

A.8.2 仪器和设备

同 GB/T 5009.18—2003 第 12 章。

A.8.3 分析步骤

A.8.3.1 称取约 1 g 试样，精确至 0.000 2 g，置于 50 mL 烧杯中，加少量水，再加 10 mL 盐酸溶液，煮沸 1 min，快速冷却后，将其转移至 50 mL 容量瓶中，加 25 mL 总离子强度缓冲剂，加水至刻度，摇匀，备用。

A.8.3.2 分别移取 1.00 mL、2.00 mL、5.00 mL、10.00 mL 氟化物标准溶液，置于 50 mL 容量瓶中，加 10 mL 盐酸溶液和 25 mL 总离子强度缓冲剂，加水至刻度，摇匀，备用。

A.8.3.3 将氟电极和甘汞电极与测量仪器的负端、正端联接。电极插入盛有水的塑料烧杯中，杯中放有磁性搅拌子，在电磁搅拌器上以恒速搅拌，读取平衡电位值，更换 2 次～3 次水后，直至达到电极说明书中规定的电位值后，即可进行试样溶液和标准溶液的电位测定。

A.8.3.4 由低至高浓度分别测定氟标准工作溶液的平衡电位。以电极电位为纵坐标，氟的质量（mg）为横坐标，在半对数坐标上绘制工作曲线。

同法测定试验溶液的平衡电位，从工作曲线上查出试样中氟离子的浓度（mg/mL）。

A.8.4 结果计算

氟化物含量以氟（F）的质量分数 w_3 计，数值以 mg/kg 表示，按公式（A.4）计算：

$$w_3 = \frac{m_1}{m \times 10^{-3}} \qquad \cdots\cdots\cdots\cdots (A.4)$$

式中：

m_1——从工作曲线上查出的试验溶液中氟的质量的数值，单位为毫克(mg)；

m ——试料质量的数值，单位为克(g)。

取平行测定结果的算术平均值为测定结果，两次平行测定结果的绝对差值不大于5 mg/kg。

A.9 重金属的测定

A.9.1 试剂和材料

A.9.1.1 盐酸溶液：1+1。

A.9.1.2 乙酸盐缓冲溶液：pH≈3.5；

称取25.0 g乙酸铵，加25 mL溶解，加45 mL盐酸溶液，再用稀盐酸或稀氨水调节pH至3.5，用水稀释至100 mL。

A.9.1.3 饱和硫化氢水(即用即配)。

A.9.1.4 铅标准溶液：1 mL溶液含铅(Pb)0.010 mg；

移取1.00 mL按HG/T 3696.2配制的铅标准溶液，置于100 mL容量瓶中，用水稀释至刻度，摇匀。该溶液使用前制备。

A.9.1.5 酚酞指示液：10 g/L。

A.9.2 仪器和设备

比色管：50 mL。

A.9.3 分析步骤

A.9.3.1 试验溶液的制备

称取1.00 g±0.01 g试样，置于50 mL比色管中，加20 mL水溶解。加1滴酚酞指示液，用盐酸溶液中和至溶液为无色，加5 mL乙酸盐缓冲溶液、10 mL饱和硫化氢水，用水稀释至刻度，摇匀。于暗处放置10 min，所呈颜色不得深于标准比色溶液。

A.9.3.2 标准比色溶液的制备

移取1.00 mL的铅标准溶液，置于50 mL比色管中，加20 mL水，然后按A.9.3.1中所述步骤，从“加5 mL乙酸盐缓冲溶液……”开始与试验溶液同时同样处理。

A.10 铅的测定

A.10.1 试剂和材料

A.10.1.1 4-甲基-2-戊酮(MIBK)。

A.10.1.2 氨水溶液：1+1。

A.10.1.3 硫酸铵溶液：300 g/L；

称取30 g硫酸铵，用水溶解并加水至100 mL。

A.10.1.4 柠檬酸铵溶液：250 g/L；

称取25 g柠檬酸铵，用水溶解并加水至100 mL。

A.10.1.5 二乙基二硫代氨基甲酸钠(DDTC)溶液：50 g/L；

称取5 g二乙基二硫代氨基甲酸钠，用水溶解并加水至100 mL。

A.10.1.6 铅标准溶液：1 mL 溶液含铅(Pb)0.010 mg；

移取 1.00 mL 按 HG/T 3696.2 要求配制的铅标准溶液，置于 100 mL 容量瓶中，用水稀释至刻度，摇匀。

A.10.1.7 溴百里酚蓝指示液：1 g/L。

A.10.1.8 二级水：符合 GB/T 6682—2008 的规定。

A.10.2 仪器和设备

原子吸收分光光度计：附铅空心阴极灯。

A.10.3 分析步骤

A.10.3.1 试验溶液的制备

称取约 5 g 试样，精确至 0.01 g，置于 150 mL 烧杯中，加 20 mL 水溶解后转移至 125 mL 分液漏斗中，补加水至 60 mL，加 2 mL 柠檬酸铵溶液，3 滴～5 滴溴百里酚蓝指示液，用氨水溶液调 pH 至溶液由黄色变蓝色，加 10 mL 硫酸铵溶液，10 mL 二乙基二硫代氨基甲酸钠(DDTC)溶液，摇匀。放置 5 min 左右，加入 10.0 mL 4-甲基-2-戊酮(MIBK)，剧烈振摇提取 1 min，静置分层后，弃去水层，将 MIBK 层放入 10 mL 带塞刻度管中，备用。

同时做空白试验，空白试验溶液除不加试样外，其他加入试剂的种类和量与试验溶液相同。

A.10.3.2 标准溶液的制备

分别移取铅标准溶液 0.00 mL、2.00 mL、4.00 mL、6.00 mL，置于 125 mL 分液漏斗中，然后按 A.10.3.1 中所述步骤，从“补加水至 60 mL……”开始与试验溶液同时同样处理。

A.10.4 测定

将仪器调至最佳工作状态，用水调零。将萃取液进样，可适当减小乙炔气的流量，在 283.3 nm 处测定标准溶液、试验溶液及空白试验溶液的吸光度。

从每个标准溶液的吸光度中减去零标准溶液的吸光度，以铅的质量(mg)为横坐标，对应的吸光度为纵坐标，绘制工作曲线。

根据测得的试验溶液和空白试验溶液的吸光度，从工作曲线上查铅的质量。

A.10.5 结果计算

铅含量以铅(Pb)的质量分数 w_4 计，数值以 mg/kg 表示，按公式(A.5)计算：

$$w_4=\frac{m_1-m_0}{m\times10^{-3}} \qquad \cdots\cdots\cdots\cdots(\text{A.5})$$

式中：

m_1——从工作曲线上查出的试验溶液中铅的质量的数值，单位为毫克(mg)；

m_0——从工作曲线上查出的空白试验溶液中铅的质量的数值，单位为毫克(mg)；

m ——试料质量的数值，单位为克(g)。

取平行测定结果的算术平均值为测定结果，两次平行测定结果的绝对差值不大于 1 mg/kg。

A.11 水不溶物的测定

A.11.1 仪器和设备

A.11.1.1 玻璃砂坩埚：滤板孔径为 5 μm～15 μm。

A.11.1.2 电热恒温干燥箱：控制温度105 ℃±2 ℃。

A.11.2 分析步骤

称取约20 g试样，精确至0.01 g，置于400 mL烧杯中，加200 mL水并加热溶解，用预先在105 ℃±2 ℃下质量恒定的玻璃砂坩埚抽滤，用热水洗涤至滤液呈无碱性。将玻璃砂坩埚置于105 ℃±2 ℃电热恒温干燥箱中干燥至质量恒定。

A.11.3 结果计算

水不溶物含量以质量分数 w_5 计，数值以%表示，按公式(A.6)计算：

$$w_5=\frac{m_1-m_0}{m}\times 100\% \qquad \cdots\cdots(A.6)$$

式中：

m_1——水不溶物和玻璃砂坩埚的质量的数值，单位为克(g)；

m_0——玻璃砂坩埚的质量的数值，单位为克(g)；

m ——试料质量的数值，单位为克(g)。

取平行测定结果的算术平均值为测定结果，两次平行测定结果的绝对差值不大于0.02%。

A.12 灼烧减量的测定

A.12.1 仪器和设备

A.12.1.1 电热恒温干燥箱：控制温度110 ℃±2 ℃。

A.12.1.2 高温炉：能控制温度800 ℃±25 ℃。

A.12.1.3 瓷坩埚。

A.12.2 分析步骤

称取约5 g试样，精确至0.01 g，置于在800 ℃±25 ℃下质量恒定的瓷坩埚中，于110 ℃±2 ℃下烘4 h，再移入800 ℃±25 ℃的高温炉中灼烧30 min，于干燥器中冷却至室温，称量。

A.12.3 结果计算

灼烧减量以质量分数 w_6 计，数值以%表示，按公式(A.7)计算：

$$w_6=\frac{m_1-m_0}{m}\times 100\% \qquad \cdots\cdots(A.7)$$

式中：

m_1——灼烧后试样和瓷坩埚的质量的数值，单位为克(g)；

m_0——瓷坩埚的质量的数值，单位为克(g)；

m ——试料质量的数值，单位为克(g)。

取平行测定结果的算术平均值为测定结果，两次平行测定结果的绝对差值分别为：无水焦磷酸钠不大于0.01%；十水合焦磷酸钠不大于0.1%。

中华人民共和国国家标准

GB 25558—2010

食品安全国家标准
食品添加剂 磷酸三钙

2010-12-21 发布　　　　2011-02-21 实施

中华人民共和国卫生部 发布

前 言

本标准的附录 A 为规范性附录。

食品安全国家标准
食品添加剂　磷酸三钙

1　范围

本标准适用于以氢氧化钙(或碳酸钙)与热法磷酸为原料生产的食品添加剂磷酸三钙或以氯化钙溶液与磷酸三钠为原料制得的食品添加剂磷酸三钙。

2　规范性引用文件

本标准中引用的文件对于本标准的应用是必不可少的。凡是注日期的引用文件,仅所注日期的版本适用于本标准。凡是不注日期的引用文件,其最新版本(包括所有的修改单)适用于本标准。

3　分子式

近似组分:$10CaO \cdot 3P_2O_5 \cdot H_2O$

4　技术要求

4.1　感官要求:应符合表1的规定。

表1　感官要求

项　目	要　求	检验方法
色泽	白色	取适量试样置于50 mL烧杯中,在自然光下观察色泽和组织状态
组织状态	粉末	

4.2　理化指标:应符合表2的规定。

表2　理化指标

项　目		指　标	检验方法
磷酸三钙(以Ca计),w/%		34.0～40.0	附录A中A.4
重金属(以Pb计)/(mg/kg)	≤	10	附录A中A.5
铅(Pb)/(mg/kg)	≤	2	附录A中A.6
砷(As)/(mg/kg)	≤	3	附录A中A.7
氟化物(以F计)/(mg/kg)	≤	75	附录A中A.8
灼烧减量,w/%	≤	10.0	附录A中A.9
澄清度		通过试验	附录A中A.10

附 录 A
（规范性附录）
检 验 方 法

A.1 警示

本标准的检验方法中使用的部分试剂具有毒性或腐蚀性，操作时须小心谨慎！如溅到皮肤上应立即用水冲洗，严重者应立即治疗。使用剧毒品时，应严格按照有关规定管理，应避免吸入或与皮肤接触，必要时应在通风橱中进行。对于暴露部位有伤口的人员不能接触。操作时可能产生时，应在通风橱中进行。

A.2 一般规定

本标准的检验方法中所用试剂和水，在没有注明其他要求时，均指分析纯试剂和 GB/T 6682—2008 中规定的三级水。试验中所用标准滴定溶液、杂质标准溶液、制剂及制品，在没有注明其他要求时，均按 HG/T 3696.1、HG/T 3696.2、HG/T 3696.3 之规定制备。

A.3 鉴别试验

A.3.1 试剂和材料

A.3.1.1 硝酸。

A.3.1.2 盐酸溶液：1＋4。

A.3.1.3 草酸铵溶液：33 g/L。

A.3.1.4 钼酸铵溶液：称取 2.5 g 钼酸铵[$(NH_4)_6Mo_7O_{24}\cdot 4H_2O$]，加硫酸 15 mL 溶解，加水稀释至约 100 mL。使用期为一周。

A.3.2 分析步骤

A.3.2.1 钙离子的鉴别

将 0.1 g 试样溶于 5 mL 盐酸溶液和 5 mL 热水中，边搅拌边滴加 1 mL 草酸铵溶液，应生成白色沉淀。

A.3.2.2 磷酸根的鉴别

将 0.1 g 试样经水润湿，滴加硝酸使其溶解，必要时稍加热，滴加钼酸铵溶液，应产生黄色沉淀。

A.4 磷酸三钙的测定

A.4.1 乙二胺四乙酸二钠直接滴定法（仲裁法）

A.4.1.1 方法提要

用盐酸溶液将试样溶解，加入三乙醇胺溶液作为掩蔽剂掩蔽干扰离子的影响，在酸性条件下滴加乙二胺四乙酸二钠标准滴定溶液近终点，用氢氧化钠溶液调节试验溶液的 pH 值于羟基萘酚蓝指示剂显色 pH 范围内，继续滴定剩余的钙。

A.4.1.2 试剂和材料

A.4.1.2.1 三乙醇胺。

A.4.1.2.2 盐酸溶液：1+1。

A.4.1.2.3 氢氧化钠溶液：450 g/L。

A.4.1.2.4 乙二胺四乙酸二钠标准滴定溶液：c(EDTA)=0.05 mol/L。

A.4.1.2.5 羟基萘酚蓝指示剂：

称取 10 g 于 105 ℃±2 ℃下烘干 2 h 的氯化钠，置于研钵中，加入 0.1 g 羟基萘酚蓝指示剂，研细、混匀。置于称量瓶中，于干燥器中保存。使用期为 2 个月。

A.4.1.3 仪器和设备

磁力搅拌器。

A.4.1.4 分析步骤

称取 0.15 g 试样，精确至 0.000 2 g，置于装有磁力搅拌器的 250 mL 的烧杯中，加少量水使试样润湿，加 5 mL 盐酸溶液溶解，必要时须慢慢加热，小心加入 125 mL 水，在不断搅拌下依次加入 0.5 mL 三乙醇胺，0.3 g 羟基萘酚蓝指示剂，用滴定管以正常速度滴加乙二胺四乙酸二钠标准滴定溶液约 23 mL～27 mL(加入量应相当于钙含量的 90%～95%)，滴加氢氧化钠溶液至最初的红色变成蓝色，继续滴加到蓝色变成紫色，再过量 0.5 mL，此时溶液的 pH 应在 12.3～12.5 之间。继续用乙二胺四乙酸二钠标准滴定溶液滴定至溶液出现澄清的蓝色，保持 60 s 不变。同时进行空白试验。

空白试验除不加试样外，其他操作及加入试剂的种类和量(标准滴定溶液除外)与测定试验相同。

A.4.1.5 结果计算

磷酸三钙以钙(Ca)的质量分数 w_1 计，数值以%表示，按公式(A.1)计算：

$$w_1=\frac{[(V-V_0)/1\,000]cM}{m}\times 100\% \qquad \text{(A.1)}$$

式中：

V ——滴定试验溶液所消耗的乙二胺四乙酸二钠标准滴定溶液的体积的数值，单位为毫升(mL)；

V_0——空白试验所消耗的乙二胺四乙酸二钠标准滴定溶液的体积的数值，单位为毫升(mL)；

c ——乙二胺四乙酸二钠标准滴定溶液浓度的准确数值，单位为摩尔每升(mol/L)；

m ——试料的质量的数值，单位为克(g)；

M ——钙(Ca)的摩尔质量的数值，单位为克每摩尔(g/mol)(M=40.078)。

取平行测定结果的算术平均值为测定结果，两次平行测定结果的绝对差值不大于 0.2%。

A.4.2 硫酸锌返滴定法

A.4.2.1 方法提要

在试验溶液中，加入过量的乙二胺四乙酸二钠标准滴定溶液，与钙离子络合，以 KB 混合液作为指示剂，用锌标准滴定溶液滴定过量的乙二胺四乙酸二钠标准滴定溶液。

A.4.2.2 试剂和材料

A.4.2.2.1 盐酸溶液：1+1。

A.4.2.2.2 氨-氯化铵缓冲溶液(甲):pH≈10。

A.4.2.2.3 乙二铵四乙酸二钠标准滴定溶液:c(EDTA)=0.05 mol/L。

A.4.2.2.4 酸性铬蓝 K-萘酚绿 B 混合指示液(KB 指示液)。

A.4.2.2.5 硫酸锌标准滴定溶液:$c(ZnSO_4 \cdot 7H_2O)$=0.05 mol/L;

配制:称取 15 g 硫酸锌,加水溶解,用水稀释至 1 000 mL,摇匀。

标定:移取 25.00 mL 配制的硫酸锌标准滴定溶液,置于锥形瓶中,加 10 mL 氨-氯化铵缓冲溶液及 75 mL 水,加约 0.02 g 铬黑 T 指示剂,用 0.05 mol/L 的乙二铵四乙酸二钠标准滴定溶液滴定至溶液由紫色变为纯蓝色,并保持 30 s 不褪色,即为终点。同时进行空白试验。

空白试验除不加试样外,其他操作及加入试剂的种类和量(标准滴定溶液除外)与测定试验相同。硫酸锌标准滴定溶液的浓度 c 按公式(A.2)计算:

$$c=\frac{(V_1-V_0)c_1}{V} \qquad \cdots\cdots(A.2)$$

式中:

V_1——滴定所消耗的乙二铵四乙酸二钠标准滴定溶液的体积的数值,单位为毫升(mL);

V_0——空白试验消耗的乙二铵四乙酸二钠标准滴定溶液的体积的数值,单位为毫升(mL);

c_1——乙二铵四乙酸二钠标准滴定溶液浓度的准确数值,单位为摩尔每升(mol/L);

V——移取硫酸锌标准滴定溶液的体积的数值,单位为毫升(mL)。

A.4.2.3 分析步骤

称取约 0.5 g 试样,精确至 0.000 2 g,置于 100 mL 烧杯中,用少量水润湿,加 5 mL 盐酸溶液使试样全部溶解,必要时干过滤。全部转移至 250 mL 容量瓶中,用水稀释至刻度,摇匀。

移取 25.00 mL 上述试验溶液,置于 500 mL 锥形瓶中,再移入 25.00 mL 乙二铵四乙酸二钠标准滴定溶液,加 50 mL 水、10 mL 氨-氯化铵缓冲溶液(甲),摇匀,放置 5 min。加约 2 滴~3 滴 KB 指示液,用硫酸锌标准滴定溶液滴定至溶液由蓝色变为蓝紫色,并保持 30 s 内紫色不褪色,即为终点。同时进行空白试验。

空白试验除不加试样外,其他操作及加入试剂的种类和量(标准滴定溶液除外)与测定试验相同。

A.4.2.4 结果计算

磷酸三钙以钙(Ca)的质量分数 w_1 计,数值以%表示,按公式(A.3)计算:

$$w_1=\frac{[(V_0-V_1)/1\ 000]cM}{m\times 25/250}\times 100\% \qquad \cdots\cdots(A.3)$$

式中:

V_0——空白试验所消耗的硫酸锌标准滴定溶液的体积的数值,单位为毫升(mL);

V_1——滴定试验溶液所消耗的硫酸锌标准滴定溶液的体积的数值,单位为毫升(mL);

c——硫酸锌标准滴定溶液浓度的准确数值,单位为摩尔每升(mol/L);

m——试料质量的数值,单位为克(g);

M——钙(Ca)的摩尔质量的数值,单位为克每摩尔(g/mol)(M=40.078)。

取平行测定结果的算术平均值为测定结果,两次平行测定结果的绝对差值不大于 0.2%。

A.5 重金属的测定

A.5.1 试剂和材料

A.5.1.1 盐酸溶液:1+4。

A.5.1.2 饱和硫化氢水:(该溶液使用前配制)。

A.5.1.3 铅标准溶液:1 mL 溶液含铅(Pb)0.010 mg;

移取 1.00 mL 按 HG/T 3696.2 要求配制的铅标准溶液,置于 100 mL 容量瓶中,用水稀释至刻度,摇匀。该溶液现用现配。

A.5.1.4 其他试剂同 GB/T 5009.74—2003 中第 3 章。

A.5.2 仪器和设备

同 GB/T 5009.74—2003 第 4 章。

A.5.3 分析步骤

称取 2.00 g±0.01 g 试样,置于 50 mL 烧杯中,加 5 mL 盐酸溶液及 10 mL 水,加热溶解,冷却后滴加氨水至白色沉淀出现,用滤纸过滤,将滤液置于 100 mL 容量瓶中,用水稀释至刻度,摇匀。移取 25.00 mL 上述试验溶液置于 50 mL 比色管中,加 5 mL 乙酸盐缓冲溶液,混匀,加 5 滴饱和硫化氢水,并用水稀释至刻度,混匀,于暗处放置 5 min。所呈颜色不得深于标准比色溶液。

标准比色溶液的配制:移取 0.50 mL 铅标准溶液置于 50 mL 比色管中,加 25 mL 水,从“加 5 mL 乙酸盐缓冲溶液……”开始进行操作,与试验溶液同时同样处理。

A.6 铅的测定

A.6.1 双硫腙比色法(仲裁法)

A.6.1.1 方法提要

同 GB/T 5009.75—2003 第 2 章。

A.6.1.2 试剂和材料

同 GB/T 5009.75—2003 第 3 章。

A.6.1.3 仪器和设备

同 GB/T 5009.75—2003 第 4 章。

A.6.1.4 分析步骤

称取 5.00 g±0.01 g 试样,置于 100 mL 烧杯中,加水润湿,加适量盐酸使其溶解,置于分液漏斗中。

移取 1.00 mL 铅标准溶液,置于分液漏斗中,作为标准比色溶液,以下按 GB/T 5009.75—2003 第 6 章规定进行测定。

A.6.2 原子吸收分光光度法

A.6.2.1 试剂和材料

A.6.2.1.1 盐酸。

A.6.2.1.2 三氯甲烷。

A.6.2.1.3 硝酸。

A.6.2.1.4 氢氧化钠溶液:250 g/L。

A.6.2.1.5 吡咯烷二硫代氨基甲酸铵(APDC)溶液:2%;

称取 2 g 吡咯烷二硫代氨基甲酸铵(APDC)溶于 100 mL 水中。如有不溶物,使用前过滤。

A.6.2.1.6　铅标准溶液：1 mL溶液含铅(Pb)0.010 mg；

移取1.00 mL按HG/T 3696.2要求配制的铅标准溶液，置于100 mL容量瓶中，用水稀释至刻度，摇匀。该溶液现用现配。

A.6.2.1.7　精密pH试纸：pH0.5～5.0。

A.6.2.1.8　二级水：符合GB/T 6682—2008的规定。

A.6.2.2　仪器和设备

A.6.2.2.1　分液漏斗：250 mL。

A.6.2.2.2　恒温水浴箱。

A.6.2.2.3　原子吸收分光光度计。

A.6.2.3　分析步骤

A.6.2.3.1　铅标准测定溶液的制备及测定

准确移取2.00 mL铅标准溶液，置于150 mL烧杯中，加30 mL水，10 mL盐酸，(盖上表面皿)加热至沸，并沸腾5 min。冷却，用氢氧化钠溶液调节溶液的pH为1.0～1.5(用精密pH试纸检验)。将溶液移入分液漏斗中，用水稀释至约200 mL。加入2 mL吡咯烷二硫代氨基甲酸铵(APDC)溶液，摇匀。用三氯甲烷萃取两次，每次加入20 mL，将萃取液(即有机相)收集于50 mL烧杯中，(在通风橱中)用水浴加热蒸发至干。在残余物中加入3 mL硝酸，加热近干。加入0.5 mL硝酸和10 mL水，加热至剩余液体体积为3 mL～5 mL，移入10 mL容量瓶中，用水稀释至刻度。选用空气-乙炔火焰，于283.3 nm波长处，用水调零，测定溶液的吸光度。

A.6.2.3.2　试样测定溶液的制备及测定

称取10.0 g±0.1 g试样置于150 mL烧杯中，加入30 mL水，加入10 mL盐酸，(盖上表面皿)加热使试样溶解，并沸腾5 min。然后按A.6.2.3.1从“冷却，用氢氧化钠溶液调pH……”开始进行操作，测其相应吸光度。

A.6.2.4　结果判定

试样测定溶液的吸光度不得大于铅标准测定溶液的吸光度。

A.7　砷的测定

A.7.1　试剂和材料

A.7.1.1　盐酸溶液：1+1。

A.7.1.2　砷标准溶液：1 mL溶液含有砷(As)0.001 mg；

移取1.00 mL按HG/T 3696.2要求配制的砷标准溶液，置于1 000 mL容量瓶中，用水稀释至刻度，摇匀。该溶液现用现配。

A.7.1.3　其他试剂同GB/T 5009.76—2003的第9章。

A.7.2　仪器和设备

同GB/T 5009.76—2003的第10章。

A.7.3　分析步骤

称取0.50 g±0.01 g试样，置于定砷瓶中，加少量水润湿，加入5 mL盐酸溶液将试样溶解。

限量标准溶液的配制：移取 1.50 mL 砷标准溶液，置于定砷瓶中，以下按 GB/T 5009.76—2003 中第 11 章的规定进行测定。

A.8 氟化物的测定

A.8.1 试剂和材料

A.8.1.1 盐酸溶液：1+4。

A.8.1.2 总离子强度缓冲液：乙酸钠溶液与柠檬酸钠溶液等量混合，该溶液现用现配。

A.8.1.3 乙酸钠溶液：$c(CH_3COONa \cdot 3H_2O)=3$ mol/L；

称取 204 g 乙酸钠溶于约 300 mL 水中，冷却，以 1 mol/L 乙酸调节 pH≈7.0，全部转移至 500 mL 容量瓶，用水稀释至刻度，摇匀。

A.8.1.4 柠檬酸钠溶液：$c(Na_3C_6H_5O_7 \cdot 2H_2O)=0.75$ mol/L；

称取 110 g 柠檬酸钠，溶于约 300 mL 水中，加高氯酸 14 mL，全部转移至 500 mL 容量瓶，用水稀释至刻度，摇匀。

A.8.1.5 氟化物标准溶液：1mL 溶液含氟(F)0.010 mg；

移取 1.00 mL 按 HG/T 3696.2 要求配制的氟化物标准溶液，置于 100 mL 容量瓶中，用水稀释至刻度，摇匀。该溶液现用现配，贮存于聚乙烯瓶中。

A.8.2 仪器和设备

A.8.2.1 氟电极。

A.8.2.2 甘汞电极。

A.8.2.3 电位计。

A.8.2.4 磁力搅拌器。

A.8.3 分析步骤

A.8.3.1 标准工作溶液的配制

移取氟化物标准溶液 1.00 mL、2.00 mL、3.00 mL、4.00 mL、5.00 mL 分别置于 5 个 50 mL 容量瓶中，各加入 4 mL 盐酸溶液，加 25 mL 总离子强度缓冲液，用水稀释至刻度，摇匀。

A.8.3.2 试验溶液的制备

称取约 1 g 试样，精确至 0.01 g，加入 4 mL 盐酸溶液，25 mL 总离子强度缓冲液，溶解，置于 100 mL 容量瓶中，用水稀释至刻度，摇匀。

A.8.3.3 测定

将氟电极和甘汞电极与电位计的负端和正端联接，将电极插入盛有水的 50 mL 聚乙烯塑料烧杯中，预热仪器，在磁力搅拌器上以恒速搅拌，读取平衡电位值，更换浸泡电极的水，至电极说明书中规定的电位值后，即可进行标准工作溶液和试样溶液的电位测定。

由低至高浓度分别测定氟标准工作溶液的平衡电位。以电极电位作纵坐标，氟离子浓度(mg/mL)作横坐标，在半对数坐标纸上绘制工作曲线。

同法测定试样溶液的平衡电位，从工作曲线上查出试样中氟离子的浓度(mg/mL)。

A.8.4 结果计算

氟化物含量以氟(F)的质量分数 w_2 计，数值以 mg/kg 表示，按公式(A.4)计算：

$$w_2 = \frac{c \times 100}{m \times 10^{-3}} \quad \cdots\cdots (A.4)$$

式中：

c ——从工作曲线上查得的氟离子的浓度的数值，单位为毫克每毫升(mg/mL)；

m——试样的质量的数值，单位为克(g)。

取平行测定结果的算术平均值为测定结果，两次平行测定结果的绝对差值不大于 10 mg/kg。

A.9 灼烧减量的测定

A.9.1 仪器和设备

A.9.1.1 瓷坩埚：30 mL。

A.9.1.2 高温炉：温度能控制在 800 ℃±50 ℃。

A.9.2 分析步骤

用已于 800 ℃±50 ℃条件下灼烧 30 min 的瓷坩埚，称取约 2 g 试样，精确至 0.000 2 g，置于高温炉内，在 800 ℃±50 ℃条件下灼烧 30 min，取出置于干燥器中冷却至室温，称量。

A.9.3 结果计算

灼烧减量以质量分数 w_3 计，数值以％表示，按公式(A.5)计算：

$$w_3 = \frac{m_1 - m_2}{m} \times 100\% \quad \cdots\cdots (A.5)$$

式中：

m_1——灼烧前试料和瓷坩埚的质量的数值，单位为克(g)；

m_2——灼烧后残余物和瓷坩埚的质量的数值，单位为克(g)；

m ——试料质量的数值，单位为克(g)。

取平行测定结果的算术平均值为测定结果，两次平行测定结果的绝对差值不大于 0.2％。

A.10 澄清度的测定

A.10.1 试剂和材料

A.10.1.1 盐酸溶液：1＋1。

A.10.1.2 硝酸溶液：1＋2。

A.10.1.3 硝酸银溶液：20 g/L。

A.10.1.4 氯化物标准溶液：1 mL 溶液含氯(Cl)0.010 mg；

移取 1.00 mL 按 HG/T 3696.2 要求配制的氯化物标准溶液，置于 100 mL 容量瓶中，用水稀释至刻度，摇匀。该溶液现用现配。

A.10.2 仪器和设备

恒温水浴箱。

A.10.3 分析步骤

称取 2.00 g±0.01 g 试样，置于 50 mL 烧杯中，加 18 mL 水及 8 mL 盐酸溶液，在沸水浴中加热

5 min 溶解。冷却后全部转移至 50 mL 比色管中,用水稀释至刻度,摇匀。试样溶液所呈浊度不大于标准比浊溶液的浊度为通过试验。

标准比浊溶液的配制:移取 6.00 mL 氯化物标准溶液,置于 50 mL 比色管中,加 20 mL 水、1 mL 硝酸溶液、1 mL 硝酸银溶液,用水稀释至刻度,摇匀。在暗处放置 15 min。

中华人民共和国国家标准

GB 25559—2010

食品安全国家标准
食品添加剂 磷酸二氢钙

2010-12-21 发布　　2011-02-21 实施

中华人民共和国卫生部 发布

前言

本标准的附录 A 为规范性附录。

食品安全国家标准

食品添加剂　磷酸二氢钙

1　范围

本标准适用于以磷酸氢钙、磷酸三钙、石灰乳或碳酸钙之一与热法磷酸反应制得的食品添加剂磷酸二氢钙。

2　规范性引用文件

本标准中引用的文件对于本标准的应用是必不可少的。凡是注日期的引用文件，仅所注日期的版本适用于本标准。凡是不注日期的引用文件，其最新版本(包括所有的修改单)适用于本标准。

3　分子式和相对分子质量

3.1　分子式

无水磷酸二氢钙：$Ca(H_2PO_4)_2$

一水磷酸二氢钙：$Ca(H_2PO_4)_2 \cdot H_2O$

3.2　相对分子质量

无水磷酸二氢钙：234.05(按 2007 年国际相对原子质量)

一水磷酸二氢钙：252.07(按 2007 年国际相对原子质量)

4　技术要求

4.1　感官要求：应符合表 1 的规定。

表 1　感官要求

项　　目	要　　求	检验方法
色泽	无色或白色	取适量试样置于 50 mL 烧杯中，在自然光下观察色泽和组织状态
组织状态	三斜结晶或粉末	

4.2　理化指标：应符合表 2 的规定。

表 2　理化指标

项　　目		指　　标	检验方法
磷酸二氢钙(以 Ca 计)，w/%	无水物	16.8～18.3	附录 A 中 A.4
	一水物	15.9～17.7	

表 2（续）

项　　目		指　　标	检验方法
重金属（以 Pb 计）/（mg/kg）	⩽	10	附录 A 中 A.5
铅（Pb）/（mg/kg）	⩽	2	附录 A 中 A.6
砷（As）/（mg/kg）	⩽	3	附录 A 中 A.7
氟化物（以 F 计）/（mg/kg）	⩽	25	附录 A 中 A.8
灼烧减量[a]，w/%		14.0～15.5	附录 A 中 A.9
干燥减量[b]，w/%	⩽	1	附录 A 中 A.10
澄清度		通过试验	附录 A 中 A.11
碳酸盐		通过试验	附录 A 中 A.12
游离酸及其副盐		通过试验	附录 A 中 A.13

[a] 无水物测定此项目。

[b] 一水物测定此项目。

附 录 A
（规范性附录）
检 验 方 法

A.1 警示

本试验方法中使用的部分试剂具有毒性或腐蚀性，操作时须小心谨慎！如溅到皮肤上应立即用水冲洗，严重者应立即治疗。使用剧毒品，应严格按照有关规定管理；使用时应避免吸入或与皮肤接触，必要时应在通风橱中进行，暴露部位有伤口的人员不能接触。

A.2 一般规定

本标准所用试剂和水，在没有注明其他要求时，均指分析纯试剂和 GB/T 6682—2008 中规定的三级水。试验中所用标准滴定溶液、杂质标准溶液、制剂及制品，在没有注明其他要求时，均按 HG/T 3696.1、HG/T 3696.2、HG/T 3696.3 之规定制备。

A.3 鉴别试验

A.3.1 试剂和材料

A.3.1.1 硝酸溶液：1+8。

A.3.1.2 氨水溶液：1+1。

A.3.1.3 硝酸银溶液：20 g/L。

A.3.1.4 草酸铵溶液：33 g/L。

A.3.2 分析步骤

A.3.2.1 钙离子的鉴别

称取约 0.1 g 试样，加 20 mL 水摇匀后过滤，滤液中加 5 mL 草酸铵溶液，产生白色沉淀。

A.3.2.2 磷酸根的鉴别

称取约 1 g 试样，溶于 20 mL 水中，加硝酸银溶液，生成黄色沉淀，此沉淀溶于氨水溶液或硝酸溶液。

A.4 磷酸二氢钙的测定

A.4.1 氧化还原滴定法（仲裁法）

A.4.1.1 方法提要

试料经盐酸溶解，加入草酸铵溶液后用氨水调节溶液的 pH 值，在沸水浴中煮沸，生成草酸钙沉淀，用高锰酸钾标准滴定溶液滴定草酸钙沉淀，得出结果。

A.4.1.2 试剂和材料

A.4.1.2.1 盐酸溶液：1+3。

A.4.1.2.2 草酸铵溶液：33 g/L。

A.4.1.2.3 洗涤液：取 10 mL 草酸铵溶液，用水稀释至 1 000 mL。

A.4.1.2.4 氨水溶液：1+1。

A.4.1.2.5 硫酸溶液：1+6。

A.4.1.2.6 高锰酸钾标准滴定溶液：$c(1/5KMnO_4)\approx0.1$ mol/L。

A.4.1.2.7 甲基橙指示液：1 g/L。

A.4.1.2.8 甲基红指示液：1 g/L。

A.4.1.3 仪器和设备

A.4.1.3.1 恒温水浴箱。

A.4.1.3.2 玻璃砂坩埚：孔径 5 μm～15 μm。

A.4.1.4 分析步骤

称取约 0.5 g 试样，精确至 0.000 2 g，置于 250 mL 烧杯中，加入 10 mL 盐酸溶液，使试样溶解，加 3 滴甲基橙指示液，煮沸 5 min。如有必要，在煮沸过程中加入盐酸溶液或水使试验溶液的 pH 值和体积保持不变。加 2 滴甲基红指示液，30 mL 草酸铵溶液，接着边搅拌边滴加氨水溶液，直至溶液的粉红色刚刚消失。将烧杯置于恒温水浴箱中煮沸 30 min，冷却至室温。待沉淀沉降，用倾析法将上层置于清洁干燥的玻璃砂坩埚抽滤，用 30 mL 冷的洗涤液(20 ℃以下)洗涤烧杯中的沉淀，洗涤液转移至玻璃砂坩埚抽滤，重复洗涤至沉淀全部转移至玻璃砂坩埚中，最后各用 10 mL 水洗涤两次。将玻璃砂坩埚放入烧杯中，加入 100 mL 水和 50 mL 硫酸溶液，用滴定管加入 35 mL 高锰酸钾标准滴定溶液，搅拌至颜色消失，加热至大约 70 ℃，用高锰酸钾标准滴定溶液滴定至溶液呈粉红色，并在 30 s 内不消失即为终点。同时进行空白试验。

空白试验除不加试样外，其他操作及加入试剂的种类和量(标准滴定溶液除外)与测定试验相同。

A.4.1.5 结果计算

磷酸二氢钙含量以钙(Ca)的质量分数 w_1 计，数值以%表示，按公式(A.1)计算：

$$w_1=\frac{[(V-V_0)/1\,000]cM}{m}\times100\% \qquad\cdots\cdots(A.1)$$

式中：

V ——滴定试验溶液所消耗的高锰酸钾标准滴定溶液的体积的数值，单位为毫升(mL)；

V_0 ——空白试验所消耗的高锰酸钾标准滴定溶液的体积的数值，单位为毫升(mL)；

c ——高锰酸钾标准滴定溶液浓度的准确数值，单位为摩尔每升(mol/L)；

m ——试料质量的数值，单位为克(g)；

M ——钙(1/2Ca)的摩尔质量的数值，单位为克每摩尔(g/mol)(M=20.039)。

取平行测定结果的算术平均值为测定结果，两次平行测定结果的绝对差值不大于 0.2%。

A.4.2 硫酸锌返滴定法

A.4.2.1 方法提要

在试验溶液中，加入过量的乙二胺四乙酸二钠标准滴定溶液，与钙离子络合，以 KB 混合液为指示剂，用锌标准滴定溶液滴定过量的乙二胺四乙酸二钠标准滴定溶液。

A.4.2.2 试剂和材料

A.4.2.2.1 盐酸溶液:1+1。

A.4.2.2.2 氨-氯化铵缓冲溶液(甲):pH≈10。

A.4.2.2.3 乙二胺四乙酸二钠标准滴定溶液:c(EDTA)≈0.05 mol/L。

A.4.2.2.4 酸性铬蓝K-萘酚绿B混合指示液(KB指示液)。

A.4.2.2.5 硫酸锌标准滴定溶液:$c(ZnSO_4 \cdot 7H_2O)$≈0.05 mol/L;

配制:称取15 g硫酸锌,加水溶解,用水稀释至1 000 mL,摇匀。

标定:移取25.00 mL配制的硫酸锌标准滴定溶液,置于锥形瓶中,加10 mL氨-氯化铵缓冲溶液(甲)及75 mL水,加约0.02 g铬黑T指示剂,用0.05 mol/L的乙二胺四乙酸二钠标准滴定溶液滴定至溶液由紫色变为纯蓝色,并保持30 s不褪色,即为终点。同时进行空白试验。

空白试验除不加试样外,其他操作及加入试剂的种类和量(标准滴定溶液除外)与测定试验相同。

硫酸锌标准滴定溶液的浓度按公式(A.2)计算:

$$c=\frac{(V_1-V_0)c_1}{V} \qquad \cdots\cdots(A.2)$$

式中:

V_1——滴定所消耗的乙二胺四乙酸二钠标准滴定溶液的体积的数值,单位为毫升(mL);

V_0——空白试验消耗的乙二胺四乙酸二钠标准滴定溶液的体积的数值,单位为毫升(mL);

c_1——乙二胺四乙酸二钠标准滴定溶液浓度的准确数值,单位为摩尔每升(mol/L);

V——移取硫酸锌标准滴定溶液的体积的数值,单位为毫升(mL)。

A.4.2.3 分析步骤

称取约0.5 g试样,精确至0.000 2 g,置于100 mL烧杯中,用少量水润湿,加5 mL盐酸溶液使试样全部溶解,全部转移至250 mL容量瓶中,用水稀释至刻度,摇匀。必要时干过滤,弃去前20 mL滤液。

移取25.00 mL上述试验溶液,置于500 mL锥形瓶中,再用另一移液管移入25.00 mL乙二胺四乙酸二钠标准滴定溶液,加50 mL水、10 mL氨-氯化铵缓冲溶液(甲),摇匀,放置5 min。加约2滴~3滴KB指示液,用硫酸锌标准滴定溶液滴定至溶液由蓝色变为蓝紫色,并保持30 s内紫色不褪色,即为终点。同时进行空白试验。

空白试验除不加试样外,其他操作及加入试剂的种类和量(标准滴定溶液除外)与测定试验相同。

A.4.2.4 结果计算

磷酸二氢钙含量以钙(Ca)的质量分数w_1计,数值以%表示,按公式(A.3)计算:

$$w_1=\frac{[(V_0-V_1)/1\,000]cM}{m\times 25/250}\times 100\% \qquad \cdots\cdots(A.3)$$

式中:

V_0——空白试验所消耗的硫酸锌标准滴定溶液的体积的数值,单位为毫升(mL);

V_1——滴定试验溶液所消耗的硫酸锌标准滴定溶液的体积的数值,单位为毫升(mL);

c——硫酸锌标准滴定溶液浓度的准确数值,单位为摩尔每升(mol/L);

m——试料质量的数值,单位为克(g);

M——钙(Ca)的摩尔质量的数值,单位为克每摩尔(g/mol)(M=40.078)。

取平行测定结果的算术平均值为测定结果,两次平行测定结果的绝对差值不大于0.2%。

A.5 重金属的测定

A.5.1 试剂和材料

A.5.1.1 盐酸溶液：1＋4。

A.5.1.2 硫化钠溶液：此溶液应遮光、加盖密闭保存于棕色瓶。配制后三个月内有效。

A.5.1.3 铅标准溶液：1 mL溶液含铅(Pb)0.01 mg；

移取1.00 mL按HG/T 3696.2要求配制的铅标准溶液，置于100 mL容量瓶中，用水稀释至刻度，摇匀。该溶液现用现配。

A.5.1.4 其他试剂同GB/T 5009.74—2003第3章。

A.5.2 仪器和设备

同GB/T 5009.74—2003第4章。

A.5.3 分析步骤

称取2.00 g±0.01 g试样，置于50 mL烧杯中，加5 mL盐酸溶液及10 mL水，加热溶解，冷却后滴加氨水至白色沉淀出现，再加入少量盐酸至沉淀消失，必要时干过滤(用水洗涤5次)。全部转移至50 mL比色管中，加5 mL乙酸盐缓冲溶液，混匀，加5滴硫化钠溶液，并用水稀释至刻度，混匀，于暗处放置5 min。所呈颜色不得深于标准比色溶液。

标准比色溶液的配制：移取2.00 mL铅标准溶液置于50 mL比色管中，加25 mL水，从"加5 mL乙酸盐缓冲溶液……"开始进行操作，与试验溶液同时同样处理。

A.6 铅的测定

A.6.1 双硫腙比色法(仲裁法)

A.6.1.1 方法提要

同GB/T 5009.75—2003的第2章。

A.6.1.2 试剂和材料

同GB/T 5009.75—2003的第3章。

A.6.1.3 仪器和设备

同GB/T 5009.75—2003的第4章。

A.6.1.4 分析步骤

称取5.00 g±0.01 g试样，置于100 mL烧杯中，加10 mL水溶解，置于分液漏斗中。用移液管移取1.00 mL铅标准溶液，置于分液漏斗中，作为标准比对溶液。以下按照GB/T 5009.75—2003中第6章的规定进行测定。

A.6.2 原子吸收分光光度法

A.6.2.1 试剂和材料

A.6.2.1.1 盐酸。

A.6.2.1.2 三氯甲烷。

A.6.2.1.3 硝酸。

A.6.2.1.4 氢氧化钠溶液：250 g/L。

A.6.2.1.5 吡咯烷二硫代氨基甲酸铵(APDC)溶液：2%；

称取 2 g 吡咯烷二硫代氨基甲酸铵(APDC)溶于 100 mL 水中。如有不溶物，使用前过滤。

A.6.2.1.6 铅标准溶液：1 mL 溶液含铅(Pb)0.010 mg；

移取 1.00 mL 按 HG/T 3696.2 要求配制的铅标准溶液，置于 100 mL 容量瓶中，用水稀释至刻度，摇匀。该溶液现用现配。

A.6.2.1.7 精密 pH 试纸：pH0.5～5.0。

A.6.2.1.8 二级水：符合 GB/T 6682—2008 的规定。

A.6.2.2 仪器和设备

A.6.2.2.1 分液漏斗：250 mL。

A.6.2.2.2 恒温水浴箱。

A.6.2.2.3 原子吸收分光光度计。

A.6.2.3 分析步骤

A.6.2.3.1 铅标准测定溶液的制备及测定

移取 2.00 mL 铅标准溶液，置于 150 mL 烧杯中，加 30 mL 水，10 mL 盐酸，(盖上表面皿)加热沸腾 5 min，冷却，用氢氧化钠溶液调节溶液的 pH 为 1.0～1.5(用精密 pH 试纸检验)。将溶液移入分液漏斗中，用水稀释至约 200 mL。加入 2 mL 吡咯烷二硫代氨基甲酸铵(APDC)溶液，摇匀。用三氯甲烷萃取两次，每次加入 20 mL，将萃取液(即有机相)收集于 50 mL 烧杯中，(在通风橱中)用水浴加热蒸发至干。加入 3 mL 硝酸溶解残余物，加热近干。加入 0.5 mL 硝酸和 10 mL 水，加热至溶液体积为 3 mL～5 mL，移入 10 mL 容量瓶中，用水稀释至刻度。选用空气-乙炔火焰，于 283.3 nm 波长处，用水调零，测定溶液的吸光度。

A.6.2.3.2 试样测定溶液的制备及测定

称取 10.0 g±0.1 g 试样置于 150 mL 烧杯中，加入 30 mL 水，加入 10 mL 盐酸，(盖上表面皿)加热使试样溶解，并沸腾 5 min。然后按 A.6.2.3.1 从"冷却，用氢氧化钠溶液调 pH……"开始进行操作，测其相应吸光值。

A.6.2.4 结果判定

试样测定溶液的吸光度不得大于铅标准测定溶液的吸光度。

A.7 砷的测定

A.7.1 试剂和材料

A.7.1.1 盐酸溶液：1+1。

A.7.1.2 砷标准溶液：1 mL 溶液含有砷(As)0.001 0 mg；

移取 1.00 mL 按 HG/T 3696.2 要求配制的砷标准溶液，置于 1 000 mL 容量瓶中，用水稀释至刻度，摇匀。该溶液现用现配。

A.7.1.3 其他试剂同 GB/T 5009.76—2003 第 9 章。

A.7.2 仪器和设备

同 GB/T 5009.76—2003 第 10 章。

A.7.3 分析步骤

称取 0.50 g±0.01 g 试样，置于定砷瓶中，加少量水润湿，加入 5 mL 盐酸溶液将试样溶解。

限量标准溶液的配制：移取 1.50 mL[1 mL 溶液含砷(As)0.001 0 mg]砷标准溶液，与试样同时同样处理。以下按 GB/T 5009.76—2003 第 11 章规定进行测定。

A.8 氟化物的测定

A.8.1 试剂和材料

A.8.1.1 盐酸溶液：1+4。

A.8.1.2 总离子强度缓冲液：乙酸钠溶液与柠檬酸钠溶液等量混合，该溶液现用现配。

A.8.1.3 乙酸钠溶液：$c(CH_3COONa \cdot 3H_2O)=3$ mol/L；

称取 204 g 乙酸钠溶于约 300 mL 水中，冷却，以 1 mol/L 乙酸调节 pH≈7.0，全部转移至 500 mL 容量瓶，用水稀释至刻度，摇匀。

A.8.1.4 柠檬酸钠溶液：$c(Na_3C_6H_5O_7 \cdot 2H_2O)=0.75$ mol/L；

称取 110 g 柠檬酸钠，溶于约 300 mL 水中，加高氯酸 14 mL，全部转移至 500 mL 容量瓶，用水稀释至刻度，摇匀。

A.8.1.5 氟化物标准溶液：1 mL 溶液含氟(F)0.010 mg；

移取 1.00 mL 按 HG/T 3696.2 要求配制的氟化物标准溶液，置于 100 mL 容量瓶中，用水稀释至刻度，摇匀。该溶液现用现配，贮存于聚乙烯瓶中。

A.8.2 仪器和设备

A.8.2.1 氟电极。

A.8.2.2 甘汞电极。

A.8.2.3 电位计。

A.8.2.4 磁力搅拌器。

A.8.3 分析步骤

A.8.3.1 标准工作溶液的绘制

移取氟化物标准溶液 1.00 mL、2.00 mL、3.00 mL、4.00 mL、5.00 mL 分别置于 5 个 50 mL 容量瓶中，各加入 4 mL 盐酸溶液，加 25 mL 总离子强度缓冲液，用水稀释至刻度，摇匀。

A.8.3.2 试验溶液的制备

称取约 1.5 g 试样，精确至 0.01 g，加入 4 mL 盐酸溶液，25 mL 总离子强度缓冲液，溶解，置于 100 mL 容量瓶中，用水稀释至刻度，摇匀。

A.8.3.3 测定

将氟电极和甘汞电极与电位计的负端和正端联接，将电极插入盛有水的 50 mL 聚乙烯塑料烧杯中，预热仪器，在磁力搅拌器上以恒速搅拌，读取平衡电位值，更换浸泡电极的水 2 次～3 次，至电极说明书中规定的电位值后，即可进行标准工作溶液和试样溶液的电位测定。

由低至高浓度分别测定氟标准工作溶液的平衡电位。以电极电位作纵坐标，氟离子浓度(mg/mL)作横坐标，在半对数坐标纸上绘制工作曲线。

同法测定试样溶液的平衡电位，从工作曲线上查出试样中氟离子的浓度(mg/mL)。

A.8.4 结果计算

氟化物含量以氟(F)的质量分数 w_2 计，数值以 mg/kg 表示，按公式(A.4)计算：

$$w_2 = \frac{c \times 100}{m \times 10^{-3}} \qquad \cdots\cdots (A.4)$$

式中：

c——从工作曲线上查得的氟离子浓度的数值，单位为毫克每毫升(mg/mL)；

m——试样的质量的数值，单位为克(g)。

取平行测定结果的算术平均值为测定结果，两次平行测定结果的绝对差值不大于 10 mg/kg。

A.9 灼烧减量的测定

A.9.1 仪器和设备

A.9.1.1 瓷坩埚：30 mL。

A.9.1.2 高温炉：温度能控制在 800 ℃±50 ℃。

A.9.2 分析步骤

用已于 800 ℃±50 ℃条件下灼烧 30 min 的瓷坩埚，称取约 1.5 g 试样(无水物)，精确至 0.000 2 g，置于高温炉内，在 800 ℃±50 ℃条件下灼烧 30 min，取出冷却至室温，称量。

A.9.3 结果计算

灼烧减量以质量分数 w_3 计，数值以%表示，按公式(A.5)计算：

$$w_3 = \frac{m_1 - m_2}{m} \times 100\% \qquad \cdots\cdots (A.5)$$

式中：

m_1——灼烧前试料和坩埚的质量的数值，单位为克(g)；

m_2——灼烧后残余物和坩埚的质量的数值，单位为克(g)；

m ——试料质量的数值，单位为克(g)。

取平行测定结果的算术平均值为测定结果，两次平行测定结果的绝对差值不大于 0.1%。

A.10 干燥减量的测定

A.10.1 仪器和设备

A.10.1.1 称量瓶：ϕ50 mm×30 mm。

A.10.1.2 电热恒温干燥箱：温度能控制在 60 ℃±2 ℃。

A.10.2 分析步骤

用已于 60 ℃±2 ℃条件下干燥 3 h 的称量瓶，称取约 1.5 g 试样(一水物)，精确至 0.000 2 g，置于电热恒温干燥箱内，在 60 ℃±2 ℃条件下干燥 3 h，取出冷却至室温，称量。

A.10.3 结果计算

干燥减量以质量分数 w_4 计，数值以%表示，按公式(A.6)计算：

$$w_4 = \frac{m_1 - m_2}{m} \times 100\% \qquad \cdots\cdots (A.6)$$

式中：

m_1——干燥前试料和称量瓶的质量的数值，单位为克(g)；

m_2——干燥后试料和称量瓶的质量的数值，单位为克(g)；

m ——试料质量的数值，单位为克(g)。

取平行测定结果的算术平均值为测定结果，两次平行测定结果的绝对差值不大于0.1%。

A.11 澄清度的测定

A.11.1 试剂和材料

A.11.1.1 盐酸。

A.11.1.2 硝酸溶液：1+2。

A.11.1.3 硝酸银溶液：20 g/L。

A.11.1.4 氯化物标准溶液：1 mL 溶液含氯(Cl)0.010 mg；

移取1.00 mL按HG/T 3696.2要求配制的氯化物标准溶液，置于100 mL容量瓶中，用水稀释至刻度，摇匀。该溶液现用现配。

A.11.2 仪器和设备

恒温水浴箱。

A.11.3 分析步骤

称取2.00 g±0.01 g试样，置于50 mL烧杯中，加18 mL水及2 mL盐酸，在沸水浴中加热5 min溶解。冷却后全部转移至50 mL比色管中，用水稀释至刻度，摇匀。溶液所呈浊度不得大于标准比浊溶液。

标准比浊溶液的配制：移取1.2 mL氯化物标准溶液，置于50 mL比色管中，加20 mL水、1 mL硝酸溶液、1 mL硝酸银溶液，用水稀释至刻度，摇匀。在暗处放置15 min。

A.12 碳酸盐的测定

A.12.1 试剂和材料

盐酸。

A.12.2 分析步骤

称取2.0 g试样，精确至0.1 g，置于50 mL锥形瓶中，加6 mL水煮沸，冷却后滴加2 mL盐酸，试验溶液不应有气泡产生。

A.13 游离酸及其副盐测定

A.13.1 试剂和材料

A.13.1.1 氢氧化钠溶液：1 mol/L。

A.13.1.2 甲基橙指示液:1 g/L。

A.13.2 分析步骤

称取1.0 g试样,精确至0.1 g,置于研钵中,加3 mL水研磨,全部转移至250 mL烧杯中,加100 mL水摇匀,滴加1滴甲基橙指示液,加入1 mL氢氧化钠溶液,试验溶液应呈黄色。

中华人民共和国国家标准

GB 25560—2010

食品安全国家标准
食品添加剂　磷酸二氢钾

2010-12-21 发布　　　　2011-02-21 实施

中华人民共和国卫生部　发布

前言

本标准的附录A为规范性附录。

食品安全国家标准

食品添加剂 磷酸二氢钾

1 范围

本标准适用于热法磷酸和氢氧化钾为原料制得的食品添加剂磷酸二氢钾。

2 规范性引用文件

本标准中引用的文件对于本标准的应用是必不可少的。凡是注日期的引用文件，仅所注日期的版本适用于本标准。凡是不注日期的引用文件，其最新版本(包括所有的修改单)适用于本标准。

3 分子式和相对分子质量

3.1 分子式

KH_2PO_4

3.2 相对分子质量

136.09(按2007年国际相对原子质量)

4 技术要求

4.1 感官要求：应符合表1的规定。

表1 感官要求

项　目	要　求	检验方法
色泽	白色	取适量试样置于50 mL烧杯中，在自然光下观察色泽和组织状态
组织状态	晶状粉末或颗粒	

4.2 理化指标：应符合表2的规定。

表2 理化指标

项　目		指　标	检验方法
磷酸二氢钾(KH_2PO_4)(以干基计)，w/%	≥	98.0	附录A中A.4
水不溶物，w/%	≤	0.2	附录A中A.5
砷(As)/(mg/kg)	≤	3	附录A中A.6
重金属(以Pb计)/(mg/kg)	≤	10	附录A中A.7

表 2（续）

项　　目		指　　标	检验方法
铅(Pb)/(mg/kg)	≤	2	附录 A 中 A.8
氟化物(以 F 计)/(mg/kg)	≤	10	附录 A 中 A.9
pH(10 g/L 溶液)		4.2～4.7	附录 A 中 A.10
干燥减量，w/%	≤	1.0	附录 A 中 A.11

附 录 A
（规范性附录）
检 验 方 法

A.1 安全提示

本标准的检验方法中使用的部分试剂具有毒性或腐蚀性，操作时须小心谨慎！如溅到皮肤上应立即用大量水冲洗，严重者应立即治疗。试验中所用易燃品，操作时不应使用明火。

A.2 一般规定

本标准的检验方法中所用试剂和水，在没有注明其他要求时，均指分析纯试剂和GB/T 6682—2008中规定的三级水。试验中所用标准滴定溶液、杂质标准溶液、制剂及制品，在没有注明其他要求时，均按HG/T 3696.1、HG/T 3696.2、HG/T 3696.3之规定制备。

A.3 鉴别试验

A.3.1 试剂和材料

A.3.1.1 氨水溶液：2+3。

A.3.1.2 硝酸溶液：1+8。

A.3.1.3 硝酸银溶液：17 g/L。

A.3.2 分析步骤

A.3.2.1 磷酸根的鉴别

称取约1 g试样，溶于20 mL水中，加硝酸银溶液，生成黄色沉淀，此沉淀溶于氨水溶液或硝酸溶液。

A.3.2.2 钾离子的鉴别

称量1 g试样，加20 mL水溶解。用铂丝环蘸盐酸，在火焰上燃烧至无色。再蘸取试验溶液在火焰上燃烧，用钴玻璃观看火焰应呈紫色。

A.4 磷酸二氢钾的测定

A.4.1 重量法（仲裁法）

A.4.1.1 方法提要

在酸性介质中，试验溶液中的磷酸根与加入的喹钼柠酮溶液形成磷钼酸喹啉沉淀，通过过滤、干燥、称量，计算出磷酸二氢钾含量。

A.4.1.2 试剂和材料

A.4.1.2.1 硝酸溶液：1+1。

A.4.1.2.2 喹钼柠酮溶液。

A.4.1.3 仪器和设备

A.4.1.3.1 玻璃砂坩埚:滤板孔径为 5 μm～15 μm。

A.4.1.3.2 电热恒温干燥箱:温度能控制在 180 ℃±5 ℃。

A.4.1.4 分析步骤

A.4.1.4.1 试验溶液的制备

称取在 105 ℃±2 ℃电热恒温干燥箱干燥 4 h 的试样约 1.0 g,精确至 0.000 2 g,置于 100 mL 烧杯中,加入 50 mL 水溶解,移入 250 mL 容量瓶中,用水稀释至刻度,摇匀。

A.4.1.4.2 空白试验溶液的制备

除不加试样外,其他加入的试剂量与试验溶液的制备完全相同,与试样同时同样处理。

A.4.1.4.3 测定

用移液管移取 10.00 mL 试验溶液和空白试验溶液分别置于 250 mL 烧杯中,加入 10 mL 硝酸溶液,加水至总体积约 100 mL,盖上表面皿,加热煮沸 5 min。冷却至烧杯内的物质达到 75 ℃±5 ℃,加入 50 mL 喹钼柠酮溶液(在加入试剂和加热过程中,不得使用明火,不得搅拌,以免凝块)。冷却,在冷却过程中搅拌 3 次～4 次,用预先在 180 ℃±5 ℃烘干至质量恒定的玻璃砂坩埚抽滤。先将上层清液过滤,以倾析法用洗瓶冲洗沉淀 6 次,每次用水约 30 mL,最后将沉淀移入玻璃砂坩埚中过滤,再用水洗涤沉淀 4 次。将玻璃砂坩埚连同沉淀置于 180 ℃±5 ℃电热恒温干燥箱中,从温度稳定时计时,干燥 45 min。取出稍冷后,置于干燥器中,冷却至室温,称量。

A.4.1.5 结果计算

磷酸二氢钾含量以磷酸二氢钾(KH_2PO_4)的质量分数 w_1 计,数值以%表示,按公式(A.1)计算:

$$w_1=\frac{(m_1-m_2)\times 0.061\,5}{m\times(10/250)}\times 100\% \qquad \cdots\cdots(A.1)$$

式中:

m_1 ——试验溶液中生成磷钼酸喹啉沉淀的质量的数值,单位为克(g);

m_2 ——空白试验溶液中生成磷钼酸喹啉沉淀的质量的数值,单位为克(g);

m ——试料质量的数值,单位为克(g);

0.061 5 ——磷钼酸喹啉换算成磷酸二氢钾的系数。

取平行测定结果的算术平均值为测定结果。两次平行测定结果的绝对差值不大于 0.3%。

A.4.2 酸碱滴定法

A.4.2.1 方法提要

在试样中准确加入过量的盐酸标准滴定溶液,用氢氧化钠标准溶液滴定过量的盐酸标准滴定溶液,以酸度计指示突跃点,根据氢氧化钠标准滴定溶液的消耗量,计算磷酸二氢钾含量。

A.4.2.2 试剂和材料

A.4.2.2.1 盐酸标准滴定溶液:$c(HCl)=1$ mol/L。

A.4.2.2.2 氢氧化钠标准滴定溶液:$c(NaOH)=1$ mol/L。

A.4.2.3 仪器和设备

A.4.2.3.1 pH 计:分度值为 0.02。

A.4.2.3.2 电磁搅拌器:配有搅拌转子。

A.4.2.4 分析步骤

称取预先在 105 ℃±2 ℃电热恒温干燥箱干燥 4 h 的约 5 g 试样,精确至 0.000 2 g,置于一个 250 mL 烧杯中,加入 40.00 mL 盐酸标准滴定溶液和 50 mL 水。然后置于电磁搅拌器上,放入搅拌转子,搅拌至样品完全溶解。然后将已校准的 pH 计的电极放入试验溶液中,用氢氧化钠标准滴定溶液滴定过量的盐酸标准滴定溶液,直至 pH≈4.0 出现突跃点,记录滴定读数(V),计算样品消耗盐酸标准滴定溶液的体积(V_1)。用氢氧化钠标准滴定溶液继续滴定至 pH≈8.8 出现突跃点,记录滴定读数,计算在这两个突跃点(pH≈4.0 至 pH≈8.8)之间滴定消耗的氢氧化钠标准滴定溶液的体积(V_2)。

A.4.2.5 结果计算

样品消耗盐酸标准滴定溶液的体积(V_1)按公式(A.2)计算:

$$V_1=\frac{40.0c_1-Vc_2}{c_1} \qquad\cdots\cdots\cdots\cdots(\text{A.2})$$

式中:

V ——滴定至 pH≈4.0 出现突跃点时消耗氢氧化钠标准滴定溶液的体积的数值,单位为毫升(mL);

c_1 ——盐酸标准滴定溶液的实际浓度的数值,单位为摩尔每升(mol/L);

c_2 ——氢氧化钠标准滴定溶液的实际浓度的数值,单位为摩尔每升(mol/L)。

磷酸二氢钾以磷酸二氢钾(KH_2PO_4)的质量分数 w_1 计,数值以%表示,按公式(A.3)计算:

$$w_1=\frac{(V_2c_2-V_1c_1)\times M\times 10^{-3}}{m}\times 100\% \qquad\cdots\cdots\cdots\cdots(\text{A.3})$$

式中:

V_1 ——滴定至 pH≈4 出现突跃点时消耗的盐酸标准滴定溶液的体积的数值,单位为毫升(mL);

V_2 ——pH≈4.0 至 pH≈8.8 之间滴定消耗的氢氧化钠标准滴定溶液的体积的数值,单位为毫升(mL);

c_1 ——盐酸标准滴定溶液浓度的准确数值,单位为摩尔每升(mol/L);

c_2 ——氢氧化钠标准滴定溶液浓度的准确数值,单位为摩尔每升(mol/L);

m ——试料质量的数值,单位为克(g);

M ——磷酸二氢钾(KH_2PO_4)的摩尔质量的数值,单位为克每摩尔(g/mol)(M=136.09)。

取平行测定结果的算术平均值为测定结果。两次平行测定结果的绝对差值不大于 0.2%。

A.5 水不溶物的测定

A.5.1 仪器和设备

A.5.1.1 玻璃砂坩埚:滤板孔径为 5 μm~15 μm。

A.5.1.2 电热恒温干燥箱:温度能控制在 105 ℃±2 ℃。

A.5.2 分析步骤

称取约 10 g 试样,精确至 0.01 g,置于 400 mL 烧杯中,加 100 mL 水并加热煮沸,趁热用预先在

105 ℃±2 ℃电热恒温干燥箱烘至质量恒定的玻璃砂坩埚抽滤，用 200 mL 热水分 10 次洗涤水不溶物。将玻璃砂坩埚连同水不溶物置于 105 ℃±2 ℃电热恒温干燥箱中，烘至质量恒定。

A.5.3 结果计算

水不溶物含量以质量分数 w_2 计，数值以%表示，按公式(A.4)计算：

$$w_2 = \frac{m_2 - m_1}{m} \times 100\% \quad \cdots\cdots (A.4)$$

式中：

m_2——水不溶物和玻璃砂坩埚的质量的数值，单位为克(g)；

m_1——玻璃砂坩埚的质量的数值，单位为克(g)；

m ——试料质量的数值，单位为克(g)。

取平行测定结果的算术平均值为测定结果，两次平行测定结果的绝对差值不大于 0.002%。

A.6 砷的测定

称取 0.50 g±0.01 g 试样，置于 100 mL 烧杯中，加 20 mL 水和 10 mL 盐酸溶液(1+1)，加热溶解后，全部转移至测砷瓶中，加水至总体积约 40 mL，按 GB/T 5009.76—2003 的第 11 章规定测定。

限量标准溶液的配制：移取 1.50 mL 砷标准溶液[1 mL 溶液含砷(As)1.0 μg]，与试样同时同样处理。

A.7 重金属的测定

称取 5.00 g±0.01 g 试样，置于 100 mL 烧杯中，加 80 mL 水，加热溶解后移至 100 mL 容量瓶中，用水稀释至刻度，混匀。用中速滤纸干过滤，弃去最初 20 mL 溶液，用移液管移取 20 mL 试验溶液置于 50 mL 比色管中。加 1 滴酚酞指示液(10 g/L)，用氢氧化钠溶液(40 g/L)调节至溶液呈中性，加水至总体积约 30 mL，按 GB/T 5009.74—2003 的第 6 章测定。

标准比色溶液的配制：用移液管移取 1 mL 铅标准溶液[1 mL 溶液含铅(Pb)0.010 mg]，与试样同时同样处理。

A.8 铅的测定

A.8.1 试剂和材料

A.8.1.1 盐酸。

A.8.1.2 硝酸。

A.8.1.3 氢氧化钠溶液：200 g/L。

A.8.1.4 三氯甲烷。

A.8.1.5 吡咯烷二硫代氨基甲酸铵(APDC)溶液：20 g/L。使用前过滤。

A.8.1.6 铅标准溶液：1 mL 溶液含铅(Pb)0.010 mg；

移取 1.00 mL 按 HG/T 3696.2 配制的铅标准溶液，置于 100 mL 容量瓶中，用水稀释至刻度。

A.8.1.7 二级水：符合 GB/T 6682—2008 的规定。

A.8.2 仪器和设备

原子吸收分光光度计。

A.8.3 分析步骤

A.8.3.1 试验溶液的制备

称取约10 g试样，精确至0.01 g，置于150 mL烧杯中。加30 mL水和2 mL盐酸溶解试样。加热煮沸几分钟，冷却，稀释至100 mL，用氢氧化钠溶液调整pH至1.0～1.5。将溶液全部转移至250 mL分液漏斗里，用水稀释至约150 mL。加2 mL吡咯烷二硫代氨基甲酸铵（APDC）溶液，混合。用三氯甲烷萃取两次，每次加入20 mL，将萃取液（即有机相）收集于50 mL干净烧杯中，汽浴蒸发近干，加3 mL硝酸，加热近干。然后加0.5 mL硝酸和10 mL去离子水，加热到剩下3 mL～5 mL。转移硝化后的萃取液置于10 mL容量瓶，用水稀释至刻度，摇匀。

A.8.3.2 空白试验溶液的制备

取30 mL水置于150 mL烧杯中，加入1 mL盐酸。以下操作同A.8.3.1中"加热煮沸几分钟，冷却，稀释至100 mL……转移硝化后的萃取液置于10 mL容量瓶，用水稀释至刻度，摇匀"。

A.8.3.3 标准溶液的制备

移取4.00 mL铅标准溶液置于150 mL烧杯中，加入1 mL盐酸。以下操作同A.8.3.1中"加热煮沸几分钟，冷却，稀释至100 mL……转移硝化后的萃取液置于10 mL容量瓶，用水稀释至刻度，摇匀"。

A.8.3.4 测定

A.8.3.4.1 仪器条件：共振线283.3 nm；狭缝0.7 nm；空气-乙炔火焰。

A.8.3.4.2 测定：将试验溶液、标准溶液导入原子吸收分光光度计中，以空白试验溶液调零，试验溶液的吸收值不能高于标准溶液吸收值。

A.9 氟化物的测定

A.9.1 试剂和材料

A.9.1.1 盐酸溶液：1+4。

A.9.1.2 硝酸溶液：1+15。

A.9.1.3 氢氧化钠溶液：100 g/L。

A.9.1.4 缓冲溶液：将270 g二水柠檬酸钠（$Na_3C_6H_5O_7 \cdot 2H_2O$）和24 g柠檬酸（$C_6H_5O_7 \cdot 2H_2O$）溶于800 mL水中，然后用水稀释到1 000 mL。

A.9.1.5 氟化物标准溶液：1 mL溶液含氟（F）0.010 mg；

移取1.00 mL按HG/T 3696.2配制的氟化物标准溶液，置于100 mL容量瓶中，用水稀释至刻度，摇匀。此溶液用时配制。

A.9.1.6 溴甲酚绿指示液：1 g/L。

A.9.2 仪器和设备

A.9.2.1 氟离子选择电极。

A.9.2.2 饱和甘汞电极。

A.9.2.3 电位计。

A.9.3 分析步骤

A.9.3.1 仪器的调整

将氟离子选择电极和饱和甘汞电极与测量仪器的负端与正端相连接，电极插入盛有水的塑料杯中，在电磁搅拌中(使用聚乙烯转子)，读取平衡电位值，更换2次～3次水后，待电位达到电极说明书中规定的电位值后，即可进行电位测定。

A.9.3.2 工作曲线的绘制

移取液1.00 mL、2.00 mL、4.00 mL、6.00 mL、8.00 mL和10.00 mL氟化物标准溶液，分别置于6个50 mL容量瓶中，加1 mL盐酸溶液、5滴缓冲溶液、2滴溴甲酚绿指示液。用氢氧化钠溶液调节溶液为蓝色，再用硝酸溶液调节溶液为黄色，加20 mL缓冲溶液，用水稀释至刻度，摇匀。将溶液倒入清洁、干燥的50 mL烧杯中，置于电磁搅拌器上，放入搅拌子，插入氟离子选择电极和饱和甘汞电极，开启搅拌器，记录平衡时的电位值。以氟离子含量的对数值为横坐标，相应的电位值为纵坐标，绘制工作曲线。

A.9.3.3 测定

称取约3 g试样，精确至0.000 2 g，置于50 mL容量瓶中，加10 mL水，以下操作按A.9.3.2“加1 mL盐酸溶液……”至“记录平衡时的电位值”。从工作曲线上查出相应的氟离子含量的对数，求反对数得到氟离子质量。

A.9.4 结果计算

氟化物含量以氟(F)的质量分数 w_3 计，数值以mg/kg表示，按公式(A.5)计算：

$$w_3=\frac{m_1}{m\times 10^{-3}} \qquad \cdots\cdots(A.5)$$

式中：

m_1——试验溶液中的氟离子的质量的数值，单位为毫克(mg)；

m ——试料质量的数值，单位为克(g)。

取平行测定结果的算术平均值为测定结果，两次平行测定结果的绝对差值不大于2 mg/kg。

A.10 pH的测定

A.10.1 仪器和设备

pH计：分度值为0.02。

A.10.2 分析步骤

称取1.00 g±0.01 g试样，置于100 mL容量瓶中，用水溶解并稀释至刻度，摇匀。用已校正过的pH计测量溶液的pH。

A.11 干燥减量的测定

A.11.1 仪器和设备

电热恒温干燥箱：温度能控制在105 ℃±2 ℃。

A.11.2 分析步骤

用已于105 ℃±2 ℃干燥至质量恒定的称量瓶称取约5 g试样，精确至0.000 2 g，置于105 ℃±2 ℃的电热恒温干燥箱中，干燥4 h，将称量瓶置于干燥器冷却至室温，称量。

A.11.3 结果计算

干燥减量以质量分数w_4计，数值以%表示，按公式(A.6)计算：

$$w_4 = \frac{m - m_1}{m} \times 100\% \qquad \text{(A.6)}$$

式中：

m_1——干燥后试料的质量的数值，单位为克(g)；

m——试料的质量的数值，单位为克(g)。

取平行测定结果的算术平均值为测定结果，两次平行测定结果的绝对差值不大于0.01%。

中华人民共和国国家标准

GB 25561—2010

食品安全国家标准

食品添加剂　磷酸氢二钾

2010-12-21 发布　　　　2011-02-21 实施

中华人民共和国卫生部　发布

前　言

本标准的附录 A 为规范性附录。

食品安全国家标准

食品添加剂 磷酸氢二钾

1 范围

本标准适用于以热法磷酸和氢氧化钾为原料制得的食品添加剂磷酸氢二钾。

2 规范性引用文件

本标准中引用的文件对于本标准的应用是必不可少的。凡是注日期的引用文件，仅所注日期的版本适用于本标准。凡是不注日期的引用文件，其最新版本(包括所有的修改单)适用于本标准。

3 分子式和相对分子质量

3.1 分子式

K_2HPO_4

3.2 相对分子质量

174.18(按2007年国际相对原子质量)

4 技术要求

4.1 感官要求：应符合表1的规定。

表1 感官要求

项目	要求	检验方法
色泽	白色	取适量试样置于50 mL烧杯中，在自然光下观察色泽和组织状态
组织状态	晶状粉末或颗粒	

4.2 理化指标：应符合表2的规定。

表2 理化指标

项目		指标	检验方法
磷酸氢二钾(K_2HPO_4)(以干基计)，w/%	≥	98.0	附录A中A.4
水不溶物，w/%	≤	0.2	附录A中A.5
砷(As)/(mg/kg)	≤	3	附录A中A.6
重金属(以Pb计)/(mg/kg)	≤	10	附录A中A.7

表 2（续）

项　　目	指　　标	检验方法
铅(Pb)/(mg/kg)　　≤	2	附录 A 中 A.8
氟化物(以 F 计)/(mg/kg)　　≤	10	附录 A 中 A.9
pH(10 g/L 溶液)	9.0±0.4	附录 A 中 A.10
干燥减量，w/%　　≤	2.0	附录 A 中 A.11

附 录 A
（规范性附录）
检验方法

A.1 安全提示

本标准的检验方法中所用的部分化学试剂具有腐蚀性，操作时应小心。如溅在皮肤上，立即用水冲洗或进行治疗。

A.2 一般规定

本标准的试验方法所用试剂和水，在没有注明其他要求时，均指分析纯试剂和GB/T 6682—2008中规定的三级水。试验中所用标准滴定溶液、杂质标准溶液、制剂及制品，在没有注明其他要求时，均按HG/T 3696.1、HG/T 3696.2、HG/T 3696.3之规定制备。

A.3 鉴别试验

A.3.1 试剂和材料

A.3.1.1 氨水溶液：2＋3。

A.3.1.2 硝酸溶液：1＋8。

A.3.1.3 硝酸银溶液：17 g/L。

A.3.2 分析步骤

A.3.2.1 磷酸根的鉴别

称取约1 g试样，溶于20 mL水中，加硝酸银溶液，生成黄色沉淀，此沉淀溶于氨水溶液或硝酸溶液。

A.3.2.2 钾离子的鉴别

称量1 g试样，加20 mL水溶解。用铂丝环蘸盐酸，在火焰上燃烧至无色。再蘸取试验溶液在火焰上燃烧，用钴玻璃观看火焰应呈紫色。

A.4 磷酸氢二钾的测定

A.4.1 重量法（仲裁法）

A.4.1.1 方法提要

在酸性介质中，试验溶液中的磷酸根与加入的喹钼柠酮溶液形成磷钼酸喹啉沉淀，通过过滤、干燥、称量，计算出磷酸氢二钾含量。

A.4.1.2 试剂和材料

A.4.1.2.1 硝酸溶液：1＋1。

A.4.1.2.2 喹钼柠酮溶液。

A.4.1.3 仪器和设备

A.4.1.3.1 玻璃砂坩埚:滤板孔径为 5 μm～15 μm。

A.4.1.3.2 电热恒温干燥箱:温度能控制在 180 ℃±5 ℃。

A.4.1.4 分析步骤

A.4.1.4.1 试验溶液的制备

称取在 105 ℃±2 ℃电热恒温干燥箱干燥 4 h 的约 1.0 g 试样,精确至 0.000 2 g,置于 100 mL 烧杯中,加入 50 mL 水溶解,移入 250 mL 容量瓶中,用水稀释至刻度,摇匀。

A.4.1.4.2 空白试验溶液制备

除不加试样外,其他操作和加入试剂的量和试验溶液的制备完全相同,与试样同时同样处理。

A.4.1.4.3 测定

用移液管移取 15.00 mL 试验溶液和空白试验溶液分别置于 250 mL 烧杯中,加入 10 mL 硝酸溶液,加水至总体积约 100 mL,盖上表面皿,加热煮沸 5 min。冷却至烧杯内的物质达到 75 ℃±5 ℃,加入 50 mL 喹钼柠酮溶液(在加入试剂和加热过程中,不得使用明火,不得搅拌,以免凝块)。冷却,在冷却过程中搅拌 3 次～4 次,用预先在 180 ℃±5 ℃烘干至质量恒定的玻璃砂坩埚抽滤。先将上层清液过滤,以倾析法用洗瓶冲洗沉淀 6 次,每次用水约 30 mL,最后将沉淀移入玻璃砂坩埚中过滤,再用水洗涤沉淀 4 次。将玻璃砂坩埚连同沉淀置于电烘箱中从温度稳定时计时,在 180 ℃±5 ℃下干燥 45 min,取出稍冷后,置于干燥器中冷却至室温,称量。

A.4.1.5 结果计算

磷酸氢二钾含量以磷酸氢二钾(K_2HPO_4)的质量分数 w_1 计,数值以%表示,按公式(A.1)计算:

$$w_1=\frac{(m_1-m_2)\times 0.078\ 71}{m\times(15/250)}\times 100\% \qquad \cdots\cdots(A.1)$$

式中:

m_1 ——试验溶液中生成磷钼酸喹啉沉淀的质量数值,单位为克(g);

m_2 ——空白试验溶液中生成磷钼酸喹啉沉淀的质量数值,单位为克(g);

m ——试料的质量的数值,单位为克(g);

0.078 71——磷钼酸喹啉换算成磷酸氢二钾的系数。

取平行测定结果的算术平均值为测定结果,两次平行测定结果的绝对差值不大于 0.3%。

A.4.2 酸碱滴定法

A.4.2.1 方法提要

在试样中准确加入过量的盐酸标准滴定溶液,用氢氧化钠标准滴定溶液滴定过量的盐酸标准滴定溶液,以酸度计指示突跃点,根据氢氧化钠标准滴定溶液的消耗量,计算磷酸氢二钾含量。

A.4.2.2 试剂和材料

A.4.2.2.1 盐酸标准滴定溶液:$c(HCl)=1$ mol/L。

A.4.2.2.2 氢氧化钠标准滴定溶液:$c(NaOH)=1$ mol/L。

A.4.2.3 仪器和设备

A.4.2.3.1 pH 计:分度值为 0.02。

A.4.2.3.2 电磁搅拌器:配有搅拌转子。

A.4.2.4 分析步骤

称取预先在 105 ℃下干燥 4 h 的磷酸氢二钾样品约 5 g,精确至 0.000 2 g,置于一个 250 mL 烧杯中,加入 40.0 mL 盐酸标准滴定溶液和 50 mL 水。然后置于电磁搅拌器上,放入搅拌转子,搅拌至样品完全溶解。然后将已校准的 pH 计的电极放入试验溶液中,用氢氧化钠标准滴定溶液滴定过量的盐酸标准滴定溶液,直至 pH≈4.0 出现突跃点,记录滴定读数(V),计算样品消耗盐酸标准滴定溶液的体积(V_1)。用氢氧化钠标准滴定溶液继续滴定至 pH≈8.8 出现突跃点,记录滴定读数,计算在这两个突跃点(pH≈4.0 至 pH≈8.8)之间滴定消耗的氢氧化钠标准滴定溶液的体积(V_2)。

A.4.2.5 结果计算

样品消耗盐酸标准滴定溶液的体积(V_1)按公式(A.2)计算:

$$V_1 = \frac{40.0c_1 - Vc_2}{c_1} \qquad \text{(A.2)}$$

式中:

V ——滴定至 pH≈4.0 出现突跃点时消耗氢氧化钠标准滴定溶液的体积的数值,单位为毫升(mL);

c_1 ——盐酸标准滴定溶液的实际浓度的数值,单位为摩尔每升(mol/L);

c_2 ——氢氧化钠标准滴定溶液的实际浓度的数值,单位为摩尔每升(mol/L)。

当 V_1c_1 等于或小于 V_2c_2 时,磷酸氢二钾以磷酸氢二钾(K_2HPO_4)的质量分数 w_1 计,数值以%表示,按公式(A.3)计算:

$$w_1 = \frac{V_1c_1 \times M \times 10^{-3}}{m} \times 100\% \qquad \text{(A.3)}$$

当 V_1c_1 大于 V_2c_2 时,磷酸氢二钾以磷酸氢二钾(K_2HPO_4)的质量分数 w_1 计,数值以%表示,按公式(A.4)计算:

$$w_1 = \frac{(2V_2c_2 - V_1c_1) \times M \times 10^{-3}}{m} \times 100\% \qquad \text{(A.4)}$$

式中:

V_1——滴定至 pH≈4 出现突跃点时,样品消耗的盐酸标准滴定溶液的体积的数值,单位为毫升(mL);

V_2——pH≈4.0 至 pH≈8.8 之间滴定消耗的氢氧化钠标准滴定溶液的体积的数值,单位为毫升(mL);

c_1 ——盐酸标准滴定溶液浓度的准确数值,单位为摩尔每升(mol/L);

c_2 ——氢氧化钠标准滴定溶液浓度的准确的数值,单位为摩尔每升(mol/L);

m ——试料的质量的数值,单位为克(g);

M ——磷酸氢二钾(K_2HPO_4)的摩尔质量的数值,单位为克每摩尔(g/mol)(M=174.18)。

取平行测定结果的算术平均值为测定结果,两次平行测定结果的绝对差值不大于 0.2%。

A.5 水不溶物的测定

A.5.1 仪器和设备

A.5.1.1 玻璃砂坩埚:滤板孔径为 5 μm~15 μm。

A.5.1.2 电热恒温干燥箱:温度能控制在 105 ℃±2 ℃。

A.5.2 分析步骤

称取约 10 g 试样,精确至 0.01 g,置于 400 mL 烧杯中,加 100 mL 水并加热煮沸,趁热用预先在 105 ℃±2 ℃烘至质量恒定的玻璃砂坩埚抽滤,用 200 mL 热水分 10 次洗涤水不溶物。将玻璃砂坩埚连同水不溶物置于 105 ℃±2 ℃电热恒温干燥箱中,烘至质量恒定。

A.5.3 结果计算

水不溶物含量以质量分数 w_2 计,数值以%表示,按公式(A.5)计算:

$$w_2 = \frac{m_2 - m_1}{m} \times 100\% \qquad \cdots\cdots\cdots\cdots (A.5)$$

式中:

m_2——水不溶物和玻璃砂坩埚的质量数值,单位为克(g);

m_1——玻璃砂坩埚的质量数值,单位为克(g);

m ——试料的质量的数值,单位为克(g)。

取平行测定结果的算术平均值为测定结果,两次平行测定结果的绝对差值不大于 0.02%。

A.6 砷的测定

称取 0.50 g±0.01 g 试样,置于 100 mL 烧杯中,加 20 mL 水和 10 mL 盐酸溶液(1+1),加热溶解后,全部转移至测砷瓶中,加水至总体积约 40 mL,按 GB/T 5009.76—2003 的第 11 章规定操作。

限量标准溶液的配制:移取 1.50 mL 砷标准溶液[1 mL 溶液含砷(As)1 μg],与试样同时同样处理。

A.7 重金属的测定

称取 5.00 g±0.01 g 试样,置于 100 mL 烧杯中,加 80 mL 水,加热溶解后移至 100 mL 容量瓶中,用水稀释至刻度,混匀。用中速滤纸干过滤,弃去最初 20 mL 溶液,用移液管移取 20.00 mL 试验溶液置于 50 mL 比色管中。加 1 滴酚酞指示液(10 g/L),用氢氧化钠溶液(40 g/L)调节至溶液呈中性,加水至总体积约 30 mL,按 GB/T 5009.74—2003 的第 6 章操作。

标准比色溶液的配制:用移液管移取 1.00 mL 铅标准溶液[1 mL 溶液含铅(Pb)0.010 mg],与试样同时同样处理。

A.8 铅的测定

A.8.1 试剂和材料

A.8.1.1 盐酸。

A.8.1.2 硝酸。

A.8.1.3 氢氧化钠溶液:200 g/L。

A.8.1.4 三氯甲烷。

A.8.1.5 吡咯烷二硫代氨基甲酸铵(APDC)溶液:20 g/L。使用前过滤。

A.8.1.6 铅标准溶液:1 mL 溶液含铅(Pb)0.010 mg;

用移液管移取 1.00 mL 按 HG/T 3696.2 配制的铅标准溶液,置于 100 mL 容量瓶中,用水稀释至刻度,摇匀。

A.8.1.7 二级水:符合 GB/T 6682—2008 的规定。

A.8.2 仪器和设备

原子吸收分光光度计。

A.8.3 分析步骤

A.8.3.1 试验溶液的制备

称取约 10 g 试样,精确至 0.01 g,置于 150 mL 烧杯中,加 30 mL 水和 1 mL 盐酸溶解试样,再过量 1 mL 盐酸确保试样溶解。加热煮沸几分钟,冷却,稀释至 100 mL,用氢氧化钠溶液调整 pH 至 1.0~1.5。将溶液全部转移至 250 mL 分液漏斗中,用水稀释至约 150 mL。加 2 mL APDC 溶液,混合。用三氯甲烷萃取两次,每次加入 20 mL,将萃取液(即有机相)收集于 50 mL 干净烧杯中,汽浴蒸发近干,加 3 mL 硝酸,加热近干。然后加 0.5 mL 硝酸和 10 mL 水,加热到剩下 3 mL~5 mL。转移硝化后的萃取液置于 10 mL 容量瓶,用水稀释至刻度,摇匀。

A.8.3.2 空白试验溶液的制备

取 30 mL 水置于 150 mL 烧杯中,加入 1 mL 盐酸。以下操作同 A.8.3.1 中"加热煮沸几分钟,冷却,稀释至 100 mL……转移硝化后的萃取液置于 10 mL 容量瓶,用水稀释至刻度,摇匀"。

A.8.3.3 标准溶液的制备

移取 2.00 mL 铅标准溶液置于 150 mL 烧杯中,加入 1 mL 盐酸。以下操作同 A.8.3.1 中"加热煮沸几分钟,冷却,用水稀释至 100 mL……转移硝化后的萃取液置于 10 mL 容量瓶,用水稀释至刻度,摇匀"。

A.8.3.4 测定

a) 仪器条件:共振线 283.3 nm;狭缝 0.7 nm;空气-乙炔火焰。
b) 测定:将试验溶液、标准溶液导入原子吸收分光光度计中,以空白试验溶液调零,试验溶液的吸收值不能高于标准溶液吸收值。

A.9 氟化物的测定

A.9.1 试剂和材料

A.9.1.1 盐酸溶液:1+4。

A.9.1.2 硝酸溶液:1+15。

A.9.1.3 氢氧化钠溶液:100 g/L。

A.9.1.4 缓冲溶液:将 270 g 二水柠檬酸钠($Na_3C_6H_5O_7 \cdot 2H_2O$)和 24 g 柠檬酸($C_6H_5O_7 \cdot 2H_2O$)溶于 800 mL 水中,然后用水稀释到 1 000 mL。

A.9.1.5 氟化物标准溶液:1 mL 溶液含氟(F)0.010 mg。

用移液管移取 1.00 mL 按 HG/T 3696.2 配制的氟化物标准溶液置于 100 mL 容量瓶中,用水稀释至刻度,摇匀。此溶液用时配制。

A.9.1.6 溴甲酚绿指示液:1 g/L。

A.9.2 仪器和设备

A.9.2.1 氟离子选择电极。

A.9.2.2 饱和甘汞电极。

A.9.2.3 电位计。

A.9.3 分析步骤

A.9.3.1 工作曲线的绘制

移取 1.00 mL、2.00 mL、4.00 mL、6.00 mL、8.00 mL、10.00 mL 氟化物标准溶液，分别置于 6 个 50 mL 容量瓶中，加 1 mL 盐酸溶液、5 滴缓冲溶液、2 滴溴甲酚绿指示液。用氢氧化钠溶液调节溶液为蓝色，再用硝酸溶液调节溶液为黄色，加 20 mL 缓冲溶液，用水稀释至刻度，摇匀。将溶液倒入清洁、干燥的 50 mL 烧杯中，置于电磁搅拌器上，放入搅拌子，插入氟离子选择电极和饱和甘汞电极，开启搅拌器，记录平衡时的电位值。以氟离子含量的对数值为横坐标，相应的电位值为纵坐标，绘制工作曲线。

A.9.3.2 测定

称取约 3.0 g 试样，精确至 0.000 2 g，置于 50 mL 容量瓶中，加 10 mL 水，以下操作按 A.9.3.1 中自"加 1 mL 盐酸溶液……"至"记录平衡时的电位值"。从工作曲线上查出相应的氟离子含量的对数，求反对数得到氟离子质量。

A.9.4 结果计算

氟含量以氟(F)的质量分数 w_3 计，数值以 mg/kg 表示，按公式(A.6)计算：

$$w_3 = \frac{m_1}{m \times 10^{-3}} \qquad \cdots\cdots(A.6)$$

式中：

m_1——试验溶液中的氟离子的质量的数值，单位为毫克(mg)；

m ——试料的质量的数值，单位为克(g)。

取平行测定结果的算术平均值为测定结果，两次平行测定结果的绝对差值不大于 2 mg/kg。

A.10 pH 的测定

A.10.1 仪器和设备

pH 计：分度值为 0.02。

A.10.2 分析步骤

称取 1.00 g±0.01 g 试样，置于 100 mL 容量瓶中，用水溶解并稀释至刻度，摇匀。用已校正过的酸度计测量溶液的 pH。

A.11 干燥减量的测定

A.11.1 仪器和设备

电热恒温干燥箱：温度能控制在 105 ℃±2 ℃。

A.11.2 分析步骤

用已于105 ℃±2 ℃干燥至质量恒定的称量瓶称取约5 g试样,精确至0.000 2 g,置于105 ℃±2 ℃的电热恒温干燥箱中,干燥至质量恒定。

A.11.3 结果计算

干燥减量以质量分数w_4计,数值以%表示,按公式(A.7)计算:

$$w_4=\frac{m-m_1}{m}\times 100\% \quad \cdots\cdots(A.7)$$

式中:

m_1——干燥后试样的质量的数值,单位为克(g);

m——试料的质量的数值,单位为克(g)。

取平行测定结果的算术平均值为测定结果,两次平行测定结果的绝对差值不大于0.02%。

中华人民共和国国家标准

GB 25562—2010

食品安全国家标准

食品添加剂　焦磷酸四钾

2010-12-21 发布　　　　2011-02-21 实施

中华人民共和国卫生部　发布

前　言

本标准的附录A为规范性附录。

食品安全国家标准

食品添加剂 焦磷酸四钾

1 范围

本标准适用于热法磷酸和氢氧化钾为原料制得的食品添加剂焦磷酸四钾。

2 规范性引用文件

本标准中引用的文件对于本标准的应用是必不可少的。凡是注日期的引用文件，仅所注日期的版本适用于本标准。凡是不注日期的引用文件，其最新版本(包括所有的修改单)适用于本标准。

3 分子式和相对分子质量

3.1 分子式

$K_4P_2O_7$

3.2 相对分子质量

330.34(按 2007 年国际相对原子质量)

4 技术要求

4.1 感官要求:应符合表 1 的规定。

表 1 感官要求

项 目	要 求	检 验 方 法
色泽	白色	取适量试样置于 50 mL 烧杯中，在自然光下观察色泽和组织状态
组织状态	粉末或颗粒	

4.2 理化指标:应符合表 2 的规定。

表 2 理化指标

项 目		指 标	检 验 方 法
焦磷酸四钾，w/%	≥	95.0	附录 A 中 A.4
砷(As)/(mg/kg)	≤	3	附录 A 中 A.5
重金属(以 Pb 计)/(mg/kg)	≤	10	附录 A 中 A.6
铅(Pb)/(mg/kg)	≤	2	附录 A 中 A.7

表 2（续）

项　　目		指　　标	检验方法
氟化物(以 F 计)/(mg/kg)	≤	10	附录 A 中 A.8
水不溶物，w/%	≤	0.1	附录 A 中 A.9
pH(10 g/L 溶液)		10.5±0.5	附录 A 中 A.10
灼烧减量，w/%	≤	0.5	附录 A 中 A.11
注：灼烧减量指标为出厂检验指标。			

附 录 A
（规范性附录）
检 验 方 法

A.1 警示

本试验方法中使用的部分试剂具有毒性或腐蚀性，操作时须小心谨慎！如溅到皮肤上应立即用水冲洗，严重者应立即医治。

A.2 一般规定

本标准所用试剂和水，在没有注明其他要求时，均指分析纯试剂和 GB/T 6682—2008 中规定的三级水。试验中所用标准滴定溶液、杂质标准溶液、制剂及制品，在没有注明其他要求时，均按 HG/T 3696.1、HG/T 3696.2、HG/T 3696.3 之规定制备。

A.3 鉴别试验

A.3.1 试剂和材料

A.3.1.1 氨水。
A.3.1.2 盐酸。
A.3.1.3 硝酸。
A.3.1.4 乙酸溶液：1+1。
A.3.1.5 硝酸银溶液：17 g/L。

A.3.2 分析步骤

A.3.2.1 钾离子的鉴别

取少量试样约 0.1 g，加 10 mL 水溶解。用铂丝环蘸盐酸，在火焰上燃烧至无色。再蘸取试液在火焰上燃烧，在钴玻璃观察下火焰应呈紫色。

A.3.2.2 焦磷酸根的鉴别

A.3.2.2.1 试样溶液：将 0.1 g 试样溶于 100 mL 硝酸溶液中；
A.3.2.2.2 试验溶液 A：于 30 mL 喹钼柠酮溶液中滴入 0.5 mL 试样溶液；
A.3.2.2.3 试验溶液 B：将剩余的试样溶液于 95 ℃加热 10 min，取 0.5 mL 此溶液滴入 30 mL 喹钼柠酮溶液中；
A.3.2.2.4 判定：试验溶液 B 立即形成黄色沉淀，试验溶液 A 则不出现。

A.4 焦磷酸四钾的测定

A.4.1 方法提要

焦磷酸四钾与盐酸反应生成焦磷酸二氢二钾，加入硫酸锌，生成焦磷酸锌沉淀和硫酸，用酸碱滴定法测定生成的硫酸。

反应式如下：$K_4P_2O_7+2HCl=K_2H_2P_2O_7+2KCl$

$K_2H_2P_2O_7+2ZnSO_4=Zn_2P_2O_7+K_2SO_4+H_2SO_4$

$H_2SO_4+2NaOH=Na_2SO_4+2H_2O$

A.4.2 试剂和材料

A.4.2.1 盐酸溶液：1+20。

A.4.2.2 盐酸溶液：1+100。

A.4.2.3 硫酸锌溶液：125 g/L；

称取 125 g 硫酸锌，溶解于水并稀释至 1 000 mL，在酸度计上用硫酸溶液(1+500)或氢氧化钠标准滴定溶液(A.4.2.5)将溶液 pH 值调到 3.8。

A.4.2.4 无水焦磷酸钠(三次重结晶焦磷酸钠)；

a) 以工业无水焦磷酸钠为原料的制备方法：

第一次结晶：称取 30 g 工业无水焦磷酸钠，置于 400 mL 烧杯中，加 100 mL 水，加热溶解，用中速定量滤纸过滤。将滤液在冷水浴中冷却，析出结晶，倾出溶液，用少量水洗涤结晶两次。

第二次结晶：将第一次结晶用少量水加热溶解，在冷水浴中冷却，析出结晶，倾出溶液。

第三次结晶：将第二次结晶按第一次结晶方法再结晶一次。

b) 以试剂十水焦磷酸钠为原料的制备方法：

称取 80 g 试剂十水合焦磷酸钠，按 a)中第一次和第二次结晶方法操作。

将上述方法重结晶焦磷酸钠置于瓷坩埚中，在 400 ℃下灼烧至质量恒定。

A.4.2.5 氢氧化钠标准滴定溶液：$c(NaOH)=0.1$ mol/L。

标定：称取约 0.5 g 无水焦磷酸钠，精确至 0.000 2 g，置于 250 mL 烧杯中，加入 50 mL 水溶解。在酸度计上，在搅拌下慢慢加入适当浓度的盐酸溶液(A.4.2.1 或 A.4.2.2)直至溶液 pH 值为 3.8，加入 50 mL 硫酸锌溶液，搅拌 5 min。在搅拌下用氢氧化钠标准滴定溶液滴定至溶液的 pH 值接近 3.6 停止滴定，搅拌 2 min 使溶液达到平衡，继续滴定，此时每加一滴氢氧化钠标准滴定溶液后要搅拌 30 s，至 pH 值 3.8 为终点。

每毫升 0.1 mol/L 氢氧化钠标准滴定溶液相当于焦磷酸钠的质量(ρ)，以克每毫升(g/mL)表示，按公式(A.1)计算：

$$\rho=\frac{m}{V} \qquad \text{(A.1)}$$

式中：

m ——称取无水焦磷酸钠的质量的数值，单位为克(g)；

V ——滴定中消耗氢氧化钠标准滴定溶液的体积的数值，单位为毫升(mL)。

A.4.3 仪器和设备

A.4.3.1 pH 计：分度值为 0.02。

A.4.3.2 磁力搅拌器。

A.4.4 分析步骤

A.4.4.1 试验溶液的制备

称取约 5 g 试样，精确至 0.000 2 g，置于 250 mL 烧杯中，加 50 mL 水溶解，转移至 500 mL 容量瓶中，用水稀释至刻度，摇匀。

A.4.4.2 测定

用移液管取 50 mL 试验溶液，置于 250 mL 烧杯中，加 40 mL 水，以下按 A.4.2.5 从"在搅拌下慢慢加入适当浓度的盐酸溶液(A.4.2.1 或 A.4.2.2)直至溶液 pH 为 3.8……"开始，到"……至 pH 值 3.8 为终点"为止进行操作。

A.4.5 结果计算

焦磷酸四钾含量以焦磷酸四钾($K_4P_2O_7$)的质量分数 w_1 计，数值以%表示，按公式(A.2)计算：

$$w_1 = \frac{\rho V \times 1.242}{m \times (50/500)} \times 100\% \qquad \cdots\cdots\cdots\cdots(A.2)$$

式中：

ρ ——每毫升氢氧化钠标准滴定溶液相当于无水焦磷酸钠的克数，单位为克每毫升(g/mL)；

V ——滴定试验溶液消耗氢氧化钠标准滴定溶液的体积的数值，单位为毫升(mL)；

m ——试料质量的数值，单位为克(g)；

1.242——无水焦磷酸钠换算为焦磷酸四钾的系数。

取平行测定结果的算术平均值为测定结果，两次平行测定结果的绝对差值不大于 0.3%。

A.5 砷的测定

称取 0.50 g±0.01 g 试样，置于 100 mL 烧杯中，加 20 mL 水和 10 mL 盐酸溶液(1+1)，加热溶解后，全部转移至测砷瓶中，加水至总体积约 40 mL，按 GB/T 5009.76—2003 中第二法第 11 章规定操作。

限量标准溶液的配制：移取 1.50 mL 砷标准溶液[1 mL 溶液含砷(As)0.001 mg]，与试样同时同样处理。

A.6 重金属的测定

称取约 5 g 试样，精确至 0.01 g，置于 100 mL 烧杯中，加 80 mL 水，加热溶解后移至 100 mL 容量瓶中，用水稀释至刻度，混匀。用两层中速滤纸干过滤，弃去最初 20 mL 溶液，移取 20.00 mL 试验溶液置于 50 mL 比色管中。加 1 滴酚酞指示液(10 g/L)，用氢氧化钠溶液(40 g/L)调节至溶液呈中性，加水至总体积约 30 mL，按 GB/T 5009.74—2003 的第 6 章操作。

标准比色溶液的配制：移取 1.00 mL 铅标准溶液[1 mL 溶液含铅(Pb)0.010 mg]，与试样同时同样处理。

A.7 铅的测定

A.7.1 试剂和材料

A.7.1.1 盐酸。

A.7.1.2 硝酸。

A.7.1.3 三氯甲烷。

A.7.1.4 氢氧化钠溶液：40 g/L。

A.7.1.5 吡咯烷二硫代氨基甲酸铵(APDC)溶液：20 g/L。使用前过滤。

A.7.1.6 铅标准溶液：1 mL 溶液含铅(Pb)0.010 mg；

用移液管移取1.00 mL按HG/T 3696.2配制的铅标准溶液，置于100 mL容量瓶中，用水稀释至刻度。

A.7.1.7 试验用水符合GB/T 6682—2008中规定的二级水。

A.7.2 仪器和设备

原子吸收分光光度计。

A.7.3 分析步骤

A.7.3.1 试验溶液的制备

称取约10 g试样，精确至0.01 g，置于150 mL烧杯中。加30 mL水和最少量的盐酸溶解试样，过量1 mL盐酸确保试样溶解。加热煮沸几分钟，冷却，稀释至100 mL，用氢氧化钠溶液调节溶液pH至1.0～1.5，将溶液定量转移至250 mL分液漏斗中，稀释至大约200 mL。加2 mL吡咯烷二硫代氨基甲酸铵(APDC)溶液，混合。用三氯甲烷萃取两次，每次加入20 mL，收集萃取物于50 mL干净烧杯中，汽浴蒸发近干，加3 mL硝酸，加热近干。然后加0.5 mL硝酸和10 mL水，加热到剩下3 mL～5 mL。转移至10 mL容量瓶中，用水稀释至刻度，摇匀。

A.7.3.2 空白试验溶液的制备

取30 mL水置于150 mL烧杯中，加入1 mL盐酸。以下操作同A.7.3.1中"加热煮沸几分钟，冷却，稀释至100 mL……转移至10 mL容量瓶中，用水稀释至刻度，摇匀"。

A.7.3.3 标准溶液的制备

移取2.00 mL铅标准溶液置于150 mL烧杯中，加入1 mL盐酸。以下操作同A.7.3.1中"加热煮沸几分钟，冷却，用水稀释至100 mL……转移至10 mL容量瓶中，用水稀释至刻度，摇匀"。

A.7.3.4 测定

A.7.3.4.1 仪器条件：共振线283.3 nm；狭缝0.7 nm；空气-乙炔火焰。

A.7.3.4.2 测定：将试验溶液、标准溶液导入原子吸收分光光度计中，以空白试验溶液调零，试验溶液的吸收值不能高于标准溶液吸收值。

A.8 氟化物的测定

A.8.1 试剂和材料

A.8.1.1 盐酸溶液：1+4。

A.8.1.2 硝酸溶液：1+15。

A.8.1.3 氢氧化钠溶液：100 g/L。

A.8.1.4 缓冲溶液：溶解270 g二水柠檬酸钠($Na_3C_6H_5O_7 \cdot 2H_2O$)和24 g柠檬酸($C_6H_5O_7 \cdot 2H_2O$)于800 mL水中，然后用水稀释到1 000 mL，摇匀。

A.8.1.5 氟化物标准溶液：1 mL溶液含氟(F)0.010 mg；

用移液管移取1 mL按HG/T 3696.2配制的氟化物标准溶液，置于100 mL容量瓶中，用水稀释至刻度，摇匀。此溶液即配即用。

A.8.1.6 溴甲酚绿指示液：1 g/L。

A.8.2 仪器和设备

A.8.2.1 氟离子选择电极。

A.8.2.2 饱和甘汞电极；

A.8.2.3 电位计。

A.8.3 分析步骤

A.8.3.1 工作曲线的绘制

移取 1.00 mL、2.00 mL、4.00 mL、6.00 mL、8.00 mL、10.00 mL 氟化物标准溶液，分别置于 50 mL 容量瓶中，加 1 mL 盐酸溶液、5 滴缓冲溶液、2 滴溴甲酚绿指示液。用氢氧化钠溶液调节溶液为蓝色，再用硝酸溶液调节溶液为黄色。加 20 mL 缓冲溶液，用水稀释至刻度，摇匀。

将氟电极和甘汞电极与电位计的负端和正端联接，将电极插入盛有水的 50 mL 聚乙烯塑料烧杯中，预热仪器，在磁力搅拌器上以恒速搅拌，读取平衡电位值，更换 2 次～3 次水后，达到电极说明书中规定的电位值后，即可进行标准工作溶液和试样溶液的电位测定。

将标准工作溶液倒入清洁、干燥的 50 mL 烧杯中，置于电磁搅拌器上，放入搅拌子，插入氟离子选择电极和饱和甘汞电极，搅拌片刻，调整电位计零点，记录平衡时的电位值。以氟离子浓度的对数值为横坐标，相应的电位值为纵坐标，绘制工作曲线。

A.8.3.2 测定

称取约 3 g 试样，精确至 0.000 2 g。置于 50 mL 容量瓶中，加 10 mL 水，以下操作按 A.8.3.1 自“加 1 mL 盐酸溶液……”至“记录平衡时的电位值”止。从工作曲线上查出相应的氟离子含量对数值，求反对数得到氟离子的质量。

A.8.4 结果计算

氟化物含量以氟(F)的质量分数 w_2 计，数值以 mg/kg 表示，按公式(A.3)计算：

$$w_2 = \frac{m_1}{m \times 10^{-3}} \qquad \text{(A.3)}$$

式中：

m_1——试验溶液中的氟离子质量的数值，单位为毫克(mg)；

m ——试料质量的数值，单位为克(g)。

取平行测定结果的算术平均值为测定结果，两次平行测定结果的绝对差值不大于 2 mg/kg。

A.9 水不溶物的测定

A.9.1 仪器和设备

A.9.1.1 玻璃砂坩埚：滤板孔径为 5 μm～15 μm。

A.9.1.2 电热恒温干燥箱：温度能控制在 105 ℃±2 ℃。

A.9.2 分析步骤

称取约 20 g 试样，精确至 0.01 g，置于 500 mL 烧杯中，加 400 mL 热水溶解，用预先在 105 ℃±2 ℃下干燥至质量恒定的玻璃砂坩埚过滤。用热水洗涤残渣至中性(用精密 pH 试纸检验)。将玻璃砂坩埚置于 105 ℃±2 ℃的电热恒温干燥箱中，干燥至质量恒定。

A.9.3 结果计算

水不溶物含量以质量分数 w_3 计，数值以%表示，按公式(A.4)计算：

$$w_3=\frac{m_1-m_2}{m}\times 100\% \quad \cdots\cdots(A.4)$$

式中：

m_1——玻璃砂坩埚和水不溶物的质量的数值，单位为克(g)；

m_2——玻璃砂坩埚的质量的数值，单位为克(g)；

m——试料质量的数值，单位为克(g)。

取平行测定结果的算术平均值为测定结果，两次平行测定结果的绝对差值不大于0.001%。

A.10 pH 的测定

A.10.1 仪器和设备

pH计：分度值为0.02。

A.10.2 分析步骤

称取1.00 g±0.01 g试样，溶解于100 mL水中，用pH计测定pH。

A.11 灼烧减量的测定

A.11.1 仪器和设备

高温炉：温度能控制在800 ℃±25 ℃。

A.11.2 分析步骤

用预先在800 ℃±25 ℃灼烧至质量恒定的瓷坩埚称取约10 g试样，精确至0.01 g。将盛有样品的瓷坩埚置于800 ℃±25 ℃高温炉中灼烧30 min，取出后，置于干燥器中冷却，称量。

A.11.3 结果计算

灼烧减量以质量分数 w_4 计，数值以%表示，按公式(A.5)计算：

$$w_4=\frac{m_1-m_2}{m}\times 100\% \quad \cdots\cdots(A.5)$$

式中：

m_1——瓷坩埚和试料的质量的数值，单位为克(g)；

m_2——瓷坩埚和灼烧后试料的质量的数值，单位为克(g)；

m——试料质量的数值，单位为克(g)。

取平行测定结果的算术平均值为测定结果，两次平行测定结果的绝对差值不大于0.01%。

中华人民共和国国家标准

GB 25563—2010

食品安全国家标准
食品添加剂 磷酸三钾

2010-12-21 发布　　　　2011-02-21 实施

中华人民共和国卫生部 发布

前 言

本标准的附录 A 为规范性附录。

食品安全国家标准
食品添加剂　磷酸三钾

1　范围

本标准适用于以热法磷酸和氢氧化钾或碳酸钾反应制得的食品添加剂磷酸三钾。

2　规范性引用文件

本标准中引用的文件对于本标准的应用是必不可少的。凡是注日期的引用文件，仅所注日期的版本适用于本标准。凡是不注日期的引用文件，其最新版本(包括所有的修改单)适用于本标准。

3　分子式和相对分子质量

3.1　分子式

无水物磷酸三钾：K_3PO_4

水合磷酸三钾：$K_3PO_4 \cdot nH_2O$

3.2　相对分子质量

无水物磷酸三钾：212.27(按2007年国际相对原子质量)

4　技术要求

4.1　感官要求：应符合表1的规定。

表1　感官要求

项　　目	要　　求	检验方法
色泽	白色	取适量试样置于50 mL烧杯中，在自然光下观察色泽和组织状态
组织状态	晶体粉末或颗粒	

4.2　理化指标：应符合表2的规定。

表2　理化指标

项　　目		指　　标	检验方法
磷酸三钾(K_3PO_4)(灼烧干基)，w/%	≥	97.0	附录A中A.4
pH(10 g/L 溶液)		11.5～12.5	附录A中A.5
砷(As)/(mg/kg)	≤	3	附录A中A.6

表 2（续）

项目			指标	检验方法
氟化物(以 F 计)/(mg/kg)		≤	10	附录 A 中 A.7
重金属(以 Pb 计)/(mg/kg)		≤	10	附录 A 中 A.8
铅(Pb)/(mg/kg)		≤	2	附录 A 中 A.9
水不溶物，w/%		≤	0.2	附录 A 中 A.10
灼烧减量	无水物，w/%	≤	5.0	附录 A 中 A.11
	水合物，w/%		8.0～20.0	

附 录 A
（规范性附录）
检 验 方 法

A.1 警示

本试验方法中使用的部分试剂具有毒性或腐蚀性，操作时须小心谨慎！必要时，需在通风橱中进行。如溅到皮肤上应立即用水冲洗，严重者应立即治疗。

A.2 一般规定

本标准所用试剂和水，在没有注明其他要求时，均指分析纯试剂和 GB/T 6682—2008 规定的三级水。试验中所需标准溶液、杂质标准溶液、制剂和制品，在没有注明其他要求时均按 HG/T 3696.1、HG/T 3696.2、HG/T 3696.3 之规定制备。

A.3 鉴别试验

A.3.1 试剂和材料

A.3.1.1 盐酸。

A.3.1.2 乙醇。

A.3.1.3 乙酸溶液：1+1。

A.3.1.4 氨水溶液：2+3。

A.3.1.5 硝酸银溶液：17 g/L。

A.3.1.6 酒石酸氢钠溶液：1+10。

A.3.2 分析步骤

A.3.2.1 钾离子的鉴别

称取 1 g 试样，加 20 mL 水溶解，用铂丝环蘸盐酸润湿后，在火焰上燃烧至无色。再蘸取试液在火焰上燃烧，在钴玻璃下，火焰应呈紫色。

在中性、浓缩或适当浓缩的钾盐溶液中，加入酒石酸氢钠溶液会慢慢生成白色沉淀，这种沉淀溶于氨水溶液和碱性溶液，加入少量的乙酸溶液或乙醇会加速沉淀的生成。

A.3.2.2 磷酸根的鉴别

称取 0.1 g 试样，溶于 10 mL 水中，加 1 mL 硝酸银溶液，生成黄色沉淀，此沉淀溶于氨水溶液，不溶于乙酸溶液。

A.4 磷酸三钾的测定

A.4.1 重量法（仲裁法）

A.4.1.1 方法提要

在酸性介质中，以喹钼柠酮沉淀剂将试验溶液中的磷酸根全部形成磷钼酸喹啉沉淀，沉淀经过滤、烘干、称量后，计算试样中的磷酸三钾含量。

A.4.1.2　试剂和材料

A.4.1.2.1　硝酸。

A.4.1.2.2　硝酸溶液：1+1。

A.4.1.2.3　喹钼柠酮溶液。

A.4.1.3　仪器和设备

A.4.1.3.1　玻璃砂坩埚：滤板孔径 5 μm～15 μm。

A.4.1.3.2　电热恒温干燥箱：温度能控制在 180 ℃±5 ℃或 250 ℃±10 ℃。

A.4.1.4　分析步骤

A.4.1.4.1　试验溶液的制备

称取约 2 g 按 A.11 灼烧后试样，精确至 0.000 2 g，置于 100 mL 烧杯中，用水溶解后全部移入 250 mL 容量瓶中，用水稀释至刻度，摇匀。

A.4.1.4.2　测定

用移液管移取 10.00 mL 试验溶液置于 250 mL 烧杯中，加 10 mL 硝酸溶液，加水至总体积约 100 mL，加 50 mL 喹钼柠酮溶液，盖上表面皿，于电热板或水浴中加热至杯内物温度达 75 ℃±5 ℃，保持 30 s(加热时不得用明火，加试剂或加热时不能搅拌，以免生成凝块)。冷却至室温，冷却过程中搅拌 3～4 次。用预先在 180 ℃±5 ℃或 250 ℃±10 ℃干燥至质量恒定的玻璃砂坩埚过滤，先将上层清液滤完，用倾析法洗涤沉淀两次，每次用水约 20 mL，将沉淀转移至玻璃砂坩埚中，继续用水洗涤沉淀和坩埚内壁多次，所用洗涤水共约 150 mL。洗毕，将玻璃砂坩埚置于电热恒温干燥箱中，于 180 ℃±5 ℃烘 45 min 或 250 ℃±10 ℃烘 15 min，取出，置于干燥器中冷却至室温，称量，精确至 0.000 2 g。

同时做空白试验，空白试验溶液除不加试样外，其他加入试剂的种类和量与试验溶液相同。

A.4.1.5　结果计算

磷酸三钾以磷酸三钾(K_3PO_4)的质量分数 w_1 计，数值以%表示，按公式(A.1)计算：

$$w_1=\frac{(m_1-m_2)\times 0.095\ 92}{m\times(10/250)}\times 100\% \quad\cdots\cdots(\text{A.1})$$

式中：

m_1　　——试验溶液生成磷钼酸喹啉沉淀的质量的数值，单位为克(g)；

m_2　　——空白试验溶液生成磷钼酸喹啉沉淀的质量的数值，单位为克(g)；

m　　——试料的质量的数值，单位为克(g)；

0.095 92——磷钼酸喹啉换算成磷酸三钾的系数。

取平行测定结果的算术平均值为测定结果，两次平行测定结果的绝对差值不大于 0.2%。

A.4.2　酸碱滴定法

A.4.2.1　方法提要

在试样中准确加入过量的盐酸标准滴定溶液，用氢氧化钠标准滴定溶液滴定过量的盐酸标准滴定溶液，以 pH 计指示突跃点，根据氢氧化钠标准滴定溶液的消耗量计算出磷酸三钾的含量。

A.4.2.2 试剂和材料

A.4.2.2.1 盐酸标准滴定溶液：$c(HCl)=1$ mol/L。

A.4.2.2.2 氢氧化钠标准滴定溶液：$c(NaOH)=1$ mol/L。

A.4.2.3 仪器和设备

A.4.2.3.1 pH计：分度值为0.02；

A.4.2.3.2 电磁搅拌器。

A.4.2.4 分析步骤

称取约4 g按A.11灼烧后试样，精确至0.000 2 g，置于400 mL的烧杯中，加40 mL不含二氧化碳的水溶解。用移液管准确加入50.00 mL盐酸标准滴定溶液，缓缓煮沸除去二氧化碳，冷却。将已校正的pH计的电极放入试验溶液中，用氢氧化钠标准滴定溶液滴定至pH约为4.0时，记录滴定消耗的氢氧化钠标准滴定溶液的体积V，计算样品消耗的盐酸标准滴定溶液的体积V_1。防止溶液从空气中吸收二氧化碳，继续用氢氧化钠标准滴定溶液滴定此溶液至pH约为8.8时，记录这次滴定消耗的氢氧化钠标准滴定溶液的体积V_2（即从pH≈4.0至pH≈8.8滴定消耗的氢氧化钠标准滴定溶液的体积）。

A.4.2.5 结果计算

试验溶液用盐酸标准滴定溶液滴定至pH≈4.0时所消耗盐酸标准滴定溶液的体积V_1，按公式(A.2)计算：

$$V_1=\frac{50c_1-Vc_2}{c_1} \qquad \cdots\cdots\cdots\cdots(\text{A.2})$$

式中：

V——试验溶液加50 mL盐酸标准滴定溶液反应后，用氢氧化钠标准滴定溶液滴定至pH≈4.0时所消耗氢氧化钠标准滴定溶液的体积的数值，单位为毫升(mL)；

c_1——盐酸标准滴定溶液浓度的准确数值，单位为摩尔每升(mol/L)；

c_2——氢氧化钠标准滴定溶液浓度的准确数值，单位为摩尔每升(mol/L)。

磷酸三钾含量以磷酸三钾(K_3PO_4)的质量分数w_1计，数值以%表示，按公式(A.3)或公式(A.4)计算：

$$\text{当 } V_1c_1 \geqslant 2V_2c_2 \text{ 时，} w_1=\frac{V_2c_2M\times10^{-3}}{m}\times100\% \qquad \cdots\cdots\cdots\cdots(\text{A.3})$$

$$\text{当 } V_1c_1 < 2V_2c_2 \text{ 时，} w_1=\frac{(V_1c_1-V_2c_2)M\times10^{-3}}{m}\times100\% \qquad \cdots\cdots\cdots\cdots(\text{A.4})$$

式中：

c_1——盐酸标准滴定溶液浓度的准确数值，单位为摩尔每升(mol/L)；

c_2——氢氧化钠标准滴定溶液浓度的准确数值，单位为摩尔每升(mol/L)；

V_1——试验溶液用盐酸标准滴定溶液滴定至pH≈4.0时所消耗盐酸标准滴定溶液的体积的数值，单位为毫升(mL)；

V_2——从pH≈4.0开始用氢氧化钠标准滴定溶液滴定至pH≈8.8时所消耗氢氧化钠标准滴定溶液的体积的数值，单位为毫升(mL)；

m——试料的质量的数值，单位为克(g)；

M——磷酸三钾(K_3PO_4)的摩尔质量，单位为克每摩尔(g/mol)(M=212.27)。

取平行测定结果的算术平均值为测定结果，两次平行测定结果的绝对差值不大于0.2%。

A.5 pH 的测定

A.5.1 试剂和材料

无二氧化碳的水。

A.5.2 仪器和设备

pH 计:分度值为 0.02。

A.5.3 分析步骤

称取 1.00 g±0.01 g 试样,置于 100 mL 烧杯中,用无二氧化碳的水溶解,移入 100 mL 容量瓶中,用水稀释至刻度,摇匀。倒入 100 mL 干燥的烧杯中,用 pH 计测定试验溶液的 pH。

A.6 砷的测定

A.6.1 试剂和材料

A.6.1.1 砷标准溶液:1 mL 溶液含砷(As)0.001 mg;

移取 1.00 mL 按 HG/T 3696.2 要求配制的砷标准溶液,置于 1 000 mL 容量瓶中,用水稀释至刻度,摇匀。该溶液现用现配。

A.6.1.2 其他试剂同 GB/T 5009.76—2003 的 3 第 9 章。

A.6.2 仪器和设备

同 GB/T 5009.76—2003 的第 10 章。

A.6.3 分析步骤

称取 1.00 g±0.01 g 试样,置于测砷瓶中,加 6 mL 盐酸溶解,以下操作按 GB/T 5009.76—2003 中第 11 章的规定"加水至 30 mL……"进行测定。溴化汞试纸所呈砷斑颜色不得深于标准。

限量标准溶液的配制:移取 3.00 mL 砷标准溶液,与试样同时同样处理。

A.7 氟化物的测定

A.7.1 试剂和材料

A.7.1.1 盐酸溶液:1+11。

A.7.1.2 乙酸钠溶液:3 mol/L;

称取 204 g 乙酸钠($CH_3COONa \cdot 3H_2O$),溶于 300 mL 水中,加 1 mol/L 乙酸溶液调节 pH 至 7.0,加水稀释至 500 mL。

A.7.1.3 柠檬酸钠溶液:0.75 mol/L;

称取 110 g 柠檬酸钠($Na_3C_6H_5O_7 \cdot 2H_2O$),溶于 300 mL 水中,加 14 mL 高氯酸,再加水稀释至 500 mL。

A.7.1.4 总离子强度缓冲剂;

乙酸钠溶液(3 mol/L)和柠檬酸钠溶液(0.75 mol/L)等量混合,临用时现配制。

A.7.1.5 氟化物标准溶液:1 mL 溶液含氟(F)0.010 mg;

移取 1.00 mL 按 HG/T 3696.2 要求配制的氟化物标准溶液，置于 100 mL 容量瓶中，用水稀释至刻度，摇匀。

A.7.2 仪器和设备

同 GB/T 5009.18—2003 第 12 章。

A.7.3 分析步骤

A.7.3.1 称取约 3 g 试样，精确至 0.000 2 g，置于 50 mL 烧杯中，加少量水，再加 10 mL 盐酸溶液，溶解后将其转移至 50 mL 容量瓶中，密闭浸泡提取 1 h(不时轻轻摇动)，应尽量避免试样沾于瓶壁上。提取后加 25 mL 总离子强度缓冲剂，加水至刻度，摇匀，备用。

A.7.3.2 分别移取 1.00 mL、2.00 mL、4.00 mL、8.00 mL 氟标准溶液，置于 50 mL 容量瓶中，加 10 mL 盐酸溶液和 25 mL 总离子强度缓冲剂，加水至刻度，摇匀，备用。

A.7.3.3 将氟电极和饱和甘汞电极与测量仪器的负端、正端联接。电极插入盛有水的塑料烧杯中，杯中放有套聚乙烯管的铁搅拌棒，在电磁搅拌中，读取平衡电位值，更换 2 次～3 次水后，待电位值平衡后，即可进行试样溶液和标准溶液的电位测定。

A.7.3.4 以电极电位值为纵坐标，氟的质量(mg)为横坐标，在半对数坐标上绘制工作曲线，根据试样电位值在工作曲线上查出相应的氟的质量。

A.7.4 结果计算

氟化物含量以氟(F)的质量分数 w_2 计，数值以 mg/kg 表示，按公式(A.5)计算：

$$w_2=\frac{m_1}{m\times 10^{-3}} \qquad \cdots\cdots\cdots(A.5)$$

式中：

m_1——从工作曲线上查出的试验溶液中氟的质量的数值，单位为毫克(mg)；

m ——试料的质量的数值，单位为克(g)。

取平行测定结果的算术平均值为测定结果，两次平行测定结果的绝对差值不大于 1 mg/kg。

A.8 重金属的测定

A.8.1 试剂和材料

A.8.1.1 盐酸溶液：1+1。

A.8.1.2 乙酸盐缓冲溶液：pH≈3.5；

称取 25.0 g 乙酸铵，加 25 mL 水溶解，加 45 mL 盐酸溶液，再用稀盐酸或稀氨水调节 pH 至 3.5，用水稀释至 100 mL。

A.8.1.3 饱和硫化氢水(现用现配)。

A.8.1.4 铅标准溶液：1 mL 溶液含铅(Pb)0.010 mg。

移取 1.00 mL 按 HG/T 3696.2 配制的铅标准溶液，置于 100 mL 容量瓶中，用水稀释至刻度，摇匀。该溶液使用前制备。

A.8.1.5 酚酞指示液：10 g/L。

A.8.2 仪器和设备

比色管：50 mL。

A.8.3 分析步骤

A.8.3.1 试验溶液的制备

称取 1.00 g±0.01 g 试样，置于 50 mL 比色管中，加 20 mL 水溶解，加 1 滴酚酞指示液，用盐酸溶液中和至溶液为无色，加 5 mL 乙酸盐缓冲溶液、10 mL 饱和硫化氢水，用水稀释至刻度，摇匀。于暗处放置 10 min，所呈颜色不得深于标准比色溶液。

A.8.3.2 标准比色溶液的制备

移取 1.00 mL 的铅标准溶液，置于 50 mL 比色管中，加 20 mL 水，然后按 A.8.3.1 中所述步骤，从“加 5 mL 乙酸盐缓冲溶液……”开始与试样比色溶液同时同样处理。

A.9 铅的测定

A.9.1 试剂和材料

A.9.1.1 4-甲基-2-戊酮(MIBK)。

A.9.1.2 氨水溶液：1+1。

A.9.1.3 硫酸铵溶液：300 g/L。

称取 30 g 硫酸铵〔$(NH_4)_2SO_4$〕，用水溶解并加水至 100 mL。

A.9.1.4 柠檬酸铵溶液：250 g/L；

称取 25 g 柠檬酸铵，用水溶解并加水至 100 mL。

A.9.1.5 二乙基二硫代氨基甲酸钠(DDTC)溶液：50 g/L；

称取 5 g 二乙基二硫代氨基甲酸钠，用水溶解并加水至 100 mL。

A.9.1.6 铅标准溶液：1 mL 溶液含铅(Pb)0.010 mg。

移取 1.00 mL 按 HG/T 3696.2 要求配制的铅标准溶液，置于 100 mL 容量瓶中，用水稀释至刻度，摇匀。

A.9.1.7 溴百里酚蓝指示液：1 g/L。

A.9.1.8 二级水：符合 GB/T 6682—2008 的规定。

A.9.2 仪器和设备

原子吸收分光光度计：附铅空心阴极灯。

A.9.3 分析步骤

A.9.3.1 试验溶液的制备

称取约 5 g 试样，精确至 0.01 g，置于 150 mL 烧杯中，加 20 mL 水溶解后转移至 125 mL 分液漏斗中，补加水至 60 mL。加 2 mL 柠檬酸铵溶液，3 滴～5 滴溴百里酚蓝指示液，用氨水溶液调 pH 至溶液由黄变蓝，加 10 mL 硫酸铵溶液，10 mL 二乙基二硫代氨基甲酸钠(DDTC)溶液，摇匀。放置 5 min 左右，加入 10 mL 4-甲基-2-戊酮(MIBK)，剧烈振摇提取 1 min，静置分层后，弃去水层，将 4-甲基-2-戊酮(MIBK)层放入 10 mL 带塞刻度管中，备用。

同时做空白试验，空白试验溶液除不加试样外，其他加入试剂的种类和量与试验溶液相同。

A.9.3.2 标准溶液的制备

分别移取铅标准溶液 0.00 mL、1.00 mL、2.00 mL、4.00 mL，置于 125 mL 分液漏斗中，然后按

A.9.3.1 中所述步骤，从“补加水至 60 mL……”开始与试样溶液同时同样处理。

A.9.3.3 测定

将仪器调至最佳工作状态，用水调零。将萃取液进样，可适当减小乙炔气的流量，在 283.3 nm 处测定标准溶液、试验溶液及空白试验溶液的吸光度。

从每个标准溶液的吸光度中减去零标准溶液的吸光度，以铅的质量(mg)为横坐标，对应的吸光度为纵坐标，绘制工作曲线。

根据测得的试验溶液和空白试验溶液的吸光度，从工作曲线上查铅的质量。

A.9.4 结果计算

铅含量以铅(Pb)的质量分数 w_3 计，数值以 mg/kg 表示，按公式(A.6)计算：

$$w_3 = \frac{m_1 - m_0}{m \times 10^{-3}} \quad \cdots\cdots\cdots\cdots (A.6)$$

式中：

m_1——从工作曲线上查出的试验溶液中铅的质量的数值，单位为毫克(mg)；

m_0——从工作曲线上查出的空白试验溶液中铅的质量的数值，单位为毫克(mg)；

m ——试料的质量的数值，单位为克(g)。

取平行测定结果的算术平均值为测定结果，两次平行测定结果的绝对差值不大于 0.5 mg/kg。

A.10 水不溶物的测定

A.10.1 仪器和设备

A.10.1.1 玻璃砂坩埚：滤板孔径为 5 μm～15 μm。

A.10.1.2 电热恒温干燥箱：控制温度 105 ℃±2 ℃。

A.10.2 分析步骤

称取约 20 g 试样，精确至 0.01 g，置于 400 mL 烧杯中，加 200 mL 水并加热溶解，用预先在 105 ℃±2 ℃下质量恒定的玻璃砂坩埚抽滤，用热水洗涤至滤液不呈碱性。将玻璃砂坩埚置于 105 ℃±2 ℃电热恒温干燥箱中烘至质量恒定。

A.10.3 结果计算

水不溶物以质量分数 w_4 计，数值以%表示，按公式(A.7)计算：

$$w_4 = \frac{m_1 - m_0}{m} \times 100\% \quad \cdots\cdots\cdots\cdots (A.7)$$

式中：

m_1——水不溶物和玻璃砂坩埚的质量的数值，单位为克(g)；

m_0——玻璃砂坩埚的质量的数值，单位为克(g)；

m ——试料的质量的数值，单位为克(g)。

取平行测定结果的算术平均值为测定结果，两次平行测定结果的绝对差值不大于 0.02%。

A.11 灼烧减量的测定

A.11.1 仪器和设备

A.11.1.1 高温炉：控制温度 800 ℃±25 ℃。

A.11.1.2 瓷坩埚。

A.11.2 分析步骤

称取约 5 g 试样，精确至 0.01 g，置于在 800 ℃±25 ℃下质量恒定的瓷坩埚中，于 800 ℃±25 ℃的高温炉中灼烧 30 min，置于干燥器中冷却至室温，称量。

A.11.3 结果计算

灼烧减量以质量分数 w_5 计，数值以%表示，按公式(A.8)计算：

$$w_5=\frac{m_1-m_0}{m}\times 100\% \qquad \cdots\cdots(A.8)$$

式中：

m_1——灼烧后试样和瓷坩埚的质量的数值，单位为克(g)；

m_0——瓷坩埚的质量的数值，单位为克(g)；

m ——试料的质量的数值，单位为克(g)。

取平行测定结果的算术平均值为测定结果，两次平行测定结果的绝对差值分别为：无水磷酸三钾不大于 0.01%；水合磷酸三钾不大于 0.1%。

中华人民共和国国家标准

GB 25564—2010

食品安全国家标准
食品添加剂 磷酸二氢钠

2010-12-21 发布　　2011-02-21 实施

中华人民共和国卫生部 发布

前 言

本标准的附录 A 为规范性附录。

食品安全国家标准
食品添加剂　磷酸二氢钠

1　范围

本标准适用于以热法磷酸与离子膜氢氧化钠或碳酸钠反应制得的食品添加剂磷酸二氢钠。

2　规范性引用文件

本标准中引用的文件对于本标准的应用是必不可少的。凡是注日期的引用文件，仅所注日期的版本适用于本标准。凡是不注日期的引用文件，其最新版本（包括所有的修改单）适用于本标准。

3　分子式和相对分子质量

3.1　分子式

$NaH_2PO_4 \cdot nH_2O$（$n=0$、$n=1$、$n=2$）

3.2　相对分子质量

119.98（$n=0$）（按2007年国际相对原子质量）

4　技术要求

4.1　感官要求：应符合表1的规定。

表1　感官要求

项　目	要　求	检验方法
色泽	白色	取适量试样置于50 mL烧杯中，在自然光下观察色泽和组织状态
组织状态	晶状粉末或颗粒	

4.2　理化指标：应符合表2的规定。

表2　理化指标

项　目		指　标	检验方法
磷酸二氢钠（NaH_2PO_4）（以干基计），w/%		98.0～103.0	附录A中A.4
水不溶物，w/%	≤	0.2	附录A中A.5
砷（As）/（mg/kg）	≤	3	附录A中A.6
重金属（以Pb计）/（mg/kg）	≤	10	附录A中A.7

表 2（续）

项目		指标	检验方法
铅(Pb)/(mg/kg) ≤		4	附录 A 中 A.8
氟化物(以 F 计)/(mg/kg) ≤		50	附录 A 中 A.9
pH(10 g/L 溶液)		4.1～4.7	附录 A 中 A.10
干燥减量	(NaH_2PO_4)，w/% ≤	2.0	附录 A 中 A.11
	($NaH_2PO_4 \cdot H_2O$)，w/%	10.0～15.0	
	($NaH_2PO_4 \cdot 2H_2O$)，w/%	20.0～25.0	

附 录 A
(规范性附录)
检 验 方 法

A.1 安全提示

本标准的检验方法中所用的部分化学试剂具有腐蚀性，操作时应小心。如溅在皮肤上，立即用水冲洗。严重者应立即治疗。

A.2 一般规定

本标准的检验方法所用试剂和水，在没有注明其他要求时，均指分析纯试剂和 GB/T 6682—2008 中规定的三级水。试验中所用标准滴定溶液、杂质标准溶液、制剂及制品，在没有注明其他要求时，均按 HG/T 3696.1、HG/T 3696.2、HG/T 3696.3 之规定制备。

A.3 鉴别试验

A.3.1 试剂和材料

A.3.1.1 氨水溶液：2+3。

A.3.1.2 硝酸溶液：1+8。

A.3.1.3 硝酸银溶液：17 g/L。

A.3.2 分析步骤

A.3.2.1 磷酸根的鉴别

称取约 1 g 试样，溶于 20 mL 水中，加硝酸银溶液，生成黄色沉淀，此沉淀溶于氨水溶液或硝酸溶液。

A.3.2.2 钠离子的鉴别

称取 1 g 试样，加 20 mL 水溶解。用铂丝环蘸盐酸，在火焰上燃烧至无色。再蘸取试验溶液在火焰上燃烧，火焰应呈亮黄色。

A.4 磷酸二氢钠的测定

A.4.1 重量法(仲裁法)

A.4.1.1 方法提要

在酸性介质中，试验溶液中的磷酸根与加入的喹钼柠酮溶液形成磷钼酸喹啉沉淀，通过过滤、干燥、称量，计算出磷酸二氢钠含量。

A.4.1.2 试剂和材料

A.4.1.2.1 硝酸溶液：1+1。

A.4.1.2.2 喹钼柠酮溶液。

A.4.1.3 仪器和设备

A.4.1.3.1 玻璃砂坩埚:滤板孔径为 5 μm～15 μm。

A.4.1.3.2 电热恒温干燥箱:温度能控制在 180 ℃±5 ℃。

A.4.1.4 分析步骤

A.4.1.4.1 试验溶液的制备

称取在 105 ℃干燥 4 h 的约 1.0 g 试样,精确至 0.000 2 g,置于 100 mL 烧杯中,加入 50 mL 水溶解,移入 250 mL 容量瓶中,用水稀释至刻度,摇匀。

A.4.1.4.2 空白试验溶液的制备

除不加试样外,其他加入的试剂量与试验溶液的制备完全相同,与试样同时进行同样处理。

A.4.1.4.3 测定

用移液管移取 10 mL 试验溶液和空白试验溶液分别置于 250 mL 烧杯中,加入 10 mL 硝酸溶液,加水至总体积约 100 mL,盖上表面皿,加热煮沸 5 min 后冷却,冷却过程中(溶液的温度在 75 ℃左右)加入 50 mL 喹钼柠酮溶液(在加入试剂和加热过程中,不得使用明火,不得搅拌,以免凝块)。冷却,在冷却过程中搅拌 3 次～4 次,用预先在 180 ℃±5 ℃烘干至质量恒定的玻璃砂坩埚抽滤。先将上层清液过滤,以倾析法用洗瓶冲洗沉淀 6 次,每次用水约 30 mL,最后将沉淀移入玻璃砂坩埚中过滤,再用水洗涤沉淀 4 次,将玻璃砂坩埚连同沉淀置于电热恒温干燥箱中,从温度稳定时计时,在 180 ℃±5 ℃下干燥 45 min,取出稍冷后,置于干燥器中冷却至室温,称量。

A.4.1.5 结果计算

磷酸二氢钠含量以磷酸二氢钠(NaH_2PO_4)的质量分数 w_1 计,数值以%表示,按公式(A.1)计算:

$$w_1 = \frac{(m_1 - m_2) \times 0.054\,22}{m \times (10/250)} \times 100\% \quad \text{(A.1)}$$

式中:

m_1 ——试验溶液中生成磷钼酸喹啉沉淀的质量的数值,单位为克(g);

m_2 ——空白试验溶液中生成磷钼酸喹啉沉淀的质量的数值,单位为克(g);

m ——试料质量的数值,单位为克(g);

0.054 22——磷钼酸喹啉换算成磷酸二氢钠的系数。

取平行测定结果的算术平均值为测定结果,两次平行测定结果的绝对差值不大于 0.3%。

A.4.2 酸碱滴定法

A.4.2.1 方法提要

在试样中准确加入过量的盐酸标准滴定溶液,用氢氧化钠标准滴定溶液滴定过量的盐酸标准滴定溶液,以酸度计指示突跃点,根据氢氧化钠标准滴定溶液的消耗量,计算磷酸二氢钠含量。

A.4.2.2 试剂和材料

A.4.2.2.1 盐酸标准滴定溶液:$c(HCl)=1$ mol/L。

A.4.2.2.2 氢氧化钠标准滴定溶液:$c(NaOH)=1$ mol/L。

A.4.2.3 仪器和设备

A.4.2.3.1 pH计：分度值为0.02。

A.4.2.3.2 电磁搅拌器：配有搅拌转子。

A.4.2.4 分析步骤

称取预先在105 ℃下干燥4 h的样品约5 g，精确至0.000 2 g，置于一个250 mL烧杯中，加入40.0 mL盐酸标准滴定溶液和50 mL水。然后置于电磁搅拌器上，放入搅拌转子，搅拌至样品完全溶解。然后将已校准的pH计的电极放入试验溶液中，用氢氧化钠标准滴定溶液滴定过量的盐酸标准滴定溶液，直至pH≈4.0出现突跃点，记录滴定读数(V)，计算样品消耗盐酸标准滴定溶液的体积(V_1)。用氢氧化钠标准滴定溶液继续滴定至pH≈8.8出现突跃点，记录滴定读数，计算在这两个突跃点(pH≈4.0至pH≈8.8)之间滴定消耗的氢氧化钠标准滴定溶液的体积(V_2)。

A.4.2.5 结果计算

样品消耗盐酸标准滴定溶液的体积(V_1)按公式(A.2)计算：

$$V_1 = \frac{40.0c_1 - Vc_2}{c_1} \qquad \cdots\cdots\cdots\cdots(\text{A.2})$$

式中：

V——滴定至pH≈4.0出现突跃点时消耗氢氧化钠标准滴定溶液的体积的数值，单位为毫升(mL)；

c_1——盐酸标准滴定溶液的实际浓度的数值，单位为摩尔每升(mol/L)；

c_2——氢氧化钠标准滴定溶液的实际浓度的数值，单位为摩尔每升(mol/L)。

磷酸二氢钠以磷酸二氢钠(NaH_2PO_4)的质量分数w_1计，数值以%表示，按公式(A.3)计算：

$$w_1 = \frac{(V_2c_2 - V_1c_1) \times M \times 10^{-3}}{m} \times 100\% \qquad \cdots\cdots\cdots\cdots(\text{A.3})$$

式中：

V_1——滴定至pH≈4.0出现突跃点时，样品消耗的盐酸标准滴定溶液的体积的数值，单位为毫升(mL)；

V_2——pH≈4.0至pH≈8.8之间滴定消耗的氢氧化钠标准滴定溶液的体积的数值，单位为毫升(mL)；

c_1——盐酸标准滴定溶液浓度的准确数值，单位为摩尔每升(mol/L)；

c_2——氢氧化钠标准滴定溶液浓度的准确的数值，单位为摩尔每升(mol/L)；

m——试料质量的数值，单位为克(g)；

M——磷酸二氢钠(NaH_2PO_4)的摩尔质量的数值，单位为克每摩尔(g/mol)(M=119.98)。

取平行测定结果的算术平均值为测定结果，两次平行测定结果的绝对差值不大于0.2%。

A.5 水不溶物的测定

A.5.1 仪器和设备

A.5.1.1 玻璃砂坩埚：滤板孔径为5 μm～15 μm。

A.5.1.2 电热恒温干燥箱：温度能控制在105 ℃±2 ℃。

A.5.2 分析步骤

称取约10 g试样，精确至0.01 g，置于400 mL烧杯中，加100 mL水并加热煮沸，趁热用预先在

105 ℃烘至质量恒定的玻璃砂坩埚抽滤，用 200 mL 热水分 10 次洗涤水不溶物。将玻璃砂坩埚连同水不溶物置于 105 ℃±2 ℃电热恒温干燥箱中，烘至质量恒定。

A.5.3 结果计算

水不溶物含量以质量分数 w_2 计，数值以%表示，按公式(A.4)计算：

$$w_2 = \frac{m_2 - m_1}{m} \times 100\% \qquad \text{(A.4)}$$

式中：

m_2——水不溶物和玻璃砂坩埚的质量的数值，单位为克(g)；

m_1——玻璃砂坩埚的质量的数值，单位为克(g)；

m ——试料质量的数值，单位为克(g)。

取平行测定结果的算术平均值为测定结果，两次平行测定结果的绝对差值不大于 0.02%。

A.6 砷的测定

称取 0.50 g±0.01 g 试样，置于 100 mL 烧杯中，加 20 mL 水和 10 mL 盐酸溶液(1+1)，加热溶解后，全部转移至测砷瓶中，加水至总体积约 40 mL，按 GB/T 5009.76—2003 的第 11 章规定测定。

限量标准溶液的配制：移取 1.50 mL 砷标准溶液[1 mL 溶液含砷(As)1.0 μg]，与试样同时同样处理。

A.7 重金属的测定

称取 5.00 g±0.01 g 试样，置于 100 mL 烧杯中，加 80 mL 水，加热溶解后移至 100 mL 容量瓶中，用水稀释至刻度，混匀。用中速滤纸干过滤，弃去最初 20 mL 溶液，用移液管移取 20.00 mL 试验溶液置于 50 mL 比色管中。用盐酸溶液(1+2)调节至溶液呈酸性(pH≈3 用精密试纸检验)，加水至总体积约 30 mL，按 GB/T 5009.74—2003 的第 6 章测定。

标准比色溶液的配制：用移液管移取 1 mL 铅标准溶液[1 mL 溶液含铅(Pb)10 μg]，与试样同时同样处理。

A.8 铅的测定

A.8.1 试剂和材料

A.8.1.1 盐酸。

A.8.1.2 硝酸。

A.8.1.3 氢氧化钠溶液：200 g/L。

A.8.1.4 三氯甲烷。

A.8.1.5 吡咯烷二硫代氨基甲酸铵(APDC)溶液：20 g/L。使用前过滤。

A.8.1.6 铅标准溶液：1 mL 溶液含铅(Pb)10 μg；

用移液管移取 1.00 mL 按 HG/T 3696.2 配制的铅标准溶液，置于 100 mL 容量瓶中，用水稀释至刻度。

A.8.1.7 二级水：符合 GB/T 6682—2008 的规定。

A.8.2 仪器和设备

原子吸收分光光度计。

A.8.3 分析步骤

A.8.3.1 试验溶液的制备

称取10.0 g±0.01 g样品，于150 mL烧杯中。加30 mL水，加2 mL盐酸溶解试样。加热煮沸几分钟，冷却，稀释至100 mL，用氢氧化钠溶液调整pH至1.0～1.5。将溶液全部转移至250 mL分液漏斗里，用水稀释至约150 mL。加2 mL吡咯烷二硫代氨基甲酸铵(APDC)溶液，混合。用三氯甲烷萃取两次，每次加入20 mL，将萃取液(即有机相)收集于50 mL干净烧杯中，汽浴蒸发近干，加3 mL硝酸，加热近干。然后加0.5 mL硝酸和10 mL水，加热到剩下3 mL～5 mL。转移硝化后的萃取液置于10 mL容量瓶，用水稀释至刻度，摇匀。

A.8.3.2 空白试验溶液的制备

取30 mL水置于150 mL烧杯中，加入1 mL盐酸。以下操作同A.8.3.1中"加热煮沸几分钟，冷却，稀释至100 mL……转移硝化后的萃取液置于10 mL容量瓶，用水稀释至刻度，摇匀"。

A.8.3.3 标准溶液的制备

移取4.00 mL铅标准溶液置于150 mL烧杯中，加入1 mL盐酸。以下操作同A.8.3.1中"加热煮沸几分钟，冷却，稀释至100 mL……转移硝化后的萃取液置于10 mL容量瓶，用水稀释至刻度，摇匀"。

A.8.3.4 测定

a) 仪器条件：共振线283.3 nm；狭缝0.7 nm；空气-乙炔火焰。
b) 测定：将试验溶液、标准溶液导入原子吸收分光光度计中，以空白试验溶液调零，试验溶液的吸收值不能高于标准溶液吸收值。

A.9 氟化物的测定

A.9.1 试剂和材料

A.9.1.1 盐酸溶液：1+4。
A.9.1.2 硝酸溶液：1+15。
A.9.1.3 氢氧化钠溶液：100 g/L。
A.9.1.4 缓冲溶液：将270 g二水柠檬酸钠($Na_3C_6H_5O_7 \cdot 2H_2O$)和24 g柠檬酸($C_6H_5O_7 \cdot 2H_2O$)溶于800 mL水中，然后用水稀释到1 000 mL。
A.9.1.5 氟化物标准溶液：1 mL溶液含氟(F)0.010 mg。

用移液管移取1 mL按HG/T 3696.2配制的氟化物标准溶液，置于100 mL容量瓶中，用水稀释至刻度，摇匀。此溶液现用现配。

A.9.1.6 溴甲酚绿指示液：1 g/L。

A.9.2 仪器和设备

A.9.2.1 氟离子选择电极。
A.9.2.2 饱和甘汞电极。
A.9.2.3 电位计。

A.9.3 分析步骤

A.9.3.1 仪器的调整

将氟离子选择电极和饱和甘汞电极与测量仪器的负端与正端相连接,电极插入盛有水的塑料杯中,在电磁搅拌中(使用聚乙烯转子),读取平衡电位值,更换2次~3次水后,待电位达到电极说明书中规定的电位值后,即可进行电位测定。

A.9.3.2 工作曲线的绘制

移取1.00 mL、2.00 mL、4.00 mL、6.00 mL、8.00 mL、10.00 mL氟化物标准溶液,分别置于6个50 mL容量瓶中,加1 mL盐酸溶液、5滴缓冲溶液、2滴溴甲酚绿指示液。用氢氧化钠溶液调节溶液为蓝色,再用硝酸溶液调节溶液为黄色,加20 mL缓冲溶液,用水稀释至刻度,摇匀。将溶液倒入清洁、干燥的50 mL烧杯中,置于电磁搅拌器上,放入搅拌子,插入氟离子选择电极和饱和甘汞电极,开启搅拌器,记录平衡时的电位值。以氟离子含量的对数值为横坐标,相应的电位值为纵坐标,绘制工作曲线。

A.9.3.3 测定

称取约1 g试样,精确至0.000 2 g,置于50 mL容量瓶中,加10 mL水,以下操作按A.9.3.2中自“加1 mL盐酸溶液……”至“记录平衡时的电位值”。从工作曲线上查出相应的氟离子含量的对数,求反对数得到氟离子质量。

A.9.4 结果计算

氟化物含量以氟(F)的质量分数 w_3 计,数值以mg/kg表示,按公式(A.5)计算:

$$w_3 = \frac{m_1}{m \times 10^{-3}} \qquad \text{(A.5)}$$

式中:

m_1——试验溶液中的氟离子的质量的数值,单位为毫克(mg);

m ——试料质量的数值,单位为克(g)。

取平行测定结果的算术平均值为测定结果,两次平行测定结果的绝对差值不大于5 mg/kg。

A.10 pH的测定

A.10.1 仪器和设备

pH计:分度值为0.02。

A.10.2 分析步骤

称取1.00 g±0.01 g试样,置于100 mL容量瓶中,用水溶解并稀释至刻度,摇匀。用已校正过的酸度计测量溶液的pH。

A.11 干燥减量的测定

A.11.1 仪器和设备

电热恒温干燥箱:温度能控制在105 ℃±2 ℃。

A.11.2　分析步骤

用已于105 ℃干燥至质量恒定的称量瓶称取约5 g试样，精确至0.000 2 g，先置于60 ℃±2 ℃的电热恒温干燥箱中，干燥1 h后，再置于105 ℃±2 ℃的电热恒温干燥箱中，干燥4 h。将称量瓶置于干燥器中冷却至室温，称量。

A.11.3　结果计算

干燥减量以质量分数 w_4 计，数值以%表示，按公式(A.6)计算：

$$w_4 = \frac{m - m_1}{m} \times 100\% \qquad \cdots\cdots (A.6)$$

式中：

m_1——干燥后试料的质量的数值，单位为克(g)；

m ——试料质量的数值，单位为克(g)。

取平行测定结果的算术平均值为测定结果，两次平行测定结果的绝对差值不大于0.2%。

中华人民共和国国家标准

GB 25565—2010

食品安全国家标准
食品添加剂　磷酸三钠

2010-12-21 发布　　　　2011-02-21 实施

中华人民共和国卫生部　发布

前　言

本标准的附录 A 为规范性附录。

食品安全国家标准
食品添加剂　磷酸三钠

1　范围

本标准适用于以热法磷酸和工业纯碱或离子膜烧碱反应制得的食品添加剂磷酸三钠。

2　规范性引用文件

本标准中引用的文件对于本标准的应用是必不可少的。凡是注日期的引用文件，仅所注日期的版本适用于本标准。凡是不注日期的引用文件，其最新版本(包括所有的修改单)适用于本标准。

3　分子式和相对分子质量

3.1　分子式

无水磷酸三钠：Na_3PO_4

一水合磷酸三钠：$Na_3PO_4 \cdot H_2O$

十二水合磷酸三钠：$Na_3PO_4 \cdot 12H_2O$

3.2　相对分子质量

无水磷酸三钠：163.94（按 2007 年国际相对原子质量）

一水合磷酸三钠：181.96（按 2007 年国际相对原子质量）

十二水合磷酸三钠：380.18（按 2007 年国际相对原子质量）

4　技术要求

4.1　感官要求：应符合表 1 的规定。

表 1　感官要求

项　目	要　求	检　验　方　法
色泽	白色	取适量试样置于 50 mL 烧杯中，在自然光下观察色泽和组织状态
组织状态	晶粉末或颗粒	

4.2 理化指标：应符合表2的规定。

表2 理化指标

项目		指标	检验方法
无水磷酸三钠（Na_3PO_4，以灼烧干基计），w/% ≥ 一水合磷酸三钠（$Na_3PO_4 \cdot H_2O$，以灼烧干基计），w/% ≥ 十二水合磷酸三钠（$Na_3PO_4 \cdot 12H_2O$），w/% ≥		97.0	附录A中A.4
pH（10 g/L溶液）		11.5～12.5	附录A中A.5
砷（As）/（mg/kg） ≤		3	附录A中A.6
氟化物（以F计）/（mg/kg） ≤		50	附录A中A.7
重金属（以Pb计）/（mg/kg） ≤		10	附录A中A.8
铅（Pb）/（mg/kg） ≤		4	附录A中A.9
水不溶物，w/% ≤		0.2	附录A中A.10
灼烧减量	（Na_3PO_4），w/% ≤	2	附录A中A.11
	（$Na_3PO_4 \cdot H_2O$），w/%	8～11	
	（$Na_3PO_4 \cdot 12H_2O$），w/%	45～57	

附 录 A
（规范性附录）
检验方法

A.1 警示

本标准的检验方法中使用的部分试剂具有毒性或腐蚀性，操作时须小心谨慎！必要时，需在通风橱中进行。如溅到皮肤上应立即用水冲洗，严重者应立即治疗。

A.2 一般规定

本标准的检验方法所用试剂和水，在没有注明其他要求时，均指分析纯试剂和GB/T 6682—2008规定的三级水。试验中所需标准溶液、杂质标准溶液、制剂和制品，在没有注明其他要求时均按HG/T 3696.1、HG/T 3696.2、HG/T 3696.3之规定制备。

A.3 鉴别试验

A.3.1 试剂和材料

A.3.1.1 盐酸。

A.3.1.2 乙酸溶液：1+1。

A.3.1.3 氨水溶液：2+3。

A.3.1.4 硝酸银溶液：17 g/L。

A.3.2 分析步骤

A.3.2.1 钠离子鉴别

称取1 g试样，加20 mL水溶解。用铂丝环蘸盐酸，在火焰上燃烧至无色。再蘸取试验溶液在火焰上燃烧，火焰应呈亮黄色。

A.3.2.2 磷酸根离子鉴别

称取0.1 g试样，溶于10 mL水中，加1 mL硝酸银溶液，生成黄色沉淀，此沉淀溶于氨水溶液，不溶于乙酸溶液。

A.4 磷酸三钠的测定

A.4.1 重量法（仲裁法）

A.4.1.1 方法提要

在酸性介质中，以喹钼柠酮沉淀剂将试验溶液中的磷酸根全部形成磷钼酸喹啉沉淀，沉淀经过滤、烘干、称量后，计算试样中的磷酸三钠含量。

A.4.1.2 试剂和材料

A.4.1.2.1 硝酸。

A.4.1.2.2 硝酸溶液:1+1。

A.4.1.2.3 喹钼柠酮溶液。

A.4.1.3 仪器和设备

A.4.1.3.1 玻璃砂坩埚:滤板孔径为 5 μm~15 μm。

A.4.1.3.2 电热恒温干燥箱:温度能控制在 180 ℃±5 ℃或 250 ℃±10 ℃。

A.4.1.4 分析步骤

A.4.1.4.1 试验溶液的制备

称取约 2 g 按 A.11 灼烧后的无水磷酸三钠或一水合磷酸三钠试样(十二水合磷酸三钠为原样),精确至 0.000 2 g,置于 100 mL 烧杯中,用水溶解后全部移入 500 mL 容量瓶中,用水稀释至刻度,摇匀。

A.4.1.4.2 测定

用移液管移取 15.00 mL 试验溶液置于 250 mL 烧杯中,加 10 mL 硝酸溶液,再加水至总体积约 100 mL,加 50 mL 喹钼柠酮溶液,盖上表面皿,于电热板或水浴中加热至杯内物温度达 75 ℃±5 ℃,保持 30 s(加热时不得用明火,加试剂或加热时不能搅拌,以免生成凝块)。冷却至室温,冷却过程中搅拌 3 次~4 次。用预先在 180 ℃±5 ℃或 250 ℃±10 ℃干燥至质量恒定的玻璃砂坩埚过滤,先将上层清液滤完,用倾析法洗涤沉淀两次,每次用水约 20 mL,将沉淀转移至玻璃砂坩埚中,继续用水洗涤沉淀和坩埚内壁多次,所用洗涤水共约 150 mL。洗毕,将玻璃砂坩埚置于电热恒温干燥箱中,于 180 ℃±5 ℃烘 45 min 或 250 ℃±10 ℃烘 15 min,取出,置于干燥器中冷却至室温,称量,精确至 0.000 2 g。

同时做空白试验,空白试验溶液除不加试样外,其他加入试剂的种类和量与试验溶液相同。

A.4.1.5 结果计算

无水磷酸三钠或一水合磷酸三钠含量以磷酸三钠(Na_3PO_4)的质量分数 w_1 计,数值以%表示,按公式(A.1)计算:

$$w_1=\frac{(m_1-m_2)\times 0.074\ 08}{m\times(15/500)}\times 100\% \qquad \text{(A.1)}$$

十二水合磷酸三钠含量以十二水合磷酸三钠($Na_3PO_4\cdot 12H_2O$)的质量分数 w_2 计,数值以%表示,按公式(A.2)计算:

$$w_2=\frac{(m_1-m_2)\times 0.171\ 8}{m\times(15/500)}\times 100\% \qquad \text{(A.2)}$$

式中:

m_1 ——试验溶液生成磷钼酸喹啉沉淀的质量的数值,单位为克(g);

m_2 ——空白试验溶液生成磷钼酸喹啉沉淀的质量的数值,单位为克(g);

m ——试料质量的数值,单位为克(g);

0.074 08 ——磷钼酸喹啉换算成无水磷酸三钠的系数;

0.171 8 ——磷钼酸喹啉换算成十二水合磷酸三钠的系数。

取平行测定结果的算术平均值为测定结果,两次平行测定结果的绝对差值不大于 0.2%。

A.4.2 酸碱滴定法

A.4.2.1 方法提要

在试样中准确加入过量的盐酸标准滴定溶液，用氢氧化钠标准滴定溶液滴定过量的盐酸标准滴定溶液，以 pH 计指示突跃点，根据氢氧化钠标准滴定溶液的消耗量计算出磷酸三钠的含量。

A.4.2.2 试剂和材料

A.4.2.2.1 盐酸标准滴定溶液：$c(HCl) \approx 1$ mol/L。

A.4.2.2.2 氢氧化钠标准滴定溶液：$c(NaOH) \approx 1$ mol/L。

A.4.2.3 仪器和设备

A.4.2.3.1 pH 计：分度值为 0.02。

A.4.2.3.2 电磁搅拌器。

A.4.2.4 分析步骤

称取约 2.7 g～3.0 g 按 A.11 灼烧后的无水磷酸三钠或一水合磷酸三钠试样（十二水合磷酸三钠约 6 g～7 g 为原样），精确至 0.000 2 g，置于 400 mL 的烧杯中。加 40 mL 不含二氧化碳的水溶解，用移液管准确加入 50.00 mL 盐酸标准滴定溶液，缓缓煮沸除去二氧化碳，冷却。将已校正的 pH 计的电极放入试验溶液中，用氢氧化钠标准滴定溶液滴定至 pH 约为 4.0 时，记录滴定消耗的氢氧化钠标准滴定溶液的体积 V，计算样品消耗的盐酸标准滴定溶液的体积 V_1。防止溶液从空气中吸收二氧化碳，继续用氢氧化钠标准滴定溶液滴定此溶液至 pH 约为 8.8 时，记录这次滴定消耗的氢氧化钠标准滴定溶液的体积 V_2（即从 pH≈4.0 至 pH≈8.8 滴定消耗的氢氧化钠标准滴定溶液的体积）。

A.4.2.5 结果计算

试验溶液用盐酸标准滴定溶液滴定至 pH≈4.0 时所消耗盐酸标准滴定溶液的体积 V_1，按公式（A.3）计算：

$$V_1 = \frac{50c_1 - Vc_2}{c_1} \qquad \cdots\cdots (A.3)$$

式中：

V ——试验溶液加 50 mL 盐酸标准滴定溶液反应后，用氢氧化钠标准滴定溶液滴定至 pH≈4.0 时所消耗氢氧化钠标准滴定溶液的体积的数值，单位为毫升（mL）；

c_1 ——盐酸标准滴定溶液浓度的准确数值，单位为摩尔每升（mol/L）；

c_2 ——氢氧化钠标准滴定溶液浓度的准确数值，单位为摩尔每升（mol/L）。

无水磷酸三钠或一水合磷酸三钠含量以灼烧干基无水合磷酸三钠（Na_3PO_4）的质量分数 w_1 计，数值以％表示，按公式（A.4）或公式（A.5）计算：

$$当\ V_1c_1 \geqslant 2V_2c_2\ 时，w_1 = \frac{V_2c_2M_1 \times 10^{-3}}{m} \times 100\% \qquad \cdots\cdots (A.4)$$

$$当\ V_1c_1 < 2V_2c_2\ 时，w_1 = \frac{(V_1c_1 - V_2c_2)M_1 \times 10^{-3}}{m} \times 100\% \qquad \cdots\cdots (A.5)$$

十二水合磷酸三钠含量以十二水合磷酸三钠（$Na_3PO_4 \cdot 12H_2O$）的质量分数 w_2 计，数值以％表示，按公式（A.6）或公式（A.7）计算：

$$当\ V_1c_1 \geqslant 2V_2c_2\ 时，w_2 = \frac{V_2c_2M_2 \times 10^{-3}}{m} \times 100\% \qquad \cdots\cdots (A.6)$$

$$\text{当 } V_1c_1 < 2V_2c_2 \text{ 时}, w_2 = \frac{(V_1c_1 - V_2c_2)M_2 \times 10^{-3}}{m} \times 100\% \quad \cdots\cdots\cdots\cdots\cdots(\text{A.7})$$

式中：

c_1——盐酸标准滴定溶液浓度的准确数值，单位为摩尔每升(mol/L)；

c_2——氢氧化钠标准滴定溶液浓度的准确数值，单位为摩尔每升(mol/L)；

V_1——试验溶液用盐酸标准滴定溶液滴定至 pH≈4.0 时所消耗盐酸标准滴定溶液的体积的数值，单位为毫升(mL)；

V_2——从 pH≈4.0 开始用氢氧化钠标准滴定溶液滴定至 pH≈8.8 时所消耗氢氧化钠标准滴定溶液的体积的数值，单位为毫升(mL)；

m——试料质量的数值，单位为克(g)；

M_1——磷酸三钠(Na_3PO_4)的摩尔质量，单位为克每摩尔(g/mol)(M_1=163.94)；

M_2——十二水合磷酸三钠($Na_3PO_4 \cdot 12H_2O$)的摩尔质量，单位为克每摩尔(g/mol)(M_2=380.18)。

取平行测定结果的算术平均值为测定结果，两次平行测定结果的绝对差值不大于 0.2%。

A.5 pH 的测定

A.5.1 试剂和材料

无二氧化碳的水。

A.5.2 仪器和设备

pH 计：分度值为 0.02。

A.5.3 分析步骤

称取 1.00 g±0.01 g 试样，置于 100 mL 烧杯中，用无二氧化碳的水溶解，移入 100 mL 容量瓶中，稀释至刻度，摇匀。倒入 100 mL 干燥的烧杯中，用 pH 计测定试验溶液的 pH。

A.6 砷的测定

A.6.1 试剂和材料

A.6.1.1 砷标准溶液：1 mL 溶液含砷(As)0.001 mg；

移取 1.00 mL 按 HG/T 3696.2 要求配制的砷标准溶液，置于 1 000 mL 容量瓶中，用水稀释至刻度，摇匀。该溶液现用现配。

A.6.1.2 其他试剂同 GB/T 5009.76—2003 第 9 章。

A.6.2 仪器和设备

同 GB/T 5009.76—2003 第 10 章。

A.6.3 分析步骤

称取 1.00 g±0.01 g 试样，置于测砷瓶中，加 6 mL 盐酸溶解，以下操作按 GB/T 5009.76—2003 第 11 章规定“加水至 30 mL……”进行测定。溴化汞试纸所呈砷斑颜色不得深于标准。

限量标准溶液的配制：移取 3.00 mL 砷标准溶液，与试样同时同样处理。

A.7 氟化物的测定

A.7.1 试剂和材料

A.7.1.1 盐酸溶液:1+11。

A.7.1.2 乙酸钠溶液:3 mol/L;

称取 204 g 乙酸钠($CH_3COONa \cdot 3H_2O$),溶于 300 mL 水中,加 1 mol/L 乙酸溶液调节 pH 至 7.0,加水稀释至 500 mL。

A.7.1.3 柠檬酸钠溶液:0.75 mol/L;

称取 110 g 柠檬酸钠($Na_3C_6H_5O_7 \cdot 2H_2O$),溶于 300 mL 水中,加 14 mL 高氯酸,再加水稀释至 500 mL。

A.7.1.4 总离子强度缓冲剂:

乙酸钠溶液(3 mol/L)和柠檬酸钠溶液(0.75 mol/L)等量混合,临用时现配制。

A.7.1.5 氟化物标准溶液:1 mL 溶液含氟(F)0.010 mg;

移取 1.00 mL 按 HG/T 3696.2 要求配制的氟化物标准溶液,置于 100 mL 容量瓶中,用水稀释至刻度,摇匀。

A.7.2 仪器和设备

同 GB/T 5009.18—2003 第 12 章。

A.7.3 分析步骤

A.7.3.1 称取约 1 g 试样,精确至 0.000 2 g,置于 50 mL 烧杯中,加少量水,再加 10 mL 盐酸溶液,溶解后将其转移至 50 mL 容量瓶中,加 25 mL 总离子强度缓冲剂,加水至刻度,摇匀,备用。

A.7.3.2 用移液管分别移取 1.00 mL、2.00 mL、4.00 mL、8.00 mL 氟标准溶液,置于 50 mL 容量瓶中,加 10 mL 盐酸溶液和 25 mL 总离子强度缓冲剂,加水至刻度,摇匀,备用。

A.7.3.3 将氟电极和饱和甘汞电极与测量仪器的负端、正端联接。电极插入盛有水的塑料烧杯中,杯中放有套聚乙烯管的铁搅拌棒,在电磁搅拌中,读取平衡电位值,更换 2 次～3 次水后,待电位值平衡后,即可进行试样溶液和标准溶液的电位测定。

A.7.3.4 以电极电位为纵坐标,氟的质量(mg)为横坐标,在半对数坐标上绘制工作曲线,根据试样电位值在工作曲线上查出相应的氟的质量。

A.7.4 结果计算

氟化物含量以氟(F)的质量分数 w_3 计,数值以 mg/kg 表示,按公式(A.8)计算:

$$w_3 = \frac{m_1}{m \times 10^{-3}} \qquad \cdots\cdots\cdots\cdots (A.8)$$

式中:

m_1——从工作曲线上查出的试验溶液中氟的质量的数值,单位为毫克(mg);

m ——试料质量的数值,单位为克(g)。

取平行测定结果的算术平均值为测定结果,两次平行测定结果的绝对差值不大于 5 mg/kg。

A.8 重金属的测定

A.8.1 试剂和材料

A.8.1.1 盐酸溶液:1+1。

A.8.1.2 乙酸盐缓冲溶液：pH≈3.5；

称取25.0 g乙酸铵，加25 mL溶解，加45 mL盐酸溶液，再用稀盐酸或稀氨水调节pH至3.5，用水稀释至100 mL。

A.8.1.3 饱和硫化氢水(临用时制备)。

A.8.1.4 铅标准溶液：1 mL溶液含铅(Pb)0.010 mg；

移取1.00 mL按HG/T 3696.2配制的铅标准溶液，置于100 mL容量瓶中，用水稀释至刻度，摇匀。该溶液使用前制备。

A.8.1.5 酚酞指示液：10 g/L。

A.8.2 仪器和设备

比色管：50 mL。

A.8.3 分析步骤

A.8.3.1 试验溶液的制备

称取1.00 g±0.01 g试样，置于50 mL比色管中，加20 mL水溶解，加1滴酚酞指示液，用盐酸溶液中和至溶液为无色，加5 mL乙酸盐缓冲溶液、10 mL饱和硫化氢水，用水稀释至刻度，摇匀。于暗处放置10 min，所呈颜色不得深于标准比色溶液。

A.8.3.2 标准比色溶液的制备

移取1.00 mL的铅标准溶液，置于50 mL比色管中，加20 mL水，然后按A.8.3.1中所述步骤，从“加5 mL乙酸盐缓冲溶液……”开始与试样比色溶液同时同样处理。

A.9 铅的测定

A.9.1 试剂和材料

A.9.1.1 4-甲基-2-戊酮(MIBK)。

A.9.1.2 氨水溶液：1+1。

A.9.1.3 硫酸铵溶液：300 g/L。

A.9.1.4 柠檬酸铵溶液：250 g/L。

A.9.1.5 二乙基二硫代氨基甲酸钠(DDTC)溶液：50 g/L。

A.9.1.6 铅标准溶液：1 mL溶液含铅(Pb)0.010 mg；

移取1.00 mL按HG/T 3696.2要求配制的铅标准溶液，置于100 mL容量瓶中，用水稀释至刻度，摇匀。

A.9.1.7 溴百里酚蓝指示液：1 g/L。

A.9.1.8 二级水：符合GB/T 6682—2008的规定。

A.9.2 仪器和设备

原子吸收分光光度计：附空心阴极灯。

A.9.3 分析步骤

A.9.3.1 试验溶液的制备

称取约5 g试样，精确至0.01 g，置于150 mL烧杯中，加20 mL水溶解后全部转移至125 mL分液漏斗中，补加水至 60 mL。加 2 mL 柠檬酸铵溶液，3 滴～5 滴溴百里酚蓝指示液，用氨水溶液调 pH 至溶液由黄色变蓝色，加 10 mL 硫酸铵溶液，10 mL 二乙基二硫代氨基甲酸钠(DDTC)溶液，摇匀。放置 5 min 左右，加入 10 mL4 -甲基-2-戊酮(MIBK)，剧烈振摇提取 1 min，静置分层后，弃去水层，将 4-甲基-2-戊酮(MIBK)层放入 10 mL 带塞刻度管中，备用。

同时做空白试验，空白试验溶液除不加试样外，其他加入试剂的种类和量与试验溶液相同。

A.9.3.2 标准参比溶液的制备

分别移取铅标准溶液 0.00 mL、2.00 mL、4.00 mL、6.00 mL，置于 125 mL 分液漏斗中，然后按 A.9.3.1 中所述步骤，从"补加水至 60 mL……"开始与试样溶液同时同样处理。

A.9.3.3 测定

将仪器调至最佳工作状态，用水调零。将萃取液进样，可适当减小乙炔气的流量，在 283.3 nm 处测定标准溶液、试验溶液及空白试验溶液的吸光度。

从每个标准溶液的吸光度中减去零标准溶液的吸光度，以铅的质量(mg)为横坐标，对应的吸光度为纵坐标，绘制工作曲线。

根据测得的试验溶液和空白试验溶液的吸光度，从工作曲线上查铅的质量。

A.9.4 结果计算

铅含量以铅(Pb)的质量分数 w_4 计，数值以 mg/kg 表示，按公式(A.9)计算：

$$w_4 = \frac{m_1 - m_0}{m \times 10^{-3}} \qquad \cdots\cdots(\text{A.9})$$

式中：

m_1——从工作曲线上查出的试验溶液中铅的质量的数值，单位为毫克(mg)；

m_0——从工作曲线上查出的空白试验溶液中铅的质量的数值，单位为毫克(mg)；

m ——试料质量的数值，单位为克(g)。

取平行测定结果的算术平均值为测定结果，两次平行测定结果的绝对差值不大于 1 mg/kg。

A.10 水不溶物的测定

A.10.1 仪器和设备

A.10.1.1 玻璃砂坩埚：滤板孔径为 5 μm～15 μm。

A.10.1.2 电热恒温干燥箱：控制温度 105 ℃±2 ℃。

A.10.2 分析步骤

称取约 20 g 试样，精确至 0.01 g，置于 400 mL 烧杯中，加 200 mL 水并加热溶解，用预先在 105 ℃±2 ℃ 下质量恒定的玻璃砂坩埚抽滤，用热水洗涤至滤液呈无碱性。将玻璃砂坩埚置于 105 ℃±2 ℃电热恒温干燥箱中干燥至质量恒定。

A.10.3 结果计算

水不溶物含量以质量分数 w_5 计，数值以%表示，按公式(A.10)计算：

$$w_5 = \frac{m_1 - m_0}{m} \times 100\% \qquad \cdots\cdots(\text{A.10})$$

式中：

m_1——水不溶物和玻璃砂坩埚的质量的数值，单位为克(g)；

m_0——玻璃砂坩埚的质量的数值，单位为克(g)；

m ——试料质量的数值，单位为克(g)。

取平行测定结果的算术平均值为测定结果，两次平行测定结果的绝对差值不大于 0.02%。

A.11 灼烧减量的测定

A.11.1 仪器和设备

A.11.1.1 电热恒温干燥箱：控制温度 110 ℃±5 ℃。

A.11.1.2 高温炉：控制温度 800 ℃±25 ℃。

A.11.1.3 瓷坩埚。

A.11.2 分析步骤

称取约 5 g 试样，精确至 0.01 g，置于在 800 ℃±25 ℃下灼烧至质量恒定的瓷坩埚中，于 110 ℃±5 ℃下烘 5 h，再移入 800 ℃±25 ℃的高温炉中灼烧 30 min，置于干燥器中冷却至室温，称量。

A.11.3 结果计算

灼烧减量以质量分数 w_6 计，数值以%表示，按公式(A.11)计算：

$$w_6=\frac{m_1-m_0}{m}\times 100\% \quad\cdots\cdots(A.11)$$

式中：

m_1——灼烧后试样和瓷坩埚的质量的数值，单位为克(g)；

m_0——瓷坩埚的质量的数值，单位为克(g)；

m ——试料质量的数值，单位为克(g)。

取平行测定结果的算术平均值为测定结果，两次平行测定结果的绝对差值分别为：无水磷酸三钠不大于 0.01%；一水合磷酸三钠不大于 0.05%；十二水合磷酸三钠不大于 0.1%。

GB

中华人民共和国国家标准

GB 25566—2010

食品安全国家标准

食品添加剂　三聚磷酸钠

2010-12-21 发布　　　　2011-02-21 实施

中华人民共和国卫生部　发布

前　言

本标准的附录 A 为规范性附录。

食品安全国家标准
食品添加剂　三聚磷酸钠

1　范围

本标准适用于以热法磷酸和碳酸钠中和反应或以三聚磷酸钠重结晶制得的食品添加剂三聚磷酸钠。

2　规范性引用文件

本标准中引用的文件对于本标准的应用是必不可少的。凡是注日期的引用文件，仅所注日期的版本适用于本标准。凡是不注日期的引用文件，其最新版本(包括所有的修改单)适用于本标准。

3　分子式和相对分子质量

3.1　分子式

$Na_5P_3O_{10}$

3.2　相对分子质量

367.86(按 2007 年国际相对原子质量)

4　技术要求

4.1　感官要求：应符合表 1 的规定。

表 1　感官要求

项　目	要　求	检验方法
色泽	白色	取适量试样置于 50 mL 烧杯中，在自然光下观察色泽和组织状态
组织状态	粒状或粉状	

4.2　理化指标：应符合表 2 的规定。

表 2　理化指标

项　目		指　标	检验方法
三聚磷酸钠($Na_5P_3O_{10}$)，w/%	≥	85.0	附录 A 中 A.4
总磷酸盐(以 P_2O_5 计)，w/%		56.0～58.0	附录 A 中 A.5
水不溶物，w/%	≤	0.1	附录 A 中 A.6
氟化物(以 F 计)/(mg/kg)	≤	50	附录 A 中 A.7

表 2（续）

项　　目	指　　标	检验方法
砷(As)/(mg/kg)　　　　≤	3	附录 A 中 A.8
重金属(以 Pb 计)/(mg/kg)　　≤	10	附录 A 中 A.9
铅(Pb)/(mg/kg)　　　　≤	4	附录 A 中 A.10

附　录　A
（规范性附录）
检 验 方 法

A.1　警示

本标准检验方法中使用的部分试剂具有毒性或腐蚀性，操作时须小心谨慎！如溅到皮肤上应立即用水冲洗，严重者应立即治疗。使用挥发性酸时，需在通风橱中进行。使用易燃品时，严禁使用明火加热。

A.2　一般规定

本标准所用试剂和水，在没有注明其他要求时，均指分析纯试剂和 GB/T 6682—2008 中规定的三级水。试验中所用标准滴定溶液、杂质标准溶液、制剂及制品，在没有注明其他要求时，均按 HG/T 3696.2、HG/T 3696.3 之规定制备。

A.3　鉴别试验

A.3.1　试剂和材料

A.3.1.1　盐酸。

A.3.1.2　硝酸溶液：1+9。

A.3.1.3　氨水溶液：2+3。

A.3.1.4　硝酸银溶液：17 g/L。

A.3.2　钠离子鉴别方法

取铂丝，用盐酸润湿后，先在无色火焰上燃烧至无色。再蘸试样，在无色火焰中燃烧，火焰即显亮黄色。

A.3.3　磷酸盐的鉴别方法

称取约 1 g 试样，溶于 20 mL 水中，加硝酸银溶液，生成黄色沉淀，此沉淀溶于氨水溶液或硝酸溶液。

A.4　三聚磷酸钠的测定

A.4.1　方法提要

将三聚磷酸钠中的各种磷酸盐吸附在强碱性阴离子交换树脂柱上，利用其对树脂的吸附力不同，用不同浓度的氯化钾溶液洗提，使其按正磷酸盐、焦磷酸盐、三聚磷酸盐、三偏磷酸盐的顺序流出，测定三聚磷酸钠洗提液中的五氧化二磷的含量，计算三聚磷酸钠的含量。

A.4.2　试剂和材料

A.4.2.1　硝酸溶液：1+1。

A.4.2.2　盐酸溶液：约 2 mol/L。

A.4.2.3　缓冲溶液(pH≈4.3):溶解 51 g 三水合乙酸钠($CH_3COONa \cdot 3H_2O$)和 46 mL 冰乙酸于水中,用水稀释至 1 000 mL。

A.4.2.4　钼酸铵-硫酸溶液:7.2 g/L;

取 7.2 g 四水合钼酸铵[$(NH_4)_6Mo_7O_{24} \cdot 4H_2O$]溶解于水中,加入 400 mL 浓度为 $c(1/2H_2SO_4)$= 10 mol/L 的硫酸溶液,用水稀释至 1 000 mL。此溶液中硫酸浓度为 $c(1/2H_2SO_4)$=4 mol/L,每升中含三氧化钼(MoO_3)约 6 g。

A.4.2.5　抗坏血酸溶液:25 g/L,每隔 2～3 天重配。

A.4.2.6　氯化钾溶液:0.15 mol/L、0.25 mol/L、0.50 mol/L 和 0.75 mol/L,各浓度溶液 1 L 中含缓冲溶液(A.4.2.3)10 mL。

A.4.2.7　五氧化二磷标准溶液:1 mL 溶液含五氧化磷(P_2O_5)1.00 mg;

取 1.917 g(精确至 0.000 5 g)预先于 110 ℃烘至 2 h 的磷酸二氢钾(KH_2PO_4),加水溶解,移入 1 000 mL 容量瓶中,用水稀释至刻度,混匀。

A.4.2.8　五氧化二磷标准溶液:1 mL 溶液含五氧化磷(P_2O_5)0.01 mg;

准确吸取 10.00 mL 五氧化二磷标准溶液(A.4.2.7)于 1 000 mL 容量瓶中,用水稀释至刻度,混匀。

A.4.2.9　喹钼柠酮溶液。

A.4.2.10　离子交换树脂:粒度 0.07 mm～0.16 mm 的强碱性阴离子型或氯型,在 4 mol/L 盐酸溶液中浸泡一周,用水以倾析法洗至洗液澄清,保存于水中备用。

A.4.2.11　玻璃棉。

A.4.3　仪器和设备

A.4.3.1　离子交换柱:玻璃管内径 10 mm,长 400 mm,管底收缩,配一玻璃活塞(25 mL 滴定管可适用),见图 A.1。

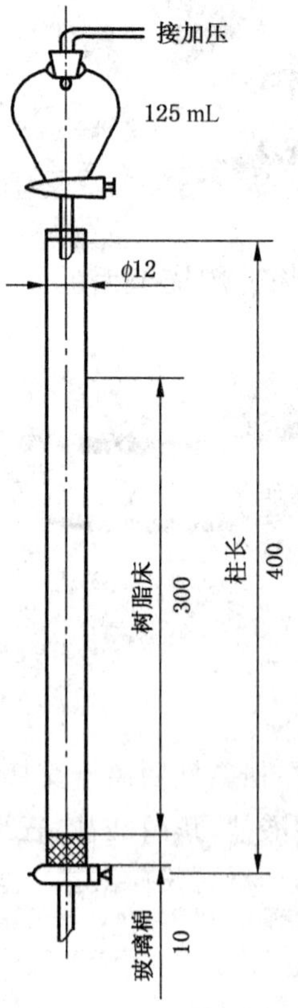

图 A.1　离子交换柱

A.4.3.2 分液漏斗:125 mL,固定在铁环上与交换柱顶部连接。

A.4.3.3 玻璃砂坩埚:滤板孔径为 5 μm～15 μm。

A.4.3.4 硬质玻璃试管:ϕ25 mm×200 mm。

A.4.3.5 水浴锅,温度可微调。

A.4.3.6 分光光度计:波长范围 350 nm～800 nm。

A.4.4 分析步骤

A.4.4.1 离子交换柱的准备:将离子交换柱固定在架子上,关上活塞,在柱底填 1 cm 厚的玻璃棉,倒入约 10 mL 水,注入树脂至树脂床高 30 cm,用盐酸溶液浸没备用。树脂使用前按树脂再生步骤中的处理过程处理后即可进样。

A.4.4.2 树脂的再生:每次样品洗脱分离完毕,用 200 mL 盐酸溶液流过树脂床,待剩余的盐酸溶液高于树脂层约 3 cm 时停止流出且浸泡过夜。再使用 50 mL 盐酸溶液流过柱子最后至注满,关闭交换柱活塞,塞上橡皮塞,倒转几次使树脂松动,排出气泡将柱子垂直固定在架上,先用水慢速冲洗树脂,然后以 5.5 mL/min～6.0 mL/min 的流速洗至流出液的 pH 为 4.5～5.0(用水约 80 mL)。维持液面高于树脂层 1 cm,关闭交换柱和分液漏斗的活塞备用。

离子交换柱树脂床中不能有气泡;每次分离完毕,树脂必须再生;在再生树脂和分离样品的全过程中始终保持柱中液面高出树脂层。

A.4.4.3 当树脂批号或交换柱参数改变时,需按 A.4.4.5 选择最佳分离条件的程序,用已知组成的样品,选用合适的洗提溶液,核对离子交换柱色谱分离的准确性。

A.4.4.4 工作曲线的制作:准确吸取五氧化二磷标准溶液(A.4.2.8)0.00 mL、2.00 mL、4.00 mL、6.00 mL、8.00 mL、10.00 mL、15.00 mL、20.00 mL、25.00 mL,分别移入硬质玻璃试管中,加水稀释至 25 mL,加入 10 mL 钼酸铵-硫酸溶液,2 mL 抗坏血酸溶液,在沸水浴中至少加热 30 min,保证水解完全。冷却至室温,分别移入 100 mL 容量瓶中,用水稀释至刻度,混匀。用分光光度计在 650 nm 处,以 2 cm 比色皿,用水作参比测定工作曲线系列溶液的吸光度。以各工作曲线系列溶液的吸光度扣除空白溶液的吸光度为横坐标,以五氧化二磷质量(mg)为纵坐标绘制工作曲线。

A.4.4.5 选择最佳色谱分离条件:在选定离子交换柱以后,装入处理好的树脂,然后按 A.4.4.6 称取试样,制备试样溶液,进样,加入洗脱溶液,每 5 mL 流出液收作一份,分别移入硬质玻璃试管中,加水稀释至 25 mL,加入 10 mL 钼酸铵-硫酸溶液,2 mL 抗坏血酸溶液,在沸水浴中至少加热 30 min,保证水解完全。冷却至室温分别移入 100 mL 容量瓶中,用水稀释至刻度,混匀。用分光光度计在 650 nm 处,以 2 cm 比色皿,用水作参比,分别测定吸光度,从工作曲线上查得对应的五氧化二磷质量(mg),绘制流出曲线,从而确定最佳分离条件。本标准选用内径 10 mm 柱,树脂床高 300 mm,柱流速 5.5 mL/min～6.0 mL/min,用 0.15 mol/L 氯化钾溶液 70 mL,0.25 mol/L 氯化钾溶液 90 mL,0.50 mol/L 氯化钾溶液 90 mL,75 mol/L 氯化钾溶液 70 mL 依次洗脱正、焦、三聚、三偏磷酸盐。如图 A.2 所示。

A.4.4.6 试样溶液的配制:称取约 1 g 试样,精确到 0.000 2 g,加水溶解,移入 500 mL 容量瓶中,加入 10 mL 缓冲溶液,用水稀释至刻度,混匀(若混浊需过滤)。

A.4.4.7 色谱柱分离:准确吸取 10 mL 试样溶液于交换柱上端的分液漏斗中,打开分液漏斗和交换柱的活塞,使试液流入树脂床,用 10 mL 0.15 mol/L 氯化钾溶液冲洗分液漏斗,用 60 mL 0.15 mol/L 氯化钾溶液冲洗树脂床,控制流速 5.5 mL/min～6.0 mL/ min,洗提液可弃去;再用 90 mL 0.25 mol/L 氯化钾溶液冲洗树脂床,控制流速 5.5 mL/min～6.0 mL/min,洗提液可弃去。用 90 mL 0.50 mol/L 氯化钾溶液洗提分离三聚磷酸盐组分,将三聚磷酸钠洗出液收集于 400 mL 高型烧杯中。

A.4.4.8 测定洗出液中五氧化二磷含量:在三聚磷酸钠洗出液中加入 15 mL 硝酸溶液,70 mL 水,微沸 40 min,用水冲洗表面皿和烧杯壁,控制试验溶液体积约为 100 mL。再加热至近沸腾,趁热加入 50 mL喹钼柠酮溶液,盖上表面皿,加热沸腾 1 min,保温 30 s(在加入试剂和加热过程中,不得使用明火，不得搅拌，以免凝结成块）。冷却至室温。用已于 180 ℃±5 ℃下干燥 45 min 的玻璃砂坩埚以倾析法过滤，在烧杯中洗涤沉淀三次，每次用水 15 mL，将沉淀移入玻璃砂坩埚中，继续用水洗涤（所用洗涤水共约 150 mL）。于 180 ℃±5 ℃下干燥 45 min，或于 250 ℃±5 ℃下干燥 15 min，在干燥器中冷却至室温，称量。同时进行空白试验。

空白试验除不加试样外，其他操作及加入试剂的种类和量与测定试样相同。

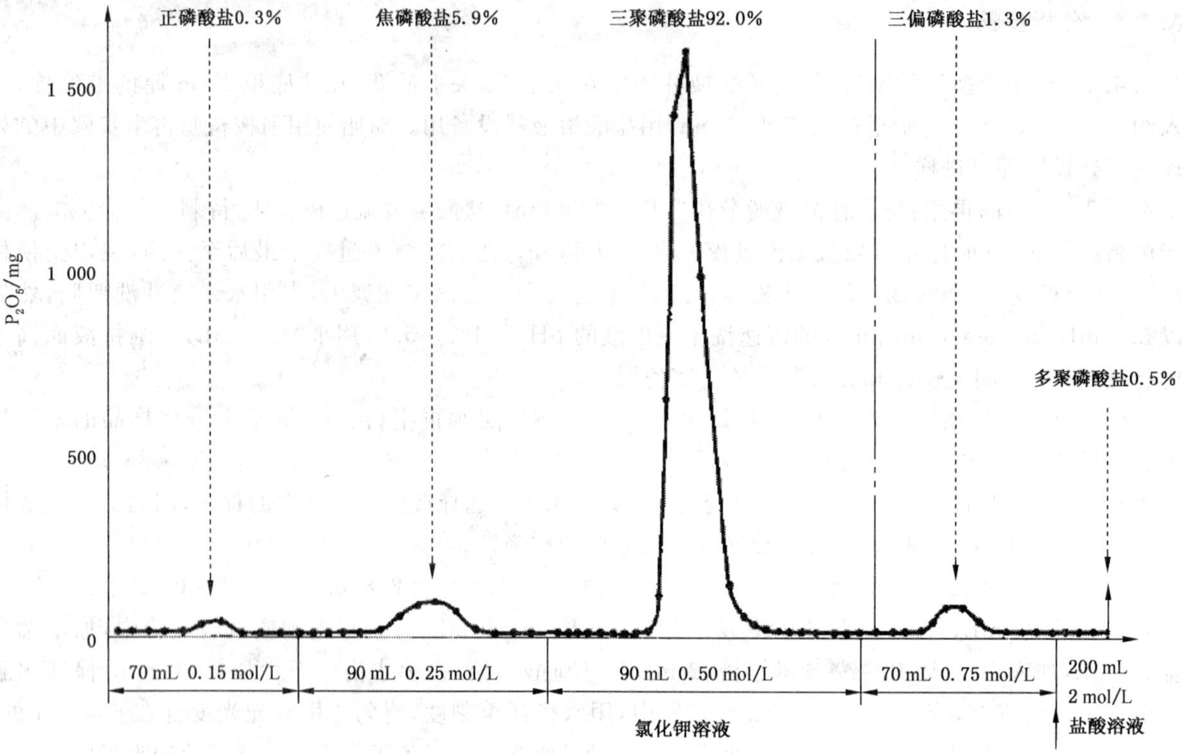

图 A.2 测定洗提条件的示范图

A.4.5 结果计算

三聚磷酸钠含量以三聚磷酸钠（$Na_5P_3O_{10}$）的质量分数 w_1 计，数值以%表示，按公式（A.1）计算：

$$w_1 = \frac{(m_1 - m_0) \times 0.055\ 41}{m \times (10/500)} \times 100\% \quad \cdots\cdots\cdots\cdots (\text{A.1})$$

式中：

m_1 ——试样溶液的磷钼酸喹啉沉淀质量的数值，单位为克（g）；

m_0 ——空白试验的磷钼酸喹啉沉淀质量的数值，单位为克（g）；

m ——试料质量的数值，单位为克（g）；

0.055 41 ——磷钼酸喹啉换算成三聚磷酸钠的系数。

取平行测定结果的算术平均值为测定结果，两次平行测定结果的绝对差值不大于 0.5%。

A.5 总磷酸盐（以 P_2O_5 计）的测定

A.5.1 试剂和材料

A.5.1.1 硝酸溶液：1+1。

A.5.1.2 喹钼柠酮溶液。

A.5.2 仪器和设备

玻璃砂坩埚:滤板孔径为 5 μm~15 μm。

A.5.3 分析步骤

称取约 1 g 试样,精确至 0.000 2 g,置于 100 mL 烧杯中加水溶解,全部转移到 1 000 mL 容量瓶中,用水稀释到刻度,摇匀。必要时过滤。移取 25 mL 试验溶液,置于 400 mL 高型烧杯中,加 15 mL 硝酸溶液,70 mL 水,微沸 40 min,用水冲洗表面皿和烧杯壁,控制试验溶液体积约为 100 mL。再加热至近沸腾,趁热加入 50 mL 喹钼柠酮溶液,盖上表面皿,加热沸腾 1 min,保温 30 s(在加入试剂和加热过程中,不得使用明火,不得搅拌,以免凝结成块)。冷却至室温。用已于 180 ℃±5 ℃下干燥 45 min 的玻璃砂坩埚以倾析法抽滤,在烧杯中洗涤沉淀三次,每次用水 15 mL,将沉淀移入玻璃砂坩埚中,继续用水洗涤(所用洗涤水共约 150 mL),于 180 ℃±5 ℃下干燥 45 min,或于 250 ℃±5 ℃下干燥 15 min,在干燥器中冷却至室温,称量。同时进行空白试验。

空白试验除不加试样外,其他操作及加入试剂的种类和量与测定试样相同。

A.5.4 结果计算

总磷酸盐含量以五氧化二磷(P_2O_5)的质量分数 w_2 计,数值以%表示,按公式(A.2)计算:

$$w_2 = \frac{(m_1 - m_0) \times 0.032\,07}{m \times (25/1\,000)} \times 100\% \qquad \text{(A.2)}$$

式中:

m_1 ——试样溶液的磷钼酸喹啉沉淀质量的数值,单位为克(g);

m_0 ——空白试验的磷钼酸喹啉沉淀质量的数值,单位为克(g);

m ——试料质量的数值,单位为克(g);

0.032 07——磷钼酸喹啉换算成五氧化二磷的系数。

取平行测定结果的算术平均值为测定结果,两次平行测定结果的绝对差值不大于 0.3%。

A.6 水不溶物的测定

A.6.1 仪器和设备

玻璃砂坩埚:滤板孔径 16 μm~40 μm。

A.6.2 分析步骤

称取约 10 g 试样,精确至 0.01 g,置于 400 mL 烧杯中,加 200 mL 水,加热至沸使之溶解,趁热用已于 105 ℃±2 ℃下干燥至质量恒定的玻璃砂坩埚抽滤,用热水洗涤 10 次(每次用水约 20 mL),洗涤至滤液无磷酸盐(用硝酸盐溶液和氨水检验),在 105 ℃±2 ℃下干燥至质量恒定。

A.6.3 结果计算

水不溶物含量以质量分数 w_3 计,数值以%表示,按公式(A.3)计算:

$$w_3 = \frac{m_2 - m_1}{m} \times 100\% \qquad \text{(A.3)}$$

式中:

m_1——玻璃砂坩埚质量的数值,单位为克(g);

m_2——水不溶物及玻璃砂坩埚质量的数值,单位为克(g);

m ——试料质量的数值，单位为克(g)。

取平行测定结果的算术平均值为测定结果，两次平行测定结果的绝对差值不大于0.01%。

A.7 氟化物的测定

A.7.1 试剂和材料

A.7.1.1 硝酸溶液：1+15。

A.7.1.2 氢氧化钠溶液：40 g/L。

A.7.1.3 总离子强度缓冲溶液(TISAB)：现用现配。

A.7.1.4 氟化物标准溶液：1 mL溶液含氟(F)0.010 mg，现用现配；

用移液管移取10 mL按HG/T 3696.2配制的氟化物标准溶液，置于100 mL容量瓶中，用水稀释至刻度，摇匀。用移液管移取10 mL上述溶液置于100 mL容量瓶中，用水稀释至刻度，摇匀。贮备于聚乙烯瓶中。

A.7.1.5 溴甲酚绿指示液。

A.7.2 仪器和设备

A.7.2.1 氟离子选择电极。

A.7.2.2 饱和甘汞电极。

A.7.2.3 电位计：精度0.1 mV。

A.7.2.4 磁力搅拌器：配有外层为聚乙烯或聚四氟乙烯的搅拌棒。

A.7.3 分析步骤

A.7.3.1 氟标准工作溶液的制备

在五个50 mL容量瓶中，用移液管分别加入1.00 mL、2.00 mL、4.00 mL、6.00 mL、8.00 mL氟化物标准溶液，用水稀释至约10 mL，加入2滴溴甲酚绿指示液，用氢氧化钠溶液或硝酸溶液调节至溶液恰呈黄色，加入10 mL总离子强度缓冲溶液(TISAB)，用水稀释至刻度，摇匀。

A.7.3.2 试验溶液的制备

称取约1 g样品，精确至0.01 g，溶于10 mL水，完全移入50 mL容量瓶中，以下按照A.7.3.1从“加入2滴溴甲酚绿指示液……”开始进行操作。

A.7.3.3 测定

将氟离子选择电极和饱和甘汞电极与电位计连接，将电极插入盛有水的50 mL的聚乙烯烧杯中，预热仪器，在磁力搅拌器上以恒速搅拌，读取平衡电位值。更换浸泡电极的水，至电极说明书中规定的电位值后，即可进行标准工作溶液和试样溶液的电位测定。

由低至高浓度分别测定氟标准工作溶液的平衡电位(mV)。以氟离子浓度(mg/mL)对数值作横坐标，对应的电极电位值作纵坐标，绘制工作曲线。

同法测定试样溶液的平衡电位，从工作曲线上查出试样氟离子浓度的对数值，反对数求得氟离子浓度。

A.7.4 结果计算

氟化物含量以氟(F)的质量分数 w_4 计，数值以mg/kg表示，按公式(A.4)计算：

$$w_4 = \frac{c_F \times 50}{m \times 10^{-3}} \quad \cdots\cdots\cdots\cdots\cdots\cdots (A.4)$$

式中：

c_F ——根据测得的试样溶液的电极电位值从工作曲线查得的氟离子浓度的数值，单位为毫克每毫升(mg/mL)；

m ——试样质量的数值，单位为克(g)。

取平行测定结果的算术平均值为测定结果，两次平行测定结果的绝对差值不大于 10 mg/kg。

A.8 砷的测定

称取 1.00 g±0.01 g 试样，置于锥形瓶中，用水润湿，用盐酸中和至中性(用 pH 试纸检验)，再过量 5 mL，摇匀。用移液管移取 3 mL 砷标准溶液[1 mL 溶液含砷(As)1.0 μg]作为标准，置于另一只锥形瓶中。各加入 5 mL 盐酸溶液(1+3)。然后按照 GB/T 5009.76—2003 中 6.2 或第 11 章进行测定。

二乙氨基二硫代甲酸银比色法为仲裁法。

A.9 重金属的测定

称取 1.00 g±0.01 g 试样，置于 250 mL 烧杯中，加入 20 mL 水和 1 mL 盐酸，微沸 15 min，冷却至室温，全部移入 50 mL 比色管中，备用。

标准比色溶液：于 250 mL 烧杯中，加入 20 mL 水和 1 mL 盐酸，微沸 15 min，冷却至室温，全部移入 50 mL 比色管中，用移液管移取 1 mL 铅标准溶液[1 mL 溶液含铅(Pb)0.010 mg]，备用。

然后按 GB/T 5009.74—2003 第 6 章进行测定。

A.10 铅的测定

A.10.1 双硫腙比色法(仲裁法)

A.10.1.1 试剂和材料

同 GB/T 5009.75—2003 第 3 章。

A.10.1.2 仪器和设备

同 GB/T 5009.75—2003 第 4 章。

A.10.1.3 分析步骤

称取 5.00 g±0.01 g 试样，置于 100 mL 烧杯中，加适量水溶解，在电炉上加热使试样完全溶解，冷却后，置于分液漏斗中。

用移液管移取 2.00 mL 铅标准溶液，置于分液漏斗中，作为标准比对溶液，以下按 GB/T 5009.75—2003 第 6 章进行测定。

A.10.2 原子吸收分光光度法

A.10.2.1 试剂和材料

A.10.2.1.1 盐酸。

A.10.2.1.2 三氯甲烷。

A.10.2.1.3 硝酸。

A.10.2.1.4 氢氧化钠溶液:250 g/L。

A.10.2.1.5 吡咯烷二硫代氨基甲酸铵(APDC)溶液:2%;

称取 2 g 吡咯烷二硫代氨基甲酸铵(APDC)溶于 100 mL 水中。如有不溶物,使用前过滤。

A.10.2.1.6 铅标准溶液:1 mL 溶液含铅(Pb)0.010 mg;

移取 1.00 mL 按 HG/T 3696.2 要求配制的铅标准溶液,置于 100 mL 容量瓶中,用水稀释至刻度,摇匀。该溶液现用现配。

A.10.2.1.7 二级水:符合 GB/T 6682—2008 的规定。

A.10.2.1.8 精密 pH 试纸:pH0.5～5.0。

A.10.2.2 仪器和设备

A.10.2.2.1 分液漏斗:250 mL。

A.10.2.2.2 原子吸收分光光度计。

A.10.2.3 分析步骤

A.10.2.3.1 铅标准测定溶液的制备及测定

准确移取 2.00 mL 铅标准溶液,置于 150 mL 烧杯中,加 30 mL 水,10 mL 盐酸,(盖上表面皿)加热至沸,并沸腾 5 min。冷却,用氢氧化钠溶液调节溶液的 pH 为 1.0～1.5,(用精密 pH 试纸检验)。将溶液移入分液漏斗中,用水稀释至约 200 mL。加入 2 mL 吡咯烷二硫代氨基甲酸铵(APDC)溶液,摇匀。用三氯甲烷萃取两次,每次加入 20 mL,将萃取液(即有机相)收集于 50 mL 烧杯中,(在通风橱中)用水浴加热蒸发至干。在残余物中加入 3 mL 硝酸,加热近干。加入 0.5 mL 硝酸和 10 mL 水,加热至剩余液体体积为 3 mL～5 mL,移入 10 mL 容量瓶中,用水稀释至刻度。选用空气-乙炔火焰,于 283.3 nm 波长处,用水调零,测定溶液的吸光度。

A.10.2.3.2 试样测定溶液的制备及测定

称取 5.0 g±0.1 g 试样置于 150 mL 烧杯中,加入 30 mL 水,加入 10 mL 盐酸,(盖上表面皿)加热使试样溶解,并沸腾 5 min。然后按 A.10.2.3.1 从"冷却,用氢氧化钠溶液调节溶液的 pH……"开始进行操作,测其相应吸光度。

A.10.2.4 结果判定

试样测定溶液的吸光度不得大于铅标准测定溶液的吸光度。

中华人民共和国国家标准

GB 25567—2010

食品安全国家标准

食品添加剂　焦磷酸二氢二钠

2010-12-21 发布　　2011-02-21 实施

中华人民共和国卫生部　发布

前言

本标准的附录 A 为规范性附录。

食品安全国家标准

食品添加剂 焦磷酸二氢二钠

1 范围

本标准适用于纯碱、离子膜氢氧化钠或磷酸二氢钠之一和热法磷酸反应制得的食品添加剂焦磷酸二氢二钠。

2 规范性引用文件

本标准中引用的文件对于本标准的应用是必不可少的。凡是注日期的引用文件，仅所注日期的版本适用于本标准。凡是不注日期的引用文件，其最新版本(包括所有的修改单)适用于本标准。

3 分子式和相对分子质量

3.1 分子式

$Na_2H_2P_2O_7$

3.2 相对分子质量

221.94(按2007年国际相对原子质量)

4 技术要求

4.1 感官要求：应符合表1的规定。

表1 感官要求

项目	要求	检验方法
色泽	白色	取适量试样置于50 mL烧杯中，在自然光下观察色泽和组织状态
组织状态	粉末	

4.2 理化指标：应符合表2的规定。

表2 理化指标

项目		指标	检验方法
焦磷酸二氢二钠($Na_2H_2P_2O_7$)，w/%		93.0～100.5	附录A中A.4
水不溶物，w/%	≤	1.0	附录A中A.5
砷(As)/(mg/kg)	≤	3	附录A中A.6
重金属(以Pb计)/(mg/kg)	≤	10	附录A中A.7
铅(Pb)/(mg/kg)	≤	2	附录A中A.8
氟化物(以F计)/(mg/kg)	≤	50	附录A中A.9
pH(10 g/L溶液)		4.0±0.5	附录A中A.10

附 录 A
（规范性附录）
检 验 方 法

A.1 安全提示

本标准的检验方法中使用的部分试剂具有毒性或腐蚀性，操作时须小心谨慎！如溅到皮肤上应立即用水冲洗，严重者应立即医治。

A.2 一般规定

本标准的检验方法中所用试剂和水在没有注明其他要求时，均指分析纯试剂和 GB/T 6682—2008 中规定的三级水。试验中所用标准滴定溶液、杂质标准溶液、制剂及制品，在没有注明其他要求时，均按 HG/T 3696.1、HG/T 3696.2、HG/T 3696.3 之规定制备。

A.3 鉴别试验

A.3.1 试剂和材料

A.3.1.1 硝酸溶液：1+9。

A.3.1.2 喹钼柠酮溶液。

A.3.2 分析方法

A.3.2.1 焦磷酸根的鉴别

A.3.2.1.1 试样溶液：将 0.1 g 试样溶于 100 mL 硝酸溶液中。

A.3.2.1.2 试验溶液 A：于 30 mL 喹钼柠酮溶液中滴入 0.5 mL 试样溶液。

A.3.2.1.3 试验溶液 B：将剩余的试样溶液于 95 ℃加热 10 min，取 0.5 mL 此溶液滴入 30 mL 喹钼柠酮溶液中。

A.3.2.1.4 判定：试验溶液 B 立即形成黄色沉淀，试验溶液 A 则不出现。

A.3.2.2 钠离子的鉴别

称取 1 g 试样，加 20 mL 水溶解。用铂丝环蘸盐酸，在火焰上燃烧至无色。再蘸取试验溶液在火焰上燃烧，火焰应呈亮黄色。

A.4 焦磷酸二氢二钠的测定

A.4.1 方法提要

试样在酸性条件下与硫酸锌反应生成焦磷酸锌沉淀和硫酸，用氢氧化钠标准滴定溶液滴定生成的硫酸，计算出焦磷酸二氢二钠含量。

A.4.2 试剂和材料

A.4.2.1 盐酸溶液:1+10。

A.4.2.2 硫酸锌溶液:125 g/L;

称取 125 g 硫酸锌($ZnSO_4 \cdot 7H_2O$),溶解于水并稀释至 1 000 mL,在酸度计上用硫酸溶液(1+500)或氢氧化钠标准滴定溶液(A.4.2.4)将溶液 pH 值调到 3.8。

A.4.2.3 无水焦磷酸钠(三次重结晶焦磷酸钠);

a) 以工业无水焦磷酸钠为原料的制备方法:

第一次结晶:称取 30 g 工业无水焦磷酸钠,置于 400 mL 烧杯中,加 100 mL 水,加热溶解,用中速定量滤纸过滤。将滤液在冷水浴中冷却,析出结晶,倾出溶液,用少量水洗涤结晶两次。

第二次结晶:将第一次结晶用少量水加热溶解,在冷水浴中冷却,析出结晶,倾出溶液。

第三次结晶:将第二次结晶按第一次结晶方法再结晶一次。

b) 以试剂十水焦磷酸钠为原料的制备方法:

称取 80 g 试剂十水焦磷酸钠,按 a)中第一次和第二次结晶方法操作。

将上述方法重结晶的焦磷酸钠置于瓷坩埚中,于 400 ℃下灼烧至质量恒定。

A.4.2.4 氢氧化钠标准滴定溶液:$c(NaOH)=0.1$ mol/L;

标定:称取约 0.3 g 无水焦磷酸钠,精确至 0.000 2 g。置于 150 mL 烧杯中,加 50 mL 不含二氧化碳的水溶解。在搅拌下加入盐酸溶液调至溶液 pH 值为 3.8,然后按 A.4.4 所述步骤,从“加入 25 mL 硫酸锌溶液……”开始进行标定。

每毫升 0.1 mol/L 氢氧化钠标准滴定溶液相当于焦磷酸二氢二钠的质量(ρ)按公式(A.1)计算:

$$\rho=\frac{0.834\,5m}{V} \qquad \cdots\cdots(A.1)$$

式中:

m ——无水焦磷酸钠的质量的数值,单位为克(g);

V ——标定中消耗的氢氧化钠标准滴定溶液的体积的数值,单位为毫升(mL);

0.834 5 ——焦磷酸钠换算为焦磷酸二氢二钠的系数。

A.4.3 仪器和设备

pH 计:分度值为 0.02。

A.4.4 分析步骤

称取约 0.3 g 试样,精确至 0.000 2 g,置于 150 mL 烧杯中,加入 50 mL 不含二氧化碳的水,加热使试样全部溶解。在 pH 计上用盐酸溶液调至溶液 pH 为 3.8。加入 25 mL 硫酸锌溶液,搅拌 3 min。在搅拌下用氢氧化钠标准滴定溶液滴定至溶液的 pH 为 3.8,即到终点。

A.4.5 结果计算

焦磷酸二氢二钠含量以焦磷酸二氢二钠($Na_2H_2P_2O_7$)的质量分数 w_1 计,数值以%表示,按公式(A.2)计算:

$$w_1=\frac{\rho V}{m}\times 100\% \qquad \cdots\cdots(A.2)$$

式中:

ρ ——每毫升氢氧化钠标准滴定溶液相当于焦磷酸二氢二钠的数值,单位为克每毫升(g/mL);

V——滴定试验溶液所消耗的氢氧化钠标准滴定溶液的体积的数值，单位为毫升(mL)；

m——试料质量的数值，单位为克(g)。

取平行测定结果的算术平均值为测定结果，两次平行测定结果的绝对差值不大于0.3%。

A.5 水不溶物的测定

A.5.1 仪器和设备

A.5.1.1 玻璃砂坩埚：滤板孔径为5 μm～15 μm。

A.5.1.2 电热恒温干燥箱：温度能控制在105 ℃±2 ℃。

A.5.2 分析步骤

称取约5 g试样，精确至0.01 g，置400 mL烧杯中，加200 mL水并加热溶解，用预先质量恒定的玻璃砂坩埚抽滤，用热水洗涤至滤液呈中性，用pH试纸检验。将玻璃砂坩埚连同水不溶物置于105 ℃±2 ℃电热恒温干燥箱中，烘至质量恒定。

A.5.3 结果计算

水不溶物含量以质量分数 w_2 计，数值以%表示，按公式(A.3)计算：

$$w_2 = \frac{m_1 - m_2}{m} \times 100\% \qquad \text{(A.3)}$$

式中：

m_1——水不溶物和玻璃砂坩埚的质量数值，单位为克(g)；

m_2——玻璃砂坩埚的质量数值，单位为克(g)；

m——试料质量数值，单位为克(g)。

取平行测定结果的算术平均值为测定结果。两次平行测定结果的绝对差值不大于0.1%。

A.6 砷的测定

称取0.50 g±0.01 g试样，置于100 mL烧杯中，加20 mL水和10 mL盐酸溶液(1+1)，加热溶解后，全部转移至测砷瓶中，加水至总体积约40 mL，按GB/T 5009.76—2003中第二法第11章规定操作。

限量标准溶液的配制：移取1.50 mL[1 mL溶液含砷(As)0.001 mg]砷标准溶液，与试样同时同样处理。

A.7 重金属的测定

称取5.00 g±0.01 g试样，置于100 mL烧杯中，加80 mL水，加热溶解后移至100 mL容量瓶中，用水稀释至刻度，混匀。用两层中速滤纸干过滤，弃去最初的20 mL滤液，用移液管移取20.00 mL试验溶液至于50 mL比色管中。加1滴酚酞指示液(10 g/L)，用氢氧化钠溶液(40 g/L)调节至溶液呈中性，加水至总体积约30 mL，按GB/T 5009.74—2003的第6章操作。

标准比色溶液的配制：移取1.00 mL[1 mL溶液含铅(Pb)0.01 mg]铅标准溶液，与试样同时同样处理。

A.8 铅的测定

A.8.1 试剂和材料

A.8.1.1 盐酸。

A.8.1.2 硝酸。

A.8.1.3 三氯甲烷。

A.8.1.4 氢氧化钠溶液:250 g/L。

A.8.1.5 吡咯烷二硫代氨基甲酸铵溶液(APDC):20 g/L。使用前过滤。

A.8.1.6 铅标准液:1 mL溶液含铅(Pb)0.010 mg;

用移液管移取1.00 mL按HG/T 3696.2配制的铅标准溶液,置于100 mL容量瓶中,用水稀释至刻度,混匀。此溶液现用现配。

A.8.1.7 二级水:符合GB/T 6682—2008中规定。

A.8.2 仪器和设备

原子吸收分光光度计:配有铅空心阴极灯。

A.8.3 分析步骤

A.8.3.1 试验溶液的制备

称取10.0 g±0.01 g样品,置于150 mL烧杯中。加30 mL水和最少量的盐酸溶解试样,过量1 mL盐酸确保试样溶解。加热煮沸几分钟,冷却,用水稀释至100 mL,用氢氧化钠溶液调节溶液的pH至1.0～1.5,将溶液定量转移至250 mL分液漏斗,用水稀释至大约150 mL。加2 mL吡咯烷二硫代氨基甲酸铵溶液(APDC),混合。用三氯甲烷萃取两次,每次加入20 mL,收集萃取物于50 mL烧杯中,丁沸水浴上蒸发近干,在残渣中加3 mL硝酸,加热近干。然后加0.5 mL硝酸和10 mL水,加热到剩3 mL～5 mL。将硝化的萃取液转移至10 mL容量瓶中,用水稀释至刻度,摇匀。

A.8.3.2 空白试验溶液的制备

取30 mL水置于150 mL烧杯中,加入1 mL盐酸。以下操作同A.8.3.1中"加热煮沸几分钟,冷却,用水稀释至100 mL……转移至10 mL容量瓶,用水稀释至刻度,摇匀"。

A.8.3.3 标准溶液的制备

移取2.00 mL铅标准溶液置于150 mL烧杯中,加入1 mL盐酸。以下操作同A.8.3.1中"加热煮沸几分钟,冷却,稀释至100 mL……将硝化的萃取液转移至10 mL容量瓶,用水稀释至刻度,摇匀"。

A.8.3.4 测定

A.8.3.4.1 仪器条件:共振线283.3 nm;狭缝0.7 nm;空气-乙炔火焰。

A.8.3.4.2 测定:将试验溶液、标准溶液导入原子吸收分光光度计中,以空白试验溶液调零,试验溶液的吸收值不能高于标准溶液吸收值。

A.9 氟化物的测定

A.9.1 方法提要

试样溶解后,在pH为5.5～6.0的酸性介质中,以饱和甘汞电极为参比电极,以氟离子选择电极为测定电极，用工作曲线法测定氟含量。

A.9.2 试剂和材料

A.9.2.1 盐酸溶液：1+4。

A.9.2.2 硝酸溶液：1+15。

A.9.2.3 氢氧化钠溶液：100 g/L。

A.9.2.4 缓冲溶液：溶解 270 g 二水柠檬酸钠（$Na_3C_6H_5O_7 \cdot 2H_2O$）和 24 g 柠檬酸（$C_6H_5O_7 \cdot 2H_2O$）溶于 800 mL 水中，然后用水稀释到 1 000 mL，摇匀。

A.9.2.5 氟化物标准溶液：1 mL 溶液含氟（F）0.010 mg；

用移液管移取 1.0 mL 按 HG/T 3696.2 配制的氟化物标准溶液，置于 100 mL 容量瓶中，用水稀释至刻度，摇匀。

A.9.2.6 溴甲酚绿指示液：1 g/L。

A.9.3 仪器和设备

A.9.3.1 氟离子选择电极。

A.9.3.2 饱和甘汞电极。

A.9.3.3 电位计。

A.9.4 分析步骤

A.9.4.1 工作曲线的绘制

用移液管移取 1.00 mL、2.00 mL、4.00 mL、6.00 mL、8.00mL 、10.00 mL 氟化物标准溶液，分别置于六个 50 mL 容量瓶中，加 1 mL 盐酸溶液、5 滴缓冲溶液、2 滴溴钾酚绿指示液。用氢氧化钠溶液调节溶液为蓝色，再用硝酸溶液调节为黄色加 20 mL 缓冲溶液，用水稀释至刻度，摇匀。

将氟电极和甘汞电极与电位计的负端和正端联接，将电极插入盛有水的 50 mL 聚乙烯塑料烧杯中，预热仪器，在磁力搅拌器上以恒速搅拌，读取平衡电位值，更换 2 次～3 次水后，至达到电极说明书中规定的电位值后，即可进行标准工作溶液和试样溶液的电位测定。

将标准工作溶液倒入干燥的 50 mL 烧杯中，置于电磁搅拌器上，放入搅拌子，插入氟离子选择电极和饱和甘汞电极，搅拌片刻，调整电位计零点，记录平衡时的电位值。以氟离子浓度的对数值为横坐标，相应的电位值为纵坐标，绘制工作曲线。

A.9.4.2 测定

称取约 1 g 试样，精确至 0.000 2 g。置于 50 mL 容量瓶中，加 10 mL 水，以下操作按 A.9.4.1 自“加 1 mL 盐酸溶液……”至“记录平衡时的电位值”止。从工作曲线上查出相应的氟离子含量对数值，求反对数得到氟离子的质量。

A.9.5 结果计算

氟化物含量以氟（F）的质量分数 w_3 计，数值以 mg/kg 表示，按公式（A.4）计算：

$$w_3 = \frac{m_1}{m \times 100^{-3}} \qquad \cdots\cdots（A.4）$$

式中：

m_1——试验溶液中的氟离子的质量的数值，单位为毫克（mg）；

m ——试料质量的数值，单位为克（g）。

取平行测定结果的算术平均值为测定结果，两次平行测定结果的绝对差值不大于 5 mg/kg。

A.10 pH 的测定

A.10.1 仪器和设备

pH 计:分度值为 0.02。

A.10.2 分析步骤

称取 1.0 g±0.01 g 试样,置于 150 mL 烧杯中,加 100 mL 水溶解,用已校正过的 pH 计进行测定。

中华人民共和国国家标准

GB 25568—2010

食品安全国家标准
食品添加剂　磷酸氢二钠

2010-12-21 发布　　　　2011-02-21 实施

中华人民共和国卫生部　发布

前言

本标准的附录A为规范性附录。

食品安全国家标准
食品添加剂 磷酸氢二钠

1 范围

本标准适用于以热法磷酸和纯碱或离子膜氢氧化钠为原料生产的食品添加剂磷酸氢二钠。

2 规范性引用文件

本标准中引用的文件对于本标准的应用是必不可少的。凡是注日期的引用文件，仅所注日期的版本适用于本标准。凡是不注日期的引用文件，其最新版本(包括所有的修改单)适用于本标准。

3 分子式和相对分子质量

3.1 分子式

$Na_2HPO_4 \cdot nH_2O$ （n=0、2、12）

3.2 相对分子质量

141.96(n=0)、177.99(n=2)、358.14(n=12)(按 2007 年国际相对原子质量)

4 技术要求

4.1 感官要求：应符合表 1 的规定。

表 1 感官要求

项 目	要 求		检 验 方 法
	无水物	水合物	
色泽	白色	无色到白色	取适量试样置于 50 mL 烧杯中，在自然光下观察色泽和组织状态
组织状态	粉末	晶体	

4.2 理化指标：应符合表 2 的规定。

表 2 理化指标

项 目		指 标	检验方法
磷酸氢二钠(Na_2HPO_4)(以干基计)，w/%	≥	98.0	附录 A 中 A.4
砷(As)/(mg/kg)	≤	3	附录 A 中 A.5
重金属(以 Pb 计)/(mg/kg)	≤	10	附录 A 中 A.6

表 2（续）

项　　目	指　　标	检验方法
铅(Pb)/(mg/kg)　　≤	4	附录 A 中 A.7
氟化物(以 F 计)/(mg/kg)　　≤	50	附录 A 中 A.8
水不溶物，w/%　　≤	0.2	附录 A 中 A.9
干燥减量(Na_2HPO_4)，w/%　　≤ ($Na_2HPO_4 \cdot 2H_2O$)，w/%　　≤ ($Na_2HPO_4 \cdot 12H_2O$)，w/%　　≤	5.0 18.0～22.0 61.0	附录 A 中 A.10

附　录　A
（规范性附录）
检 验 方 法

A.1　警示

本标准的检验方法中使用的部分试剂具有毒性或腐蚀性，操作时须小心谨慎！如溅到皮肤上应立即用水冲洗，严重者应立即治疗。加热易燃品时，不应使用明火。

A.2　一般规定

本标准的检验方法所用试剂和水，在没有注明其他要求时，均指分析纯试剂和GB/T 6682—2008中规定的三级水。试验中所用标准滴定溶液、杂质标准溶液、制剂及制品，在没有注明其他要求时，均按HG/T 3696.1、HG/T 3696.2、HG/T 3696.3的规定制备。

A.3　鉴别试验

A.3.1　试剂和材料

A.3.1.1　硝酸溶液：1+8。

A.3.1.2　氨水溶液：1+1。

A.3.1.3　硝酸银溶液：17 g/L。

A.3.2　分析步骤

A.3.2.1　磷酸根的鉴别

称取约1 g试样，溶于20 mL水中，加硝酸银溶液，生成黄色沉淀，此沉淀溶于氨水溶液或硝酸溶液。

A.3.2.2　钠离子的鉴别

称取1 g试样，加20 mL水溶解。用铂丝环蘸盐酸，在火焰上燃烧至无色。再蘸取试验溶液在火焰上燃烧，火焰应呈亮黄色。

A.4　磷酸氢二钠的测定

A.4.1　重量法（仲裁法）

A.4.1.1　方法提要

在酸性介质中，以喹钼柠酮为沉淀剂将磷酸根全部形成磷钼酸喹啉沉淀，沉淀经过滤、烘干、称量，计算试样中磷酸氢二钠含量。

A.4.1.2　试剂和材料

A.4.1.2.1　硝酸溶液：1+1。

A.4.1.2.2 喹钼柠酮溶液。

A.4.1.3 仪器和设备

A.4.1.3.1 玻璃砂芯坩埚：孔径 5 μm～15 μm。

A.4.1.3.2 电热恒温干燥箱：温度能控制在 40 ℃±2 ℃，120 ℃±2 ℃，180 ℃±2 ℃。

A.4.1.4 分析步骤

A.4.1.4.1 试验溶液的制备

称取约 1.5 g 预先在 120 ℃±2 ℃干燥 4 h 的试样（$Na_2HPO_4 \cdot 12H_2O$ 先在 40 ℃±2 ℃烘干 3 h，再在 120 ℃ ±2 ℃烘干 4 h），精确至 0.000 2 g，置于 100 mL 烧杯中，加水溶解，移入 1 000 mL 容量瓶中，用水稀释至刻度，摇匀，干过滤（弃去最初 20 mL 滤液）。

A.4.1.4.2 测定

用移液管移取 20.00 mL 试验溶液置于 250 mL 烧杯中，加 10 mL 硝酸溶液，加水至总体积约 100 mL。加入 50 mL 喹钼柠酮溶液，盖上表面皿，在水浴中加热至烧杯内的物质达到 75 ℃±5 ℃（在通风橱中进行），保温 30 s（在加入试剂和加热过程中，不得使用明火，不得搅拌，以免凝结成块）。冷却，在冷却过程中搅拌 3 次～4 次，用预先在 180 ℃±2 ℃下干燥 45 min 的玻璃砂芯坩埚抽滤。先将上层清液过滤，以倾析法用洗瓶冲洗沉淀 6 次，每次用水约 30 mL，最后将沉淀移入玻璃砂芯坩埚中，用水洗涤沉淀 4 次。将玻璃砂芯坩埚连同沉淀置于电热恒温干燥箱中，从温度稳定开始计时，在 180 ℃±2 ℃下干燥 45 min。取出稍冷后，置于干燥器中冷却至室温，称量。

同时做空白试验，空白试验除不加试料外，其他加入的试剂种类和量与试验溶液完全相同，并与试验溶液同样处理。

A.4.1.5 结果计算

磷酸氢二钠含量以磷酸氢二钠（Na_2HPO_4）的质量分数 w_1 计，数值以%表示，按公式（A.1）计算：

$$w_1 = \frac{(m_1 - m_2) \times 0.064\,04}{m \times (20/1\,000)} \times 100\% \quad \cdots\cdots (A.1)$$

式中：

m_1 ——试验溶液生成磷钼酸喹啉沉淀的质量的数值，单位为克（g）；

m_2 ——空白试验溶液生成磷钼酸喹啉沉淀的质量的数值，单位为克（g）；

m ——试料质量的数值，单位为克（g）；

0.064 04 ——磷钼酸喹啉换算成磷酸氢二钠的系数。

取平行测定结果的算术平均值为测定结果，两次平行测定结果的绝对差值不大于 0.2%。

A.4.2 酸碱滴定法

A.4.2.1 方法提要

在试样中准确加入过量的盐酸标准滴定溶液，用氢氧化钠标准滴定溶液滴定过量的盐酸标准滴定溶液，以 pH 计指示突跃点，根据氢氧化钠标准滴定溶液的消耗量，计算磷酸氢二钠含量。

A.4.2.2 试剂和材料

A.4.2.2.1 盐酸标准滴定溶液：$c(HCl)=1$ mol/L。

A.4.2.2.2 氢氧化钠标准滴定溶液：$c(NaOH)=1$ mol/L。

A.4.2.3 仪器和设备

A.4.2.3.1 pH计:分度值为0.02。

A.4.2.3.2 电磁搅拌器:配有搅拌转子。

A.4.2.3.3 电热恒温干燥箱:温度能控制在40 ℃±2 ℃,120 ℃±2 ℃。

A.4.2.4 分析步骤

称取约5 g预先在120 ℃±2 ℃干燥4 h的试样($Na_2HPO_4 \cdot 12H_2O$先在40 ℃±2 ℃烘干3 h,再在120 ℃±2 ℃烘干4 h),精确至0.000 2 g,置于250 mL的烧杯中,加50 mL水,用滴定管准确加入40.00 mL盐酸标准滴定溶液。置于电磁搅拌器上,搅拌至样品完全溶解。将pH计的电极放入试验溶液中,用氢氧化钠标准滴定溶液滴定过量的盐酸标准滴定溶液。直至pH≈4.0时,记录滴定读数(V),计算样品消耗的盐酸标准滴定溶液的体积(V_1)。用氢氧化钠标准滴定溶液继续滴定至pH≈8.8时,记录滴定读数,计算pH≈4.0至pH≈8.8两点之间滴定所消耗的氢氧化钠标准滴定溶液的体积(V_2)。

A.4.2.5 结果计算

样品消耗的盐酸标准滴定溶液的体积V_1,按公式(A.2)计算:

$$V_1=\frac{40c_1-Vc_2}{c_1} \qquad \text{(A.2)}$$

式中:

V——试验溶液滴定至pH≈4.0时消耗氢氧化钠标准滴定溶液的体积的数值,单位为毫升(mL);

c_1——盐酸标准滴定溶液的浓度的准确数值,单位为摩尔每升(mol/L);

c_2——氢氧化钠标准滴定溶液的实际浓度,单位为摩尔每升(mol/L)。

当V_1c_1等于或小于V_2c_2时,磷酸氢二钠的含量以磷酸氢二钠(Na_2HPO_4)的质量分数w_1计,数值以%表示,按公式(A.3)计算:

$$w_1=\frac{V_1c_1\times10^{-3}\times M}{m}\times100\% \qquad \text{(A.3)}$$

当V_1c_1大于V_2c_2时,磷酸氢二钠的含量以磷酸氢二钠(Na_2HPO_4)的质量分数w_1计,数值以%表示,按公式(A.4)计算:

$$w_1=\frac{(2V_2c_2-V_1c_1)\times10^{-3}\times M}{m}\times100\% \qquad \text{(A.4)}$$

式中:

V_1——试验溶液滴定至pH≈4.00时消耗的盐酸标准滴定溶液的体积的数值,单位为毫升(mL);

V_2——pH≈4.0至pH≈8.8之间滴定消耗的氢氧化钠标准滴定溶液的体积的数值,单位为毫升(mL);

c_1——盐酸标准滴定溶液的浓度的准确数值,单位为摩尔每升(mol/L);

c_2——氢氧化钠标准滴定溶液的浓度的数值,单位为摩尔每升(mol/L);

m——试料质量的数值,单位为克(g);

M——磷酸氢二钠(Na_2HPO_4)摩尔质量的数值,单位为克每摩尔(g/mol)(M=142.0)。

取平行测定结果的算术平均值为测定结果,两次平行测定结果的绝对差值不大于0.3%。

A.5 砷的测定

A.5.1 二乙氨基二硫代甲酸银比色法(仲裁法)

A.5.1.1 试剂和材料

同GB/T 5009.76—2003的第3章。

A.5.1.2 分析步骤

称取约 1 g 试样，精确至 0.01 g。置于砷发生瓶中，加水至约 40 mL，加 10 mL 硫酸溶液(1+1)，以下按 GB/T 5009.76—2003 第一法中 6.3 中"吸取 0 mL，2.00 mL，4.00 mL，6.00 mL，8.00，10.00 mL ……砷的标准系列也应同法处理，以对标准曲线进行校正"进行操作。

A.5.1.3 结果计算

砷含量以砷(As)的质量分数 w_2 计，数值以 mg/kg 表示，按公式(A.5)计算：

$$w_2=\frac{(m_1-m_0)/1\,000}{m/1\,000} \qquad \cdots\cdots(A.5)$$

式中：

m_1——从工作曲线上查出的试验溶液中砷的质量数值，单位为微克(μg)；

m_0——从工作曲线上查出的空白试验溶液中砷的质量数值，单位为微克(μg)；

m ——试料质量的数值，单位为克(g)。

取平行测定结果的算术平均值为测定结果，两次平行测定结果的绝对差值不大于 1 mg/kg。

A.5.2 砷斑法

A.5.2.1 试剂和材料

试剂同 GB/T 5009.76—2003 的第 9 章。

A.5.2.2 仪器和设备

同 GB/T 5009.76—2003 的第 10 章。

A.5.2.3 分析步骤

称取 0.50 g±0.01 g 试样，置于测砷瓶中，加 20 mL 水。以下操作同 GB/T 5009.76—2003 的第 11 章"加 5 mL 盐酸，加水至 30 mL……不得深于砷的限量标准的砷斑"。

限量标准溶液的配制：移取 1.50 mL 砷标准溶液(1 mL 溶液含砷 1 μg)，以下操作同 GB/T 5009.76—2003 的第 11 章"加 5 mL 盐酸，加水至 30 mL……取出砷斑进行比较"。与样品同时处理。

A.6 重金属的测定

A.6.1 试剂和材料

A.6.1.1 盐酸溶液：1+1。

A.6.1.2 氨水溶液：2+3。

A.6.1.3 乙酸盐缓冲溶液：pH≈3.5；

称取 25.0 g 乙酸铵，加 25 mL 水溶解，加 45 mL 盐酸溶液，再用盐酸溶液或氨水溶液调节 pH 值至 3.5，用水稀释至 100 mL。

A.6.1.4 饱和硫化氢水。

A.6.1.5 铅标准溶液：1 mL 溶液含铅(Pb)0.01 mg；

用移液管移取 1.00 mL 按 HG/T 3696.2 配制的铅标准溶液，置于 100 mL 容量瓶中，用水稀释至刻度，摇匀。该溶液使用前配制。

A.6.1.6 酚酞指示液：10 g/L。

A.6.2 仪器和设备

比色管:50 mL。

A.6.3 分析步骤

称取 10.00 g±0.01 g 试样,置于 150 mL 烧杯中,加 80 mL 水,加热溶解,冷却后转移至 100 mL 容量瓶中,用水稀释至刻度,摇匀。用两层中速滤纸干过滤,弃去最初 20 mL 溶液,用移液管移取 20 mL 试验溶液置于 50 mL 比色管中,加 1 滴酚酞指示液,滴加盐酸溶液至溶液刚为无色,加 5 mL 乙酸盐缓冲溶液,10 mL 饱和硫化氢水,用水稀释至刻度,摇匀,于暗处放置 5 min。在白色背景下观察,所呈颜色不得深于标准比色溶液。

标准比色溶液的制备:移取 2.00 mL 铅标准溶液于 50 mL 比色管中,加水至 20 mL,加 5 mL 乙酸盐缓冲溶液,10 mL 饱和硫化氢水,用水稀释至刻度,摇匀,于暗处放置 5 min。与样品同时处理。

A.7 铅的测定

A.7.1 石墨炉原子吸收分光光度法(仲裁法)

A.7.1.1 试剂和材料

A.7.1.1.1 硝酸溶液:0.5 mol/L;

取 32 mL 硝酸加入水中,稀释至 1 000 mL。

A.7.1.1.2 磷酸二氢铵溶液:20 g/L;

称取 2.0 g 磷酸二氢铵,用水溶解,并稀释至 100 mL。

A.7.1.1.3 铅标准溶液:1 mL 溶液含铅(Pb)0.1 μg;

用移液管移取 1.00 mL 按 HG/T 3696.2 配制的铅标准溶液,置于 100 mL 容量瓶中,用硝酸溶液稀释至刻度,摇匀。移取 5.00 mL 稀释后溶液于 500 mL 容量瓶,用硝酸溶液稀释至刻度,摇匀。该溶液现用配制。

A.7.1.1.4 二级水:符合 GB/T 6682—2008 中的规定。

A.7.1.2 仪器和设备

A.7.1.2.1 所用玻璃仪器:均以硝酸溶液(1+5)浸泡过夜,用水反复冲洗,最后用去离子水冲洗干净。

A.7.1.2.2 原子吸收分光光度计(附石墨炉及铅空心阴极灯)。

A.7.1.3 分析步骤

A.7.1.3.1 试验溶液的制备

称取约 0.2 g 试样,准确至 0.01 g,置于 50 mL 烧杯中,加硝酸溶液使试样溶解,转移至 25 mL 容量瓶中,用硝酸溶液稀释至刻度,摇匀。

同时制备空白试验溶液。空白试验溶液除不加试料外,其他加入的试剂种类和量与试验溶液完全相同,并与试验溶液同样处理。

A.7.1.3.2 工作曲线绘制

分别吸取铅标准溶液 0 mL,5 mL,10 mL,20 mL,30 mL,40 mL 于 6 只 50 mL 的容量瓶中,用硝酸溶液稀释至刻度,摇匀,此系列溶液浓度分别为 0 ng/mL,10 ng/mL,20 ng/mL,40 ng/mL,60 ng/mL,

80 ng/mL。各吸取 10 μL，注入石墨炉，测得其吸光度，以铅的浓度为横坐标，对应的吸光度为纵坐标绘制工作曲线。

A.7.1.3.3 测定

在波长 283.3 nm 处将仪器调至最佳工作状态，分别吸取试验溶液和空白试验溶液 10 μL，注入石墨炉，测得其吸光度，从工作曲线上查得相应铅的含量。

A.7.1.3.4 基体改进剂的使用

若有干扰，则注入适量的基体改进剂磷酸二氢铵溶液，一般为 5 μL 或与试样同量以消除干扰。绘制铅标准曲线时也要加入与试样测定时等量的基体改进剂磷酸二氢铵溶液。

A.7.1.4 结果计算

铅含量以铅(Pb)的质量分数 w_3 计，数值以 mg/kg 表示，按公式(A.6)计算：

$$w_3 = \frac{(c_1 - c_0)/10^6 \times 25}{m/10^3} \qquad \cdots\cdots(A.6)$$

式中：

c_1 ——从工作曲线上查出的试验溶液中铅的含量的数值，单位为纳克每毫升(ng/mL)；

c_0 ——从工作曲线上查出的空白试验溶液中铅的含量的数值，单位为纳克每毫升(ng/mL)；

25 ——试料定容体积，单位为毫升(mL)；

m ——试料质量的数值，单位为克(g)。

取平行测定结果的算术平均值为测定结果，两次平行测定结果的绝对差值不大于 1 mg/kg。

A.7.2 吡咯烷二硫代氨基甲酸铵(APDC)萃取法

A.7.2.1 试剂和材料

A.7.2.1.1 硫酸。

A.7.2.1.2 盐酸。

A.7.2.1.3 硝酸。

A.7.2.1.4 三氯甲烷。

A.7.2.1.5 氢氧化钠溶液：250 g/L；

称取 25 g 氢氧化钠，溶于 100 mL 水中。

A.7.2.1.6 吡咯烷二硫代氨基甲酸铵(APDC)溶液：20 g/L；

称取 2 g 吡咯烷二硫代氨基甲酸铵(APDC)溶于 100 mL 水中。使用前过滤。

A.7.2.1.7 铅标准溶液：1 mL 溶液含铅(Pb)0.005 mg；

用移液管移取 5 mL 按 HG/T 3696.2 配制的铅标准溶液，置于 1 000 mL 容量瓶中，用水稀释至刻度，摇匀。该溶液使用前配制。

A.7.2.1.8 精密 pH 试纸：0.5～5.0。

A.7.2.1.9 二级水：符合 GB/T 6682—2008 的规定。

A.7.2.2 仪器和设备

A.7.2.2.1 所用玻璃仪器：均以硝酸溶液(1+5)浸泡过夜，用水反复冲洗，最后用去离子水冲洗干净。

A.7.2.2.2 原子吸收分光光度计(附铅空心阴极灯)。

A.7.2.3 分析步骤

A.7.2.3.1 试验溶液的制备

称取约 5 g 试样，精确至 0.01 g，置于 150 mL 烧杯中，加 30 mL 水，加入 1 mL 盐酸。加热煮沸几分钟，冷却，用水稀释至 100 mL。用氢氧化钠溶液调整溶液 pH 为 1.0～1.5。将此溶液转移至 250 mL 分液漏斗中，用水稀释至约 200 mL。加 2 mL 吡咯烷二硫代氨基甲酸铵(APDC)溶液，混合。分别用 20 mL 三氯甲烷萃取两次，收集萃取物于 50 mL 烧杯中，汽浴蒸发至干(此操作必须在通风橱中进行)，于残渣中加入 3 mL 硝酸，继续蒸发至近干。加入 0.5 mL 硝酸和 10 mL 水，加热直至溶液体积约 3 mL～5 mL。转移至 10 mL 容量瓶，用水稀释至刻度，摇匀。

A.7.2.3.2 空白试验溶液的制备

取 30 mL 水置于 150 mL 烧杯中，加入 1 mL 盐酸。以下操作同 A.7.2.3.1 中"加热煮沸几分钟，冷却，用水稀释至 100 mL……转移至 10 mL 容量瓶，用水稀释至刻度，摇匀"。

A.7.2.3.3 标准溶液的制备

移取 4.00 mL 铅标准溶液置于 150 mL 烧杯中，加入 1 mL 盐酸。以下操作同 A.7.2.3.1 中"加热煮沸几分钟，冷却，用水稀释至 100 mL……转移至 10 mL 容量瓶，用水稀释至刻度，摇匀"。

A.7.2.3.4 测定

a) 仪器条件：共振线 283.3 nm；狭缝 0.7 nm；空气-乙炔火焰。
b) 测定：将试验溶液、标准溶液导入原子吸收分光光度计中，以空白试验溶液调零，试验溶液的吸收值不能高于标准溶液吸收值。

A.8 氟化物的测定

A.8.1 试剂和材料

A.8.1.1 盐酸溶液：1+11。

A.8.1.2 乙酸钠溶液：$c(CH_3COONa \cdot 3H_2O)$约为 3 mol/L；

称取 204 g 乙酸钠($CH_3COONa \cdot 3H_2O$)，溶于 300 mL 水中，加乙酸溶液(1+16)调节 pH 至 7.0，加水稀释至 500 mL。

A.8.1.3 柠檬酸钠溶液：$c(Na_3C_6H_5O_7 \cdot 2H_2O)$约为 0.75 mol/L；

称取 110 g 柠檬酸钠($Na_3C_6H_5O_7 \cdot 2H_2O$)溶于 300 mL 水中，加 14 mL 高氯酸，再加水稀释至 500 mL。

A.8.1.4 总离子强度缓冲剂；

乙酸钠溶液与柠檬酸钠溶液等体积混合，使用前配制。

A.8.1.5 氟标准溶液：1 mL 溶液含氟(F)0.010 mg；

用移液管移取 10 mL 按 HG/T 3696.2 配制的氟标准溶液，置于 1 000 mL 容量瓶中，用水稀释至刻度，摇匀。该溶液使用前配制。

A.8.2 仪器和设备

A.8.2.1 氟离子选择电极。

A.8.2.2 饱和甘汞电极。

A.8.2.3 电磁搅拌器。

A.8.2.4 电位计:分度值为0.02。

A.8.3 分析步骤

A.8.3.1 仪器的调整

将氟离子选择电极(按说明书活化)和饱和甘汞电极与测量仪器的负端与正端相连接,电极插入盛有水的塑料杯中,在电磁搅拌中(使用聚乙烯转子),读取平衡电位值,更换2次~3次水后,待电位值平衡后,即可进行电位测定。

A.8.3.2 测定

称取约1 g试样,精确至0.01 g。置于50 mL烧杯中,加入10 mL水溶解试样,转移至50 mL容量瓶中,加25 mL总离子强度缓冲剂,10 mL盐酸溶液,加水稀释至刻度,摇匀。倒入25 mL塑料烧杯中测定电极电位。

A.8.3.3 工作曲线的绘制

分别移取1.00 mL,2.00 mL,4.00 mL,5.00 mL,6.00 mL氟标准溶液(相当于氟含量分别为0.010 mg,0.020 mg,0.040 mg,0.050 mg,0.060 mg)置于5只50 mL容量瓶中,于各个容量瓶中分别加25 mL总离子强度缓冲剂、10 mL盐酸溶液,加水稀释至刻度,摇匀。倒入25 mL塑料烧杯中测定电极电位。

以电极电位为纵坐标,氟的质量(mg)为横坐标,在半对数坐标纸上绘制工作曲线,根据试样的电位值在曲线上查得氟的质量。

A.8.4 结果计算

氟化物含量以氟(F)的质量分数 w_4 计,数值以mg/kg表示,按公式(A.7)计算:

$$w_4=\frac{m_1}{m/1\,000} \qquad \cdots\cdots(A.7)$$

式中:

m_1——根据测得的试验溶液电位值从工作曲线上查得的氟的质量的数值,单位为毫克(mg);

m ——试料质量的数值,单位为克(g)。

取平行测定结果的算术平均值为测定结果,两次平行测定结果的绝对差值不大于5 mg/kg。

A.9 水不溶物的测定

A.9.1 仪器和设备

A.9.1.1 玻璃砂芯坩埚:孔径5 μm~15 μm。

A.9.1.2 电热恒温干燥箱:温度可控制在105 ℃±2 ℃。

A.9.2 分析步骤

称取约20 g试样,精确至0.01 g。置于500 mL烧杯中,加250 mL水,加热煮沸。趁热用已在105 ℃ ±2 ℃下干燥至质量恒定的玻璃砂芯坩埚过滤,用200 mL热水分10次洗涤。然后将玻璃砂芯坩埚连同不溶物于105 ℃±2 ℃干燥至质量恒定。

A.9.3 结果计算

水不溶物含量以质量分数 w_5 计，数值以%表示，按公式(A.8)计算：

$$w_5 = \frac{m_1 - m_2}{m} \times 100\% \qquad \cdots\cdots(A.8)$$

式中：

m_1——玻璃砂芯坩埚及残渣的质量的数值，单位为克(g)；

m_2——玻璃砂芯坩埚的质量的数值，单位为克(g)；

m ——试料质量的数值，单位为克(g)。

取平行测定结果的算术平均值为测定结果，两次平行测定结果的绝对差值不大于 0.03%。

A.10 干燥减量的测定

A.10.1 仪器和设备

电热恒温干燥箱：温度能控制在 40 ℃±2 ℃，120 ℃±2 ℃。

A.10.2 分析步骤

称取约 10 g 试样，精确至 0.01 g，置于预先于 120 ℃±2 ℃烘干至质量恒定的称量瓶中。在 120 ℃±2 ℃ 烘干 4 h($Na_2HPO_4 \cdot 12H_2O$ 先在 40 ℃±2 ℃烘干 3 h，再在 120 ℃±2 ℃烘干 4 h)，取出后置于干燥器中冷却至室温，称量。

A.10.3 结果计算

干燥减量以质量分数 w_6 计，数值以%表示，按公式(A.9)计算：

$$w_6 = \frac{m_1 - m_2}{m} \times 100\% \qquad \cdots\cdots(A.9)$$

式中：

m_1——干燥后试料的质量的数值，单位为克(g)；

m ——干燥前试料的质量的数值，单位为克(g)。

取平行测定结果的算术平均值为测定结果。两次平行测定结果的绝对差值不大于 0.05%。

中华人民共和国国家标准

GB 25569—2010

食品安全国家标准
食品添加剂 磷酸二氢铵

2010-12-21 发布　　2011-02-21 实施

中华人民共和国卫生部 发布

前　言

本标准的附录 A 为规范性附录。

食品安全国家标准
食品添加剂 磷酸二氢铵

1 范围

本标准适用于以热法磷酸和液氨为原料生产的食品添加剂磷酸二氢铵。

2 规范性引用文件

本标准中引用的文件对于本标准的应用是必不可少的。凡是注日期的引用文件，仅所注日期的版本适用于本标准。凡是不注日期的引用文件，其最新版本(包括所有的修改单)适用于本标准。

3 分子式和相对分子质量

3.1 分子式

$NH_4H_2PO_4$

3.2 相对分子质量

115.02（按 2007 年国际相对原子质量）

4 技术要求

4.1 感官要求：应符合表 1 的规定。

表 1 感官要求

项 目	要 求	检 验 方 法
色泽	白色	取适量试样置于 50 mL 烧杯中，在自然光下观察色泽和组织状态
组织状态	晶体粉末或颗粒	

4.2 理化指标：应符合表 2 的规定。

表 2 理化指标

项 目	指 标	检验方法
磷酸二氢铵(以 $NH_4H_2PO_4$ 计)，w/%	96.0～102.0	附录 A 中 A.4
氟化物(以 F 计)/(mg/kg) ≤	10	附录 A 中 A.5
砷(As)/(mg/kg) ≤	3	附录 A 中 A.6
重金属(以 Pb 计)/(mg/kg) ≤	10	附录 A 中 A.7
铅(Pb)/(mg/kg) ≤	4	附录 A 中 A.8
pH(10 g/L 水溶液)	4.3～5.0	附录 A 中 A.9

附 录 A
（规范性附录）
检 验 方 法

A.1 警示

本标准的检验方法中使用的部分试剂具有毒性或腐蚀性，操作时须小心谨慎！如溅到皮肤上应立即用大量水冲洗，严重者应立即治疗。试验中所用易燃品，操作时不应使用明火。

A.2 一般规定

本标准的检验方法中所用试剂和水，在没有注明其他要求时，均指分析纯试剂和 GB/T 6682—2008 中规定的三级水。试验中所用标准滴定溶液、杂质标准溶液、制剂及制品，在没有注明其他要求时，均按 HG/T 3696.1、HG/T 3696.2、HG/T 3696.3 之规定制备。

A.3 鉴别试验

A.3.1 试剂和材料

A.3.1.1 硝酸溶液：1+8。

A.3.1.2 氨水溶液：1+1。

A.3.1.3 氢氧化钠溶液：40 g/L。

A.3.1.4 硝酸银溶液：17 g/L。

A.3.1.5 红色石蕊试纸。

A.3.2 分析步骤

A.3.2.1 磷酸根的鉴别

称取约 1 g 试样，溶于 20 mL 水中，加硝酸银溶液，生成黄色沉淀，此沉淀溶于氨水溶液或硝酸溶液。

A.3.2.2 铵离子的鉴别

称取约 0.5 g 试样，用氢氧化钠溶液溶解样品，释放出的氨气，可使湿润的红色石蕊试纸变蓝。加热可促进分解。

A.4 磷酸二氢铵的测定

A.4.1 重量法（仲裁法）

A.4.1.1 方法提要

在酸性介质中，喹钼柠酮与试验溶液中的磷酸根反应生成磷钼酸喹啉沉淀，沉淀经过滤、烘干、称重，计算试样中磷酸二氢铵含量。

A.4.1.2 试剂和材料

A.4.1.2.1 硝酸溶液:1+1。

A.4.1.2.2 喹钼柠酮溶液。

A.4.1.3 仪器和设备

A.4.1.3.1 玻璃砂芯坩埚:孔径 5 μm~15 μm。

A.4.1.3.2 电热恒温干燥箱:温度能控制在 180 ℃±2 ℃。

A.4.1.4 分析步骤

A.4.1.4.1 试验溶液的制备

称取约 1 g 试样,精确至 0.000 2 g。置于 100 mL 烧杯中,加少量水溶解。移入 500 mL 容量瓶中,用水稀释至刻度,摇匀,干过滤(弃去最初 20 mL 滤液)。

A.4.1.4.2 测定

移取 20.00 mL 试验溶液,置于 250 mL 烧杯中。加 10 mL 硝酸溶液,加水至总体积约 100 mL,加入 50 mL 喹钼柠酮溶液,盖上表面皿,在水浴中加热至烧杯内的物质达到 75 ℃±5 ℃(在通风橱中进行),保温 30 s(在加入试剂和加热过程中,不得使用明火,不得搅拌,以免凝结成块)。冷却,在冷却过程中搅拌 3 次~4 次,用预先在 180 ℃±2 ℃下烘干 45 min 的玻璃砂芯坩埚抽滤。先将上层清液过滤,以倾析法用洗瓶冲洗沉淀 6 次,每次用水约 30 mL,最后将沉淀移入玻璃砂芯坩埚中过滤,再用水洗涤沉淀 4 次。将玻璃砂芯坩埚连同沉淀置于电热恒温干燥箱中,从温度稳定开始计时,在 180 ℃±2 ℃下干燥 45 min。取出稍冷后,置于干燥器中冷却至室温,称重。

同时做空白试验,空白试验除不加试样外,其他加入的试剂种类和量与试验溶液完全相同,并与试验溶液同样处理。

A.4.1.5 结果计算

磷酸二氢铵含量以磷酸二氢铵($NH_4H_2PO_4$)的质量分数 w_1 计,数值以%表示,按公式(A.1)计算:

$$w_1=\frac{(m_1-m_2)\times 0.051\ 98}{m\times(20/500)}\times 100\% \qquad \text{(A.1)}$$

式中:

m_1 ——试验溶液中生成磷钼酸喹啉沉淀的质量的数值,单位为克(g);

m_2 ——空白试验溶液中生成磷钼酸喹啉沉淀的质量的数值,单位为克(g);

m ——试料的质量的数值,单位为克(g);

0.051 98 ——磷钼酸喹啉换算成磷酸氢二铵的系数。

取平行测定结果的算术平均值为测定结果。两次平行测定结果的绝对差值不大于 0.2%。

A.4.2 容量法

A.4.2.1 方法提要

试样溶解后用氢氧化钠标准滴定溶液滴定,以 pH 计指示终点,根据消耗氢氧化钠标准滴定溶液的体积,计算磷酸二氢铵含量。

A.4.2.2 试剂和材料

A.4.2.2.1 氢氧化钠标准滴定溶液：$c(NaOH)=0.1$ mol/L。
A.4.2.2.2 无二氧化碳的水。

A.4.2.3 仪器和设备

A.4.2.3.1 pH计：分度值为0.02。
A.4.2.3.2 电磁搅拌器：配有搅拌转子。

A.4.2.4 分析步骤

称取约0.5 g试样，精确至0.000 2 g，置于150 mL的烧杯中。加入50 mL无二氧化碳的水，置于电磁搅拌器上，放入搅拌转子，搅拌至样品完全溶解。将已校准的pH计的电极放入试验溶液中，用氢氧化钠标准滴定溶液滴定至pH为8.0时，记录消耗氢氧化钠标准滴定溶液的体积。

A.4.2.5 结果计算

磷酸二氢铵含量以磷酸二氢铵（$NH_4H_2PO_4$）的质量分数 w_1 计，数值以%表示，按公式（A.2）计算：

$$w_1=\frac{cVM/1\,000}{m}\times 100\% \qquad \cdots\cdots(A.2)$$

式中：
V——滴定试验溶液所消耗的氢氧化钠标准滴定溶液的体积的数值，单位为毫升（mL）；
c——氢氧化钠标准滴定溶液的浓度的准确数值，单位为摩尔每升（mol/L）；
m——试料的质量的数值，单位为克（g）；
M——磷酸二氢铵（$NH_4H_2PO_4$）的摩尔质量的数值，单位为克每摩尔（g/mol）（$M=115.0$）。
取平行测定结果的算术平均值为测定结果。两次平行测定结果的绝对差值不大于0.3%。

A.5 氟化物的测定

A.5.1 试剂和材料

A.5.1.1 盐酸溶液：1+11。
A.5.1.2 乙酸钠溶液：$c(CH_3COONa\cdot 3H_2O)\approx 3$ mol/L；
称取204 g乙酸钠（$CH_3COONa\cdot 3H_2O$），溶于300 mL水中，加乙酸溶液（1+16）调节pH至7.0，加水稀释至500 mL。
A.5.1.3 柠檬酸钠溶液：$c(Na_3C_6H_5O_7\cdot 2H_2O)\approx 0.75$ mol/L；
称取110 g柠檬酸钠（$Na_3C_6H_5O_7\cdot 2H_2O$）溶于300 mL水中，加14 mL高氯酸，再加水稀释至500 mL。
A.5.1.4 总离子强度缓冲剂：
乙酸钠溶液与柠檬酸钠溶液等体积混合，该溶液使用前配制。
A.5.1.5 氟化物标准溶液：1 mL溶液含氟（F）0.001 mg；
用移液管移取1 mL按HG/T 3696.2配制的氟化物标准溶液，置于1 000 mL容量瓶中，用水稀释至刻度，摇匀。该溶液使用前配制。

A.5.2 仪器和设备

A.5.2.1 氟离子选择电极。

A.5.2.2　饱和甘汞电极。

A.5.2.3　电磁搅拌器：配有聚乙烯转子。

A.5.2.4　pH 计：分度值 0.01。

A.5.3　分析步骤

A.5.3.1　仪器的调整

将氟离子选择电极和饱和甘汞电极与测量仪器的负端与正端相连接，电极插入盛有水的塑料杯中，在电磁搅拌中（使用聚乙烯转子），读取平衡电位值，更换 2 次～3 次水后，待电位达到电极说明书中规定的电位值后，即可进行电位测定。

A.5.3.2　试验溶液的制备

称取约 1 g 试样，精确至 0.01 g。置于 50 mL 烧杯中，加入 10 mL 水溶解，转移至 50 mL 容量瓶中，加 25 mL 总离子强度缓冲剂，10 mL 盐酸溶液，加水稀释至刻度，摇匀。倒入 25 mL 塑料烧杯中测定电极电位。

A.5.3.3　工作曲线的绘制

分别移取 1.00 mL、5.00 mL、8.00 mL、10.00 mL、15.00 mL 氟化物标准溶液（相当于氟的含量分别为 0.001 mg、0.005 mg、0.008 mg、0.010 mg、0.015 mg）于 5 只 50 mL 容量瓶中，于各个容量瓶中分别加 25 mL 总离子强度缓冲剂，10 mL 盐酸溶液，加水稀释至刻度，摇匀。倒入 50 mL 清洁、干燥的塑料烧杯中测定电极电位。

以电极电位为纵坐标，氟的质量（mg）为横坐标，在半对数坐标纸上绘制工作曲线，根据试样的电位值在曲线上查得氟离子的质量。

A.5.4　结果计算

氟化物含量以氟（F）的质量分数 w_2 计，数值以 mg/kg 表示，按公式（A.3）计算：

$$w_2 = \frac{m_1}{m/1\,000} \qquad \cdots\cdots\cdots\cdots\cdots\cdots\cdots\cdots\cdots\cdots\text{（A.3）}$$

式中：

m_1——根据测得的试验溶液电位值从工作曲线上查得的氟的质量的数值，单位为毫克（mg）；

m ——试料的质量的数值，单位为克（g）。

取平行测定结果的算术平均值为测定结果，两次平行测定结果的绝对差值不大于 2 mg/kg。

A.6　砷的测定

A.6.1　二乙氨基二硫代甲酸银比色法（仲裁法）

A.6.1.1　试剂和材料

同 GB/T 5009.76—2003 第一法　二乙氨基二硫代甲酸银比色法第 3 章。

A.6.1.2　分析步骤

称取约 1 g 试样，精确至 0.01 g。置于砷发生瓶中，加水至约 40 mL，溶解后加 10 mL 硫酸溶液（1+1），以下按 GB/T 5009.76—2003 第一法中 6.3 中“吸取 0，2.00，4.00，6.00，8.00，10.00 mL……砷的标准系列也应同法处理，以对标准曲线进行校正”进行操作。

A.6.1.3 结果计算

砷含量以砷(As)的质量分数 w_3 计,数值以 mg/kg 表示,按公式(A.4)计算:

$$w_3 = \frac{(m_1 - m_0)/1\,000}{m/1\,000} \qquad \cdots\cdots(A.4)$$

式中:

m_1——从工作曲线上查出的试验溶液中砷的质量数值,单位为毫克(mg);

m_0——从工作曲线上查出的空白试验溶液中砷的质量数值,单位为毫克(mg);

m ——试样的质量数值,单位为克(g)。

取平行测定结果的算术平均值为测定结果。两次平行测定结果的绝对差值不大于 1 mg/kg。

A.6.2 砷斑法

A.6.2.1 试剂和材料

试剂同 GB/T 5009.76—2003 的第 9 章。

A.6.2.2 仪器和设备

同 GB/T 5009.76—2003 的第 10 章。

A.6.2.3 分析步骤

称取 0.50 g±0.01 g 试样,置于测砷瓶中,加 20 mL 水。以下操作同 GB/T 5009.76—2003 第 11 章“加 5 mL 盐酸……不得深于砷的限量标准的砷斑”。

限量标准溶液的配制:移取 1.50 mL 砷标准溶液[1 mL 溶液含砷(As)0.001 mg],以下操作同 GB/T 5009.76—2003 的第 11 章“加 5 mL 盐酸……取出砷斑进行比较”。与样品同时处理。

A.7 重金属的测定

A.7.1 试剂和材料

A.7.1.1 盐酸溶液:1+1。

A.7.1.2 氨水溶液:2+3。

A.7.1.3 乙酸盐缓冲溶液:pH=3.5;

称取 25.0 g 乙酸铵,加 25 mL 水溶解,加 45 mL 盐酸溶液,再用盐酸溶液或氨水溶液调节 pH 值至 3.5,用水稀释至 100 mL。

A.7.1.4 饱和硫化氢水。

A.7.1.5 铅标准溶液:1 mL 溶液含铅(Pb)0.01 mg;

用移液管移取 1.00 mL 按 HG/T 3696.2 配制的铅标准溶液,置于 100 mL 容量瓶中,用水稀释至刻度,摇匀。该溶液使用前配制。

A.7.2 仪器和设备

比色管:50 mL。

A.7.3 分析步骤

称取 10.00 g±0.01 g 试样,置于 150 mL 烧杯中,加 80 mL 水,溶解后移至 100 mL 容量瓶中,用

水稀释至刻度，摇匀。过滤，弃去初始的 20 mL 滤液。用移液管移取 20.00 mL 试验溶液置于 50 mL 比色管中，加 5 mL 乙酸盐缓冲溶液，10 mL 饱和硫化氢水，用水稀释至刻度，摇匀，于暗处放置 5 min。在白色背景下观察，所呈颜色不得深于标准比色溶液。

标准比色溶液的制备：移取 2 mL 铅标准溶液于 50 mL 比色管中，加水至 20 mL，加 5 mL 乙酸盐缓冲溶液，10 mL 硫化氢饱和溶液，用水稀释至刻度，摇匀，于暗处放置 5 min。与样品同时处理。

A.8 铅的测定

A.8.1 石墨炉原子吸收分光光度法(仲裁法)

A.8.1.1 试剂和材料

A.8.1.1.1 硝酸溶液：约 0.5 mol/L；

取 32 mL 硝酸加入水中，稀释至 1 000 mL。

A.8.1.1.2 铅标准溶液：1 mL 溶液含铅(Pb)100 ng；

用移液管移取 1 mL 按 HG/T 3696.2 配制的铅标准溶液，置于 100 mL 容量瓶中，用硝酸溶液稀释至刻度，摇匀。移取 5 mL 稀释后溶液于 500 mL 容量瓶，用硝酸溶液稀释至刻度，摇匀。该溶液使用前配制。

A.8.1.1.3 二级水：符合 GB/T 6682—2008 的规定。

A.8.1.2 仪器和设备

A.8.1.2.1 所用玻璃仪器：均以硝酸溶液(1+5)浸泡过夜，用水反复冲洗，最后用去离子水冲洗干净。

A.8.1.2.2 原子吸收分光光度计(附石墨炉及铅空心阴极灯)。

A.8.1.3 分析步骤

A.8.1.3.1 试验溶液的制备

称取约 0.2 g 试样，精确至 0.01 g，置于 50 mL 烧杯中，加硝酸溶液至试样溶解，转移至 25 mL 容量瓶中，用硝酸溶液稀释至刻度，摇匀。

同时制备空白试验溶液。空白试验溶液除不加试样外，其他操作及加入试剂的种类和量与测定试验相同。

A.8.1.3.2 工作曲线绘制

分别移取铅标准溶液 0.00 mL、5.00 mL、10.00 mL、20.00 mL 于 4 只 50 mL 的容量瓶中，加硝酸溶液稀释至刻度，摇匀。此系列溶液浓度分别为 0 ng/mL、10 ng/mL、20 ng/mL、40 ng/mL。各吸取 10 μL，注入石墨炉，测得其吸光度，以铅的浓度为横坐标，对应的吸光度为纵坐标，绘制工作曲线。

A.8.1.3.3 测定

在波长 283.3 nm 处将仪器调至最佳工作状态，分别移取试验溶液和空白试验溶液 10 μL，注入石墨炉，测得其吸光度，从工作曲线上查得相应铅的含量。

A.8.1.4 结果计算

铅含量以铅(Pb)的质量分数 w_4 计，数值以 mg/kg 表示，按公式(A.5)计算：

$$w_4 = \frac{(c_1 - c_0)/10^6 \times 25}{m/10^3} \qquad \text{(A.5)}$$

式中：

c_1——从工作曲线上查出的试验溶液中铅的含量的数值，单位为纳克每毫升(ng/mL)；

c_0——从工作曲线上查出的空白试验溶液中铅的含量的数值，单位为纳克每毫升(ng/mL)；

m——试料的质量的数值，单位为克(g)；

25——试料定容体积，单位为毫升(mL)。

取平行测定结果的算术平均值为测定结果，两次平行测定结果的绝对差值不大于1 mg/kg。

A.8.2 吡咯烷二硫代氨基甲酸铵(APDC)萃取法

A.8.2.1 试剂和材料

A.8.2.1.1 硫酸。

A.8.2.1.2 盐酸。

A.8.2.1.3 硝酸。

A.8.2.1.4 三氯甲烷。

A.8.2.1.5 氢氧化钠溶液：250 g/L；

称取25 g氢氧化钠于200 mL塑料烧杯中，溶于100 mL水中。

A.8.2.1.6 吡咯烷二硫代氨基甲酸铵(APDC)溶液：20 g/L；溶解2 g吡咯烷二硫代氨基甲酸铵(APDC)于100 mL水中。使用前过滤。

A.8.2.1.7 铅标准溶液：1 mL溶液含铅(Pb)0.005 mg；

用移液管移取5 mL按HG/T 3696.2配制的铅标准溶液，置于100 mL容量瓶中，用水稀释至刻度，摇匀。该溶液使用前配制。

A.8.2.1.8 精密pH试纸：pH0.5～5.0。

A.8.2.1.9 二级水：符合GB/T 6682—2008的规定。

A.8.2.2 仪器和设备

A.8.2.2.1 所用玻璃仪器：均以硝酸溶液(1+5)浸泡过夜，用水反复冲洗，最后用去离子水冲洗干净。

A.8.2.2.2 分液漏斗：250 mL。

A.8.2.2.3 原子吸收分光光度计(附铅空心阴极灯)。

A.8.2.3 分析步骤

A.8.2.3.1 试验溶液的制备

称取约5 g样品，精确至0.01 g，置于150 mL烧杯中，加30 mL水，加入1 mL盐酸。加热煮沸几分钟，冷却，稀释至100 mL，用氢氧化钠溶液调整溶液pH至1.0～1.5。将此溶液转移至250 mL分液漏斗中，用水稀释至约200 mL。加2 mL吡咯烷二硫代氨基甲酸铵(APDC)溶液，混合。用三氯甲烷萃取两次，每次加入20 mL，收集萃取物于50 mL烧杯中，汽浴蒸发至干(此操作必须在通风橱中进行)，于残渣中加入3 mL硝酸，继续蒸发至近干。加入0.5 mL硝酸和10 mL水，加热直至溶液体积约为3 mL～5 mL。转移至10 mL容量瓶，用水稀释至刻度，摇匀。

A.8.2.3.2 空白试验溶液的制备

取30 mL水置于150 mL烧杯中，加入1 mL盐酸。加热煮沸几分钟，冷却，稀释至100 mL。用氢氧化钠溶液调整溶液pH至1.0～1.5。以下操作同A.8.2.3.1中“将此溶液转移至250 mL分液漏斗……转移至10 mL容量瓶，用水稀释至刻度，摇匀”。

A.8.2.3.3 标准溶液的制备

移取4.00 mL铅标准溶液置于150 mL烧杯中，加30 mL水，加入1 mL盐酸。加热煮沸几分钟，冷却，稀释至100 mL。用氢氧化钠溶液调整溶液pH至1.0～1.5。以下操作同A.8.2.3.1中“将此溶液转移至250 mL分液漏斗……转移至10 mL容量瓶，用水稀释至刻度，摇匀”。

A.8.2.3.4 测定

A.8.2.3.4.1 仪器条件：共振线283.3 nm；狭缝0.7 nm；空气-乙炔火焰。

A.8.2.3.4.2 测定：将试验溶液、标准溶液导入原子吸收分光光度计中，以空白试验溶液调零，测定吸收值，样品的吸收值不能高于标准溶液吸收值。

A.9 pH的测定

A.9.1 仪器和设备

pH计：分度值0.02。

A.9.2 分析步骤

称取1.00 g±0.01 g试样，置于150 mL烧杯中，加100 mL无二氧化碳的水溶解试样。用已经校对好的pH计测定。

取平行测定结果的算术平均值为测定结果，两次平行测定结果的绝对差值不大于0.1。

中华人民共和国国家标准

GB 25570—2010

食品安全国家标准
食品添加剂 焦亚硫酸钾

2010-12-21 发布　　2011-02-21 实施

中华人民共和国卫生部 发布

前　言

本标准的附录 A 为规范性附录。

食品安全国家标准
食品添加剂 焦亚硫酸钾

1 范围

本标准适用于氢氧化钾或碳酸钾饱和溶液吸收硫磺氧化产生的二氧化硫而生产的食品添加剂焦亚硫酸钾。

2 规范性引用标准

本标准中引用的文件对于本标准的应用是必不可少的。凡是注日期的引用文件,仅所注日期的版本适用于本标准。凡是不注日期的引用文件,其最新版本(包括所有的修改单)适用于本标准。

3 分子式和相对分子质量

3.1 分子式

$K_2S_2O_5$

3.2 相对分子质量

222.32(按2007年国际相对原子质量)

4 技术要求

4.1 感官要求:应符合表1的规定。

表1 感官要求

项 目	要 求	检 验 方 法
色泽	白色或微黄色	取适量试样置于50 mL烧杯中,在自然光下观察色泽和组织状态
组织状态	结晶粉末	

4.2 理化指标:应符合表2的规定。

表2 理化指标

项 目		指 标	检 验 方 法
焦亚硫酸钾(以 $K_2S_2O_5$ 计),w/%	≥	93.0	附录A中A.4
铁(Fe)/(mg/kg)	≤	10	附录A中A.5
澄清度		通过试验	附录A中A.6

表 2（续）

项　　目		指　　标	检 验 方 法
砷(As)/(mg/kg)	≤	2	附录 A 中 A.7
重金属(以 Pb 计)/(mg/kg)	≤	5	附录 A 中 A.8
铅(Pb)/(mg/kg)	≤	2	附录 A 中 A.9
硒(Se)/(mg/kg)	≤	5	附录 A 中 A.10

附 录 A
（规范性附录）
检 验 方 法

A.1 警示

本标准的检验方法中使用的部分试剂具有毒性或腐蚀性，操作时须小心谨慎！如溅到皮肤上应立即用水冲洗，严重者应立即医治。

A.2 一般规定

本标准的检验方法中所用试剂和水，在没有注明其他要求时，均指分析纯试剂和 GB/T 6682—2008 中规定的三级水。试验中所用标准滴定溶液、杂质标准溶液、制剂及制品，在没有注明其他要求时，均按 HG/T 3696.1、HG/T 3696.2、HG/T 3696.3 之规定制备。

A.3 鉴别试验

A.3.1 试剂和材料

A.3.1.1 盐酸。

A.3.1.2 盐酸溶液：1+3。

A.3.1.3 碘溶液：取 1.4 g 碘，置于 10 mL 碘化钾溶液中，加两滴盐酸，加水溶解，稀释至 100 mL，贮存于棕色瓶中避光保存。

A.3.1.4 硝酸亚汞溶液：取 15 g 硝酸亚汞，加 90 mL 水、10 mL 硝酸溶液（1+9）溶解后，加一滴汞，避光密封保存待用。

A.3.2 分析步骤

A.3.2.1 亚硫酸根的鉴别

试样的水溶液加入碘溶液后黄色即褪。

试样的水溶液滴入盐酸溶液后即有二氧化硫气体逸出，以硝酸亚汞溶液浸润的试纸检验，显黑色。

A.3.2.2 钾离子的鉴别

用盐酸浸润的铂丝先在无色火焰上燃烧至无色。再蘸取少许试样溶液，在无色火焰上燃烧，在钴玻璃下观察呈紫色。

A.4 焦亚硫酸钾的测定

A.4.1 方法提要

在弱酸性溶液中，用碘将亚硫酸根氧化成硫酸根。以淀粉为指示剂，用硫代硫酸钠标准滴定溶液滴定过量的碘。

A.4.2 试剂和材料

A.4.2.1 冰乙酸溶液:1+3。

A.4.2.2 碘标准溶液:$c(1/2I_2)\approx 0.1$ mol/L。

A.4.2.3 硫代硫酸钠标准滴定溶液:$c(Na_2S_2O_3)=0.1$ mol/L。

A.4.2.4 可溶性淀粉溶液:5 g/L。

A.4.3 分析步骤

移取 50 mL 碘标准溶液,置于碘量瓶中。称取约 0.2 g 试样,精确至 0.000 2 g,加入到碘溶液中,加塞、水封,在暗处放置 5 min。加入 5 mL 冰乙酸溶液,用硫代硫酸钠标准滴定溶液滴定,近终点时,加入 2 mL 可溶性淀粉溶液,继续滴定至溶液蓝色消失为终点。同时进行空白试验。

空白试验除不加试样外,其他操作及加入试剂的种类和量(标准滴定溶液除外)与测定试样相同。

A.4.4 结果计算

焦亚硫酸钾含量以焦亚硫酸钾($K_2S_2O_5$)的质量分数 w_1 计,数值以%表示,按公式(A.1)计算:

$$w_1=\frac{(V_0-V_1)cM/1\ 000}{m}\times 100\% \qquad \cdots\cdots(A.1)$$

式中:

V_0——空白试验所消耗的硫代硫酸钠标准滴定溶液的体积的数值,单位为毫升(mL);

V_1——滴定试验溶液所消耗的硫代硫酸钠标准滴定溶液的体积的数值,单位为毫升(mL);

c——硫代硫酸钠标准滴定溶液浓度的准确数值,单位为摩尔每升(mol/L);

m——试料质量的数值,单位为克(g);

M——焦亚硫酸钾($1/4K_2S_2O_5$)的摩尔质量的数值,单位为克每摩尔(g/mol)(M=55.58)。

取平行测定结果的算术平均值为测定结果,两次平行测定结果的绝对差值不大于 0.2%。

A.5 铁的测定

A.5.1 试剂和溶液

同 GB/T 3049—2006 的第 4 章。

A.5.2 仪器和设备

同 GB/T 3049—2006 的第 5 章。

A.5.3 分析步骤

A.5.3.1 工作曲线的绘制

按 GB/T 3049—2006 中 6.3,使用光程 1 cm 的比色皿及相应的铁标准溶液用量,绘制工作曲线。

A.5.3.2 试验溶液的制备

称取约 2 g 试样,精确至 0.01 g。置于 250 mL 高型烧杯中,用少量水溶解,加 25 mL 盐酸溶液,在沸水浴蒸干。用水溶解残渣,全部移入 250 mL 容量瓶中,用水稀释至刻度,摇匀。

A.5.3.3 空白试验溶液的制备

在 250 mL 高型烧杯中,加少量的水,再加 25 mL 盐酸,在沸水浴中蒸干,用水溶解残渣,全部移入

250 mL 容量瓶中，用水稀释至刻度，摇匀。

A.5.3.4 测定

用移液管移取 50.00 mL 试验溶液和空白试验溶液分别置于 100 mL 容量瓶中，以下按 GB/T 3049—2006 的 6.4.1，从“必要时，加水至 60 mL……”开始进行操作。

A.5.4 结果计算

铁含量以铁(Fe)的质量分数 w_2 计，数值以 mg/kg 表示，按公式(A.2)计算：

$$w_2 = \frac{m_1 - m_2}{m \times (50/250) \times 10^{-3}} \quad \cdots\cdots\cdots\cdots (A.2)$$

式中：

m_1——从工作曲线上查得的试验溶液中铁的质量的数值，单位为毫克(mg)；

m_2——从工作曲线上查得的空白试验溶液中铁的质量的数值，单位为毫克(mg)；

m ——试料质量的数值，单位为克(g)。

取平行测定结果的算术平均值为测定结果。两次平行测定结果的绝对差值不大于 2 mg/kg。

A.6 澄清度的测定

A.6.1 试剂和材料

A.6.1.1 硝酸溶液：1+3。

A.6.1.2 硝酸银溶液：20 g/L。

A.6.1.3 可溶性淀粉溶液：20 g/L。

A.6.1.4 盐酸标准溶液：$c(HCl)=0.1$ mol/L。

A.6.1.5 氯标准储备液：1 mL 溶液含氯(Cl)1 mg；

移取 14.1 mL 盐酸标准溶液，置于 50 mL 容量瓶中，稀释至刻度，摇匀。

A.6.1.6 氯标准溶液：1 mL 溶液含氯(Cl)0.01 mg；

移取 1 mL 氯标准储备液，置于 100 mL 容量瓶中，稀释至刻度，摇匀。此溶液现用现配。

A.6.2 分析步骤

称取 0.50 g±0.01 g 试样，置于 25 mL 比色管中，加 10 mL 水溶解，并稀释至刻度。试验溶液浊度应低于标准比浊溶液。

标准比浊溶液：移取 1.2 mL 氯标准溶液，置于 25 mL 比色管中，加水至 20 mL，加 1 mL 硝酸溶液，0.2 mL 可溶性淀粉溶液，1 mL 硝酸银溶液，摇匀，稀释至刻度，放置 15 min。

A.7 砷的测定

称取 1.00 g±0.01 g 试样，置于锥形瓶中，用水润湿，用盐酸中和至中性(用 pH 试纸检验)，再过量 5 mL，摇匀。用移液管移取 2 mL 砷标准溶液[1 mL 溶液含砷(As)0.001 mg]作为标准，置于另一只锥形瓶中。各加入 5 mL 盐酸溶液(1+3)。然后按照 GB/T 5009.76—2003 的第一法“二乙氨基二硫代甲酸银比色法”中 6.2 限量试验进行操作，或按照 GB/T 5009.76—2003 的第 11 章规定进行测定。

二乙氨基二硫代甲酸银比色法为仲裁法。

A.8 重金属的测定

称取2.00 g±0.01 g试样，置于100 mL烧杯中，加5 mL水溶解，加2 mL盐酸，在水浴上蒸发至干。加5 mL水、1 mL盐酸，再在水浴上蒸发至干。加0.5 mL冰乙酸溶液、20 mL水溶解残渣，加入1滴酚酞指示液，以氨水(1+1)调至粉红色，以下按GB/T 5009.74—2003第6章进行测定。

标准比色溶液：用移液管移取1.00 mL铅标准溶液[1 mL溶液含铅(Pb)0.010 mg]，置于50 mL纳氏比色管中，加0.5 mL冰乙酸溶液、20 mL水，加入1滴酚酞指示液，以氨水(1+1)调至粉红色，以下按GB/T 5009.74—2003第6章进行测定。

A.9 铅的测定

称取5.00 g±0.01 g试样，置于150 mL烧杯中，加20 mL水溶解，加1 mL硝酸溶液(1+1)，在水浴上蒸发至干。以下按GB/T 5009.75—2003第6章进行测定。

A.10 硒的测定

称取5.00 g±0.01 g试样，置于150 mL烧杯中，加20 mL水溶解，加1 mL硝酸溶液(1+1)，在水浴上蒸发至干。以下按GB 5009.93—2010的氢化物原子荧光光谱法进行测定。

中华人民共和国国家标准

GB 25571—2010

食品安全国家标准
食品添加剂　活性白土

2010-12-21 发布　　2011-02-21 实施

中华人民共和国卫生部　发布

前　言

本标准的附录A为规范性附录。

食品安全国家标准
食品添加剂　活性白土

1　范围

本标准适用于以工业硫酸、水和膨润土为原料生产的食品添加剂活性白土。

2　规范性引用文件

本标准中引用的文件对于本标准的应用是必不可少的。凡是注日期的引用文件，仅所注日期的版本适用于本标准。凡是不注日期的引用文件，其最新版本(包括所有的修改单)适用于本标准。

3　分子式

$Al_2O_3 \cdot 4SiO_2 \cdot nH_2O$

4　技术要求

4.1　感官要求：应符合表1的规定。

表1　感官要求

项　目	要　求	检 验 方 法
色泽	白色或灰色、浅粉色	取适量试样置于50 mL烧杯中，在自然光下观察色泽和组织状态
组织状态	粉末	

4.2　理化指标：应符合表2的规定。

表2　理化指标

项　目		指　标	检 验 方 法
比表面积/(m^2/g)	≥	130	附录A中A.4
游离酸(以 H_2SO_4 计)，w/%	≤	0.30	附录A中A.5
水分，w/%	≤	12.0	附录A中A.6
细度(通过0.075 mm试验筛)，w/%	≥	90	附录A中A.7
过滤速度		通过试验	附录A中A.8
堆积密度/(g/mL)		0.55±0.10	附录A中A.9
pH(50 g/L悬浮液)		2.2～4.8	附录A中A.10
重金属(以Pb计)/(mg/kg)	≤	40	附录A中A.11
砷(As)/(mg/kg)	≤	3	附录A中A.12

附 录 A
（规范性附录）
检 验 方 法

A.1 警示

本标准的检验方法中使用的部分试剂具有毒性或腐蚀性，操作时须小心谨慎！如溅到皮肤上应立即用水冲洗，严重者应立即治疗。

A.2 一般规定

本标准的检验方法中所用试剂和水在没有注明其他要求时，均指分析纯试剂和 GB/T 6682—2008 中规定的三级水。试验中所用标准滴定溶液、杂质标准溶液、制剂及制品，在没有注明其他要求时，均按 HG/T 3696.1、HG/T 3696.2、HG/T 3696.3 之规定制备。

A.3 鉴别

A.3.1 试剂和材料

A.3.1.1 硝酸钾。

A.3.1.2 无水碳酸钠。

A.3.1.3 盐酸。

A.3.1.4 氢氧化钠溶液：10 mol/L；

称取 40 g 氢氧化钠，溶于 100 mL 水中。

A.3.1.5 氯化铵溶液：2 mol/L；

称取 10.7 g 氯化铵，溶于 100 mL 水中。

A.3.2 鉴别试验

称取约 0.5 g 样品于金属坩埚中，加入 1 g 硝酸钾和 3 g 无水碳酸钠，加热至熔融，冷却，加入 20 mL 沸水于残渣中，搅拌，过滤。用 50 mL 水洗残渣，加 1 mL 盐酸，5 mL 水于残渣中，过滤。在滤液中加入 1 mL 氢氧化钠溶液，过滤，在滤液中加入 3 mL 氯化铵溶液，有凝胶状、白色沉淀生成。

A.4 比表面积的测定

按 GB/T 19587 进行测定。

A.5 游离酸的测定

A.5.1 试剂和材料

A.5.1.1 氢氧化钠标准滴定溶液：c(NaOH)＝0.02 mol/L；

移取 50 mL 按 HG/T 3696.1 配制的已知准确浓度的氢氧化钠标准滴定溶液［c(NaOH) 约

0.1 mol/L]，置于 250 mL 容量瓶中，用无二氧化碳的水稀释至刻度，摇匀。

A.5.1.2 酚酞指示液：10 g/L。

A.5.2 分析步骤

称取约 2 g 试样，精确至 0.000 2 g，置于 150 mL 烧杯中。加 50 mL 水，煮沸 3 min，过滤于 250 mL 锥形瓶中，用 50 mL 热水洗涤 4 次～5 次。将全部滤液煮沸 2 min，盖上带有碱石棉干燥管的胶塞，冷却至室温。加 2 滴～3 滴酚酞指示液，用氢氧化钠标准滴定溶液滴定至微红色并保持 30 s 不褪色为终点。

同时进行空白试验。除不加试样外，其他加入的试剂量与试验溶液完全相同，并与试样同样处理。

A.5.3 结果计算

游离酸含量以硫酸（H_2SO_4）的质量分数 w_1 计，数值以%表示，按公式（A.1）计算：

$$w_1 = \frac{c(V_1 - V_0)M/1\,000}{m} \times 100\% \qquad \cdots\cdots(A.1)$$

式中：

V_1——滴定试验溶液所消耗的氢氧化钠标准滴定溶液的体积的数值，单位为毫升（mL）；

V_0——滴定空白试验溶液所消耗氢氧化钠标准滴定溶液的体积的数值，单位为毫升（mL）；

c——氢氧化钠标准滴定溶液的浓度的准确数值，单位为摩尔每升（mol/L）；

m——试料的质量的数值，单位为克（g）；

M——硫酸（$1/2H_2SO_4$）的摩尔质量的数值，单位为克每摩尔（g/mol）（M=49.00）。

取平行测定结果的算术平均值为测定结果，两次平行测定结果的绝对差值不大于 0.04%。

A.6 水分的测定

A.6.1 仪器和设备

A.6.1.1 称量瓶：ϕ40 mm×25 mm。

A.6.1.2 电热恒温干燥箱：温度可控制在 105 ℃±2 ℃。

A.6.2 分析步骤

称取约 2 g 试样，精确至 0.000 2 g，置于预先于 105 ℃±2 ℃下干燥至质量恒定的称量瓶中，置于电热恒温干燥箱，于 105 ℃±2 ℃下烘干至质量恒定。取出，置于干燥器中冷却至室温，称量。

A.6.3 结果计算

水分以质量分数 w_2 计，数值以%表示，按公式（A.2）计算：

$$w_2 = \frac{m - m_1}{m} \times 100\% \qquad \cdots\cdots(A.2)$$

式中：

m——干燥前试料的质量的数值，单位为克（g）；

m_1——干燥后试料的质量的数值，单位为克（g）；

取平行测定结果的算术平均值为测定结果，两次平行测定结果的绝对差值不大于 0.5%。

A.7 细度的测定

A.7.1 仪器和设备

试验筛:R40/3 系列,ϕ200×50—0.075/0.050(GB/T 6003.1—1997)。

A.7.2 分析步骤

称取约 20 g 试样,精确至 0.01 g。置于试验筛中,不断振荡、敲打,并用干燥毛刷轻轻刷扫,使样品通过,最后,在筛子下垫一张黑纸,轻刷筛子直至所垫黑纸上没有试样痕迹。将筛余物转移到已知质量的表面皿中称量,精确至 0.000 2 g。

A.7.3 结果计算

细度以质量分数 w_3 计,数值以%表示,按公式(A.3)计算:

$$w_3 = \frac{m - m_1}{m} \times 100\% \qquad \cdots\cdots(A.3)$$

式中:

m ——试料的质量的数值,单位为克(g);

m_1——筛余物的质量的数值,单位为克(g)。

取平行测定结果的算术平均值为测定结果,两次平行测定结果的绝对差值不大于 2%。

A.8 过滤速度的测定

A.8.1 试剂和材料

碱炼大豆油:含皂量不大于 0.004%。

A.8.2 仪器和设备

A.8.2.1 布氏漏斗:直径 80 mm。

A.8.2.2 真空泵。

A.8.3 分析步骤

于 400 mL 烧杯中加入 200 mL 碱炼大豆油,称取 20.00 g±0.01 g 试样,置于碱炼大豆油中,把烧杯移入 100 ℃恒温油浴或水浴,搅拌 30 min,趁热用中速定性滤纸抽滤(真空度可达到 5.3 kPa)当第一滴油滴入抽滤瓶时开始计时,当滤饼出现干点时结束,记录过滤所用时间,过滤时间不超过 10 min 为通过试验。

A.9 堆积密度的测定

A.9.1 仪器和设备

A.9.1.1 堆积密度测定装置的材质:有机玻璃、塑料、不锈钢等。

A.9.1.2 堆积密度测定装置:如图 A.1 所示。

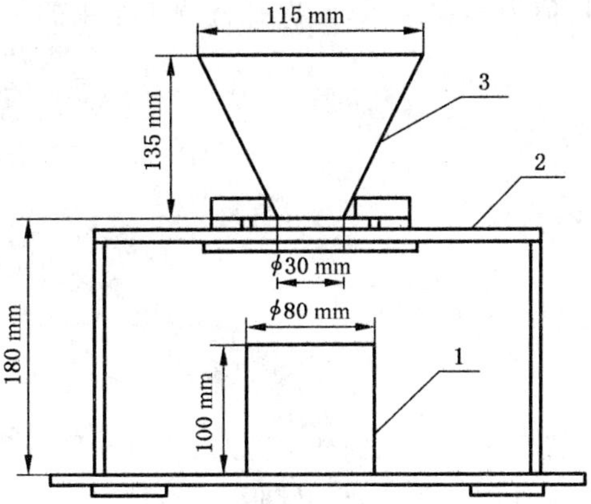

1——料罐；

2——支架；

3——漏斗。

图 A.1　堆积密度测定装置

A.9.1.3　料罐体积的测定

将料罐洗净、晾干，盖上玻璃片，称量料罐和玻璃片的质量。小心将水倒入料罐中，近满时用滴管加水至全满，盖上玻璃片，用滤纸吸干料罐及玻璃片外部的水，玻璃片与料罐中的水之间应无气泡。再称量料罐和玻璃片的质量。

A.9.1.4　料罐体积的计算

料罐体积以 V 计，数值以毫升表示，按公式(A.4)计算：

$$V=\frac{m_1-m_2}{\rho_{水}} \qquad \cdots\cdots(A.4)$$

式中：

m_1——灌满水的料罐及玻璃片质量的数值，单位为克(g)；

m_2——未灌水的料罐及玻璃片质量的数值，单位为克(g)；

$\rho_{水}$——测定温度下纯水密度的数值，单位为克每毫升(g/mL)。

A.9.2　分析步骤

按图 A.1 安装好堆积密度测定装置。

称量料罐质量，精确至 0.1 g。

关好漏斗下底，将试样自然倒满，用直尺刮去高出部分。放好已知质量的料罐，打开漏斗下底，使试料全部自动流入料罐中(也可以用玻璃棒先捅开)，用直尺刮去高出部分(刮平前勿移动料罐)，称量试料和料罐的质量，精确至 0.1 g。

A.9.3　结果计算

堆积密度以单位体积的质量 ρ 计，数值以克每毫升(g/mL)表示，按公式(A.5)计算：

$$\rho=\frac{m_1-m_2}{V} \qquad \cdots\cdots(A.5)$$

式中：

m_1——料罐和试料质量的数值，单位为克(g)；

m_2——料罐质量的数值，单位为克(g)；

V——料罐体积的数值，单位为毫升(mL)。

取平行测定结果的算术平均值为测定结果，两次平行测定结果的绝对差值不大于0.02 g/mL。

A.10 pH值的测定

A.10.1 仪器和设备

pH计：分度值0.02。

A.10.2 分析步骤

称取5.00 g±0.01 g试样，置于150 mL烧杯中，加入100 mL不含二氧化碳的水，搅拌1 min后，静置5 min。用已经校对好的酸度计测定悬浮液pH值。

取平行测定结果的算术平均值为测定结果，两次平行测定结果的绝对差值不大于0.2。

A.11 重金属的测定

A.11.1 试剂和材料

A.11.1.1 抗坏血酸。
A.11.1.2 盐酸溶液：1+4。
A.11.1.3 盐酸溶液：1+16。
A.11.1.4 氨水溶液：1+4。
A.11.1.5 乙酸-乙酸钠缓冲溶液：pH约为3。
A.11.1.6 饱和硫化氢水(现用现配)。
A.11.1.7 铅标准溶液：1 mL溶液含铅(Pb)0.020 mg：

用移液管移取2.00 mL按HG/T 3696.2配制的铅标准溶液，置于100 mL容量瓶中，用水稀释至刻度，摇匀。该溶液使用前配制。

A.11.2 仪器和设备

比色管：50 mL。

A.11.3 分析步骤

A.11.3.1 试验溶液的制备

称取10.00 g±0.01 g试样，置于150 mL锥形瓶中，加50 mL盐酸溶液(A.11.1.2)，振荡数下后，煮沸10 min，冷却，过滤于100 mL容量瓶中，每次用10 mL水洗涤，洗5次；用水稀释至刻度，摇匀，此为试验溶液A，用于重金属含量和砷含量的测定。

A.11.3.2 标准比色溶液的制备

用移液管移取2.00 mL铅标准溶液置于50 mL比色管中，加10 mL水，用氨水溶液或盐酸溶液调节pH约为2(用广泛试纸检验)。以下与试验溶液同时同样处理。

A.11.3.3 测定

用移液管移取10.00 mL试验溶液A置于蒸发皿中，于沸水浴上蒸发至干，加入5 mL盐酸溶液(A.11.1.3)使溶解，全部转移到50 mL比色管中，用氨水溶液调节pH约为2(用广泛试纸检验)。加0.1 g抗坏血酸，5 mL缓冲溶液，10 mL饱和硫化氢水，用水稀释至刻度，摇匀。于暗处放置10 min。

所呈颜色不得深于标准比色溶液的颜色。

A.12 砷的测定

A.12.1 试剂和材料

同 GB/T 5009.76—2003 的第 9 章。

A.12.2 仪器和设备

同 GB/T 5009.76—2003 的第 10 章。

A.12.3 分析步骤

移取 5.00 mL 试验溶液 A 置于定砷装置的锥形瓶中，加 4.5 mL 盐酸，以下同 GB/T 5009.76—2003 第 11 章“从加水至 30 mL……不得深于砷的限量标准的砷斑。”

限量标准溶液的配制：移取 1.50 mL 砷标准溶液[1 mL 溶液含 0.001 mg 砷(As)]，以下按 GB/T 5009.76—2003的砷斑法进行测定。以下与试验溶液同时同样处理。

中华人民共和国国家标准

GB 25572—2010

食品安全国家标准
食品添加剂　氢氧化钙

2010-12-21 发布　　2011-02-21 实施

中华人民共和国卫生部　发布

前　言

本标准的附录A为规范性附录。

食品安全国家标准
食品添加剂　氢氧化钙

1　范围

本标准适用于以石灰石或含石灰石的牡蛎壳等为原料经煅烧、消化而成的食品添加剂氢氧化钙。

2　规范性引用文件

本标准中引用的文件对于本标准的应用是必不可少的。凡是注日期的引用文件，仅所注日期的版本适用于本标准。凡是不注日期的引用文件，其最新版本(包括所有的修改单)适用于本标准。

3　分子式和相对分子质量

3.1　分子式

$Ca(OH)_2$

3.2　相对分子质量

74.09(按 2007 年国际相对原子质量)

4　技术要求

4.1　感官要求：应符合表 1 的规定。

表 1　感官要求

项　　目	要　　求	检　验　方　法
色泽	白色	取适量试样置于 50 mL 烧杯中，在自然光下观察色泽和组织状态
组织状态	粉末	

4.2　理化指标：应符合表 2 的规定。

表 2　理化指标

项　　目		指　　标	检　验　方　法
氢氧化钙[$Ca(OH)_2$]，w/%		95.0～100.5	附录 A 中 A.4
碳酸盐		通过试验	附录 A 中 A.5
镁及碱金属，w/%	≤	2.0	附录 A 中 A.6
酸不溶物，w/%	≤	0.1	附录 A 中 A.7

表 2（续）

项　目		指　标	检 验 方 法
砷(As)/(mg/kg)	≤	2	附录 A 中 A.8
氟化物(以 F 计)/(mg/kg)	≤	50	附录 A 中 A.9
铅(Pb)/(mg/kg)	≤	2	附录 A 中 A.10
重金属(以 Pb 计)/(mg/kg)	≤	10	附录 A 中 A.11
干燥减量,w/%	≤	1.0	附录 A 中 A.12
筛余物(0.045 mm),w/%	≤	0.4	附录 A 中 A.13

附 录 A
（规范性附录）
检验方法

A.1 警示

本标准检验方法中使用的部分试剂具有腐蚀性，操作时须小心谨慎！如溅到皮肤上应立即用水冲洗，严重者应立即治疗。使用剧毒品时，应严格按照有关规定管理；使用时应避免吸入或与皮肤接触，必要时应在通风橱中进行。暴露部位有伤口的人员不能接触。

A.2 一般规定

本标准检验方法中所用试剂和水在没有注明其他要求时，均指分析纯试剂和GB/T 6682—2008中规定的三级水。试验中所用标准滴定溶液、杂质标准溶液、制剂及制品，在没有注明其他要求时，均按HG/T 3696.1、HG/T 3696.2、HG/T 3696.3的规定制备。

A.3 鉴别试验

A.3.1 试剂和材料

A.3.1.1 乙酸溶液：1+1。

A.3.1.2 草酸铵溶液：40 g/L。

称取4 g草酸铵（$C_2H_8N_2O_4 \cdot H_2O$）溶于100 mL水中。

A.3.1.3 红色石蕊试纸。

A.3.2 分析步骤

A.3.2.1 氢氧根离子的鉴别

称取约5 g样品，加入20 mL水混合，样品形成稠糊，稠糊上层的澄清液使红色石蕊试纸变蓝。

A.3.2.2 钙离子的鉴别

1 g样品与20 mL水混合，加足量乙酸溶液使样品溶解，加入草酸铵溶液，生成不溶的草酸盐沉淀。此沉淀不溶于乙酸而溶于盐酸。

A.4 氢氧化钙的测定

A.4.1 方法提要

取适量试验溶液，加入蔗糖掩蔽碳酸盐的干扰，以酚酞为指示剂，用盐酸标准滴定溶液滴定至无色。

A.4.2 试剂和材料

A.4.2.1 盐酸标准滴定溶液：$c(HCl)=0.5$ mol/L。

A.4.2.2 蔗糖溶液：300 g/L。

称取300 g蔗糖，溶于1 000 mL水中。加1滴酚酞指示液，使用前滴加氢氧化钠溶液（4 g/L）至溶液刚呈微粉色。

A.4.2.3 酚酞指示液：10 g/L。

A.4.3 仪器和设备

电磁搅拌器。

A.4.4 分析步骤

称取约 0.5 g 的试样，精确至 0.000 2 g，置于 250 mL 锥形瓶中，加入 50 mL 水，振摇使之混匀。加入 50 mL 蔗糖溶液，用磁力搅拌器搅拌 15 min 后，加入 2 滴～3 滴酚酞指示液，用盐酸标准滴定溶液滴定至试液刚变为无色，并保持 30 s 不返色即为终点。

同时做空白试验，除不加试样外，其他加入的试剂量与试验溶液的完全相同（盐酸标准滴定溶液除外），并与试样同时同样处理。

A.4.5 结果计算

氢氧化钙含量以氢氧化钙[$Ca(OH)_2$]的质量分数 w_1 计，数值以%表示，按公式（A.1）计算：

$$w_1 = \frac{c(V - V_0)M/1\,000}{m} \times 100\% \qquad \text{(A.1)}$$

式中：

c ——盐酸标准滴定溶液浓度的准确数值，单位为摩尔每升（mol/L）；

V ——试验溶液所消耗盐酸标准滴定溶液体积的数值，单位为毫升（mL）；

V_0——空白试验溶液消耗盐酸标准滴定溶液体积的数值，单位为毫升（mL）；

m ——试样的质量的数值，单位为克（g）；

M ——氢氧化钙[$1/2Ca(OH)_2$]摩尔质量的数值，单位为克每摩尔（g/mol）（M=37.05）。

取平行测定结果的算术平均值为测定结果，两次平行测定结果的绝对差值不大于 0.3%。

A.5 碳酸盐的测定

A.5.1 试剂和材料

盐酸溶液：1+3。

A.5.2 分析步骤

称取约 2 g 试样，精确至 0.01 g，加入 50 mL 水，混匀，加入 40 mL 盐酸溶液，溶解过程应仅有细微的气泡生成。

A.6 镁及碱金属的测定

A.6.1 试剂和材料

A.6.1.1 硫酸。

A.6.1.2 盐酸溶液：1+3。

A.6.1.3 氨水溶液：1+1。

A.6.1.4 草酸溶液：63 g/L。

称取 6.3 g 草酸（$H_2C_2O_4 \cdot 2H_2O$）溶解在 100 mL 水中。

A.6.1.5 甲基红指示液：1 g/L。

A.6.2 仪器和设备

高温炉:温度可控制在 800 ℃±25 ℃。

A.6.3 分析步骤

称取约 0.5 g 样品,精确至 0.000 2 g,加入 10 mL 水和 6 mL 盐酸溶液使试样溶解,煮沸 1 min。迅速加入 40 mL 草酸溶液,用力搅拌。加入 2 滴甲基红指示液,滴加氨水溶液,至溶液呈黄色,冷却后将此混合液转移到 100 mL 容量瓶中,用水稀释至刻度,摇匀。静置 4 h 或过夜。用中速滤纸干过滤,弃去初始液 10 mL。用移液管移取 50 mL 滤液于已预先于 800 ℃±25 ℃灼烧至质量恒定的瓷坩埚中,加入 0.5 mL 硫酸,水浴蒸发至近干(或于电炉上低温蒸发至近干)。再在电炉上细心蒸发至干。继续加热使铵盐完全分解并挥发。置于高温炉中,于 800 ℃±25 ℃灼烧至质量恒定。

A.6.4 结果计算

镁及碱金属含量以质量分数 w_2 计,数值以%表示,按公式(A.2)计算:

$$w_2=\frac{m_1-m_2}{m\times(50/100)}\times 100\% \qquad \text{(A.2)}$$

式中:

m_1——瓷坩埚和残渣的质量的数值,单位为克(g);

m_2——瓷坩埚的质量的数值,单位为克(g);

m ——试料质量的数值,单位为克(g)。

取平行测定结果的算术平均值为测定结果,两次平行测定结果的绝对差值不大于 0.2%。

A.7 酸不溶物的测定

A.7.1 试剂和材料

A.7.1.1 盐酸溶液:1+3。

A.7.1.2 硝酸银溶液:17 g/L。

A.7.2 仪器和设备

A.7.2.1 玻璃砂芯坩埚:孔径 5 μm～15 μm。

A.7.2.2 电热恒温干燥箱:温度可控制在 105 ℃±2 ℃。

A.7.3 分析步骤

称取约 4 g 试样,精确至 0.000 2 g,加少量水润湿,加入 60 mL 盐酸溶液使试样溶解,加热煮沸。用预先于 105 ℃±2 ℃干燥至质量恒定的玻璃砂芯坩埚趁热过滤中,用热水洗涤滤液至无氯离子(用硝酸银溶液检验)。置于电热恒温干燥箱中,于 105 ℃±2 ℃干燥至质量恒定。置于干燥器中冷却至室温,称量。

A.7.4 结果计算

酸不溶物含量以质量分数 w_3 计,数值以%表示,按公式(A.3)计算:

$$w_3 = \frac{m_1 - m_2}{m} \times 100\% \qquad \cdots\cdots (A.3)$$

式中：

m_1——玻璃砂芯坩埚和残渣的质量的数值，单位为克(g)；

m_2——玻璃砂芯坩埚的质量的数值，单位为克(g)；

m ——试料的质量的数值，单位为克(g)。

取平行测定结果的算术平均值为测定结果，两次平行测定结果的绝对差值不大于0.03%。

A.8 砷的测定

A.8.1 试剂和材料

A.8.1.1 盐酸溶液：1+3。

A.8.1.2 其他试剂同GB/T 5009.76—2003的第9章。

A.8.2 仪器和设备

同GB/T 5009.76—2003的第10章。

A.8.3 分析步骤

称取0.50 g±0.01 g试样，置于锥形瓶中。加入10 mL盐酸溶液(A.8.1.1)溶解试样。加4 mL盐酸，以下操作同GB/T 5009.76—2003中第11章"加水至30 mL，再加5 mL 15%碘化钾溶液……不得深于砷的限量标准的砷斑。"

限量标准溶液的配制：移取1.00 mL砷标准溶液(1 mL溶液含砷1.00 μg)，以下操作同GB/T 5009.76—2003中第11章"加5 mL盐酸……取出砷斑进行比较。"

A.9 氟化物的测定

A.9.1 试剂和材料

A.9.1.1 盐酸溶液：1+11。

A.9.1.2 盐酸溶液：1+3。

A.9.1.3 乙酸钠溶液：3 mol/L。

称取204 g乙酸钠($CH_3COONa \cdot 3H_2O$)，溶于300 mL水中，加乙酸溶液(1+16)调节pH至7.0，加水稀释至500 mL。

A.9.1.4 柠檬酸钠溶液：0.75 mol/L。

称取110 g柠檬酸钠($Na_3C_6H_5O_7 \cdot 2H_2O$)溶于300 mL水中，加14 mL高氯酸，再加水稀释至500 mL。

A.9.1.5 总离子强度缓冲剂。

乙酸钠溶液与柠檬酸钠溶液等量混合，使用前配制。

A.9.1.6 氟化物标准溶液：1 mL溶液含氟(F)0.010 mg。

移取1.00 mL按HG/T 3696.2配制的氟化物标准溶液，置于100 mL容量瓶中，用水稀释至刻度，摇匀。该溶液使用前配制。

A.9.2 仪器和设备

A.9.2.1 氟离子选择电极。

A.9.2.2 饱和甘汞电极。

A.9.2.3 电磁搅拌器。

A.9.2.4 电位计:分度值为0.02。

A.9.3 分析步骤

A.9.3.1 仪器的准备

将氟离子选择电极(按说明书活化)和饱和甘汞电极与测量仪器的负端与正端相连接,电极插入盛有水的50 mL塑料杯中,在电磁搅拌中(使用聚乙烯转子),读取平衡电位值,更换2次~3次水后,待电位值平衡后,即可进行电位测定。

A.9.3.2 测定

称取约1 g试样,精确至0.01 g。置于50 mL烧杯中,加水润湿后,加入15 mL盐酸溶液(A.9.1.2)使样品溶解。煮沸1 min,冷却后,转移至50 mL容量瓶,加25 mL总离子强度缓冲剂,加水至刻度,摇匀。倒入50 mL塑料烧杯中测定电极电位。

A.9.3.3 工作曲线的绘制

分别移取1.00 mL、2.00 mL、4.00 mL、5.00 mL、6.00 mL氟化物标准溶液(相当于含氟0.010 mg、0.020 mg、0.040 mg、0.050 mg、0.060 mg)于5只50 mL容量瓶中,于各容量瓶中分别加25 mL总离子强度缓冲剂,10 mL盐酸溶液(A.9.1.1),加水稀释至刻度,摇匀。倒入50 mL塑料烧杯中测定电极电位。

以电极电位为纵坐标,氟的质量(mg)为横坐标,在半对数坐标纸上绘制工作曲线,根据试样的电位值在曲线上查得的氟的质量。

A.9.4 结果计算

氟化物含量以氟(F)的质量分数w_4计,数值以mg/kg表示,按公式(A.4)计算:

$$w_4 = \frac{m_1}{m/1\,000} \qquad \cdots\cdots(A.4)$$

式中:

m_1——根据测得的试验溶液电位值从工作曲线上查得的氟的质量的数值,单位为毫克(mg);

m ——试料的质量的数值,单位为克(g)。

取平行测定结果的算术平均值为测定结果,两次平行测定结果的绝对差值不大于5 mg/kg。

A.10 铅的测定

A.10.1 石墨炉原子吸收分光光度法(仲裁法)

A.10.1.1 试剂和材料

A.10.1.1.1 硝酸。

A.10.1.1.2 硝酸溶液:0.5 mol/L。

将32 mL硝酸加入水中,稀释至1 000 mL。

A.10.1.1.3 磷酸二氢铵溶液:20 g/L。

称取2.0 g磷酸二氢铵,用水溶解,并稀释至100 mL。

A.10.1.1.4 铅标准溶液:1 mL溶液含铅(Pb)100 ng。

移取1.00 mL按HG/T 3696.2配制的铅标准溶液置于100 mL容量瓶中，用硝酸溶液稀释至刻度，摇匀。再用移液管移取5 mL稀释过的溶液于500 mL容量瓶中，用硝酸溶液稀释至刻度，摇匀。该溶液使用前配制。

A.10.1.1.5 二级水：符合GB/T 6682—2008的规定。

A.10.1.2 仪器和设备

A.10.1.2.1 所用玻璃仪器：均以硝酸溶液(1+5)浸泡过夜，用水反复冲洗，最后用去离子水冲洗干净。

A.10.1.2.2 原子吸收分光光度计(附石墨炉及铅空心阴极灯)。

A.10.1.3 分析步骤

A.10.1.3.1 试验溶液和空白试验溶液的制备

称取约0.5 g试样，精确至0.01 g，置于50 mL烧杯中，用水润湿后，缓慢滴加约1.5 mL硝酸，低温加热，待样品完全溶解后，升温蒸至近干，取下，冷却至室温，补加2滴硝酸，转移至25 mL容量瓶中，用水稀释至刻度，摇匀。

同时配制空白试验溶液，此溶液除不加试样外，其他加入试剂的种类和数量与试验溶液相同，并同时操作。

A.10.1.3.2 工作曲线绘制

分别吸取铅标准溶液0.00 mL、5.00 mL、10.00 mL、20.00 mL、30.00 mL、40.00 mL于6个50 mL的容量瓶中，用硝酸溶液稀释至刻度，摇匀，此系列溶液浓度分别为0 ng/mL、10 ng/mL、20 ng/mL、40 ng/mL、60 ng/mL、80 ng/mL。各吸取10 μL，注入石墨炉，测得其吸光度，以铅的浓度为横坐标，对应的吸光度为纵坐标绘制工作曲线。

A.10.1.3.3 测定

在波长283.3 nm处将仪器调至最佳工作状态，分别吸取试验溶液和空白液10 μL，注入石墨炉，测得其吸光度，从工作曲线上查得相应铅的浓度。

A.10.1.3.4 基体改进剂的使用

若有干扰，则注入适量的基体改进剂磷酸二氢铵溶液，一般为5 μL或与试样同量消除干扰。绘制铅标准曲线时也要加入与试样测定时等量的基体改进剂磷酸二氢铵溶液。

A.10.1.4 结果计算

铅含量以铅(Pb)的质量分数 w_5 计，数值以mg/kg表示，按公式(A.5)计算：

$$w_5=\frac{(c_1-c_0)/10^6\times 25}{m/10^3} \qquad \cdots\cdots(A.5)$$

式中：

c_1——从工作曲线上查出的试验溶液中铅的含量的数值，单位为纳克每毫升(ng/mL)；

c_0——从工作曲线上查出的空白试验溶液中铅的含量的数值，单位为纳克每毫升(ng/mL)；

m——试料的质量的数值，单位为克(g)；

25——试料定容体积，单位为毫升(mL)。

取平行测定结果的算术平均值为测定结果，两次平行测定结果的绝对差值不大于1 mg/kg。

A.10.2 双硫腙分光光度法

A.10.2.1 试剂和材料

A.10.2.1.1 盐酸溶液:1+3。

A.10.2.1.2 其他试剂同 GB/T 5009.75—2003 中第 3 章。

A.10.2.2 仪器和设备

同 GB/T 5009.75—2003 中第 4 章。

A.10.2.3 分析步骤

称取约 1 g 试样,精确至 0.01 g,置于 50 mL 烧杯中。加水润湿后,加入 15 mL 盐酸溶液(A.10.2.1.1)使试样溶解,转移至 125 mL 分液漏斗中,加 1%硝酸溶液至 20 mL。

同时作空白试验,除不加试样外,其他加入的试剂量与试验溶液的完全相同,并与试样同时同样处理。

以下同GB/T 5009.75—2003 中 6.2"吸取铅标准溶液……绘制工作曲线"。

A.10.2.4 结果计算

铅含量以铅(Pb)的质量分数 w_6 计,数值以 mg/kg 表示,按公式(A.6)计算:

$$w_6 = \frac{(m_1 - m_2)/1\,000}{m/1\,000} \quad \cdots\cdots (A.6)$$

式中:

m_1——从工作曲线上查出试验溶液中铅的质量的数值,单位为微克(μg);

m_2——从工作曲线上查出空白试验溶液中铅的质量的数值,单位为微克(μg);

m ——试料的质量的数值,单位为克(g)。

取平行测定结果的算术平均值为测定结果,两次平行测定结果的绝对值不大于 1 mg/kg。

A.11 重金属(以 Pb 计)的测定

A.11.1 试剂和材料

A.11.1.1 盐酸溶液:1+1。

A.11.1.2 盐酸溶液:1+3。

A.11.1.3 氨水溶液:2+3。

A.11.1.4 乙酸盐缓冲溶液:pH=3.5。

称取 25.0 g 乙酸铵,加 25 mL 水溶解,加 45 mL 盐酸溶液(A.11.1.1),再用盐酸溶液或氨水溶液调节 pH 值至 3.5,用水稀释至 100 mL。

A.11.1.5 硫化钠溶液:称取 5 g 硫化钠,加 10 mL 水溶解,加入 30 mL 丙三醇,混匀,加盖密封避光保存。配制后三个月内有效。

A.11.1.6 铅标准溶液:1 mL 溶液含铅(Pb)0.01 mg。

移取 1.00 mL 按 HG/T 3696.2 配制的铅标准溶液,置于 100 mL 容量瓶中,用水稀释至刻度,摇匀。该溶液使用前配制。

A.11.1.7 酚酞指示液:10 g/L。

A.11.2 仪器和设备

比色管:50 mL。

A.11.3 分析步骤

称取 2.00 g±0.01 g 试样,置于蒸发皿中,加水润湿后,加入 30 mL 盐酸溶液(A.11.1.2)使试样溶解,水浴蒸至干,加 20 mL 水使溶解,过滤于比色管中。加 1 滴酚酞指示液,用氨水溶液调节至刚呈微粉色,加 5 mL 乙酸盐缓冲溶液,用水稀释至刻度,加 1 滴硫化钠溶液,摇匀,于暗处放置 5 min。在白色背景下观察,所呈颜色不得深于标准比色溶液。

标准比色溶液的制备:移取 2.00 mL 铅标准溶液于比色管中,加水至 20 mL,加 5 mL 乙酸盐缓冲溶液,用水稀释至刻度,加 1 滴硫化钠溶液,摇匀,于暗处放置 5 min。与试料同时处理。

A.12 干燥减量的测定

A.12.1 仪器和设备

A.12.1.1 称量瓶:ϕ40 mm×25 mm。
A.12.1.2 电热恒温干燥箱:温度可控制在 105 ℃±2 ℃。

A.12.2 分析步骤

称取约 2 g 试样,精确至 0.000 2 g,置于预先于 105 ℃±2 ℃下干燥至质量恒定的称量瓶中,置于电热恒温干燥箱,在 105 ℃±2 ℃下干燥 1 h。取出,于干燥器中冷却至室温,称量。

A.12.3 结果计算

干燥减量以质量分数 w_7 计,数值以%表示,按公式(A.7)计算:

$$w_7=\frac{m-m_1}{m}\times 100\% \qquad \cdots\cdots(A.7)$$

式中:
m ——干燥前试料的质量的数值,单位为克(g);
m_1——干燥后试料的质量的数值,单位为克(g);
取平行测定结果的算术平均值为测定结果,两次平行测定结果的绝对值不大于 0.03%。

A.13 筛余物的测定

A.13.1 仪器和设备

A.13.1.1 试验筛:R20/3 系列,ϕ200×50—0.045/0.032 GB/T 6003.1—1997。
A.13.1.2 软毛刷。

A.13.2 分析步骤

称取约 10 g 试样,精确至 0.01 g。移入试验筛内,用软毛刷轻刷试样,使粉末通过,最后,在筛子下垫一张黑纸,轻刷筛子直至所垫黑纸上没有试样痕迹。将筛余物转移到已知质量的表面皿中称量,精确至 0.000 2 g。

A.13.3 结果计算

筛余物含量以质量分数 w_8 计,数值以%表示,按公式(A.8)计算:

$$w_8 = \frac{m_1}{m} \times 100\% \quad \cdots\cdots(A.8)$$

m_1——筛余物的质量的数值,单位为克(g);

m ——试料的质量的数值,单位为克(g)。

取平行测定结果的算术平均值为测定结果,两次平行测定结果的绝对差值不大于0.04%。

中华人民共和国国家标准

GB 25573—2010

食品安全国家标准
食品添加剂　过氧化钙

2010-12-21 发布　　2011-02-21 实施

中华人民共和国卫生部　发布

前　言

本标准的附录 A 为规范性附录。

食品安全国家标准
食品添加剂 过氧化钙

1 范围

本标准适用于以氯化钙、过氧化氢、氨水为原料或以氢氧化钙、过氧化氢为原料生产的食品添加剂过氧化钙。

2 规范性引用文件

本标准中引用的文件对于本标准的应用是必不可少的。凡是注日期的引用文件，仅所注日期的版本适用于本标准。凡是不注日期的引用文件，其最新版本(包括所有的修改单)适用于本标准。

3 分子式和相对分子质量

3.1 分子式

CaO_2

3.2 相对分子质量

72.08(按2007年国际相对原子质量)

4 技术要求

4.1 感官要求：应符合表1的规定。

表1 感官要求

项目	要求	检验方法
色泽	淡黄色	取适量试样置于50 mL烧杯中，在自然光下观察色泽和组织状态
组织状态	结晶粉末	

4.2 理化指标：应符合表2的规定。

表2 理化指标

项目		指标	检验方法
活性氧(O)，w/%	≥	16.6	附录A中A.4
水分，w/%	≤	2.0	附录A中A.5
pH(10 g/L水溶液)		11～13	附录A中A.6

表 2（续）

项　目		指　标	检 验 方 法
重金属(以 Pb 计)/(mg/kg)	≤	10	附录 A 中 A.7
铅(Pb)/(mg/kg)	≤	4	附录 A 中 A.8
砷(As)/(mg/kg)	≤	3	附录 A 中 A.9
氟化物(以 F 计)/(mg/kg)	≤	50	附录 A 中 A.10

附 录 A
（规范性附录）
检 验 方 法

A.1 警示

本标准的检验方法中使用的部分试剂具有毒性或腐蚀性，操作时须小心谨慎！如溅到皮肤上应立即用水冲洗，严重者应立即治疗。使用剧毒品时，应严格按照有关规定管理；使用时应避免吸入或与皮肤接触，必要时应在通风橱中进行。暴露部位有伤口的人员不能接触。

A.2 一般规定

本标准的检验方法中所用试剂和水，在没有注明其他要求时，均指分析纯试剂和 GB/T 6682—2008 中规定的三级水。试验中所用标准滴定溶液、杂质标准溶液、制剂及制品，在没有注明其他要求时，均按 HG/T 3696.1、HG/T 3696.2、HG/T 3696.3 之规定制备。

A.3 鉴别试验

A.3.1 试剂和材料

A.3.1.1 盐酸溶液：1+2。

A.3.1.2 氨水溶液：1+3。

A.3.1.3 乙酸铵溶液：35 g/L。

A.3.1.4 酚酞指示液：10 g/L。

A.3.2 分析步骤

A.3.2.1 取试样少许，加盐酸溶液溶解后，加入 2 滴～3 滴酚酞指示液，用氨水溶液调至中性，加入乙酸铵溶液即产生白色沉淀，此沉淀能溶解于盐酸溶液，而不溶于冰乙酸。

A.3.2.2 用盐酸溶液将钙盐润湿，产生一种暂时的微红色至暗红色。

A.4 活性氧的测定

A.4.1 方法提要

在酸性条件下，过氧化氢与高锰酸钾发生氧化还原反应，根据高锰酸钾标准滴定溶液的消耗量，确定活性氧含量。

A.4.2 试剂和材料

A.4.2.1 磷酸溶液：1+3。

A.4.2.2 硫酸溶液：1+3。

A.4.2.3 高锰酸钾标准滴定溶液：$c(1/5KMnO_4)=0.1$ mol/L。

A.4.3 分析步骤

称取约 0.2 g 试样，精确至 0.000 2 g，置于盛有 25 mL 磷酸溶液的锥形瓶中，待试样溶解后加入约 25 mL 硫酸溶液，用高锰酸钾标准滴定溶液滴定至溶液呈粉红色，并在 30 s 内不消失即为终点。同时进行空白试验。

空白试验除不加试样外，其他操作及加入试剂的种类和量(标准滴定溶液除外)与测定试验相同。

A.4.4 结果计算

活性氧含量以氧(O)的质量分数 w_1 计，数值以%表示，按公式(A.1)计算：

$$w_1=\frac{[(V-V_0)/1\,000]cM}{m}\times 100\% \qquad \text{(A.1)}$$

式中：

V ——滴定试验溶液所消耗的高锰酸钾标准滴定溶液的体积的数值，单位为毫升(mL)；

V_0 ——空白试验所消耗的高锰酸钾标准滴定溶液的体积的数值，单位为毫升(mL)；

c ——高锰酸钾标准滴定溶液浓度的准确数值，单位为摩尔每升(mol/L)；

m ——试料质量的数值，单位为克(g)；

M ——氧(1/2O)的摩尔质量的数值，单位为克每摩尔(g/mol)(M=7.999)。

取平行测定结果的算术平均值为测定结果，两次平行测定结果的绝对差值不大于 0.2%。

A.5 水分的测定

A.5.1 仪器和设备

A.5.1.1 称量瓶：ϕ25 mm×40 mm。

A.5.1.2 电热恒温干燥箱：温度能控制在 118 ℃±2 ℃。

A.5.2 分析步骤

用已于 118 ℃±2 ℃条件下干燥至质量恒定的称量瓶，称取约 1 g 试样，精确至 0.000 2 g，置于 118 ℃±2 ℃电热恒温干燥箱中放置 2 h，将称量瓶置于干燥器中冷却至室温后称量。并测定干燥后的活性氧含量(分析方法及结果计算按 A.4 规定测定，干燥后的活性氧含量以 w_2 计)。

A.5.3 结果计算

水分以质量分数 w_3 计，数值以%表示，按公式(A.2)计算：

$$w_3=\frac{(m_2-m_3)-m\times w_1+(m_3-m_1)\times w_2}{m}\times 100\% \qquad \text{(A.2)}$$

式中：

m_1——称量瓶质量的数值，单位为克(g)；

m_2——干燥前试料和称量瓶质量的数值，单位为克(g)；

m_3——干燥后试料和称量瓶质量的数值，单位为克(g)；

m ——试料质量的数值，单位为克(g)；

w_1——按 A.4 测得的活性氧含量，%；

w_2——干燥 2 h 后测得的活性氧含量，%。

取平行测定结果的算术平均值为测定结果，两次平行测定结果的绝对差值不大于 0.2%。

A.6 pH 的测定

A.6.1 试剂和材料

无二氧化碳的水。

A.6.2 仪器和设备

pH 计:分度值为 0.02。

A.6.3 分析步骤

称取 1.00 g±0.01 g 试样,置于 150 mL 烧杯中,加入约 25 ℃的 100 mL 无二氧化碳的水,待试样溶解后,按 GB/T 9724—2007 的规定进行测定。

A.7 重金属的测定

A.7.1 试剂和材料

A.7.1.1 硝酸溶液:1+1。
A.7.1.2 氨水溶液:1+1。
A.7.1.3 乙酸-乙酸钠缓冲溶液:pH≈3。
A.7.1.4 硫化钠溶液:此溶液应遮光、加盖密闭保存于棕色瓶。配制后三个月内有效。

配制方法一:称取硫化钠 5 g,在 10 mL 水及 30 mL 丙三醇的混合溶液中溶解。

配制方法二:称取氢氧化钠 5 g,在 30 mL 水和 90 mL 丙三醇的混合溶液中溶解。将一半体积的溶液边冷却边通入硫化氢气体使之饱和,然后将剩下的一半加入混合。

A.7.1.5 铅标准溶液:1 mL 溶液含铅(Pb)0.010 mg。

移取 1.00 mL 按 HG/T 3696.2 要求配制的铅标准溶液,置于 100 mL 容量瓶中,用水稀释至刻度,摇匀。该溶液现用现配。

A.7.2 分析步骤

称取 1.00 g±0.01 g 试样,置于 100 mL 烧杯中。加入 10 mL 水、8 mL 硝酸溶液,待试样完全溶解,盖上表面皿,在电炉上加热至试样近干。冷却后,加少量水使残渣溶解,过滤试验溶液至 50 mL 比色管中,用氨水溶液调节 pH 为 3~4(用 pH 试纸检验)。加入 5 mL 的乙酸-乙酸钠缓冲溶液,滴加 2 滴硫化钠溶液,用水稀释至刻度,摇匀。暗处放置 5 min 后,在白色背景下观察,其颜色不得深于标准比色溶液。

标准比色溶液移取 1.00 mL 铅标准溶液,置于 50 mL 比色管中,从“加入 5 mL 乙酸-乙酸钠缓冲溶液……”开始与试验溶液同时同样处理。

A.8 铅的测定

A.8.1 双硫腙比色法(仲裁法)

A.8.1.1 试剂和材料

A.8.1.1.1 硝酸溶液:1+1。

A.8.1.1.2 其他试剂同 GB/T 5009.75—2003 的第 3 章。

A.8.1.2 仪器和设备

同 GB/T 5009.75—2003 的第 4 章。

A.8.1.3 分析步骤

称取 2.50 g±0.01 g 试样，置于 100 mL 烧杯中，加入 20 mL 水和 8 mL 硝酸溶液，加热至沸，微沸 5 min 使试样完全分解(不再有气泡产生)冷却后，置于分液漏斗中。

用移液管移取 1.00 mL 铅标准溶液，置于分液漏斗中，作为标准比对溶液，以下按 GB/T 5009.75—2003 第 6 章规定进行测定。

A.8.2 原子吸收分光光度法

A.8.2.1 方法提要

样品经溶解，其中铅经与吡咯烷二硫代氨基甲酸铵(APDC)络合、萃取等处理后，导入原子吸收分光光度计中，测量其原子化后在 283.3 nm 处的吸光度，与铅标准限量比较。

A.8.2.2 试剂和材料

A.8.2.2.1 盐酸。
A.8.2.2.2 三氯甲烷。
A.8.2.2.3 硝酸。
A.8.2.2.4 氢氧化钠溶液：250 g/L。
A.8.2.2.5 吡咯烷二硫代氨基甲酸铵(APDC)溶液：2%。
称取 2 g 吡咯烷二硫代氨基甲酸铵(APDC)溶于 100 mL 水中。如有不溶物，使用前过滤。
A.8.2.2.6 铅标准溶液：1 mL 溶液含铅(Pb)0.010 mg。
移取 1.00 mL 按 HG/T 3696.2 要求配制的铅标准溶液，置于 100 mL 容量瓶中，用水稀释至刻度，摇匀。该溶液现用现配。
A.8.2.2.7 精密 pH 试纸：pH0.5～5.0。
A.8.2.2.8 二级水：符合 GB/T 6682—2008。

A.8.2.3 仪器和设备

A.8.2.3.1 分液漏斗：250 mL。
A.8.2.3.2 原子吸收分光光度计。

A.8.2.4 测定步骤

A.8.2.4.1 铅标准测定溶液的制备及测定

准确移取 4.00 mL 铅标准溶液，加到 150 mL 烧杯中，加 30 mL 水、10 mL 盐酸，盖上表面皿加热至沸，并沸腾 5 min。冷却，用氢氧化钠溶液调节溶液的 pH 为 1.0～1.5(用精密 pH 试纸检验)。将溶液移入分液漏斗中，用水稀释至约 200 mL。加入 2 mL 吡咯烷二硫代氨基甲酸铵(APDC)溶液，摇匀。用三氯甲烷萃取两次，每次加入 20 mL，将萃取液(即有机相)收集于 50 mL 烧杯中，在通风橱中用水浴加热蒸发至干。在残余物中加入 3 mL 硝酸，加热近干。加入 0.5 mL 硝酸和 10 mL 水，加热至剩余液体体积为 3 mL～5 mL，移入 10 mL 容量瓶中，用水稀释至刻度。选用空气-乙炔火焰，于 283.3 nm 波长处，用水调零，测定溶液的吸光度。

A.8.2.4.2 试样测定溶液的制备及测定

称取10.0 g±0.1 g试样置于150 mL烧杯中，加入30 mL水，加入10 mL盐酸，盖上表面皿加热使试样溶解，并沸腾5 min。然后按A.8.2.4.1从“冷却，用氢氧化钠溶液调节溶液的pH为1.0～1.5”至“测定溶液的吸光度”进行操作，测定相应吸光值。

A.8.2.5 结果判定

试样测定溶液的吸光度不得大于铅标准测定溶液的吸光度。

A.9 砷的测定

A.9.1 试剂和材料

A.9.1.1 硝酸溶液：1+1。

A.9.1.2 砷标准溶液：1 mL溶液含有砷(As)0.001 mg。

移取1.00 mL按HG/T 3696.2要求配制的砷标准溶液，置于1 000 mL容量瓶中，用水稀释至刻度，摇匀。该溶液现用现配。

A.9.1.3 其他试剂同GB/T 5009.76—2003的第9章。

A.9.2 仪器和设备

同GB/T 5009.76—2003的第10章。

A.9.3 分析步骤

称取1.00 g±0.01 g试样，置于100 mL烧杯中，加入20 mL水和8 mL硝酸溶液，加热至沸，微沸5 min使试样完全分解(不再有气泡产生)冷却后，全部转移至定砷瓶中。

限量标准溶液的配制：用移液管移取3.00 mL砷标准溶液，置于定砷瓶中，以下按GB/T 5009.76—2003中第11章的规定进行测定。

A.10 氟化物的测定

A.10.1 试剂和材料

A.10.1.1 盐酸溶液：1+4。

A.10.1.2 总离子强度缓冲液：将乙酸钠溶液与柠檬酸钠溶液等量混合，该溶液现用现配。

A.10.1.3 乙酸钠溶液：$c(CH_3COONa \cdot 3H_2O)=3$ mol/L。

称取204 g乙酸钠溶于约300 mL水中，冷却，以1 mol/L乙酸调节pH≈7.0，全部转移至500 mL容量瓶，用水稀释至刻度，摇匀。

A.10.1.4 柠檬酸钠溶液：$c(Na_3C_6H_5O_7 \cdot 2H_2O)=0.75$ mol/L。

称取110 g柠檬酸钠，溶于约300 mL水中，加高氯酸14 mL，全部转移至500 mL容量瓶，用水稀释至刻度，摇匀。

A.10.1.5 氟化物标准溶液：1 mL溶液含氟(F)0.010 mg。

移取1.00 mL按HG/T 3696.2要求配制的氟化物标准溶液，置于100 mL容量瓶中，用水稀释至刻度，摇匀。贮存于聚乙烯瓶中，该溶液现用现配。

A.10.2 仪器和设备

A.10.2.1 氟电极。
A.10.2.2 甘汞电极。
A.10.2.3 电位计。
A.10.2.4 磁力搅拌器。

A.10.3 分析步骤

A.10.3.1 氟标准工作溶液的配制

移取氟化物标准溶液 1.00 mL、2.00 mL、3.00 mL、4.00 mL、5.00 mL 分别置于五个 50 mL 容量瓶中，各加入 4 mL 盐酸溶液，加 25 mL 总离子强度缓冲液，用水稀释至刻度，摇匀。

A.10.3.2 试验溶液的制备

称取约 1.5 g 试样，精确至 0.01 g，加入 4 mL 盐酸溶液、25 mL 总离子强度缓冲液，溶解，置于 100 mL 容量瓶中，用水稀释至刻度，摇匀。

A.10.3.3 测定

将氟电极和甘汞电极与电位计的负端和正端联接，将电极插入盛有水的 50 mL 聚乙烯塑料烧杯中，预热仪器，在磁力搅拌器上以恒速搅拌，读取平衡电位值，更换浸泡电极的水，至电极说明书中规定的电位值后，即可进行标准工作溶液和试样溶液的电位测定。

由低至高浓度分别测定氟标准工作溶液的平衡电位。以电极电位作纵坐标，氟离子浓度(mg/mL)作横坐标，在半对数坐标纸上绘制工作曲线。

同法测定试样溶液的平衡电位，从工作曲线上查出试样中的氟离子的浓度(mg/mL)。

A.10.4 结果计算

氟化物含量以氟(F)的质量分数 w_4 计，数值以(mg/kg)表示，按公式(A.3)计算：

$$w_4 = \frac{c \times 100}{m \times 10^{-3}} \qquad \cdots\cdots(A.3)$$

式中：

c ——从工作曲线上查得的氟离子的浓度的数值，单位为毫克每毫升(mg/mL)；

m ——试样的质量的数值，单位为克(g)。

取平行测定结果的算术平均值为测定结果，两次平行测定结果的绝对差值不大于 10 mg/kg。

中华人民共和国国家标准

GB 25574—2010

食品安全国家标准

食品添加剂　次氯酸钠

2010-12-21 发布　　2011-02-21 实施

中华人民共和国卫生部　发布

前　言

本标准的附录 A 为规范性附录。

食品安全国家标准
食品添加剂　次氯酸钠

1　范围

本标准适用于由食品添加剂氢氧化钠和氯气反应制得的食品添加剂次氯酸钠。

2　规范性引用文件

本标准中引用的文件对于本标准的应用是必不可少的。凡是注日期的引用文件，仅所注日期的版本适用于本标准。凡是不注日期的引用文件，其最新版本(包括所有的修改单)适用于本标准。

3　分子式和相对分子质量

3.1　分子式

NaClO

3.2　相对分子质量

74.442(按2007年国际相对原子质量)

4　技术要求

4.1　感官要求：应符合表1的规定。

表1　感官要求

项　　目	要　　求	检验方法
色泽	无色或淡黄色	取适量试样置于50 mL塑料烧杯中，在自然光下观察色泽和组织状态
组织状态	液体	

4.2　理化指标：应符合表2的规定。

表2　理化指标

项　目	指　标	检验方法
有效氯(以Cl计)，w/%　　≥	5.0	附录A中A.4
游离碱(以NaOH计)，w/%	0.2～1.0	附录A中A.5
铁(Fe)/(mg/kg)　　≤	50	附录A中A.6
重金属(以Pb计)/(mg/kg)　　≤	10	附录A中A.7
砷(As)/(mg/kg)　　≤	1	附录A中A.8

附 录 A
（规范性附录）
检 验 方 法

A.1 警示

本标准的检验方法中部分试剂具有毒性或腐蚀性，操作时应小心谨慎！如溅到皮肤上应立即用水冲洗，严重者应立即治疗。

A.2 一般规定

本标准的检验方法中所用试剂和水，在没有注明其他要求时，均指分析纯试剂和 GB/T 6682—2008 规定的三级水。试验中所用标准滴定溶液、杂质标准溶液、制剂及制品，在没有注明其他要求时，均按 GB/T 601、GB/T 602、GB/T 603 之规定制备。

A.3 鉴别试验

A.3.1 试剂和材料

A.3.1.1 磷酸盐缓冲溶液：pH≈8.0。

溶液Ⅰ：称取 23.8 g 无水磷酸氢二钠，溶于水，稀释至 1 000 mL。

溶液Ⅱ：称取 9.07 g 磷酸钾晶体，溶于水，稀释至 1 000 mL。

将 50 份的溶液Ⅰ和 7 份的溶液Ⅱ混合，分别用溶液Ⅰ或溶液Ⅱ调节至混合液的 pH 值约为 8.0。

A.3.1.2 石蕊试纸。

A.3.2 鉴别方法

A.3.2.1 本样品具有钠盐反应和次氯酸盐反应。

A.3.2.2 量取 1 mL 试样，用水稀释至 25 mL。量取 4 mL 上述试验溶液，加入 100 mL 磷酸盐缓冲溶液，该溶液于波长 291 nm～294 nm 处有最大吸收值。

A.3.2.3 本样品用红色石蕊试纸浸入时石蕊试纸变蓝色，然后褪色。

A.4 有效氯的测定

A.4.1 方法提要

在酸性介质中，次氯酸根与碘化钾反应，析出碘，以淀粉为指示液，用硫代硫酸钠标准滴定溶液滴定，至蓝色消失为终点。反应式如下：

$$2H^+ + ClO^- + 2I^- = I_2 + Cl^- + H_2O$$

$$I_2 + 2S_2O_3^{2-} = S_4O_6^{2-} + 2I^-$$

A.4.2 试剂和材料

A.4.2.1 碘化钾溶液：100 g/L。

A.4.2.2　硫酸溶液：3+100。

A.4.2.3　硫代硫酸钠标准滴定溶液：$c(Na_2S_2O_3)=0.1$ mol/L。

A.4.2.4　淀粉指示液：10 g/L。

A.4.3　分析步骤

A.4.3.1　试样溶液制备

量取约 20 mL 试样，置于内装约 20 mL 水并已称量（精确至 0.01 g）的 100 mL 烧杯中，称量（精确至 0.01 g），然后全部移入 500 mL 容量瓶中，用水稀释至刻度，摇匀。此溶液为试验溶液 A，用于有效氯含量、游离碱含量、铁含量、重金属含量、砷含量的测定。

A.4.3.2　测定

移取 10.00 mL 试样溶液 A，置于内装 50 mL 水的 250 mL 碘量瓶中，加入 10 mL 碘化钾溶液和 10 mL 硫酸溶液，迅速盖紧瓶塞后水封，于暗处静置 5 min。用硫代硫酸钠标准滴定溶液滴定至浅黄色，加 2 mL 淀粉指示液，继续滴定至蓝色消失即为终点。

A.4.4　结果计算

有效氯含量以氯（Cl）的质量分数 w_1 计，数值以%表示，按公式（A.1）计算：

$$w_1=\frac{(V/1\,000)cM_1}{m_1\times(10/500)}\times 100\% \qquad \text{(A.1)}$$

式中：

c ——硫代硫酸钠标准滴定溶液浓度的准确数值，单位为摩尔每升（mol/L）；

V ——滴定消耗的硫代硫酸钠标准滴定溶液的体积的数值，单位为毫升（mL）；

m_1——试样的质量的数值，单位为克（g）；

M_1——氯（Cl）的摩尔质量的数值，单位为克每摩尔（g/mol）（$M_1=35.453$）。

取平行测定结果的算术平均值为测定结果，两次平行测定结果的绝对差值不大于 0.2%。

A.5　游离碱的测定

A.5.1　方法提要

用过氧化氢分解次氯酸根，以酚酞为指示液，用盐酸标准滴定溶液滴定至微红色为终点。反应式如下：

$$ClO^-+H_2O_2=Cl^-+O_2+H_2O$$

$$OH^-+H^+=H_2O$$

A.5.2　试剂和材料

A.5.2.1　过氧化氢溶液：1+5。

A.5.2.2　盐酸标准滴定溶液：$c(HCl)=0.1$ mol/L。

A.5.2.3　酚酞指示液：10 g/L。

A.5.2.4　淀粉-碘化钾试纸。

A.5.3　分析步骤

移取 50.00 mL 试样溶液 A，置于 250 mL 锥形瓶中，滴加过氧化氢溶液至不含次氯酸根为止（不使淀粉-碘化钾试纸变蓝)，加2滴～3滴酚酞指示液，用盐酸标准滴定溶液滴定至微红色为终点。

A.5.4 结果计算

游离碱以氢氧化钠(NaOH)的质量分数 w_2 计，数值以%表示，按公式(A.2)表示：

$$w_2=\frac{(V/1\,000)cM_2}{m_2\times(50/500)}\times 100\% \quad\cdots\cdots(A.2)$$

式中：

c ——盐酸标准滴定溶液浓度的准确数值，单位为摩尔每升(mol/L)；

V ——滴定消耗的盐酸标准滴定溶液的体积的数值，单位为毫升(mL)；

m_2 ——试样的质量的数值，单位为克(g)；

M_2 ——氢氧化钠(NaOH)的摩尔质量的数值，单位为克每摩尔(g/mol)(M_2=40.00)。

取平行测定结果的算术平均值为测定结果，两次平行测定结果的绝对差值不大于0.04%。

A.6 铁的测定

A.6.1 方法提要

在不含次氯酸根的介质中，盐酸羟胺将 Fe^{3+} 还原成 Fe^{2+}，在pH4～4.5缓冲溶液体系中，Fe^{2+} 同1,10-菲啰啉生成橙红色络合物，用分光光度计测定吸光度。反应式如下：

$$4Fe^{3+}+NH_2OH=4Fe^{2+}+N_2O+H_2O+4H^+$$

$$Fe^{2+}+3C_{12}H_8N_2=[Fe(C_{12}H_8N_2)_3]^{2+}$$

A.6.2 试剂和材料

A.6.2.1 过氧化氢溶液：1+5。

A.6.2.2 乙酸-乙酸钠缓冲溶液：pH≈4.5。

A.6.2.3 盐酸羟胺溶液：10 g/L。

A.6.2.4 称取1 g盐酸羟胺，溶于水，稀释至100 mL。

A.6.2.5 铁标准溶液：1 mL溶液含铁(Fe)0.1 mg。

A.6.2.6 铁标准溶液：1 mL溶液含铁(Fe)0.01 mg。

移取25.00 mL铁标准溶液(A.6.2.5)，置于250 mL容量瓶中，用水稀释至刻度，摇匀。该溶液现用现配。

A.6.2.7 1,10-菲啰啉溶液：2 g/L。

A.6.2.8 淀粉-碘化钾试纸。

A.6.3 仪器和设备

分光光度计。

A.6.4 分析步骤

A.6.4.1 工作曲线绘制

A.6.4.1.1 移取铁标准溶液(A.6.2.6)0.00 mL、1.00 mL、2.00 mL、3.00 mL、4.00 mL、6.00 mL、8.00 mL、10.00 mL分别置于8个100 mL容量瓶中，向每个容量瓶中分别加入5 mL盐酸羟胺溶液、10 mL乙酸-乙酸钠缓冲溶液和5 mL 1,10-菲啰啉溶液，用水稀释至刻度，摇匀，静置10 min。

A.6.4.1.2　以不加铁标准溶液的空白溶液调整分光光度计零点，在波长 510 nm 处，选用适宜的比色皿，测定吸光度。

A.6.4.1.3　以 100 mL 标准比色溶液中铁含量(mg)为横坐标，与其对应的吸光度为纵坐标，绘制工作曲线或回归线性方程。

A.6.4.2　空白试验

不加试样溶液，采用与测定试样溶液完全相同的分析步骤、试剂和用量进行空白试验。

A.6.4.3　测定

移取 50.00 mL 试样溶液 A，置于 100 mL 容量瓶中，滴加过氧化氢溶液至不含次氯酸根为止(不使淀粉-碘化钾试纸变蓝)，然后加 5 mL 盐酸羟胺溶液、10 mL 乙酸-乙酸钠缓冲溶液和 5 mL 1,10-菲啰啉溶液，用水稀释至刻度，摇匀，静置 10 min。以下按 A.6.4.1.2 规定进行。

A.6.5　结果计算

铁含量以铁(Fe)的质量分数 w_3 计，数值以 mg/kg 表示，按公式(A.3)计算：

$$w_3 = \frac{m_4}{m_3 \times (50/500) \times 10^{-3}} \quad \cdots\cdots\cdots(A.3)$$

式中：

m_3——试样的质量的数值，单位为克(g)；

m_4——由工作曲线查得的或线性回归方程计算的试料中铁的质量的数值，单位为毫克(mg)。

取平行测定结果的算术平均值为报告结果，两次平行测定结果的绝对差值不大于 10 mg/kg。

A.7　重金属的测定

A.7.1　方法提要

在弱酸性(pH3～4)的条件下，重金属离子与硫离子生成棕黑色沉淀，与同法处理的铅标准溶液比较，作限量试验。

A.7.2　试剂和材料

A.7.2.1　盐酸。

A.7.2.2　过氧化氢溶液：1+5。

A.7.2.3　乙酸-乙酸钠缓冲溶液：pH≈3。

A.7.2.4　硫化氢饱和溶液。

将硫化氢气体通入不含二氧化碳的水中，至饱和为止。此溶液现用现配。

A.7.2.5　铅标准溶液：1 mL 溶液含铅(Pb)0.1 mg。

A.7.2.6　铅标准溶液：1 mL 溶液含铅(Pb)0.01 mg。

移取 10.00 mL 铅标准溶液(A.7.2.5)，置于 100 mL 容量瓶中，用水稀释至刻度，摇匀。该溶液现用现配。

A.7.2.7　酚酞指示液：10 g/L。

A.7.2.8　淀粉-碘化钾试纸。

A.7.3 仪器和设备

纳氏比色管:50 mL。

所用玻璃仪器用10%~20%硝酸浸泡24 h以上,用自来水反复冲洗,最后用水冲洗干净。

A.7.4 分析步骤

A.7.4.1 A管:移取1.00 mL铅标准溶液(A.7.2.6)置于50 mL纳氏比色管中,加水至25 mL,加5 mL乙酸-乙酸钠缓冲溶液,摇匀。备用。

A.7.4.2 B管:取一支与A管配套的纳氏比色管,移取25.00 mL试样溶液A,置于50 mL纳氏比色管中,加水至25 mL,滴加过氧化氢溶液,至不含次氯酸根为止(不使淀粉-碘化钾试纸变蓝)。加1滴酚酞指示液,用盐酸调节至微红色,再加5 mL乙酸-乙酸钠缓冲溶液,摇匀。备用。

A.7.4.3 C管:取一支与A、B管配套的50 mL纳氏比色管,加入与B管等量的相同的试样溶液,再加入与A管等量的铅标准溶液(A.7.2.6),加水至25 mL,滴定过氧化氢溶液,至不含次氯酸根为止(不使淀粉-碘化钾试纸变蓝)。加1滴酚酞指示液,用盐酸调节至微红色,再加入5 mL乙酸-乙酸钠缓冲溶液,摇匀,备用。

A.7.4.4 向各管中加入10 mL新制备的硫化氢饱和溶液,加水至50 mL刻度,混匀,于暗处放置5 min。在白色背景下观察,B管的色度不得深于A管的色度,C管的色度应与A管的色度相当或深于A管的色度。

A.8 砷的测定

A.8.1 方法提要

在碘化钾和氯化亚锡存在下,高价砷还原为三价砷,三价砷与锌粒和酸产生的新生态氢,生成砷化氢气体,通过乙酸铅棉花除去硫化氢干扰,再与溴化汞试纸生成黄色至橙色色斑,与标准砷斑比较做限量试验。

A.8.2 试剂和材料

A.8.2.1 盐酸。

A.8.2.2 过氧化氢溶液:1+5。

A.8.2.3 碘化钾溶液:150 g/L;

称取15.0 g碘化钾,溶于水,用水稀释至100 mL。

A.8.2.4 氯化亚锡溶液:400 g/L。

A.8.2.5 砷标准溶液:1 mL溶液含砷(As)0.1 mg。

A.8.2.6 砷标准溶液:1 mL溶液含砷(As)1.0 μg。

移取1.00 mL砷标准溶液(A.8.2.5),置于100 mL容量瓶中,稀释至100 mL,摇匀。该溶液现用现配。

A.8.2.7 乙酸铅棉花。

A.8.2.8 溴化汞试纸。

A.8.2.9 淀粉-碘化钾试纸。

A.8.2.10 锌粒。

A.8.3 仪器和设备

定砷仪见图 A.1。

单位为毫米

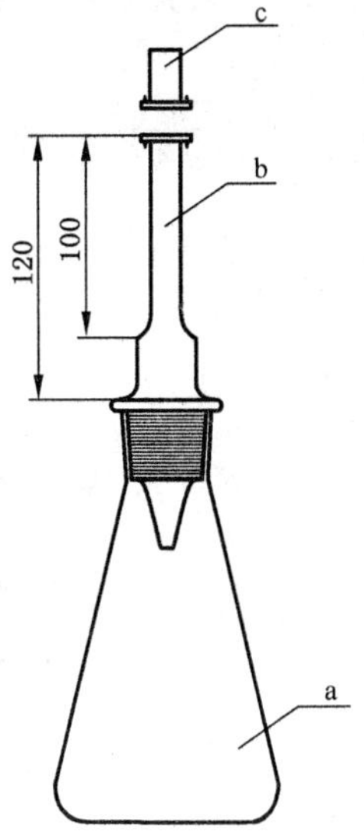

a——100 mL 锥形瓶；
b——吸收管；
c——吸收管帽。

图 A.1 定砷仪示意图

A.8.4 分析步骤

A.8.4.1 移取 1.00 mL 砷标准溶液(A.8.2.6)置于定砷仪的锥形瓶中，加 5 mL 盐酸，加水至 30 mL，再加 5 mL 碘化钾溶液和 5 滴氯化亚锡溶液，摇匀，静置 10 min。

A.8.4.2 移取 25.00 mL 试样溶液 A 置于定砷仪的锥形瓶中，滴加过氧化氢溶液，至不含次氯酸根为止(不使淀粉-碘化钾试纸变蓝)。用盐酸中和试样溶液至中性，并过量 5 mL 盐酸，加水至 30 mL，再加 5 mL 碘化钾溶液和 5 滴氯化亚锡溶液，摇匀，静置 10 min。

A.8.4.3 向上述各锥形瓶中各加 2 g 锌粒，立即与已装好乙酸铅棉花及溴化汞试纸的吸收管连接好，于 25 ℃，暗处放置 1 h。

A.8.4.4 取出砷斑，试样溶液砷斑不得深于砷的限量标准的砷斑。每次测定应同时制备标准砷斑。

中华人民共和国国家标准

GB 25575—2010

食品安全国家标准
食品添加剂　氢氧化钾

2010-12-21 发布　　2011-02-21 实施

中华人民共和国卫生部　发布

前 言

本标准的附录A为规范性附录,附录B为资料性附录。

食品安全国家标准
食品添加剂 氢氧化钾

1 范围

本标准适用于氯化钾溶液经离子膜或隔膜电解法生产的食品添加剂氢氧化钾。

2 规范性引用文件

本标准中引用的文件对于本标准的应用是必不可少的。凡是注日期的引用文件，仅所注日期的版本适用于本标准。凡是不注日期的引用文件，其最新版本(包括所有的修改单)适用于本标准。

3 分子式和相对分子质量

3.1 分子式

KOH

3.2 相对分子质量

56.11(按2007年国际相对原子质量)

4 技术要求

4.1 感官要求：应符合表1的规定。

表1 感官要求

项目	要求		检验方法
	固体	液体	
色泽和气味	白色或近乎白色，无嗅	无色，无嗅	取适量固体试样置于50 mL塑料烧杯中，在自然光下观察色泽和组织状态。嗅其气味 取50 mL液体样品置于50 mL比色管中在自然光下以黑色衬底垂直判别样品的外观[a]
组织状态	颗粒状、片状、棒状或熔融状固体	清亮的或略有混浊的液体	
[a] 此试验完成后立即清洗比色管。			

4.2 理化指标：应符合表2的规定。

表 2 理化指标

项 目		指 标		检验方法
		固体	液体	
氢氧化钾(KOH),w/%		85.0～100.5	≥45.0	附录 A 中 A.4
碳酸钾(K_2CO_3),w/%	≤	2.0	2.0(干基计)	附录 A 中 A.4
汞(Hg)/(mg/kg)	≤	0.1	0.1(干基计)	附录 A 中 A.5
砷(As)/(mg/kg)	≤	3	3(干基计)	附录 A 中 A.6
重金属(以 Pb 计)/(mg/kg)	≤	10	10(干基计)	附录 A 中 A.7
铅[a](Pb)/(mg/kg)	≤	5	5(干基计)	附录 A 中 A.8
澄清度		通过试验	通过试验	附录 A 中 A.9

[a] 当重金属测定的结果小于 5 mg/kg 时,该项目可以免测定。

附　录　A
（规范性附录）
检 验 方 法

A.1　警示

本标准的检验方法中和使用的部分试剂具有毒性或腐蚀性，所取得样品具有强腐蚀性，操作时须小心谨慎！如溅到皮肤上应立即用水冲洗，严重者应立即治疗。

A.2　一般规定

本标准的检验方法中所用试剂和水，在没有注明其他要求时，均指分析纯试剂和 GB/T 6682—2008 中规定的三级水。试验中所用标准滴定溶液、杂质标准溶液、制剂及制品，在没有注明其他要求时，均按 HG/T 3696.1、HG/T 3696.2、HG/T 3696.3 之规定制备。

A.3　鉴别试验

A.3.1　氢氧根的鉴别

取少量样品，溶于水，能使红色石蕊试纸呈蓝色；滴加 2 滴酚酞指示液溶液呈紫红色。

A.3.2　钾离子的鉴别

取约 0.1 g 样品溶于 2 mL 水中，取洁净的铂丝以盐酸润湿后在火焰上燃烧至无色；蘸取试样溶液，在无色火焰中燃烧，通过钴玻璃观察火焰即呈紫色。

A.4　氢氧化钾和碳酸钾的测定

A.4.1　氢氧化钾的测定——四苯硼钠重量法（仲裁法）

A.4.1.1　方法提要

在弱酸性条件下，钾离子与四苯硼钠生成四苯硼钾沉淀。过滤、烘干、称量。

A.4.1.2　试剂和材料

A.4.1.2.1　无水乙醇。

A.4.1.2.2　冰乙酸溶液：1+9。

A.4.1.2.3　四苯硼钠乙醇溶液：0.1 mol/L。

称取 3.4 g 四苯硼钠，溶于 100 mL 无水乙醇中，放置24 h。使用前用玻璃砂坩锅过滤。

A.4.1.2.4　乙醇-四苯硼钾饱和溶液。

称取 1 g 试验所得的四苯硼钾沉淀（A.4.1.4.2），加 50 mL 无水乙醇、950 mL 水，振摇使之饱和，使用前过滤。

A.4.1.2.5　甲基红指示液：1 g/L。

A.4.1.3 仪器和设备

玻璃砂坩埚:孔径 5 μm～15 μm。

A.4.1.4 分析步骤

A.4.1.4.1 试验溶液的制备

用称量瓶迅速称取约 80 g 固体氢氧化钾(或相当于 80 g 固体氢氧化钾的液体样品),精确至 0.001 g,置于盛有适量水的 250 mL 烧杯中,溶解,放置至室温后全部移入 1 000 mL 容量瓶中,用水稀释至刻度,摇匀。立即置于 1 000 mL 清洁干燥的塑料瓶中保存,此溶液为试验溶液 A,用于氢氧化钾、碳酸钾含量的测定。

A.4.1.4.2 测定

用移液管移取 20 mL 试验溶液 A 置于 500 mL 容量瓶中,用水稀释至刻度,摇匀。必要时干过滤。用移液管移取 20 mL 此溶液,置于 100 mL 烧杯中,加 1 滴甲基红指示液,用冰乙酸溶液调至微红色。加热至 40 ℃取下,搅拌下逐滴加入四苯硼钠乙醇溶液 8 mL～9 mL,约 5 min 加完。放置 10 min。用已质量恒定的玻璃砂坩埚过滤,用 40 mL～50 mL 乙醇-四苯硼钾饱和溶液洗涤沉淀,每次用 5 mL,每次都要抽干。停止抽滤,用 2 mL 无水乙醇洗一次,再抽干。于 120 ℃±5 ℃烘干至质量恒定。

注:配置的氢氧化钾溶液对玻璃容器具有腐蚀性。

A.4.1.5 结果计算

氢氧化钾以氢氧化钾(KOH)的质量分数 w_1 计,数值以%表示,按公式(A.1)计算:

$$w_1=\frac{m_1\times 0.156\,6}{m\times(20/1\,000)\times(20/500)}\times 100\%-w_2\times 0.811\,9 \quad\cdots\cdots\cdots\cdots\cdots(A.1)$$

式中:

m_1 ——四苯硼钾沉淀的质量的数值,单位为克(g);

m ——试料质量的数值,单位为克(g);

0.156 6——四苯硼钾换算为氢氧化钾的系数;

w_2 ——A.4.2 测得的碳酸钾的质量分数的数值,以%表示;

0.811 9——碳酸钾换算为氢氧化钾的系数。

取平行测定结果的算术平均值为测定结果,两次平行测定结果的绝对差值不大于 0.3%。

A.4.2 碳酸钾的测定——滴定法

A.4.2.1 试剂和材料

同 GB/T 7698—2003 的第 4 章。

A.4.2.2 仪器和设备

同 GB/T 7698—2003 的第 5 章。

A.4.2.3 分析步骤

按 GB/T 7698—2003 的第 6 章进行预试验。按 GB/T 7698—2003 的 7.2 进行空白试验。

称取约 25 g 试样(或相当于 25 g 固体氢氧化钾的液体样品),精确至 0.01 g,以下操作按 GB/T 7698—2003 的 7.3 进行。

A.4.2.4　结果计算

碳酸钾含量以碳酸钾(K_2CO_3)的质量分数 w_2 计，数值以%表示，按公式(A.2)计算：

$$w_2=\frac{[(V_0-V_1)/1\,000]cM}{m}\times 100\% \quad \cdots\cdots(A.2)$$

式中：

c ——盐酸标准滴定溶液浓度的准确数值，单位为摩尔每升(mol/L)；

V_0 ——空白试验消耗的盐酸标准滴定溶液体积的数值，单位为毫升(mL)；

V_1 ——测定试料消耗的盐酸标准滴定溶液体积的数值，单位为毫升(mL)；

m ——试料质量的数值，单位为克(g)；

M ——碳酸钾($1/2K_2CO_3$)摩尔质量的数值，单位为克每摩尔(g/mol)(M=69.10)。

取平行测定结果的算术平均值为测定结果，两次平行测定结果的绝对差值不大于0.02%。

A.4.3　氢氧化钾和碳酸钾的测定——酸碱滴定法

A.4.3.1　方法提要

取一份试液，以酚酞为指示剂，用盐酸标准滴定溶液滴定氢氧化钾和碳酸钾。再以甲基橙为指示剂，用盐酸标准滴定溶液滴定碳酸氢钾。以两次滴定消耗的滴定剂的量计算氢氧化钾的含量和碳酸钾的含量。

A.4.3.2　试剂和材料

A.4.3.2.1　盐酸标准滴定溶液：c(HCl)=1 mol/L。

A.4.3.2.2　甲基橙指示液：1 g/L。

A.4.3.2.3　酚酞指示液：10 g/L。

A.4.3.3　分析步骤

用移液管移取25 mL试验溶液A(A.4.1.4.1)，置于250 mL锥形瓶中，加入2滴～3滴酚酞指示液，用盐酸标准滴定溶液滴定至溶液无色，消耗盐酸标准滴定溶液的体积为 V_1；加入1滴～2滴甲基橙指示液用盐酸标准滴定溶液滴定至橙红色，消耗盐酸标准溶液的总体积为 V_2。

A.4.3.4　结果计算

主含量以氢氧化钾(KOH)的质量分数 w_1 计，数值以%表示，按公式(A.3)计算：

$$w_1=\frac{[(2V_1-V_2)/1\,000]cM_1}{m\times 25/1\,000}\times 100\% \quad \cdots\cdots(A.3)$$

碳酸钾含量以碳酸钾(K_2CO_3)的质量分数 w_2 计，数值以%表示，按公式(A.4)计算：

$$w_2=\frac{(V_2-V_1)cM_2/1\,000}{m\times 25/1\,000}\times 100\% \quad \cdots\cdots(A.4)$$

式中：

V_1——酚酞为指示液变色时滴定所消耗的盐酸标准滴定溶液体积的数值，单位为毫升(mL)；

V_2——甲基橙指示液变色时滴定所消耗的盐酸标准滴定溶液总体积的数值，单位为毫升(mL)；

c ——盐酸标准滴定溶液浓度的准确数值，单位为摩尔每升(mol/L)；

m ——A.4.1.4.1中称取的试料质量的数值，单位为克(g)；

M_1——氢氧化钾的摩尔质量的数值，单位为克每摩尔(g/moL)(M_1=56.11)；

M_2——碳酸钾(K_2CO_3)的摩尔质量的数值，单位为克每摩尔(g/moL)(M_2=128.2)。

取平行测定结果的算术平均值为测定结果，两次平行测定结果的绝对差值氢氧化钾为不大于0.3%，碳酸钾为不大于0.02%。

A.5 汞的测定

A.5.1 试剂和材料

A.5.1.1 硫酸溶液：1+1。

A.5.1.2 其他试剂同 GB/T 534—2002 中的 5.6.2.2。

A.5.2 仪器和设备

同 GB/T 534—2002 中的 5.6.2.3。

A.5.3 分析步骤

A.5.3.1 试验溶液的制备

称量 2.00 g±0.01 g 固体样品或相当于 2.00 g±0.01 g 固体氢氧化钾的液体样品(以实测的液体氢氧化钾的质量分数折算)，置于 100 mL 烧杯中，溶于 20 mL 水中，滴加 10 mL 硫酸溶液(A.5.1.1)，加入 0.5 mL 高锰酸钾溶液，盖上表面皿，煮沸几秒钟，然后冷却。

A.5.3.2 空白试验溶液的制备

空白试验溶液是在制备试验溶液的同时，除不加试样外，其他操作和加入的试剂量与试验溶液相同。

A.5.3.3 工作曲线的绘制

按照 GB/T 534—2002 的 5.6.2.4.2 操作，选择含汞量 0 μg～1 μg 的工作曲线。

A.5.3.4 试样溶液和空白试验溶液的测定

按照 GB/T 534—2002 的 5.6.2.4.3 和 5.6.2.4.4 操作。

含汞废液参见附录 B 进行处理。

A.5.4 结果计算

按照 GB/T 534—2002 的 5.6.2.5 和 5.6.2.6。

A.6 砷的测定

A.6.1 砷斑法(仲裁法)

称取 10.00 g±0.01 g 固体样品或相当于 10.00 g±0.01 g 固体氢氧化钾的液体试样(以实测的液体氢氧化钾的质量分数折算)置于 100 mL 烧杯中，加二级水约 20 mL 溶解或稀释。滴加 2 滴酚酞指示液，不断搅拌下缓慢滴加盐酸溶液(1+1)中和至无色。移入 100 mL 容量瓶中，用 GB/T 6682—2008 规定的二级水稀释至刻度，摇匀(必要时干过滤，弃去 10 mL 初滤液)。立即置于 100 mL 清洁干燥的塑料瓶中保存，此溶液为试验溶液 B，用于砷斑法测定砷含量、测定重金属和原子吸收分光光度法铅含量的测定。

用移液管移取 5 mL 试验溶液 B，置于定砷瓶中，以下按 GB/T 5009.76—2003 的砷斑法进行测定。

标准限量溶液得配制：移取 1.50 mL 砷标准溶液[1 mL 溶液含砷(As)1.0 μg]，以下按 GB/T 5009.76—2003 的砷斑法进行测定。

A.6.2 等离子体光谱法

A.6.2.1 试剂和材料

A.6.2.2.1 砷标准溶液：1 mL 溶液含砷(As)0.010 mg。

用移液管移取 1.00 mL 按 HG/T 3696.2 配制的砷标准溶液置于 100 mL 容量瓶中，用二级水稀释至刻度，摇匀。

A.6.2.2.2 二级水：符合 GB/T 6682—2008 的规定。

A.6.2.2.3 氩气：纯度不应小于 99.9%。

A.6.2.2 仪器和设备

等离子体原子发射光谱仪。

仪器的稳定性：仪器的短程稳定性 RSD 不大于 2.0%；长期稳定性 RSD 不大于 4.0%。

仪器的检出限：代表元素检出限不大于 0.005 mg/L。

校准工作曲线：回归曲线的线性相关系数，砷元素的线性相关系数 $R \geq 0.99$。

A.6.2.3 分析步骤

A.6.2.3.1 试验溶液的制备

分别移取 0.00 mL、1.00 mL、3.00 mL、5.00 mL 砷标准溶液，置于 4 个 100 mL 容量瓶中备用。

称取约 80 g 固体氢氧化钾(或相当于 80 g 固体氢氧化钾的液体样品)，精确至 0.01 g，将溶液转移到 1 000 mL 容量瓶中，用二级水稀释至刻度，摇匀，储存于清洁干燥的塑料瓶中。此溶液为试验溶液 C，用于等离子法砷和铅的测定。

于上述四个 100 mL 容量瓶中分别用移液管加入 50 mL 试验溶液 C，用二级水稀释至刻度，摇匀，待测。

A.6.2.3.2 测定

在最佳的测定条件下，测定上述以标准加入法配置的试样溶液中砷的光谱强度，计算机根据所输入的相关数据，自动计算砷的浓度。

A.6.2.4 结果计算

砷含量以砷(As)质量分数 w_3 计，数值以 mg/kg 表示，按公式(A.5)计算：

$$w_3 = \frac{c \times V}{m \times 10^{-3} \times (50/1\ 000)} \qquad \text{(A.5)}$$

式中：

c ——由工作曲线得出的被测溶液中砷的浓度的数值，单位为毫克每毫升(mg/mL)；

V ——试样溶液的体积，单位为毫升(mL)；

m ——试料质量的数值，单位为克(g)。

取平行测定结果的算术平均值为测定结果，两次平行测定结果的绝对差值不大于 0.1 mg/kg。

A.7 重金属的测定

用移液管移取20 mL试验溶液B(A.6.1)置于50 mL比色管中,以氨水溶液(1+1)调至粉红色,以下按GB/T 5009.74—2003的第6章测定。

用移液管分别移取5.00 mL和10.00 mL铅标准溶液[1 mL溶液含铅(Pb)1 μg]作为标准,以下按GB/T 5009.74—2003的第6章测定。

A.8 铅的测定

A.8.1 原子吸收分光光度法(石墨炉法为仲裁法)

A.8.1.1 试剂和材料

A.8.1.1.1 盐酸溶液:1+1。

A.8.1.1.2 铅标准溶液:1 mL溶液含铅(Pb)0.010 mg。

用移液管移取1.00 mL按HG/T 3696.2配制的铅标准溶液置于100 mL容量瓶中,用水稀释至刻度,摇匀。

A.8.1.1.3 二级水:符合GB/T 6682—2008的规定。

A.8.1.2 仪器和设备

原子吸收分光光度计:配有铅空心阴极灯。

A.8.1.3 分析步骤

A.8.1.3.1 工作曲线的绘制

取4个100 mL的容量瓶,石墨炉法用移液管分别取0.00 mL、1.00 mL、2.00 mL、3.00 mL铅标准溶液(火焰法移入0.00 mL、5.00 mL、10.00 mL、15.00 mL铅标准溶液)。加4 mL盐酸溶液,用二级水稀释至刻度,摇匀。使用石墨炉或乙炔-空气火焰,在波长283.3 nm处将原子吸收分光光度计调至最佳工作状态,以二级水为参比,测量吸光度。以铅的质量为横坐标,对应的吸光度为纵坐标,绘制工作曲线。

A.8.1.3.2 空白试验溶液的配制

除不加试样外,加入与A.6.1制备试验溶液B时相同量的酚酞和盐酸溶液,在电炉加热煮沸至近干,加入20 mL二级水,移入100 mL容量瓶中,稀释至刻度,摇匀。此溶液为空白试验溶液D。

A.8.1.3.3 测定

使用乙炔-空气火焰,在波长283.3 nm处将原子吸收分光光度计调至最佳工作状态,以二级水为参比,测量试验溶液B(A.6.1)和空白试验溶液D的吸光度(移取25 mL试验溶液B和空白试验溶液D置于100 mL容量瓶中,用二级水稀释至刻度,摇匀,用石墨炉原子吸收法测定吸光度),分别从对应的工作曲线上查出铅的质量。

A.8.1.4 结果计算

铅含量以铅(Pb)的质量分数w_4计,数值以mg/kg表示,按公式(A.6)计算:

$$w_4=\frac{m_1-m_0}{m\times10^{-3}} \qquad \text{(A. 6)}$$

式中：

m_1——从工作曲线上查出的试验溶液中铅的质量的数值，单位为毫克(mg)；

m_0——从工作曲线上查出的空白试验溶液中铅的质量的数值，单位为毫克(mg)；

m ——A. 6. 1 中称取的或经分取后(25/100)试料质量的数值，单位为克(g)。

取平行测定结果的算术平均值为测定结果，两次平行测定结果的绝对差值不大于 0. 2 mg/kg。

A. 8. 2 等离子体光谱法

A. 8. 2. 1 试剂和材料

A. 8. 2. 1. 1 铅标准溶液：1 mL 溶液含铅(Pb)0. 010 mg。

用移液管移取 1. 00 mL 按 HG/T 3696. 2 配制的铅标准溶液置于 100 mL 容量瓶中，用水稀释至刻度，摇匀。

A. 8. 2. 1. 2 二级水：符合 GB/T 6682—2008 的规定。

A. 8. 2. 1. 3 氩气：纯度不应小于 99. 9%。

A. 8. 2. 2 仪器和设备

等离子体原子发射光谱仪

仪器的稳定性：仪器的短程稳定性 RSD 不大于 2. 0%；长期稳定性 RSD 不大于 4. 0%。

仪器的检出限：代表元素检出限不大于 0. 005 mg/L。

校准工作曲线：回归曲线的线性相关系数，铅元素的线性相关系数 $R\geqslant0.99$。

A. 8. 2. 3 分析步骤

分别移取 0. 00 mL、3. 00 mL、5. 00 mL、10. 00 mL 铅标准溶液，置于 4 个 100 mL 容量瓶中备用。

于上述四个 100 mL 容量瓶中分别用移液管加入 50 mL 试验溶液 C(A. 6. 2. 3. 1)，用二级水稀释至刻度，摇匀，待测。

在最佳的测定条件下，利用标准加入法测定试样中铅的光谱强度，计算机根据所输入的相关数据，自动计算出被测溶液中铅的浓度。

A. 8. 2. 4 结果计算

铅含量以铅(Pb)质量分数 w_4 计，数值以 mg/kg 表示，按公式(A. 7)计算：

$$w_4=\frac{c\times V}{m\times10^{-3}\times(50/1\,000)} \qquad \text{(A. 7)}$$

式中：

c ——由工作曲线得出的试样溶液中铅的浓度的数值，单位为毫克每毫升(mg/mL)；

V ——试样溶液的体积(即 100 mL 容量瓶的体积及其校正值)，单位为毫升(mL)；

m ——A. 6. 2. 3. 1 中称取的试料质量的数值，单位为克(g)。

取平行测定结果的算术平均值为测定结果，两次平行测定结果的绝对差值不大于 0. 2 mg/kg。

A. 9 澄清度

称取 2. 50 g±0. 001 g 试样，置于含 40 mL 水的 50 mL 比色管中完全溶解，在黑色背景下目视法观测此溶液，无机械杂质并且溶液呈完全清亮、无色，为通过试验。

附 录 B
（资料性附录）
含汞废液的处理

将含汞废液收集于约 50 L 的容器中，当废液大约 40 L 时依次加入 400 g/L 氢氧化钠溶液400 mL、100 g 硫化钠($Na_2S \cdot 9H_2O$)，摇匀。10 min 后缓慢加入 30％过氧化氢溶液 400 mL，充分混合，放置 24 h 后将上部清液排入废水中，沉淀物转入另一容器中，由专人进行汞的回收。

中华人民共和国国家标准

GB 25576—2010

食品安全国家标准
食品添加剂　二氧化硅

2010-12-21 发布　　2011-02-21 实施

中华人民共和国卫生部　发布

前 言

本标准的附录 A 为规范性附录。

食品安全国家标准
食品添加剂 二氧化硅

1 范围

本标准适用于气相法(氯硅烷在氧氢焰中水解)和沉淀法(包括凝胶法,由硅酸钠溶液与酸反应生产的)制得的食品添加剂二氧化硅。

2 规范性引用文件

本标准中引用的文件对于本标准的应用是必不可少的。凡是注日期的引用文件,仅所注日期的版本适用于本标准。凡是不注日期的引用文件,其最新版本(包括所有的修改单)适用于本标准。

3 分子式和相对分子质量

3.1 分子式

SiO_2

3.2 相对分子质量

60.08(按2007年国际相对原子质量)

4 分类

食品添加剂二氧化硅按生产工艺和产品形态分为以下三类:

Ⅰ类:气相二氧化硅。

Ⅱ类:水合硅胶。

Ⅲ类:沉淀二氧化硅、硅胶。

5 技术要求

5.1 感官要求:应符合表1的规定。

表1 感官要求

项目	要求			检验方法
	Ⅰ类	Ⅱ类	Ⅲ类	
色泽	白色	白色或无色透明	白色或无色透明	取适量试样置于50 mL烧杯中,在自然光下观察色泽和组织状态
组织状态	均匀粉末	无定型颗粒	均匀粉末或颗粒	

5.2 理化指标:应符合表2的规定。

表2 理化指标

项目		指标			检验方法
		Ⅰ类	Ⅱ类	Ⅲ类	
二氧化硅(灼烧后),w/%	≥	99.3	99.0	96.0	附录A中A.4
干燥减量,w/%	≤	2.5	70	5	附录A中A.5
灼烧减量(以干基计),w/%	≤	2.0	8.5	8.5	附录A中A.6
铅(Pb)/(mg/kg)	≤	5			附录A中A.7
重金属(以Pb计)/(mg/kg)	≤	30			附录A中A.8
砷(As)/(mg/kg)	≤	3			附录A中A.9
可溶性解离盐,w/%	≤	—	1	4	附录A中A.10

附 录 A
（规范性附录）
检验方法

A.1 警示

本标准的检验方法中的部分试剂具有毒性、腐蚀性，操作者须小心谨慎！如溅到皮肤上应立即用水冲洗，严重者应立即治疗。

A.2 一般规定

本标准的检验方法中所用试剂和水在没有注明其他要求时，均指分析纯试剂和GB/T 6682—2008中规定的三级水。试验中所用杂质标准溶液、制剂及制品，在没有注明其他要求时，均按HG/T 3696.2、HG/T 3696.3之规定制备。

A.3 鉴别试验

A.3.1 试剂和材料

钼酸铵溶液：溶解6.5 g钼酸铵粉末于14 mL水和14.5 mL氨水混合液中，冷却，搅拌下缓慢加入到预先冷却的32 mL硝酸与40 mL水的混合液中，放置48 h。抽滤，滤液保存于暗处。该溶液久置会变质失效，当加入2 mL磷酸钠于5 mL上述溶液不立刻产生大量黄色沉淀时，该溶液失效。

A.3.2 硅鉴别方法

A.3.2.1 称取约5 mg试样于铂坩埚中，加入200 mg无水碳酸钾混合，在红热中灼烧约10 min，冷却，加2 mL水溶解。如有必要可加温，然后缓慢加入2 mL钼酸铵溶液，应有深黄色产生。

A.3.2.2 将1滴A.3.2.1溶解后的试样滴到滤纸上，蒸发此溶液，加入一滴邻联苯胺的冰乙酸饱和溶液，然后将试纸放在浓氨水上，应有绿色斑出现。

A.4 二氧化硅的测定

A.4.1 方法提要

试样经950 ℃±50 ℃灼烧1 h后，用过量氢氟酸加热分解二氧化硅，反应生成的氟硅酸逸出。灼烧后称量，损失的质量即为二氧化硅含量。

A.4.2 试剂和材料

A.4.2.1 氢氟酸。

A.4.2.2 硫酸。

A.4.2.3 乙醇。

A.4.3 仪器和设备

A.4.3.1 铂坩埚：50 mL。

A.4.3.2 高温炉：可控温 950 ℃±50 ℃。

A.4.4 分析步骤

用已于 950 ℃±50 ℃灼烧至质量恒定的铂坩埚称取约 1 g 试料 B(A.6.2)，精确至 0.0002 g。用 2 mL 乙醇润湿试样，加入 5 滴～6 滴硫酸，加入 10 mL 氢氟酸淹没试料。置于电炉上蒸发至刚出现大量白色烟雾后，冷却，再加入 5 mL 氢氟酸，小心回荡铂坩埚以冲洗内壁，再蒸发至干。于 950 ℃±50 ℃灼烧至质量恒定。

A.4.5 结果计算

二氧化硅含量以二氧化硅(SiO_2)的质量分数 w_1 计，数值以%表示，按公式(A.1)计算：

$$w_1=\frac{m_1-m_2}{m_1-m_0}\times 100\% \qquad \cdots\cdots(A.1)$$

式中：

m_1——试料和铂坩埚的质量的数值，单位为克(g)；

m_2——氢氟酸处理后残渣和铂坩埚的质量的数值，单位为克(g)；

m_0——铂坩埚的质量数值，单位为克(g)。

取平行测定结果的算术平均值为测定结果，两次平行测定结果的绝对差值不大于 0.2%。

A.5 干燥减量的测定

A.5.1 仪器和设备

A.5.1.1 电热恒温干燥箱：可控温度 105 ℃±2 ℃。

A.5.1.2 称量瓶：ϕ40 mm×25 mm。

A.5.2 分析步骤

用预先于 105 ℃±2 ℃下干燥至质量恒定的称量瓶称取 2 g～3 g 试样(Ⅱ类称取 8 g～10 g)，精确至 0.000 2 g。移入电热恒温干燥箱中，在 105 ℃±2 ℃下干燥至质量恒定。保留此干燥过的试料为试料 A，供 A.6 测定灼烧减量时使用。

A.5.3 结果计算

干燥减量以质量分数 w_2 计，数值以%表示，按公式(A.2)计算：

$$w_2=\frac{m_1-m_2}{m_1-m_0}\times 100\% \qquad \cdots\cdots(A.2)$$

式中：

m_1——干燥前试料和称量瓶的质量数值，单位为克(g)；

m_2——干燥后试料和称量瓶的质量数值，单位为克(g)；

m_0——称量瓶的质量数值，单位为克(g)。

取平行测定结果的算术平均值为测定结果，两次平行测定结果的绝对差值不大于 0.2%。

A.6 灼烧减量的测定

A.6.1 仪器和设备

A.6.1.1 高温炉：可控温度 950 ℃±50 ℃。

A.6.1.2 瓷坩埚：50 mL。

A.6.2 分析步骤

称取 1 g～2 g 试料 A(A.5.2)，精确至 0.000 2 g，置于预先于 950 ℃±50 ℃下灼烧至质量恒定的瓷坩埚中，于 950 ℃±50 ℃灼烧 2 h。取出，于干燥器中冷却，称量。保留此灼烧过的试料为试料 B，供 A.4 测定二氧化硅含量时使用。

A.6.3 结果计算

灼烧减量以质量分数 w_3 计，数值以%表示，按公式(A.3)计算：

$$w_3=\frac{m_1-m_2}{m_1-m_0}\times 100\% \qquad \cdots\cdots(\text{A.3})$$

式中：

m_1——灼烧前试料和瓷坩埚的质量的数值，单位为克(g)；

m_2——灼烧后试料和瓷坩埚的质量的数值，单位为克(g)；

m_0——瓷坩埚的质量的数值，单位为克(g)。

取平行测定结果的算术平均值为测定结果，两次平行测定结果的绝对差值不大于 0.2%。

A.7 铅的测定

A.7.1 试剂和材料

A.7.1.1 盐酸溶液：1+50。

A.7.1.2 盐酸溶液：1+20。

A.7.1.3 盐酸溶液：1+1。

A.7.1.4 硼氢化钾、铁氰化钾混合溶液：称取 6.0 g 氢氧化钠，溶于 1 000 mL 水中，混匀。再分别称取 20 g 硼氢化钾、20 g 铁氰化钾溶于上述氢氧化钠溶液中，混匀。

A.7.1.5 铅标准溶液：1 mL 溶液含铅(Pb)0.001 mg。

移取 1.00 mL 按 HG/T 3696.2 配制的铅标准溶液置于 1 000 mL 容量瓶中，加水稀释至刻度，摇匀。

A.7.1.6 二级水：符合 GB/T 6682—2008 的规定。

A.7.1.7 氩气：99.99%。

A.7.2 仪器和设备

A.7.2.1 原子荧光分光光度计。

A.7.2.2 铅空心阴极灯。

A.7.2.3 真空抽滤泵：可达到－0.1 mPa。

A.7.2.4 砂心漏斗：100 mL(G4)。

A.7.3 仪器工作条件

仪器工作条件见表 A.1。

表 A.1 仪器测铅工作条件

项目	灯电流 mA	负高压 V	原子化器		屏气流量 (mL/min)	载气流量 (mL/min)	注入量 (mL/s)	读数方式	空白判别值	炉高 mm
			高度 mm	温度 ℃						
条件	50	270	8.0	200	1 000	400	0.5	峰面积	2	8

A.7.4 分析步骤

A.7.4.1 试验溶液的制备

称取 5.00 g±0.01 g 已于 105 ℃±2 ℃干燥至质量恒定的试样，置于配有冷却回流装置的 250 mL 烧瓶中，加入 50 mL 盐酸溶液(A.7.1.2)，在电炉上缓慢加热至沸腾，微沸 15 min 后冷却。让未溶物沉淀下来，用砂心漏斗进行抽滤，将滤液转入 100 mL 容量瓶中，用热水洗涤不溶物 3 次，每次用 10 mL 水。将滤液转入容量瓶中，最后用 15 mL 热水洗涤漏斗和抽滤瓶，将滤液冷却至室温，用水稀释至刻度，摇匀。同时做空白试验。此溶液为试验溶液 A 供铅、重金属、砷测定时使用。

A.7.4.2 工作曲线的绘制

取 25 mL 的容量瓶 7 个，分别移入 0.00 mL、0.50 mL、1.00 mL、1.50 mL、2.00 mL、3.00 mL、4.00 mL 铅标准溶液，再在每个容量瓶中加入 2 mL 盐酸溶液(A.7.1.3)，用水稀释至刻度，摇匀。

在选定的仪器工作条件下将标准系列浓度、样品参数(样品质量体积比 1/50)等输入计算程序，以盐酸溶液(A.7.1.1)为载流、硼氢化钾铁氰化钾混合溶液为还原剂，按仪器规程分别测定标准系列的荧光值，以铅的质量为横坐标，相对应的荧光强度为纵坐标绘制工作曲线。

A.7.4.3 测定

移取 10.00 mL 制备好的试验溶液 A 及空白溶液分别置于 25 mL 容量瓶中，加入 0.5 mL 盐酸溶液(A.7.1.2)，用水稀释至刻度，摇匀。将此溶液在与标准溶液同样的测定条件下测定荧光强度，并通过曲线求得样品的铅含量。

A.7.5 结果计算

铅含量以铅(Pb)的质量分数 w_4 计，数值以 mg/kg 表示，按公式(A.4)计算：

$$w_4 = \frac{m_1 - m_0}{m \times 10^{-3} \times 10/100} \qquad \cdots\cdots(A.4)$$

式中：

m_1——根据测得的试验溶液荧光强度从工作曲线上查得的铅的质量的数值，单位为毫克(mg)；

m_0——根据测得的空白试验溶液荧光强度从工作曲线上查得的铅的质量的数值，单位为毫克(mg)；

m——试料的质量的数值，单位为克(g)。

取平行测定结果的算术平均值为测定结果，两次平行测定结果的绝对差值不大于 1 mg/kg。

A.8 重金属的测定

A.8.1 试剂和材料

同 GB/T 5009.74—2003 中第 3 章的规定。

A.8.2 分析步骤

移取 20.00 mL 试验溶液 A 和 3.00 mL 限量标准液[1 mL 溶液含铅(Pb)10 μg]，按 GB/T 5009.74—2003 中第 6 章进行测定。

A.9 砷的测定

A.9.1 原子荧光分光光度法(仲裁法)

A.9.1.1 试剂和材料

A.9.1.1.1 盐酸溶液:1+20。
A.9.1.1.2 盐酸溶液:1+1。
A.9.1.1.3 硼氢化钾溶液:称取 1.0 g 氢氧化钠,溶于 250 mL 水中,混匀。再称取硼氢化钾 5 g 溶于上述氢氧化钠溶液中,混匀。此溶液用时现配。
A.9.1.1.4 砷标准溶液:1 mL 溶液含砷(As)0.1 μg。

准确移取 10.00 mL 按 HG/T 3696.2 配制的砷标准溶液于 1 000 mL 容量瓶中,用水稀释至刻度,摇匀。再准确移取 10.00 mL 此溶液置于 1 000 mL 容量瓶中,加水稀释至刻度,摇匀。
A.9.1.1.5 硫脲-抗坏血酸混合溶液:

称取 5 g 硫脲、5 g 抗坏血酸溶于 100 mL 水中,混匀。用时现配。
A.9.1.1.6 二级水:符合 GB/T 6682 的规定。
A.9.1.1.7 氩气:99.99%。

A.9.1.2 仪器和设备

A.9.1.2.1 原子荧光分光光度计。
A.9.1.2.2 砷空心阴极灯。

A.9.1.3 仪器工作条件

仪器工作条件见表 A.2。

表 A.2 仪器测砷工作条件

项目	灯电流 mA	负高压 V	原子化器		屏气流量 (mL/min)	载气流量 (mL/min)	注入量 (mL/s)	读数 方式	空白 判别值	炉高 mm
			高度 mm	温度 ℃						
条件	60	270	8.0	200	1 000	500	0.5	峰面积	2	8

A.9.1.4 分析步骤

A.9.1.4.1 试验测定溶液的制备

准确移取 2.50 mL 制备好的试验溶液 A(A.7.4.1)及空白溶液于 25 mL 容量瓶中,加入 2.5 mL 盐酸溶液(A.9.1.1.2)和 5 mL 硫脲、抗坏血酸混合溶液,用水稀释至刻度,摇匀。

A.9.1.4.2 工作曲线的绘制

取 25 mL 的容量瓶 7 个,分别移取 0.00 mL、0.50 mL、1.00 mL、2.00 mL、3.00 mL、4.00 mL、5.00 mL 砷标准使用溶液,再在每个容量瓶中加入 2.5 mL 盐酸溶液(A.9.1.1.2)和 5 mL 硫脲-抗坏血酸混合溶液,用水稀释至刻度,摇匀。

在选定的仪器工作条件下将标准系列浓度、样品参数(样品质量体积比 1/200)等输入计算程序,以盐酸溶液(A.9.1.1.1)为载流、硼氢化钾溶液为还原剂,按仪器规程读取峰面积,分别测定标准系列的荧光值，以砷的质量为横坐标，相对应的吸光值为纵坐标绘制工作曲线。

A.9.1.4.3 测定

将样品测定溶液和空白溶液在与标准溶液同样的测定条件下测定吸光度，并通过曲线求得样品的砷含量。

A.9.1.5 结果计算

砷含量以砷(As)的质量分数 w_5 计，数值以 mg/kg 表示，按公式(A.5)计算：

$$w_5 = \frac{m_1 - m_0}{m \times 10^{-3} \times 2.5/100} \qquad \cdots\cdots\cdots\cdots (A.5)$$

式中：

m_1——根据测得的试验溶液荧光强度从工作曲线上查得的砷的质量的数值，单位为毫克(mg)；

m_0——根据测得的空白试验溶液荧光强度从工作曲线上查得的砷的质量的数值，单位为毫克(mg)；

m ——试料的质量(A.7.4.1)的数值，单位为克(g)。

取平行测定结果的算术平均值为测定结果，两次平行测定结果的绝对差值不大于 0.5 mg/kg。

A.9.2 砷斑法

移取 20.00 mL 试验溶液 A 和 3.00 mL 砷标准溶液[1 mL 溶液含砷(As)1.0 μg]，按 GB/T 5009.76—2003 中第 11 章的规定操作。

A.10 可溶性解离盐的测定

A.10.1 试剂和材料

硫酸钠。

A.10.2 仪器和设备

A.10.2.1 真空抽滤泵：真空度可达到 0.1 MPa。

A.10.2.2 玻璃砂芯漏斗：100 mL，滤板孔径 5 μm～15 μm。

A.10.2.3 电导率仪。

A.10.2.4 分析步骤：称取 5.00 g±0.01 g 于 105 ℃±2 ℃干燥 2 h 的试样，置于 250 mL 烧杯中，加 100 mL 水，搅拌。让未溶物沉淀下来，用玻璃砂芯漏斗进行抽滤，将滤液转入 250 mL 容量瓶中，用热水洗涤不溶物 3 次，每次 20 mL 水，将滤液转入容量瓶中，最后用 20 mL 热水洗涤漏斗和抽滤瓶，将滤液冷却至室温，用水稀释至刻度，摇匀。用电导率仪测定试验溶液的比电阻，试验溶液比电阻不应小于相应的对照溶液的比电阻。Ⅱ类产品对照溶液为每 250 mL 水中含 50 mg 无水硫酸钠；Ⅲ类产品对照溶液为每 250 mL 水中含 200 mg 无水硫酸钠。

中华人民共和国国家标准

GB 25577—2010

食品安全国家标准
食品添加剂　二氧化钛

2010-12-21 发布　　2011-02-21 实施

中华人民共和国卫生部 发布

前　言

本标准的附录 A 为规范性附录。

食品安全国家标准

食品添加剂 二氧化钛

1 范围

本标准适用于用钛铁矿与硫酸等为原料制备的食品添加剂二氧化钛或金红石矿(或富集的钛铁矿)用氯化法制得的食品添加剂二氧化钛。

2 规范性引用文件

本标准中引用的文件对于本标准的应用是必不可少的。凡是注日期的引用文件,仅所注日期的版本适用于本标准。凡是不注日期的引用文件,其最新版本(包括所有的修改单)适用于本标准。

3 分子式和相对分子质量

3.1 分子式

TiO_2

3.2 相对分子质量

79.87(按2007年国际相对原子质量)

4 技术要求

4.1 感官要求:应符合表1的规定。

表1 感官要求

项　目	要　求	检验方法
色泽、气味	白色,无异味	取适量试样置于50 mL烧杯中,在自然光下观察色泽和组织状态,闻其气味
组织状态	粉末	

4.2 理化指标:应符合表2的规定。

表2 理化指标

项　目		指　标	检验方法
二氧化钛(TiO_2),w/%	≥	98.5	附录A中A.4
干燥减量,w/%	≤	0.50	附录A中A.5
灼烧减量(以干基计),w/%	≤	0.50	附录A中A.6

表 2（续）

项　　目		指　　标	检验方法
盐酸溶解物，w/%	≤	0.50	附录 A 中 A.7
水溶物，w/%	≤	0.25	附录 A 中 A.8
重金属(以 Pb 计)/(mg/kg)	≤	10	附录 A 中 A.9
砷(As)/(mg/kg)	≤	5	附录 A 中 A.10

附　录　A
（规范性附录）
检 验 方 法

A.1　警示

本标准的检验方法中使用的部分试剂具有毒性或腐蚀性，操作时须小心谨慎！如溅到皮肤上应立即用水冲洗，严重者应立即治疗。

A.2　一般规定

本标准的检验方法中所用的试剂和水在没有注明其他要求时，均指分析纯试剂和 GB/T 6682—2008 中规定的三级水。试验中所用标准滴定溶液、杂质标准溶液、制剂及制品，在没有注明其他要求时，均按 HG/T 3696.1、HG/T 3696.2、HG/T 3696.3 之规定制备。

A.3　鉴别试验

取约 0.5 g 试样加 5 mL 硫酸，慢慢加热，直至硫酸出现烟雾，冷却。小心地用水慢慢稀释到 100 mL，过滤。然后取约 5 mL 滤液，加入数滴过氧化氢试验溶液，滤液出现橙红色。

A.4　二氧化钛的测定——铝还原法

称取 0.20 g±0.01 g 按 A.5 干燥后的试样，精确至 0.000 1 g，其他操作同 GB/T 1706—2006 的 7.1。

A.5　干燥减量测定

同 GB/T 1706—2006 的 7.2，干燥 3 h。

A.6　灼烧减量的测定

A.6.1　仪器和设备

高温炉：能控制 800 ℃±25 ℃。

A.6.2　分析步骤

称取约 2 g 按 A.5 干燥后的试样，精确至 0.000 1 g，置于在 800 ℃±25 ℃下灼烧至质量恒定的瓷坩埚中，于高温炉中在 800 ℃±25 ℃下灼烧至质量恒定。

A.6.3　结果计算

灼烧减量以质量分数 w_1 计，数值以%表示，按公式（A.1）计算：

$$w_1 = \frac{m_1 - m_2}{m} \times 100\% \quad \cdots\cdots (A.1)$$

式中：

m_1——称取 A.5 干燥后试料的质量的数值，单位为克(g)；

m_2——灼烧后试料的质量的数值，单位为克(g)；

m ——试料质量的数值，单位为克(g)。

取平行测定结果的算术平均值为测定结果，两次平行测定结果的绝对差值不大于 0.02%。

A.7 盐酸溶解物的测定

A.7.1 试剂和材料

盐酸溶液：1+19。

A.7.2 分析步骤

称取约 5 g 试样，精确至 0.01 g，置于 250 mL 烧杯中，加 100 mL 盐酸溶液，混匀。水浴上加热 30 min，过滤，滤渣用盐酸溶液洗涤 3 次，每次用 10 mL。将滤液和洗液置于 800 ℃±25 ℃下灼烧至质量恒定的坩埚中，蒸发至干。再于 800 ℃±25 ℃下灼烧至质量恒定。

A.7.3 结果计算

盐酸溶解物含量以质量分数 w_2 计，数值以%表示，按公式(A.2)计算：

$$w_2 = \frac{m_1}{m} \times 100\% \quad \cdots\cdots (A.2)$$

式中：

m_1——残渣的质量的数值，单位为克(g)；

m ——试料质量的数值，单位为克(g)。

取平行测定结果的算术平均值为测定结果，两次平行测定结果的绝对差值不大于 0.01%。

A.8 水溶物的测定

同 GB/T 1706—2006 的 7.3。

A.9 重金属的测定

A.9.1 试剂和材料

A.9.1.1 盐酸溶液：1+19。

A.9.1.2 其他同 GB/T 5009.74—2003 的第 3 章。

A.9.2 仪器和设备

同 GB/T 5009.74—2003 的第 4 章。

A.9.3 分析步骤

称取 10.0 g±0.1 g 试样，置于 250 mL 烧杯中，加 50 mL 盐酸溶液，加热至沸，再缓缓地煮沸 15 min。用离心分离使不溶物沉降。用定性滤纸过滤上层清液，将用过的烧杯和残渣用热水洗涤 3 次，每次用热水 10 mL,用同一滤纸过滤。再用 10 mL～15 mL 的热水冲洗滤纸,将洗液和滤液合并,冷却后转移至 100 mL 容量瓶中,加水至刻度,摇匀。将此溶液作为试样溶液 A,保留此溶液用于重金属和砷的测定。

分别移取 20.00 mL 试样溶液 A 与 2.00 mL 铅标准溶液(1 mL 溶液含有 0.01 mg Pb)用于测定,以下按 GB/T 5009.74—2003 的第 6 章操作。

A.10 砷的测定

移取 4.00 mL 试样溶液 A(A.9.3)与 2 mL 砷标准溶液(1 mL 溶液含有 0.001 mg As)用于测定,其他操作同 GB/T 5009.76—2003。

中华人民共和国国家标准

GB 25578—2010

食品安全国家标准
食品添加剂　滑石粉

2010-12-21 发布　　　　2011-02-21 实施

中华人民共和国卫生部 发布

前　言

本标准的附录 A 为规范性附录。

食品安全国家标准
食品添加剂 滑石粉

1 范围

本标准适用于以滑石为原料经物理粉碎法制得的食品添加剂滑石粉。

2 规范性引用文件

本标准中引用的文件对于本标准的应用是必不可少的。凡是注日期的引用文件，仅所注日期的版本适用于本标准。凡是不注日期的引用文件，其最新版本(包括所有的修改单)适用于本标准。

3 技术要求

3.1 感官要求：应符合表1的规定。

表1 感官要求

项目	要求	检验方法
色泽	白色	取适量试样置于50 mL烧杯中，在自然光下观察色泽和组织状态
组织状态	粉末	

3.2 理化指标：应符合表2的规定。

表2 理化指标

项目		指标	检验方法
二氧化硅，w/%	≥	58.0	附录A中A.4
氧化镁，w/%	≥	30.0	附录A中A.5
白度	≥	85.0	附录A中A.6
酸溶物(以SO_4计)，w/%	≤	1.5	附录A中A.7
灼烧减量，w/%	≤	6.0	附录A中A.8
干燥减量，w/%	≤	0.5	附录A中A.9
水溶物，w/%	≤	0.1	附录A中A.10
水溶性铁		通过试验	附录A中A.11
酸碱性		通过试验	附录A中A.12
细度(45 μm试验筛通过率)，w/%	≥	98.0	附录A中A.13
砷(As)/(mg/kg)	≤	3	附录A中A.14
铅(Pb)/(mg/kg)	≤	5	附录A中A.15
重金属(以Pb计)/(mg/kg)	≤	10	附录A中A.16
闪石类石棉		不得检出	附录A中A.17

附 录 A
（规范性附录）
检 验 方 法

A.1 警示

本标准的检验方法中使用的部分试剂具有腐蚀性，操作者须小心谨慎！如溅到皮肤上应立即用水冲洗，严重者应立即就医。使用易燃品时，严禁使用明火加热。

A.2 一般规定

本标准的检验方法中所用试剂和水，在没有注明其他要求时，均指分析纯试剂和 GB/T 6682—2008 中规定的三级水。试验中所需标准滴定溶液、杂质标准溶液、制剂及制品，在没有注明其他要求时，均按 HG/T 3696.1、HG/T 3696.2、HG/T 3696.3 之规定制备。

A.3 鉴别试验

A.3.1 X射线衍射仪法

试样经 X 射线衍射仪检验，在面间距为 0.934 nm、0.466 nm 和 0.312 nm 处有衍射峰。

A.3.2 红外光谱仪法

试样经红外吸收光谱仪检验，在 1 015 cm^{-1}处和 450 cm^{-1}处有主要吸收峰。

A.3.3 化学法

A.3.3.1 试剂和材料

A.3.3.1.1 无水碳酸钠。
A.3.3.1.2 无水碳酸钾。
A.3.3.1.3 盐酸。
A.3.3.1.4 氨水溶液：2+3。
A.3.3.1.5 氯化铵溶液：100 g/L。
A.3.3.1.6 碳酸铵溶液：100 g/L。
A.3.3.1.7 磷酸氢二钠（$Na_2HPO_3 \cdot 12H_2O$）溶液：160 g/L。
A.3.3.1.8 氯化铵溶液：100 g/L。

A.3.3.2 分析步骤

称取约 0.2 g 试样，置于铂坩埚中，加入 0.9 g 无水碳酸钠和 1.3 g 无水碳酸钾，混匀。在电炉上加热至完全熔融，冷却，用约 5 mL 沸水将熔融物转移至烧杯中，滴加盐酸至不冒泡。再加 10 mL 盐酸，置于水浴上蒸发至干。冷却后加入 20 mL 水，加热至沸，过滤。滤渣为凝胶状物质，滤液中加入氯化铵溶液和碳酸铵溶液不产生沉淀，再加入磷酸氢二钠溶液时，应产生白色沉淀。分离沉淀，加氨水溶液，沉淀应不溶解。

A.4 二氧化硅的测定

按 GB/T 15343—1994 中 5.2.1 进行测定。

A.5 氧化镁的测定

采用分离 R_2O_3-EDTA 络合滴定法，按 GB/T 15343—1994 中 5.6.1 进行测定。

A.6 白度的测定

A.6.1 仪器和设备

A.6.1.1 白度仪。

A.6.1.2 工作白板：应符合 GB/T 5950—2008 中第 6 章的规定。

A.6.2 分析步骤

取一定量的试样放入压样器中，压制成表面平整、无纹理、无疵点、无污点的试样板。每批产品需压制 3 件试样板。

按仪器的使用说明预热稳定仪器，调零，用工作白板调校仪器。将试样板置于仪器上测定试样的蓝光白度。

取平行测定结果的算术平均值为测定结果，平行测定结果的绝对差值不大于 0.5。

A.7 酸溶物的测定

按 GB/T 15343—1994 中 5.14.3.2 进行测定。

A.8 灼烧减量的测定

按 GB/T 15343—1994 中 5.1 进行测定。

A.9 干燥减量的测定

按 GB/T 15344—1994 中 5.1 的 A 法进行测定。

A.10 水溶物的测定

A.10.1 分析步骤

称取约 10 g 试样，精确至 0.01 g，置于 150 mL 锥形瓶，加入 50 mL 水，搅拌，加热煮沸 30 min，不断搅拌，随时补充蒸发的水，使溶液体积保持在 30 mL 左右。冷却至室温，转移至 50 mL 容量瓶中，用水稀释至刻度，摇匀。以下按 GB/T 15343—1994 的 5.15.3.2 从"用致密滤纸干过滤于已干燥过的 100 mL 烧杯中……"开始操作(致密滤纸为慢速定性滤纸)。

同时保留滤液用于酸碱性的测定。

A.10.2 结果计算

同 GB/T 15343—1994 中 5.15.4.2。

取平行测定结果的算术平均值为测定结果，两次平行测定结果的绝对差值不大于 0.015%。

A.11 水溶性铁的测定

按 GB/T 15343—1994 中 5.16 进行测定，试验溶液不立即呈现蓝色即为通过试验。

A.12 酸碱性的测定

A.12.1 试剂和材料

A.12.1.1 红色石蕊试纸。

A.12.1.2 蓝色石蕊试纸。

A.12.2 分析步骤

A.10.1 保留的滤液遇红色石蕊试纸和蓝色石蕊试纸均不变色即为通过试验。

A.13 细度的测定

按 GB/T 15344—1994 中 5.7 规定的湿筛法(A 法)进行测定。

A.14 砷的测定

称取 10.00 g±0.01 g 试样，置于 150 mL 烧杯中，加入 50 mL 盐酸溶液(1+22)，摇动使试样充分分散，盖上表面皿，置于沸水浴上加热 30 min(及时补充水，防止烧干)。取下稍冷，用中速滤纸过滤于 100 mL 容量瓶中，用 30 mL 热水分三次冲洗烧杯并将不溶物转移，再用 15 mL 热水洗涤滤纸和不溶物。滤液冷却至室温，用水稀释至刻度，摇匀。此溶液为试验溶液 A，用于砷含量、铅含量和重金属含量的测定。

用移液管移取 10 mL 上述溶液，置于测砷装置的锥形瓶中，加入 5 mL 盐酸，作为试验溶液。

限量标准溶液的配制：移取 3.00 mL 砷标准溶液[1 mL 溶液含 1.0 μg 砷(As)]，以下按 GB/T 5009.76—2003 中砷斑法进行测定。

A.15 铅的测定

A.15.1 试剂和材料

铅标准溶液：1 mL 溶液含有铅(Pb)0.10 mg。

用移液管移取 10.00 mL 按 HG/T 3696.2 配制的铅标准溶液，置于 100 mL 容量瓶中，用水稀释至刻度，摇匀。

A.15.2 仪器和设备

原子吸收分光光度计：配有铅空心阴极灯。

A.15.3 分析步骤

A.15.3.1 工作曲线的绘制

分别移取 0.00 mL、1.00 mL、2.00 mL、3.00 mL 铅标准溶液，置于四个 100 mL 容量瓶中，用水稀释至刻度，摇匀。在原子吸收分光光度计上，于 283.3 nm 处，使用空气-乙炔火焰测量吸光度。从每个标准溶液的吸光度中减去空白溶液的吸光度，以铅的质量为横坐标，吸光度为纵坐标绘制工作曲线。

A.15.3.2 测定

在原子吸收分光光度计上，于 283.3 nm 处，使用空气-乙炔火焰测量试验溶液 A 的吸光度。从工作曲线上查出试验溶液中铅的质量。

A.15.4 结果计算

铅含量以铅(Pb)的质量分数 w_1 计，数值以 mg/kg 表示，按公式(A.1)计算：

$$w_1 = \frac{m_1}{m \times 10^{-3}} \qquad \cdots\cdots(\text{A.1})$$

式中：

m_1——从工作曲线上查出试验溶液中铅的质量的数值，单位为毫克(mg)；

m ——试料质量(A.14)的数值，单位为克(g)。

取平行测定结果的算术平均值为测定结果，两次平行测定结果的绝对差值不大于 2 mg/kg。

A.16 重金属的测定

A 管：在 50 mL 比色管中，移取 1.0 mL 铅标准溶液[1 mL 溶液含 0.01 mg 铅(Pb)]，加水至 25 mL。备用。

B 管和 C 管：用移液管各移取 10 mL 试验溶液 A，分别置于两个 50 mL 比色管中，再用移液管向 C 管中移入 1.00 mL 铅标准溶液。备用。

三个比色管中分别加入 1 滴酚酞指示液，用氨水溶液调节溶液的 pH 值为中性，加入 5 mL pH3.5 乙酸盐缓冲溶液，混匀。以下按 GB/T 5009.74—2003 中 6.4 进行测定。

A.17 闪石类石棉的测定

按 GB/T 15344—1994 的 5.6 进行测定。

中华人民共和国国家标准

GB 25579—2010

食品安全国家标准

食品添加剂　硫酸锌

2010-12-21 发布　　2011-02-21 实施

中华人民共和国卫生部 发布

前　言

本标准的附录A为规范性附录，附录B为资料性附录。

食品安全国家标准

食品添加剂　硫酸锌

1　范围

本标准适用于以硫酸和氧化锌(或氢氧化锌)为原料制得食品添加剂硫酸锌,或由闪锌矿经焙烧后硫酸浸取、精制而得的食品添加剂硫酸锌。

2　规范性引用文件

本标准中引用的文件对于本标准的应用是必不可少的。凡是注日期的引用文件,仅所注日期的版本适用于本标准。凡是不注日期的引用文件,其最新版本(包括所有的修改单)适用于本标准。

3　分子式和相对分子质量

3.1　分子式

一水硫酸锌:$ZnSO_4 \cdot H_2O$

七水硫酸锌:$ZnSO_4 \cdot 7H_2O$

3.2　相对分子质量

一水硫酸锌的相对分子质量:179.49(按2007年国际相对原子质量)

七水硫酸锌的相对分子质量:287.58(按2007年国际相对原子质量)

4　技术要求

4.1　感官要求:应符合表1的规定。

表1　感官要求

项　　目	要　　求	检验方法
色泽	白色或无色	取适量试样置于50 mL烧杯中,在自然光下观察色泽和组织状态
组织状态	七水硫酸锌为结晶或颗粒,一水硫酸锌为流动性粉末或者粗粉	

4.2　理化指标:应符合表2的规定。

表 2 理化指标

项目		指标		检验方法
		一水硫酸锌	七水硫酸锌	
硫酸锌	(以 $ZnSO_4 \cdot H_2O$ 计),w/%	99.0～100.5	—	附录 A 中 A.4
	(以 $ZnSO_4 \cdot 7H_2O$ 计),w/%	—	99.0～108.7	
酸度		通过试验		附录 A 中 A.5
碱金属和碱土金属盐,w/% ≤		0.50		附录 A 中 A.6
镉(Cd)/(mg/kg) ≤		2		附录 A 中 A.7
铅(Pb)/(mg/kg) ≤		4		附录 A 中 A.8
汞(Hg)/(mg/kg) ≤		1		附录 A 中 A.9
硒(Se)/(mg/kg) ≤		30		附录 A 中 A.10
砷(As)/(mg/kg) ≤		3		附录 A 中 A.11

附 录 A
（规范性附录）
检 验 方 法

A.1 警示

本标准的检验方法中使用的部分试剂具有毒性或腐蚀性，操作时须小心谨慎！如溅到皮肤上应立即用水冲洗，严重者应立即治疗。在使用挥发性酸时，需在通风橱中进行。

A.2 一般规定

本标准的检验方法中所用试剂和水，在没有注明其他要求时，均指分析纯试剂和 GB/T 6682—2008 规定的三级水。试验中所需标准溶液、杂质标准溶液、制剂和制品，在没有注明其他要求时均按 HG/T 3696.1、HG/T 3696.2、HG/T 3696.3 之规定制备。

A.3 鉴别试验

A.3.1 锌离子的鉴别

A.3.1.1 试剂和材料

A.3.1.1.1 三氯甲烷。
A.3.1.1.2 乙酸溶液：1+10。
A.3.1.1.3 硫酸钠溶液：250 g/L。
A.3.1.1.4 双硫腙四氯化碳溶液：1+100。

A.3.1.2 分析步骤

称取约 0.2 g 试样，溶于 5 mL 水中，移取 1 mL 试液，用乙酸溶液调节溶液的 pH 值为 4～5，加2 滴硫酸钠溶液，再加数滴双硫腙四氯化碳溶液和 1 mL 三氯甲烷，振摇后，有机层显紫红色。

A.3.2 硫酸根的鉴别

A.3.2.1 试剂和材料

A.3.2.1.1 氯化钡溶液：50 g/L。
A.3.2.1.2 盐酸溶液：1+1。

A.3.2.2 分析步骤

取约 1 g 试样，溶于水，加入氯化钡溶液，即产生白色沉淀，此白色沉淀不溶于盐酸溶液。

A.4 硫酸锌的测定

A.4.1 方法提要

将硫酸锌用硫酸溶液溶解，加适量水，加入氟化铵溶液、硫脲、抗坏血酸作为掩蔽剂，以乙酸-乙酸钠溶液调节 pH 为 5～6,以二甲酚橙为指示剂,用乙二胺四乙酸二钠标准滴定溶液滴定,至溶液由紫红色变为亮黄色即为终点。

A.4.2 试剂和材料

A.4.2.1 抗坏血酸。

A.4.2.2 硫脲溶液:200 g/L。

A.4.2.3 氟化铵溶液:200 g/L。

A.4.2.4 硫酸溶液:1+1。

A.4.2.5 乙酸-乙酸钠缓冲溶液:pH≈5.5。

A.4.2.6 乙二胺四乙酸二钠标准滴定溶液:c(EDTA)=0.05 mol/L。

A.4.2.7 二甲酚橙指示液:2 g/L,使用期不超过 1 周。

A.4.3 分析步骤

称取约 0.2 g 一水硫酸锌或 0.3 g 七水硫酸锌试样,精确到 0.000 2 g,置于 250 mL 锥形瓶中,加少量水润湿,滴加 2 滴硫酸溶液使试样溶解,加 50 mL 水、10 mL 氟化铵溶液、2.5 mL 硫脲溶液、0.2 g 抗坏血酸,摇匀溶解后加入 15 mL 乙酸-乙酸钠缓冲溶液和 3 滴二甲酚橙指示液,用乙二胺四乙酸二钠标准滴定溶液滴定至溶液由红色变为亮黄色即为终点。同时进行空白试验。

空白试验除不加试样外,其他操作及加入试剂的种类和量(标准滴定溶液除外)与测定试样相同。

A.4.4 结果计算

硫酸锌含量以硫酸锌($ZnSO_4 \cdot H_2O$ 或 $ZnSO_4 \cdot 7H_2O$)的质量分数 w_1 计,数值以%表示,按公式(A.1)计算:

$$w_1=\frac{c[(V-V_0)/1\,000]M}{m}\times 100\% \quad \cdots\cdots\cdots\cdots(\text{A.1})$$

式中:

c ——乙二胺四乙酸二钠标准滴定溶液浓度的准确数值,单位为摩尔每升(mol/L);

V ——滴定所消耗乙二胺四乙酸二钠标准滴定溶液的体积的数值,单位为毫升(mL);

V_0——空白试验所消耗乙二胺四乙酸二钠标准滴定溶液的体积的数值,单位为毫升(mL);

m ——试料质量的数值,单位为克(g);

M ——硫酸锌的摩尔质量的数值,单位为克每摩尔(g/mol),主含量以一水硫酸锌的质量分数计时 M=179.5,主含量以七水硫酸锌的质量分数计时 M=287.6。

取平行测定结果的算术平均值为测定结果,两次平行测定结果的绝对差值不大于 0.2%。

A.5 酸度的测定

A.5.1 试剂和材料

A.5.1.1 无二氧化碳的水。

A.5.1.2 甲基橙指示液。

A.5.2 分析步骤

称取约 1 g 试样,溶于 20 mL 新配制的无二氧化碳的水中,滴入 3 滴甲基橙指示液后,溶液不得呈现粉红色。

A.6 碱金属和碱土金属盐的测定

A.6.1 试剂和材料

A.6.1.1 氨水。

A.6.1.2 硫化氢，现用现配。

A.6.2 分析步骤

称取约2 g试样，精确至0.01 g，置于250 mL容量瓶中，加入150 mL水溶解，加入15 mL氨水，摇匀，用水稀释至刻度，摇匀。取出约150 mL溶液，充分通入硫化氢后静置数分钟，用滤纸干过滤上层清液，弃去少量前滤液，移取100 mL滤液置于已质量恒定的坩埚中，加0.5 mL硫酸，蒸发至干，再于700 ℃下灼烧至质量恒定。

A.6.3 结果计算

碱金属和碱土金属盐含量以质量分数w_2计，数值以%表示，按公式(A.2)式计算：

$$w_2=\frac{m_1}{m\times 100/250}\times 100\% \qquad \text{(A.2)}$$

式中：

m_1——残渣的质量的数值，单位为克(g)；

m——试料质量的数值，单位为克(g)。

取平行测定结果的算术平均值为测定结果，两次平行测定结果的绝对差值不大于0.01%。

A.7 镉的测定

称取10.00 g±0.01 g试样，置于150 mL烧杯中，加40 mL水溶解，完全转移至100 mL容量瓶中，同时制备试剂空白液。以下按GB/T 5009.15—2003进行。

A.8 铅的测定

称取5.00 g±0.01 g试样，置于150 mL烧杯中，加20 mL水溶解，加1 mL硝酸溶液(1+1)，在水浴上蒸发至干后用25 mL水溶解。以下按GB 5009.12—2010进行。

A.9 汞的测定

A.9.1 试剂和材料

A.9.1.1 盐酸溶液：1+99。

A.9.1.2 碘溶液：2.5 g/L。

A.9.1.3 氯化亚锡盐酸溶液：称取25 g氯化亚锡溶于50 mL热的浓盐酸中，冷却后移至250 mL容量瓶中，用水稀释至刻度。

A.9.1.4 汞标准溶液贮备液：1 mL溶液含汞(Hg)0.1 mg。

配制：用移液管移取10 mL按HG/T 3696.2配制的汞标准溶液置于100 mL容量瓶中，稀释至刻度，摇匀。

A.9.1.5 汞标准溶液 1 mL 溶液含汞(Hg)0.001 mg。

配制:用移液管移取 1 mL 按 HG/T 3696.2 配制的汞标准溶液置于 100 mL 容量瓶中,稀释至刻度,摇匀。此溶液使用时现配。

A.9.2 仪器和设备

测汞仪或原子吸收分光光度计:配有汞空心阴极灯、冷原子蒸气发生装置、消解器。

A.9.3 分析步骤

A.9.3.1 试验溶液的制备

称取 4.00 g±0.01 g 试样,置于 100 mL 烧杯中,加水溶解,完全转移至 50 mL 容量瓶中,稀释至刻度,摇匀。

A.9.3.2 工作曲线的绘制

取 5 个 50 mL 容量瓶,按表 A.1 分别加入汞标准溶液,稀释至刻度,摇匀。

表 A.1 汞工作曲线表

分液漏斗编号	1[a]	2	3	4	5
汞标准溶液体积/mL	0	2.00	4.00	6.00	10.00
工作曲线溶液汞的质量/mg	0	0.002	0.004	0.006	0.010
[a] 试剂空白溶液。					

于 253.7 nm 波长处,将仪器性能调至最佳状态,依次将汞工作曲线的各溶液置于仪器的汞蒸气发生器的还原瓶中,分别加入 1 mL 氯化亚锡溶液,并立即盖紧还原瓶,通入载气,读取仪器显示的吸收值。从各工作曲线溶液的吸收值减去试剂空白溶液的吸收值,以各溶液中汞的质量(mg)为横坐标,对应的吸收值为纵坐标绘制工作曲线。

A.9.3.3 试样溶液的测定

试验溶液按 A.9.3.2 中的规定从"加入 1 mL 氯化亚锡……"开始进行操作,至测定溶液的吸收值。含汞废液参见附录 B 进行处理。

A.9.4 结果计算

汞含量以汞(Hg)的质量分数 w_3 计,数值以 mg/kg 表示,按公式(A.3)计算:

$$w_3 = \frac{m_1}{m \times 10^{-3}} \qquad \text{(A.3)}$$

式中:

m_1——从工作曲线上查得试样溶液中汞的质量的数值,单位为毫克(mg);

m——试料质量的数值,单位为克(g)。

取平行测定结果的算术平均值为测定结果,平行测定结果的绝对差值不大于 0.5 mg/kg。

A.10 硒的测定

称取 5.00 g±0.01 g 试样,置于 150 mL 烧杯中,加 20 mL 水溶解,加 1 mL 硝酸溶液(1+1),在水

浴上蒸发至干。以下按 GB/T 5009.93—2010 的氢化物原子荧光光谱法进行测定。

A.11 砷的测定

称取 1.00 g±0.01 g 试样，置于锥形瓶中，用水润湿，用盐酸中和至中性(用 pH 试纸检验)，再过量 5 mL，摇匀。移取 2.00 mL 砷标准溶液(1 mL 溶液含有 1.0 μg As)作为标准，置于另一只锥形瓶中。各加入 5 mL 盐酸溶液(1+3)。然后按照 GB/T 5009.76—2003 中 6.2 或第 11 章进行测定。

二乙氨基二硫代甲酸银比色法为仲裁法。

附 录 B
（资料性附录）
含汞废液的处理

将含汞废液收集于约 50 L 的容器中，当废液大约 40 L 时依次加入 400 g/L 氢氧化钠溶液400 mL、100 g 硫化钠（$Na_2S \cdot 9H_2O$），摇匀。10 min 后缓慢加入 30% 过氧化氢溶液 400 mL，充分混合，放置 24 h 后将上部清液排入废水中，沉淀物转入另一容器中，由专人进行汞的回收。

中华人民共和国国家标准

GB 25580—2010

食品安全国家标准
食品添加剂　稳定态二氧化氯溶液

2010-12-21 发布　　2011-02-21 实施

中华人民共和国卫生部　发布

前　言

本标准的附录 A 为规范性附录。

食品安全国家标准

食品添加剂　稳定态二氧化氯溶液

1　范围

本标准适用于经食品添加剂碳酸盐吸收二氧化氯气体制得的食品添加剂稳定态二氧化氯溶液。该产品在使用时用食品添加剂盐酸进行活化。

2　规范性引用文件

本标准中引用的文件对于本标准的应用是必不可少的。凡是注日期的引用文件，仅所注日期的版本适用于本标准。凡是不注日期的引用文件，其最新版本(包括所有的修改单)适用于本标准。

3　技术要求

3.1　感官要求：应符合表 1 的规定。

表 1　感官要求

项　　目	要　　求	检验方法
色泽	无色或黄色	取适量试样置于比色管中，在自然光下观察色泽和组织状态
组织状态	透明液体，无悬浮物	

3.2　理化指标：应符合表 2 的规定。

表 2　理化指标

项　　目		指　　标	检验方法
二氧化氯，w/%	≥	2.0	附录 A 中 A.4
密度，ρ_{20}/(g/mL)		1.020～1.060	附录 A 中 A.5
pH		8.2～9.2	附录 A 中 A.6
砷(As)/(mg/kg)	≤	1	附录 A 中 A.7
重金属(以 Pb 计)/(mg/kg)	≤	5	附录 A 中 A.8
甲醇，ρ/(g/100 mL)	≤	0.04	附录 A 中 A.9

附 录 A
（规范性附录）
检 验 方 法

A.1 警示

本标准的检验方法中使用的部分试剂具有腐蚀性，操作者须小心谨慎！如溅到皮肤上应立即用水冲洗，严重者应立即就医。使用易燃品时，严禁使用明火加热。

A.2 一般规定

本标准的检验方法中所用试剂和水，在没有注明其他要求时，均指分析纯试剂和 GB/T 6682—2008 中规定的三级水。试验中所用标准滴定溶液、杂质标准溶液、制剂及制品，在没有注明其他要求时，均按 HG/T 3696.1、HG/T 3696.2、HG/T 3696.3 之规定制备。

A.3 鉴别试验

A.3.1 试剂和材料

A.3.1.1 盐酸溶液：1＋2。

A.3.1.2 氯化钙溶液：100 g/L。

A.3.2 分析步骤

A.3.2.1 钠离子的鉴别

用盐酸浸润的铂丝先在无色火焰上燃烧至无色。再蘸取少许试验溶液，在无色火焰上燃烧，通过钴玻璃观察火焰呈鲜黄色。

A.3.2.2 碳酸盐的鉴别

在试液中加入氯化钙溶液，产生白色沉淀。该沉淀溶于盐酸中。

A.3.2.3 二氧化氯的鉴别

在试液中加盐酸溶液后可产生黄色气体，同时试液也呈黄色。

A.4 二氧化氯含量的测定

A.4.1 碘量法（仲裁法）

A.4.1.1 方法提要

第一步在 pH≤2 时，用丙二酸掩蔽次氯酸根（即氯气）的干扰，样品中的二氧化氯和全部的亚氯酸根与碘化钾反应，用硫代硫酸钠标准溶液滴定生成的碘。第二步取另一份样品，调节溶液 pH≤2，用氮气赶去二氧化氯和氯气，样品中的亚氯酸根与碘化钾反应，用硫代硫酸钠标准溶液滴定生成的碘。通过两步反应之差计算出样品中二氧化氯的实际含量。

A.4.1.2 试剂和材料

A.4.1.2.1 高纯氮气。

A.4.1.2.2 盐酸溶液:1+4。

A.4.1.2.3 碘化钾溶液:100 g/L。

A.4.1.2.4 硫酸溶液:1+8。

A.4.1.2.5 丙二酸溶液:100 g/L。

A.4.1.2.6 硫代硫酸钠标准滴定溶液:$c(Na_2S_2O_3)=0.1$ mol/L。

A.4.1.2.7 淀粉指示液:5 g/L。

A.4.1.3 分析步骤

A.4.1.3.1 试验溶液 A 的制备

称取约 10 g 试样,精确至 0.000 2 g,转移至 50 mL 容量瓶中,用水稀释至刻度,摇匀。该溶液为试验溶液 A,用于二氧化氯含量的测定。

A.4.1.3.2 测定

用移液管分别移取 10.00 mL 试验溶液 A,置于两个已预先加入 50 mL 水的碘量瓶中,分别加入 2 mL 盐酸溶液,加盖水封放置 30 min 后立即按第一步和第二步进行测定。

第一步:在一个碘量瓶中加入 3 mL 丙二酸溶液,置于暗处静置 3 min。加入 10 mL 硫酸溶液,10 mL 碘化钾溶液,混匀,置于暗处静置 5 min。用硫代硫酸钠标准滴定溶液滴定,近终点时加入 1 mL 淀粉指示液,继续滴定至蓝色刚好消失为终点,记录消耗的体积为 V_1。

第二步:将另一个碘量瓶置于通风良好的通风橱内,通入高纯氮气吹至黄绿色消失后再吹 20 min。加入 3 mL 丙二酸溶液,置于暗处静置 3 min。加入 10 mL 硫酸溶液,10 mL 碘化钾溶液,混匀,置于暗处静置 5 min。用硫代硫酸钠标准滴定溶液滴定,近终点时加入 1 mL 淀粉指示液,继续滴至蓝色刚好消失为终点,记录消耗的体积为 V_2。

A.4.1.4 结果计算

二氧化氯含量以二氧化氯(ClO_2)的质量分数 w_1 计,数值以%表示,按公式(A.1)计算:

$$w_1=\frac{[(V_1-V_2)/1\ 000]cM}{m\times(10/50)}\times100\% \qquad \text{(A.1)}$$

式中:

V_1——第一步滴定试验溶液消耗硫代硫酸钠标准滴定溶液体积的数值,单位为毫升(mL);

V_2——第二步滴定试验溶液消耗硫代硫酸钠标准滴定溶液体积的数值,单位为毫升(mL);

c ——硫代硫酸钠标准滴定溶液浓度的准确数值,单位为摩尔每升(mol/L);

m ——试料的质量的数值,单位为克(g);

M——二氧化氯($1/5ClO_2$)摩尔质量的数值,单位为克每摩尔(g/mol)($M=13.49$)。

取平行测定结果的算术平均值为测定结果,两次平行测定结果的绝对差值不大于 0.02%。

A.4.2 分光光度法

A.4.2.1 方法提要

二氧化氯在 430 nm 处有特征吸收,使用分光光度法进行测定。

A.4.2.2 试剂和材料

A.4.2.2.1 无氯蒸馏水。

在水中加入亚硫酸钠，以DPD余氯测定试剂检查不显色，再进行蒸馏，收集馏出液。

A.4.2.2.2 盐酸溶液：1+4。

A.4.2.2.3 二氧化氯标准贮备溶液。

制备：在A瓶中放入300 mL水，将A瓶一端玻璃管与空气压缩机相接，另一玻璃管与B瓶相连。B瓶为高强度硼硅玻璃瓶，瓶口有三根玻璃管：第一根插至离玻璃瓶底5 mm处，用以引进空气；第二根上接滴液漏斗，漏斗下端伸至液面下；第三根下端离开液面，上端与C瓶相接。溶解10 g亚氯酸钠于750 mL水中并倒入B瓶中；在分液漏斗中装有1+10硫酸溶液20 mL。C瓶装有亚氯酸钠饱和溶液。D瓶为2 L硼硅玻璃收集瓶，瓶中装有1 500 mL水，用以吸收所发生的二氧化氯，余气由排气管排出。整套装置应放在通风橱内（见图A.1）。

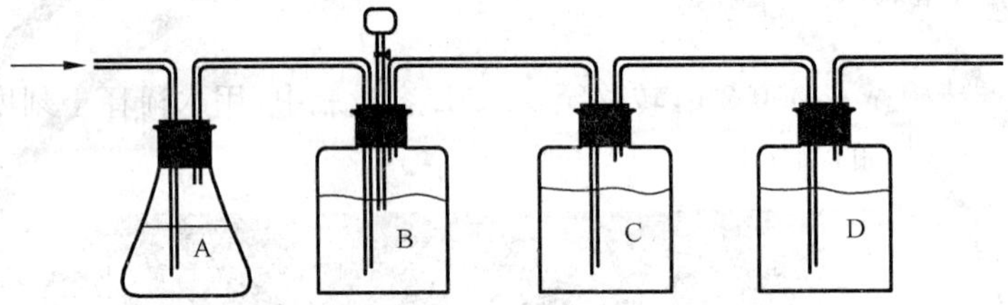

图A.1 二氧化氯发生吸收装置图

启动空气压缩机，使空气均衡通过整个装置。每隔5 min由分液漏斗加入5 mL硫酸溶液，加完最后一次硫酸溶液后，空气流量持续30 min。所获得的黄色二氧化氯标准溶液放于棕色瓶中，4 ℃下保存，其浓度应为250 mg/L～600 mg/L。

按A.4.1规定的方法对二氧化氯贮备液中二氧化氯浓度进行测定（每次使用前都应对贮备液浓度进行测定）。

A.4.2.2.4 二氧化氯标准溶液：1 mL溶液含二氧化氯（ClO_2）0.25 mg。

根据测定的二氧化氯贮备液的浓度，吸取一定量二氧化氯标准贮备液，用无氯蒸馏水进行稀释。该溶液即用即配。

A.4.2.3 分析步骤

A.4.2.3.1 工作曲线的绘制

分别取0.00 mL、10.00 mL、20.00 mL、40.00 mL、60.00 mL、80.00 mL、100.00 mL二氧化氯标准溶液，置于七个100 mL容量瓶中，用无氯蒸馏水稀释至刻度，摇匀。在430 nm波长下，选用1 cm比色皿，以无氯蒸馏水调零，测量吸光度。

从每个标准溶液的吸光度中减去试剂空白溶液的吸光度，以二氧化氯的质量（mg）为横坐标，对应吸光度为纵坐标，绘制工作曲线。

A.4.2.3.2 测定

称取0.7 g试样，精确至0.000 2 g，加入10 mL盐酸溶液，转移至100 mL容量瓶中，用无氯蒸馏水稀释至刻度，摇匀。在430 nm波长下，选用1 cm比色皿，以无氯蒸馏水调零，测量吸光度。从工作曲线上查出试验溶液中二氧化氯的质量。

A.4.2.4 结果计算

二氧化氯含量以二氧化氯(ClO_2)的质量分数 w_1 计,数值以%表示,按公式(A.2)计算:

$$w_1 = \frac{m_1 \times 10^{-3}}{m} \times 100\% \quad \cdots\cdots\cdots\cdots (A.2)$$

式中:

m_1——从工作曲线上查得的试验溶液中二氧化氯的质量的数值,单位为毫克(mg);

m ——试料的质量的数值,单位为克(g)。

取平行测定结果的算术平均值为测定结果,平行测定结果的绝对差值不大于0.02%。

A.5 密度的测定

A.5.1 仪器和设备

同GB/T 4472—1984中2.3.3.2的规定。

A.5.2 分析步骤

同GB/T 4472—1984中2.3.3.3的规定。

取平行测定结果的算术平均值为测定结果,两次平行测定结果的绝对差值不大于0.003 g/cm^3。

A.6 pH的测定

A.6.1 仪器和设备

同GB/T 9724—2007的第5章。

A.6.2 分析步骤

将试样倒入烧杯中,以下按GB/T 9724—2007的第6章测定。

取平行测定结果的算术平均值为测定结果,两次平行测定结果的绝对差值不大于0.2 pH单位。

A.7 砷的测定

称取1.00 g±0.01 g试样,置于100 mL烧杯中,加盐酸溶液(1+3)8 mL。置于电炉上煮沸至近干,取下冷却至室温,加少量水,作为试验溶液。

限量标准溶液的配制:移取1.00 mL砷标准溶液[1 mL溶液含1.0 μg砷(As)],以下按GB/T 5009.76—2003的第11章操作,从"分别置于锥形瓶中……"开始测定。

A.8 重金属的测定

称取1.00 g±0.01 g试样,置于100 mL烧杯中,加入盐酸溶液(1+3)8 mL,置于电炉上煮沸至近干,取下冷却至室温,加少量水,移入50 mL比色管中,加入1滴酚酞指示液,用氨水溶液和盐酸溶液调节溶液的pH值为中性(酚酞红色刚褪去)作为试验溶液。

用移液管移取0.50 mL铅标准溶液[1 mL溶液含0.01 mg铅(Pb)]作为标准,以下按GB/T 5009.74—2003第6章进行测定。

A.9 甲醇的测定

A.9.1 试剂和材料

A.9.1.1 高锰酸钾-磷酸溶液:称取 3 g 高锰酸钾,加入 15 mL 磷酸与 70 mL 水的混合液中,溶解后加水至 100 mL。贮存于棕色瓶内。

A.9.1.2 草酸-硫酸溶液:称取 5 g 无水草酸或 7 g 含 2 个结晶水的草酸,用 1+1 硫酸溶液溶解并稀释至 100 mL。

A.9.1.3 品红-亚硫酸溶液:称取 0.1 g 碱性品红研细后,分次加入 80 ℃的水共 60 mL,边加水边研磨使其溶解,用滴管吸取上层溶液滤于 100 mL 容量瓶中。冷却后加 100 g/L 亚硫酸钠溶液 10 mL,加 1 mL 盐酸,再加水至刻度,充分混匀,放置过夜。如溶液有颜色,可加少量活性炭搅拌后过滤,贮于棕色瓶中,置暗处保存,溶液呈红色时应重新配制。

A.9.1.4 甲醇标准贮备溶液:1 mL 溶液含甲醇(CH_3OH)10 mg。

称取 1.000 g 甲醇,置于 100 mL 容量瓶中,加水稀释至刻度,摇匀。

A.9.1.5 甲醇标准溶液:1 mL 溶液含甲醇(CH_3OH)1 mg。

用移液管移取 10.00 mL 甲醇标准贮备溶液(A.9.1.4),置于 100 mL 容量瓶中,加水稀释至刻度,摇匀。此溶液现用现配。

A.9.2 分析步骤

用移液管移取 1.00 mL 试样,置于 25 mL 具塞比色管中,加水至 15 mL,作为试验溶液。

限量标准溶液的配制:移取 0.40 mL 甲醇标准溶液(A.9.1.5),置于另一比色管中,加水至 15 mL。

在两个比色管中分别加入 2 mL 高锰酸钾-磷酸溶液,混匀,放置 10 min。加入 2 mL 草酸-硫酸溶液,混匀使之褪色,再加入 5 mL 品红-亚硫酸溶液,用水稀释至刻度,摇匀。于 20 ℃以上静置 30 min,试样所呈颜色不得深于标准。

中华人民共和国国家标准

GB 25581—2010

食品安全国家标准

食品添加剂　亚铁氰化钾(黄血盐钾)

2010-12-21 发布　　2011-02-21 实施

中华人民共和国卫生部　发布

前　言

本标准的附录 A 为规范性附录。

食品安全国家标准
食品添加剂　亚铁氰化钾(黄血盐钾)

1　范围

本标准适用于食品添加剂亚铁氰化钾(黄血盐钾)。

2　规范性引用文件

本标准中引用的文件对于本标准的应用是必不可少的。凡是注日期的引用文件,仅所注日期的版本适用于本标准。凡是不注日期的引用文件,其最新版本(包括所有的修改单)适用于本标准。

3　分子式和相对分子质量

3.1　分子式

$K_4Fe(CN)_6 \cdot 3H_2O$

3.2　相对分子质量

422.41(按2007年国际相对原子质量)

4　技术要求

4.1　感官要求:应符合表1的规定。

表1　感官要求

项　目	要　求	检验方法
色泽	淡黄色	取适量试样置于50 mL烧杯中,在自然光下观察色泽和组织状态
组织状态	结晶颗粒或粉末	

4.2　理化指标:应符合表2的规定。

表2　理化指标

项　目		指　标	检验方法
亚铁氰化钾[$K_4Fe(CN)_6 \cdot 3H_2O$],w/%	≥	99.0	附录A中A.4
氯化物(以Cl计),w/%	≤	0.3	附录A中A.5
水不溶物,w/%	≤	0.02	附录A中A.6
钠(Na),w/%	≤	0.2	附录A中A.7

表 2（续）

项　　目	指　　标	检验方法
砷(As)/(mg/kg)　　　　≤	1	附录 A 中 A.8
氰化物	通过检验	附录 A 中 A.9
六氰合铁(Ⅲ)酸盐	通过检验	附录 A 中 A.10

附　录　A
（规范性附录）
检验方法

A.1　警示

本标准的检验方法中使用的部分试剂和样品具有毒性或腐蚀性，操作时须小心谨慎！如溅到皮肤上应立即用水冲洗，严重者应立即治疗。

A.2　一般规定

本标准的检验方法中所用试剂和水在没有注明其他要求时，均指分析纯试剂和 GB/T 6682—2008 中规定的三级水。试验中所用杂质标准溶液、制剂及制品，在没有注明其他要求时，均按 HG/T 3696.2、HG/T 3696.3 之规定制备。

A.3　鉴别试验

A.3.1　试剂和材料

A.3.1.1　氨水。

A.3.1.2　高氯酸溶液：1+10。

A.3.1.3　硫酸溶液：1+8。

A.3.1.4　氢氧化钠溶液：10 g/L。

A.3.1.5　三氯化铁溶液：5 g/L。

A.3.2　分析步骤

A.3.2.1　亚铁氰化物的鉴别

取 10 mL 10 g/L 的试样溶液，加 1 mL 三氯化铁溶液，生成暗蓝色沉淀，过滤，滤液作如下试验。

取上述滤液用氨水中和至中性，浓缩至三分之一，加 2 滴高氯酸溶液即生成白色沉淀，在氢氧化钠溶液或水中不溶，在硫酸溶液中能溶解。

A.3.2.2　钾离子的鉴别

取一铂丝用盐酸润湿后，在无色火焰上燃烧至无色，蘸取试样在无色火焰上燃烧，在钴玻璃下火焰呈紫色。

A.4　亚铁氰化钾的测定

A.4.1　方法提要

在酸性介质中，用硫酸锌标准滴定溶液滴定，以六氰合铁酸三钾和二苯胺作混合指示剂指示终点。

A.4.2 试剂和材料

A.4.2.1 硫酸溶液:1+8。

A.4.2.2 六氰合铁酸三钾溶液:10 g/L(现用现配)。

A.4.2.3 氨-氯化铵缓冲溶液(甲):pH≈10。

A.4.2.4 乙二胺四乙酸二钠(EDTA)标准滴定溶液:c(EDTA)=0.03 mol/L。

A.4.2.5 硫酸锌标准滴定溶液:$c(ZnSO_4)$=0.03 mol/L。

配制和标定:称取 9.0 g 七水合硫酸锌,溶于 1 000 mL 水中,摇匀。移取 30.00 mL~35.00 mL 配制好的硫酸锌溶液,置于 250 mL 锥形瓶中,加 70 mL 水、10 mL 氨-氯化铵缓冲溶液,加 5 滴铬黑 T 指示液,用乙二胺四乙酸二钠(EDTA)标准滴定溶液滴定至溶液由紫色变为纯蓝色。同时作空白试验。

空白试验:量取 100 mL~105 mL 水,置于 250 mL 锥形瓶中,加 10 mL 氨-氯化铵缓冲溶液(甲),从"加 5 滴铬黑 T 指示液……"开始与标定同时同样操作。

硫酸锌($ZnSO_4$)标准滴定溶液的浓度 c 按公式(A.1)计算:

$$c=\frac{(V_1-V_0)c_1}{V} \qquad \cdots\cdots\cdots\cdots(A.1)$$

式中:

V_1——滴定硫酸锌溶液消耗的乙二胺四乙酸二钠(EDTA)标准滴定溶液体积的数值,单位为毫升(mL);

V_0——滴定空白溶液消耗的乙二胺四乙酸二钠(EDTA)标准滴定溶液体积的数值,单位为毫升(mL);

c_1——乙二胺四乙酸二钠(EDTA)标准滴定溶液浓度的准确数值,单位为摩尔每升(mol/L);

V——移取硫酸锌溶液体积的数值,单位为毫升(mL)。

A.4.2.6 铬黑 T 指示液:5 g/L。

A.4.2.7 二苯胺指示液:10 g/L。

将 1 g 二苯胺溶于 100 mL 浓硫酸中。

A.4.3 分析步骤

称取约 5 g 试样,精确至 0.000 2 g,置于 500 mL 容量瓶中,加水溶解并稀释至刻度,摇匀。此溶液为试验溶液 A,此溶液用于亚铁氰化钾、氯化物、氰化物和六氰合铁(Ⅲ)酸盐的测定和检验。

移取 25.00 mL 试验溶液 A,置于 500 mL 锥形瓶中,加 20 mL 硫酸溶液,3 滴~5 滴二苯胺指示液,3 滴~5 滴六氰合铁酸三钾溶液,加水至 100 mL,在剧烈搅拌下,用硫酸锌标准滴定溶液滴定至溶液由黄绿色变为紫蓝色为终点。

A.4.4 结果计算

亚铁氰化钾以亚铁氰化钾[$K_4Fe(CN)_6 \cdot 3H_2O$]的质量分数 w_1 计,数值以%表示,按公式(A.2)计算:

$$w_1=\frac{VcM}{m\times(25/500)\times 1\,000}\times 100\% \qquad \cdots\cdots\cdots\cdots(A.2)$$

式中:

V——滴定消耗的硫酸锌标准滴定溶液的体积的数值,单位为毫升(mL);

c——硫酸锌标准滴定溶液浓度的准确数值,单位为摩尔每升(mol/L);

m——试料的质量的数值,单位为克(g);

M——亚铁氰化钾[$2/3K_4Fe(CN)_6 \cdot 3H_2O$]的摩尔质量的数值,单位为克每摩尔(g/mol)(M=281.6)。

取平行测定结果的算术平均值为测定结果,两次平行测定结果的绝对差值不大于 0.3%。

A.5 氯化物的测定

A.5.1 试剂和材料

同 GB/T 3051—2000 的第 4 章和硝酸锌溶液:150 g/L。

A.5.2 仪器和设备

同 GB/T 3051—2000 的第 5 章。

A.5.3 分析步骤

用 100 mL 移液管两次移取共计 200.00 mL 试验溶液 A(A.4.3),置于 250 mL 容量瓶中,加硝酸锌溶液至刻度,摇匀。放置分层,用慢速滤纸干过滤,弃去初始滤液,移取 100 mL 滤液,置于 300 mL 锥形瓶中,加 3 滴溴酚蓝指示液,滴加硝酸溶液至恰呈黄色,再过量 5 滴。加入 1 mL 二苯偶氮碳酰肼指示液,使用微量滴定管,用 0.05 mol/L 硝酸汞标准滴定溶液滴定至溶液由黄色变为紫红色。

空白试验:将 100 mL 水置于 300 mL 锥形瓶中,从“加 3 滴溴酚蓝指示液……”开始与试样同时同样操作。

将滴定后的废液收集起来,按 GB/T 3051—2000 中附录 D 的规定处理。

A.5.4 结果计算

氯化物含量以氯(Cl)的质量分数 w_2 计,数值以%表示,按公式(A.3)计算:

$$w_2=\frac{(V-V_0)cM}{m\times(200/500)\times(100/250)\times 1\,000}\times 100\% \qquad \cdots\cdots(\text{A}.3)$$

式中:

V ——滴定试验溶液消耗的硝酸汞标准滴定溶液的体积的数值,单位为毫升(mL);

V_0 ——滴定空白溶液消耗的硝酸汞标准滴定溶液的体积的数值,单位为毫升(mL);

c ——硝酸汞标准滴定溶液浓度的准确数值,单位为摩尔每升(mol/L);

m ——A.4.3 称取的试料质量的数值,单位为克(g);

M ——氯(Cl)的摩尔质量的数值,单位为克每摩尔(g/mol)(M=35.45)。

取平行测定结果的算术平均值为测定结果,两次平行测定结果的绝对差值不大于 0.03%。

A.6 水不溶物的测定

A.6.1 试剂和材料

硫酸铁铵溶液:50 g/L。

A.6.2 仪器和设备

A.6.2.1 玻璃砂坩埚:滤板孔径为 5 μm~15 μm。

A.6.2.2 电热恒温干燥箱:能控制温度在 105 ℃~110 ℃。

A.6.3 分析步骤

称取约 50 g 试样,精确至 0.1 g,置于 500 mL 烧杯中,加 100 mL~150 mL 水,加热搅拌至试样完全溶解,用已于 105 ℃~110 ℃下干燥至质量恒定的玻璃砂坩埚趁热过滤,用热水洗涤至用硫酸铁铵溶液检验，无蓝色出现为止。将玻璃砂坩埚连同不溶物一并移入电热恒温干燥箱中，在 105 ℃～110 ℃下干燥至质量恒定。

A.6.4 结果计算

水不溶物含量以质量分数 w_3 计，数值以%表示，按公式(A.4)计算：

$$w_3 = \frac{m_1 - m_2}{m} \times 100\% \quad \cdots\cdots(A.4)$$

式中：

m_1——玻璃砂坩埚连同不溶物的质量的数值，单位为克(g)；

m_2——玻璃砂坩埚的质量的数值，单位为克(g)；

m ——试料质量的数值，单位为克(g)。

取平行测定结果的算术平均值为测定结果，两次平行测定结果的绝对差值不大于 0.005%。

A.7 钠的测定

A.7.1 试剂和材料

A.7.1.1 钠标准溶液：1 mL 溶液含钠(Na)0.01 mg。

配制：移取 1.00 mL 按 HG/T 3696.2 配制的钠标准溶液，置于 100 mL 容量瓶中，用水稀释至刻度，摇匀。

A.7.1.2 二级水：符合 GB/T 6682—2008 的规定。

A.7.2 仪器和设备

原子吸收光谱仪(具有火焰发射工作方式)或火焰分光光度计。

A.7.3 分析步骤

称取约 0.5 g 试样，精确至 0.001 g，置于 100 mL 容量瓶中，加水至刻度，摇匀。分别移取 2.00 mL 上述溶液置于 4 个 100 mL 容量瓶中，再分别加入 0.00 mL、2.00 mL、4.00 mL、8.00 mL 钠标准溶液，加水至刻度，摇匀。用原子吸收光谱仪或火焰分光光度计以火焰发射工作方式，于 589.0 nm 波长处，用空气-乙炔火焰测定各溶液的吸光度。

以钠标准溶液中钠的质量(mg)为横坐标，相应的吸光度为纵坐标，绘制曲线，将曲线反向延长与横坐标相交，交点即为所测溶液中钠的质量。

A.7.4 结果计算

钠含量以钠(Na)的质量分数 w_4 计，数值以%表示，按公式(A.5)计算：

$$w_4 = \frac{m_1 \times 10^{-3}}{m \times (2/100)} \times 100\% \quad \cdots\cdots(A.5)$$

式中：

m_1——从工作曲线上查得钠的质量的数值，单位为毫克(mg)；

m ——试料质量的数值，单位为克(g)。

取平行测定结果的算术平均值为测定结果，两次平行测定结果的绝对差值不大于 0.02%。

A.8 砷的测定

称取 2.00 g±0.01 g 试样，置于测砷装置的锥形瓶中，加约 40 mL 水溶解，以下按 GB/T 5009.76—

2003 的第 11 章测定。

限量标准溶液的配制：移取 2.00 mL 砷标准溶液[1 mL 溶液含有 1.0 μg 砷(As)]，与试样同时同样处理。

A.9 氰化物的试验

A.9.1 试剂和材料

A.9.1.1 氨水溶液：1+4。

A.9.1.2 硫酸铜溶液：1 g/L。

将 0.1 g 硫酸铜溶于 100 mL 氨水中。

A.9.2 分析步骤

将一条滤纸用硫酸铜溶液润湿，置于硫化氢气流中，滤纸呈黄褐色，在滤纸上滴 1 滴试验溶液 A(A.4.3)不产生白色为合格。

A.10 六氰合铁(Ⅲ)酸盐的试验

A.10.1 试剂和材料

A.10.1.1 硝酸铅溶液：10 g/L。

A.10.1.2 联苯胺饱和乙酸溶液：联苯胺溶于(1+7)乙酸溶液中至饱和。

A.10.2 分析步骤

将试验溶液 A(A.4.3)稀释 10 倍，滴 1 滴在滴试板上，加 1 滴硝酸铅溶液，再加几滴乙酸铅溶液，没有蓝色沉淀或蓝色出现为合格。

中华人民共和国国家标准

GB 25582—2010

食品安全国家标准

食品添加剂　硅酸钙铝

2010-12-21 发布　　　　2011-02-21 实施

中华人民共和国卫生部　发布

前 言

本标准的附录 A 为规范性附录。

食品安全国家标准
食品添加剂　硅酸钙铝

1　范围

本标准适用于以水玻璃法制备的食品添加剂硅酸钙铝。

2　规范性引用文件

本标准中引用的文件对于本标准的应用是必不可少的。凡是注日期的引用文件，仅所注日期的版本适用于本标准。凡是不注日期的引用文件，其最新版本(包括所有的修改单)适用于本标准。

3　组分物质的量比

$Al_2O_3/CaO/SiO_2$ 物质的量比(摩尔比)近似为 1∶9∶12。

4　技术要求

4.1　感官要求：应符合表 1 的规定。

表 1　感官要求

项　　目	要　　求	检验方法
色泽	白色	取适量试样置于 50 mL 烧杯中，在自然光下观察色泽和组织状态
组织状态	粉末或颗粒	

4.2　理化指标：应符合表 2 的规定。

表 2　理化指标

项　　目		指　　标	检验方法
二氧化硅(SiO_2)，w/%		44.0～50.0	附录 A 中 A.4
三氧化二铝(Al_2O_3)，w/%		3.0～5.0	附录 A 中 A.5
氧化钙(CaO)，w/%		32.0～38.0	附录 A 中 A.6
氧化钠(Na_2O)，w/%		0.5～4.0	附录 A 中 A.7
灼烧减量，w/%		14.0～18.0	附录 A 中 A.8
氟化物(以 F 计)/(mg/kg)	≤	50	附录 A 中 A.9
铅(Pb)/(mg/kg)	≤	5	附录 A 中 A.10
砷(As)/(mg/kg)	≤	3	附录 A 中 A.11
重金属(以 Pb 计)/(mg/kg)	≤	10	附录 A 中 A.12
干燥减量，w/%	≤	10.0	附录 A 中 A.13

附　录　A
（规范性附录）
检　验　方　法

A.1　警示

本标准的检验方法中需要使用一些强酸，使用时须小心谨慎，避免溅到皮肤上！如溅到皮肤上应立即用水冲洗，严重者应立即治疗。在使用挥发性酸时，需在通风橱中进行。

A.2　一般规定

本标准的检验方法中所用试剂和水在没有注明其他要求时，均指分析纯试剂和GB/T 6682—2008中规定的三级水。试验中所用标准滴定溶液、杂质标准溶液、制剂及制品，在没有注明其他要求时，均按HG/T 3696.1、HG/T 3696.2、HG/T 3696.3之规定制备。

A.3　鉴别试验

A.3.1　硅酸根的鉴别

将0.5 g试样与2.5 g无水碳酸钾混合，在电炉上于铂坩埚内加热至混合物熔融，冷却，加入5 mL水，静置3 min，将坩埚加微热，加入50 mL水溶解。完全转移至烧杯中，滴加盐酸溶液(1+1)至无气泡产生，加入10 mL盐酸，在蒸汽浴上蒸干，冷却。加入20 mL水，煮沸后过滤，不溶的凝胶状残留物用于硅的鉴别。滤液为试验溶液A，用于铝的鉴别。

将凝胶状残留物移至铂坩埚，小心加入5 mL氢氟酸。沉淀溶解。加热，在坩埚上方的蒸汽中放入一根蘸有一滴水的玻璃棒，水滴变浑浊。

A.3.2　铝离子的鉴别

在试验溶液A(A.3.1)中滴加氨水溶液(1+1)，生成白色胶状沉淀，加入过量的氨水溶液，沉淀不溶解。滴加氢氧化钠溶液(40 g/L)生成白色胶状沉淀，加入过量时沉淀溶解。

A.3.3　钙离子的鉴别

取试样少许，加盐酸溶液(1+2)溶解后，以酚酞溶液(10 g/L)作指示液，用氨水溶液(1+3)调至中性，加入乙酸铵溶液(35 g/L)即产生白色沉淀，此沉淀能溶解于盐酸溶液(1+2)，而不溶于冰乙酸。

A.4　二氧化硅的测定

A.4.1　方法提要

样品中二氧化硅与氢氟酸形成挥发物，经灼烧挥发，通过测定灼烧前后的质量差值计算二氧化硅的含量。

A.4.2　试剂和材料

A.4.2.1　高氯酸。

A.4.2.2 盐酸。

A.4.2.3 硫酸。

A.4.2.4 氢氟酸。

A.4.3 仪器和设备

高温炉:温度可保持在 900 ℃±25 ℃。

A.4.4 分析步骤

称取约 0.5 g 已于 105 ℃±2 ℃烘 2 h 的试样,精确至 0.000 2 g,放入 200 mL 烧杯中,用少量水冲洗烧杯壁。加入 30 mL 高氯酸和 15 mL 盐酸,在通风橱加热板上加热直至生成白色烟雾,冷却后加入 15 mL 盐酸,再次加热至生成白色烟雾。蒸发至约剩 10 mL 溶液,冷却,加入 70 mL 水,使用滤纸过滤,并用热水冲洗滤纸和沉淀。保留此滤液定为滤液 A,用于氧化钙的测定。

将滤纸和沉淀移入铂坩埚中,小火灰化后,于高温炉中 900 ℃±25 ℃下灼烧至质量恒定,并称其质量。用水润湿残留物后,加入 8 滴硫酸和 15 mL 氢氟酸,在加热板上加热至白色烟雾产生。蒸至近干,冷却后加入 5 mL 水、3 滴硫酸和 10 mL 氢氟酸,在加热板上蒸发至近干后,在电炉上加热至白色烟雾赶净。将坩埚再于 900 ℃±25 ℃下灼烧至质量恒定。加入氢氟酸后的质量损失就是试料中二氧化硅的质量。保留此残余物 B 用于三氧化二铝测定。

A.4.5 结果计算

二氧化硅含量以二氧化硅(SiO_2)的质量分数 w_1 计,数值以%表示,按公式(A.1)计算:

$$w_1 = \frac{m_1 - m_2}{m} \times 100\% \qquad \cdots\cdots(A.1)$$

式中:

m_1——第一次灼烧至质量恒定后坩埚和沉淀物的质量的数值,单位为克(g);

m_2——第二次(加入氢氟酸处理后)灼烧至质量恒定后坩埚和沉淀物的质量的数值,单位为克(g);

m ——试料质量的数值,单位为克(g)。

取平行测定结果的算术平均值为测定结果,两次平行测定结果的绝对差值不大于 0.1%。

A.5 三氧化二铝的测定

A.5.1 试剂和材料

A.5.1.1 焦硫酸钾。

A.5.1.2 氨水。

A.5.1.3 盐酸:1+1。

A.5.1.4 氯化铵溶液:20 g/L。

A.5.1.5 溴百里香酚蓝指示液:1 g/L。

A.5.2 分析步骤

将测定二氧化硅后的残余物 B(A.4.4)与 2 g 焦硫酸钾置于灼烧至质量恒定的铂坩埚中,在高温炉中逐渐增温至 650 ℃±25 ℃熔融 5 min~10 min。冷却,加盐酸溶液 20 mL,微热浸出熔块并溶解,完全转移至 500 mL 烧杯中,用热水洗净铂坩埚并将洗液并入烧杯中。加水稀释至 350 mL~400 mL,加入 5 滴溴百里香酚蓝指示液,加热至微沸,取下,冷却,滴加氨水直至蓝色出现,煮沸 5 min,去除氨气。用定量滤纸过滤,并用 6 份热的氯化铵溶液冲洗滤纸和沉淀,将滤纸和沉淀移入铂坩埚,于 900 ℃±

25 ℃灼烧至质量恒定。

A.5.3 结果计算

三氧化二铝含量以三氧化二铝(Al_2O_3)的质量分数 w_2 计，数值以%表示，按公式(A.2)计算：

$$w_2=\frac{m_1-m_2}{m}\times100\% \quad\cdots\cdots(A.2)$$

式中：

m_1——于 900 ℃±25 ℃灼烧至质量恒定的铂坩埚和沉淀物的质量的数值，单位为克(g)；

m_2——铂坩埚的质量的数值，单位为克(g)；

m ——试料质量(A.4.4)的数值，单位为克(g)。

取平行测定结果的算术平均值为测定结果，两次平行测定结果的绝对差值不大于 0.1%。

A.6 氧化钙的测定

A.6.1 试剂和材料

A.6.1.1 氢氧化钠溶液：c(NaOH)=1 mol/L。

A.6.1.2 乙二胺四乙酸二钠标准滴定溶液：c(EDTA)=0.02 mol/L。

A.6.1.3 羟基萘酚蓝指示剂。

A.6.2 分析步骤

将制备的滤液 A(A.4.4)，置于 250 mL 容量瓶中，用水稀释至刻度，摇匀。移取 50.00 mL 上述溶液置于 250 mL 锥形瓶中，在搅拌下加入 15 mL 氢氧化钠溶液和 300 mg 羟基萘酚蓝指示剂，用乙二胺四乙酸二钠标准滴定溶液滴定至溶液呈蓝色为终点。同时同样处理空白试验溶液。

空白试验除不加试样外，其他操作及加入试剂的种类和量(标准滴定溶液除外)与测定试验相同。

A.6.3 结果计算

氧化钙含量以氧化钙(CaO)的质量分数 w_3 计，数值以%表示，按公式(A.3)计算：

$$w_3=\frac{[(V-V_0)/1\,000]cM}{m\times50/500}\times100\% \quad\cdots\cdots(A.3)$$

式中：

V ——滴定试验溶液所消耗的乙二胺四乙酸二钠标准滴定溶液的体积的数值，单位为毫升(mL)；

V_0——空白试验所消耗的乙二胺四乙酸二钠标准滴定溶液的体积的数值，单位为毫升(mL)；

c ——乙二胺四乙酸二钠标准滴定溶液浓度的准确数值，单位为摩尔每升(mol/L)；

M ——氧化钙(CaO)的摩尔质量的数值，单位为克每摩尔(g/mol)(M=56.08)；

m ——试样的质量(A.4.4)的数值，单位为克(g)。

取两次平行测定结果的算术平均值为测定结果，平行测定结果的绝对差值不大于 0.1%。

A.7 氧化钠的测定

A.7.1 试剂和材料

A.7.1.1 高氯酸。

A.7.1.2 氢氟酸。

A.7.1.3 盐酸。

A.7.1.4 钠标准液:1 mL 溶液含钠(Na)0.1 mg。

移取 10.00 mL 按 HG/T 3696.2 配制的钠标准溶液,置于 100 mL 容量瓶中,用水稀释至刻度,摇匀。该溶液使用前制备。

A.7.1.5 硫酸钠标准溶液:1 mL 溶液含硫酸钠(Na_2SO_4)100 mg。

称取 10.00 g 经 95 ℃~105 ℃干燥 2 h,并冷却至室温的无水硫酸钠,溶于水,移入 100 mL 容量瓶中,用水稀释至刻度,摇匀,置于冰箱中保存,备用。

A.7.1.6 二级水:符合 GB/T 6682—2008 中规定。

A.7.2 仪器和设备

A.7.2.1 火焰光度计。

A.7.2.2 电导仪。

A.7.3 分析步骤

A.7.3.1 矫正硫酸钠的测定

A.7.3.1.1 试样溶液的制备

称取 12.5 g 已于 105 ℃±2 ℃烘 2 h 的试样,精确至 0.000 2 g,置于 400 mL 烧杯中加水 240 mL,高速搅拌至少 5 min。将混合物完全转移至 100 mL 容量瓶中,稀释至刻度。

A.7.3.1.2 标准溶液的制备

移取硫酸钠标准溶液 0.00 mL、0.50 mL、1.00 mL、2.00 mL、5.00 mL,分别置于 100 mL 容量瓶中,用水稀释至刻度,摇匀。

A.7.3.1.3 测定

用电导仪检测试验溶液和标准溶液。以电导率为纵坐标、硫酸钠的质量(mg)为横坐标,绘制工作曲线。

A.7.3.1.4 矫正硫酸钠含量的结果计算

矫正硫酸钠含量以氧化钠(Na_2O)质量分数 w 计,数值以%表示,按公式(A.4)计算:

$$w' = \frac{m_1 \times 0.437/10^3}{m} \times 100\% \qquad \cdots\cdots(A.4)$$

式中:

m_1 ——从工作曲线上查出的试验溶液中硫酸钠的质量的数值,单位为毫克(mg);

m ——试料的质量的数值,单位为克(g);

0.437——将硫酸钠换算为氧化钠的系数。

取平行测定结果的算术平均值为测定结果,两次平行测定结果的绝对差值不大于 0.05%。

A.7.3.2 试样溶液的制备

称取约 0.5 g 已于 105 ℃±2 ℃烘 2 h 的试样,精确至 0.000 2 g,放入铂坩埚中,用 8 滴至 10 滴水润湿。加入 15 mL 高氯酸和 10 mL 氢氟酸,在通风橱加热板上加热直至生成大量高氯酸白色烟雾,蒸至近干,冷却后加入 10 mL 氢氟酸,再次加热至生成密集白色烟雾,蒸至近干,加入 4 mL 盐酸加热溶解,用热水洗净铂坩埚并将洗液并入容量瓶中,冷却后完全转移至 500 mL 容量瓶中,用水稀释至刻度,摇匀。移取上述溶液 10.00 mL 置于 100 mL 容量瓶中,用水稀释至刻度,摇匀。同时同样处理空白试验溶液。

A.7.3.3　空白试验溶液制备

空白试验溶液除不加试样外，其他操作及加入试剂的种类和量与测定试验相同。

A.7.3.4　标准溶液的制备

移取钠标准液 0.00 mL、1.00 mL、2.00 mL、3.00 mL、4.00 mL，分别置于 100 mL 容量瓶中，用水稀释至刻度，摇匀。

A.7.3.5　测定

将试验溶液、空白试验溶液和标准溶液，于波长 589 nm 处，以水调零点，测定谱线强度。以钠的质量(mg)为横坐标，对应的谱线强度为纵坐标，绘制工作曲线。

A.7.4　结果计算

氧化钠含量以氧化钠(Na_2O)质量分数 w_4 计，数值以%表示，按公式(A.5)计算：

$$w_4=\frac{(m_1-m_0)\times 1.348/10^3}{m\times 10/500}\times 100\%-w' \qquad \cdots\cdots(\text{A.5})$$

式中：

m_1 ——从工作曲线上查出的试验溶液中钠的质量的数值，单位为毫克(mg)；

m_0 ——从工作曲线上查出的空白溶液中钠的质量的数值，单位为毫克(mg)；

m ——试料的质量的数值，单位为克(g)；

1.348——将钠换算为氧化钠的系数；

w' ——按 A.7.3.1 测定的矫正硫酸钠的质量分数，数值以%表示。

取平行测定结果的算术平均值为测定结果，两次平行测定结果的绝对差值不大于 0.1%。

A.8　灼烧减量的测定

A.8.1　仪器和设备

A.8.1.1　高温炉：能控制温度 1 000 ℃±50 ℃。

A.8.1.2　瓷坩埚。

A.8.2　分析步骤

使用 1 000 ℃±50 ℃下烘至质量恒定的瓷坩埚，称取约 5 g 试样，精确至 0.000 2 g。于 1 000 ℃±50 ℃高温炉中灼烧至质量恒定，冷却后称其质量。

A.8.3　结果计算

灼烧减量以质量分数 w_5 计，数值以%表示，按公式(A.6)计算：

$$w_5=\frac{m-(m_3-m_1)}{m}\times 100\% \qquad \cdots\cdots(\text{A.6})$$

式中：

m_1——瓷坩埚质量的数值，单位为克(g)；

m_3——1 000 ℃±50 ℃高温炉中灼烧至质量恒定后瓷坩埚及试样质量的数值，单位为克(g)；

m ——试料质量的数值，单位为克(g)。

取平行测定结果的算术平均值为测定结果，两次平行测定结果的绝对差值不大于0.2%。

A.9 氟化物的测定

A.9.1 试剂和材料

同GB/T 5009.18—2003的第11章。

A.9.1.1 盐酸溶液：1+11。

A.9.1.2 乙酸钠溶液(3 mol/L)：

称取204 g乙酸钠($CH_3COONa\cdot 3H_2O$)，溶于300 mL水中，加乙酸(1 mol/L)调节pH至7.0，加水稀释至500 mL。

A.9.1.3 柠檬酸钠溶液(0.75 mol/L)：

称取110 g柠檬酸钠($Na_3C_6H_5O_7\cdot 3H_2O$)，溶于300 mL水中，加14 mL高氯酸，再加水稀释至500 mL。

A.9.1.4 总离子强度缓冲剂：

乙酸钠溶液(A.9.1.2)和柠檬酸钠溶液(A.9.1.3)等体积混合，即用即配。

A.9.1.5 氟化物标准溶液：1 mL溶液含氟(F)0.01 mg。

移取1.00 mL按HG/T 3696.2配制的氟化物标准溶液，置于100 mL容量瓶中，用水稀释至刻度，摇匀。该溶液使用前制备。

A.9.2 仪器和设备

同GB/T 5009.18—2003的第12章。

A.9.3 分析步骤

A.9.3.1 称取约2 g试样，精确至0.000 2 g，置于具塞锥形瓶中，加20 mL盐酸溶液溶解，密闭浸泡提取1 h(不时轻轻摇动)，应尽量避免试样沾于瓶壁上。将溶液过滤至50 mL容量瓶中，分两次用热水清洗锥形瓶(尽量使不溶物留在锥形瓶内)，每次10 mL水量，最后用10 mL热水清洗滤纸，滤液并入50 mL容量瓶中。冷却后用水稀释至刻度，摇匀。

用移液管移取25.00 mL上述溶液，置于50 mL容量瓶中，加20 mL总离子强度缓冲剂，加水至刻度，摇匀，备用。

A.9.3.2 分别移取1.00 mL、2.00 mL、5.00 mL、10.00 mL氟化物标准溶液，置于50 mL容量瓶中，加10 mL盐酸溶液和20 mL总离子强度缓冲剂，加水至刻度，摇匀，备用。

A.9.3.3 将氟电极和甘汞电极与测量仪器的负端、正端联接。电极插入盛有水的塑料烧杯中，杯中放有磁性搅拌子，打开电磁搅拌和测量仪器，读取平衡电位值，更换2次～3次水，待电位值达到电极说明书中规定的要求后，即可进行试样溶液和标准溶液的电位测定。

A.9.3.4 以电极电位为纵坐标，氟的质量为横坐标，使用半对数坐标纸绘制工作曲线，根据试样电位值在工作曲线上查出相应的氟的质量。

A.9.4 结果计算

氟化物含量以氟(F)的质量分数 w_6 计，数值以mg/kg表示，按公式(A.7)计算：

$$w_6=\frac{m_1}{m\times 10^{-3}\times 25/50} \qquad \cdots\cdots(A.7)$$

式中：

m_1——从工作曲线上查出的试验溶液中氟的质量的数值，单位为毫克(mg)；

m ——试料的质量的数值，单位为克(g)。

取平行测定结果的算术平均值为测定结果，两次平行测定结果的绝对差值不大于5%。

A.10 铅的测定

A.10.1 试剂和材料

A.10.1.1 4-甲基戊酮-2(MIBK)。

A.10.1.2 盐酸溶液：1+20。

A.10.1.3 氨水溶液：1+1。

A.10.1.4 硫酸铵溶液：300 g/L。

称取30 g硫酸铵[$(NH_4)_2SO_4$]，用水溶解并加水至100 mL。

A.10.1.5 柠檬酸铵溶液：250 g/L。

称取25 g柠檬酸铵，用水溶解并加水至100 mL。

A.10.1.6 二乙基二硫代氨基甲酸钠(DDTC)溶液：50 g/L。

称取5 g二乙基二硫代氨基甲酸钠，用水溶解并加水至100 mL。

A.10.1.7 铅标准溶液：1 mL溶液含铅(Pb)0.001 mg。

移取1.00 mL按HG/T 3696.2配制的铅标准溶液，置于1 000 mL容量瓶中，用水稀释至刻度，摇匀。该溶液使用前制备。

A.10.1.8 溴百里酚蓝水溶液：1 g/L。

A.10.1.9 二级水：符合GB/T 6682—2008中规定。

A.10.2 仪器和设备

原子吸收分光光度计。

A.10.3 分析步骤

A.10.3.1 试验溶液的制备

称取10.00 g±0.01 g试样，置于250 mL烧杯中，加入50 mL盐酸溶液，盖上表面皿，缓慢加热至沸，并保持沸腾15 min，冷却，静置使不溶物沉降。将溶液过滤至100 mL容量瓶中，分三次用热水清洗烧杯(尽量使不溶物留在烧杯内)，每次10 mL水量，最后用15 mL热水清洗滤纸，滤液并入100 mL容量瓶中。冷却后用水稀释至刻度，摇匀，备用，保留此溶液定为滤液C，用于铅含量、砷含量、重金属含量的测定。

移取10.00 mL滤液C，置于125 mL分液漏斗中，补加水至60 mL。加2 mL柠檬酸铵溶液，3滴～5滴溴百里酚蓝指示液，用氨水调pH至溶液由黄变蓝，加10 mL硫酸铵溶液，10 mL二乙基二硫代氨基甲酸钠(DDTC)溶液，摇匀。放置5 min左右，加入10.00 mL 4-甲基戊酮-2(MIBK)，剧烈振摇提取1 min，静置分层后，弃去水层，将4-甲基戊酮-2(MIBK)层放入10 mL带塞刻度管中，备用。同时同样处理空白试验溶液。

空白试验除不加试样外，其他操作及加入试剂的种类和量与测定试验相同。

A.10.3.2 标准参比溶液的制备

分别移取0.00 mL、2.00 mL、4.00 mL、6.00 mL、8.00 mL铅标准使用溶液，置于5个125 mL分液漏斗中，各加入5 mL盐酸溶液，从“补加水至60 mL……”开始与试验溶液同时同样处理。

A.10.3.3 测定

将试验溶液和标准溶液,于波长 283.3 nm 处,以水调零点,测定吸光度。以铅的质量(mg)为横坐标,对应的吸光度为纵坐标,绘制工作曲线。

A.10.4 结果计算

铅含量以铅(Pb)的质量分数 w_7 计,数值以 mg/kg 表示,按公式(A.8)计算:

$$w_7 = \frac{m_1 - m_0}{m \times 10^{-3} \times 10/100} \qquad \cdots\cdots\cdots\cdots (A.8)$$

式中:

m_1——从工作曲线上查出的试验溶液中铅的质量的数值,单位为毫克(mg);

m_0——从工作曲线上查出的空白试验溶液中铅的质量的数值,单位为毫克(mg);

m ——试料的质量的数值,单位为克(g)。

取平行测定结果的算术平均值为测定结果,两次平行测定结果的绝对差值不大于 1 mg/kg。

A.11 砷的测定

A.11.1 试剂和材料

同 GB/T 5009.76—2003 的第 9 章。

A.11.2 仪器和设备

同 GB/T 5009.76—2003 的第 10 章。

A.11.3 分析步骤

移取 10.00 mL 滤液 C(A.10.3.1),置于测砷装置的锥形瓶中,以下按 GB/T 5009.76—2003 第 11 章操作。

限量标准溶液的配制:移取 3.00 mL 砷标准溶液(1 mL 溶液含有 1.0 μg As),与试样同时同样处理。

A.12 重金属(以 Pb 计)的测定

A.12.1 试剂

A.12.1.1 盐酸溶液:$c(HCl) \approx 0.5$ mol/L。

A.12.1.2 盐酸溶液:1+20。

A.12.1.3 氨水溶液:1+3。

A.12.1.4 硝酸溶液:1+9。

A.12.1.5 酚酞指示液。

A.12.1.6 硫化钠甘油溶液。

A.12.1.7 乙酸盐缓冲溶液:pH≈3.5。

称取 25.0 g 乙酸铵溶于 25 mL 水中,加 45 mL 盐酸溶液(A.12.1.1),用盐酸溶液(A.12.1.2)或氨水溶液调节 pH 值至 3.5(pH 计),用水稀释至 100 mL。

A.12.1.8 铅标准溶液:1 mL 溶液含铅(Pb)0.001 mg。

移取 1.00 mL 按 HG/T 3696.2 配制的铅标准溶液，置于 1 000 mL 容量瓶中，用水稀释至刻度，摇匀。该溶液使用前制备。

A.12.2　分析步骤

A.12.2.1　A 管：准确移取 10.00 mL 铅标准溶液置于 50 mL 比色管中，加入 5 mL 盐酸溶液（A.12.1.2），加水至 25 mL，加入 1 滴酚酞指示液，滴加盐酸溶液（A.12.1.2）或氨水溶液使溶液粉红色恰好褪去，再加入 5 mL 乙酸盐缓冲溶液，混匀，备用。

A.12.2.2　B、C 管：用移液管分别移取 10.00 mL 滤液 C（A.10.3.1）置于两支 50 mL 比色管中，各加入 1 滴酚酞指示液，滴加氨水溶液至粉红色后，再滴加盐酸溶液（A.12.1.2）中和至溶液粉红色褪去，加水至 25 mL，摇匀。C 管中加入 10.00 mL 铅标准溶液。B、C 管分别再加入 5 mL 乙酸盐缓冲溶液，混匀，备用。

A.12.2.3　限量比色：向各管中加入 2 滴硫化钠甘油溶液，并加水至 50 mL 刻度，混匀，于暗处放置 5 min 后，在白色背景下观察，B 管的色度不得深于 A 管的色度，C 管的色度应与 A 管的色度相当或深于 A 管的色度。

A.13　干燥减量的测定

A.13.1　仪器和设备

A.13.1.1　电热恒温干燥箱：能控制温度 105 ℃±2 ℃。

A.13.1.2　瓷坩埚。

A.13.2　分析步骤

使用 105 ℃±2 ℃下烘至质量恒定的瓷坩埚，称取约 5 g 试样，精确至 0.000 2 g。于 105 ℃±2 ℃电热恒温干燥箱中烘 2 h，冷却后称其质量。

A.13.3　结果计算

干燥减量以质量分数 w_8 计，数值以%表示，按公式（A.9）计算：

$$w_8=\frac{m-(m_2-m_1)}{m}\times 100\% \qquad \cdots\cdots\cdots\cdots(\text{A.9})$$

式中：

m_1——瓷坩埚质量的数值，单位为克（g）；

m_2——105 ℃±2 ℃下烘 2 h 后瓷坩埚及试样质量的数值，单位为克（g）；

m ——试料质量的数值，单位为克（g）。

取平行测定结果的算术平均值为测定结果，两次平行测定结果的绝对差值不大于 0.2%。

中华人民共和国国家标准

GB 25583—2010

食品安全国家标准
食品添加剂　硅铝酸钠

2010-12-21 发布　　2011-02-21 实施

中华人民共和国卫生部　发布

前　言

本标准的附录 A 为规范性附录。

食品安全国家标准
食品添加剂　硅铝酸钠

1　范围

本标准适用于以水玻璃法制备的食品添加剂硅铝酸钠。

2　规范性引用文件

本标准中引用的文件对于本标准的应用是必不可少的。凡是注日期的引用文件，仅所注日期的版本适用于本标准。凡是不注日期的引用文件，其最新版本(包括所有的修改单)适用于本标准。

3　组分的物质的量比

$Na_2O/Al_2O_3/SiO_2$ 的物质的量比(摩尔比)近似为 1∶1∶13。

4　技术要求

4.1　感官要求：应符合表 1 的规定。

表 1　感官要求

项　　目	要　　求	检验方法
色泽	白色	取适量试样置于 50 mL 烧杯中，在自然光下观察色泽和组织状态
组织状态	无定形细粉末或珠粒	

4.2　理化指标：应符合表 2 的规定。

表 2　理化指标

项　　目		指　　标	检验方法
二氧化硅(SiO_2)，w/%		66.0～76.0	附录 A 中 A.4
三氧化二铝(Al_2O_3)，w/%		9.0～13.0	附录 A 中 A.5
氧化钠(Na_2O)，w/%		4.0～7.0	附录 A 中 A.6
铅(Pb)/(mg/kg)	≤	5	附录 A 中 A.7
砷(As)/(mg/kg)	≤	3	附录 A 中 A.8
重金属(以 Pb 计)/(mg/kg)	≤	10	附录 A 中 A.9
干燥减量，w/%	≤	8.0	附录 A 中 A.10
灼烧减量，w/%		8.0～13.0	附录 A 中 A.11
pH(20%浆液)		6.5～10.5	附录 A 中 A.12

附 录 A
（规范性附录）
检 验 方 法

A.1 警示

本标准的检验方法中需使用一些强酸，使用时须小心谨慎，避免溅到皮肤上！如溅到皮肤上应立即用水冲洗，严重者应立即治疗。在使用挥发性酸时，需在通风橱中进行。

A.2 一般规定

本标准的检验方法中所用试剂和水在没有注明其他要求时，均指分析纯试剂和GB/T 6682—2008中规定的三级水。试验中所用标准滴定溶液、杂质标准溶液、制剂及制品，在没有注明其他要求时，均按HG/T 3696.1、HG/T 3696.2、HG/T 3696.3之规定制备。

A.3 鉴别试验

A.3.1 硅酸根的鉴别

将0.5 g试样与2.5 g无水碳酸钾混合，于电炉上在铂坩埚内加热至混合物熔融，冷却，加入5 mL水，静置3 min，将坩埚加微热，加入50 mL水溶解。完全转移至烧杯中，滴加盐酸溶液(1+1)至无气泡产生，加入10 mL盐酸，在蒸汽浴上蒸干，冷却。加入20 mL水，煮沸后过滤，不溶的凝胶状残留物用于硅的鉴别。滤液为试验溶液A用于铝的鉴别。

将凝胶状残留物移至铂坩埚，小心加入5 mL氢氟酸。沉淀溶解。加热，在坩埚上方的蒸汽中放入一根蘸有一滴水的玻璃棒，水滴变得浑浊。

A.3.2 铝离子的鉴别

在试验溶液A(A.3.1)中滴加氨水溶液(1+1)，生成白色胶状沉淀，加入过量的氨水溶液，沉淀不溶解。滴加氢氧化钠溶液(40 g/L)生成白色胶状沉淀，加入过量时沉淀溶解。

A.3.3 钠离子的鉴别

用盐酸润湿铂丝，在火焰上燃烧至无色，再蘸取少许试验溶液在火焰上燃烧，火焰即呈深黄色。

A.4 二氧化硅的测定

A.4.1 方法提要

样品中二氧化硅与氢氟酸形成挥发物，经灼烧挥发，通过测定灼烧前后的质量差值计算二氧化硅的含量。

A.4.2 试剂和材料

A.4.2.1 硫酸。

A.4.2.2 盐酸。

A.4.2.3 氢氟酸。

A.4.3 仪器和设备

高温炉：温度可保持在 900 ℃±25 ℃。

A.4.4 分析步骤

称取约 0.5 g 已于 105 ℃±2 ℃烘 2 h 的试样，精确至 0.000 2 g，放入 200 mL 烧杯中，用少量水冲洗烧杯壁。加入 30 mL 硫酸和 15 mL 盐酸，在通风橱加热板上加热直至生成白色烟雾，冷却后加入 15 mL 盐酸，再次加热至生成白色烟雾。蒸发至约剩 10 mL 溶液，冷却，加入 70 mL 水，使用滤纸过滤，并用热水冲洗滤纸和沉淀。

将滤纸和沉淀移入铂坩埚中，于 900 ℃±25 ℃灼烧至质量恒定，并称其质量。用水润湿残留物后，加入 8 滴硫酸和 15 mL 氢氟酸，在加热板上加热至白色烟雾产生。蒸至近干，冷却后加入 5 mL 水、3 滴硫酸和 10 mL 氢氟酸，在加热板上蒸发至近干后，在电炉上加热至白色烟雾干净。将坩埚于 900 ℃±25 ℃灼烧至质量恒定。加入氢氟酸后的质量损失就是所取样品中二氧化硅(SiO_2)的质量。

A.4.5 结果计算

二氧化硅含量以二氧化硅(SiO_2)的质量分数 w_1 计，数值以%表示，按公式(A.1)计算：

$$w_1 = \frac{m_1 - m_2}{m} \times 100\% \qquad \cdots\cdots\cdots (A.1)$$

式中：

m_1——第一次灼烧至质量恒定后坩埚和沉淀物的质量的数值，单位为克(g)；

m_2——第二次(加入氢氟酸处理后)灼烧至质量恒定后坩埚和沉淀物的质量的数值，单位为克(g)；

m——试料质量的数值，单位为克(g)。

取平行测定结果的算术平均值为测定结果，两次平行测定结果的绝对差值不大于 0.1%。

A.5 三氧化二铝的测定

A.5.1 方法提要

样品经处理后，在试验溶液中加入过量的乙二胺四乙酸二钠溶液，与铝络合，以二甲酚橙为指示剂，用氯化锌标准滴定溶液滴定过量的乙二胺四乙酸二钠溶液。

A.5.2 试剂和材料

A.5.2.1 高氯酸。

A.5.2.2 氢氟酸。

A.5.2.3 盐酸。

A.5.2.4 氨水。

A.5.2.5 盐酸溶液：1+1。

A.5.2.6 乙二胺四乙酸二钠标准滴定溶液：$c(EDTA)=0.01$ mol/L。

A.5.2.7 氯化锌标准滴定溶液：$c(ZnCl_2)=0.01$ mol/L。

A.5.2.8 二甲酚橙指示液：5 g/L。

A.5.3 分析步骤

称取约 0.3 g 已于 105 ℃±2 ℃烘 2 h 的试样，精确至 0.000 2 g，放入铂坩埚中，用 8 滴～10 滴水润湿。加入 15 mL 高氯酸和 10 mL 氢氟酸，在通风橱加热板上加热直至生成大量高氯酸白色烟雾，蒸至近干，冷却后加入 10 mL 氢氟酸，再次加热至生成密集白色烟雾，蒸至近干，加入 4 mL 盐酸加热溶解，冷却后完全转移至 250 mL 容量瓶中，用热水洗净铂坩埚并将洗液并入容量瓶中，用水稀释至刻度，摇匀。

移取上述溶液 50.00 mL 置于 250 mL 锥形瓶中，加水至 100 mL，加入 20.00 mL 乙二胺四乙酸二钠标准滴定溶液，加 3 滴～4 滴二甲酚橙指示液，用氨水调节溶液呈微红色。在电炉上煮沸 1 min，取下冷却(若氨水过量，用盐酸溶液调节溶液呈亮黄色，再过量 2 滴)。用氯化锌标准滴定溶液滴定至溶液由黄色变为微红色即为终点。同时同样处理空白试验溶液。

空白试验除不加试样外，其他操作及加入试剂的种类和量与测定试验相同。

A.5.4 结果计算

三氧化二铝含量以三氧化二铝(Al_2O_3)的质量分数 w_2 计，数值以%表示，按公式(A.2)计算：

$$w_2=\frac{(V_0-V_1)cM/10^3}{m\times 50/250}\times 100\% \qquad \cdots\cdots(A.2)$$

式中：

V_0——空白试验消耗的氯化锌标准滴定溶液体积的数值，单位为毫升(mL)；

V_1——滴定中所消耗的氯化锌标准滴定溶液体积的数值，单位为毫升(mL)；

c ——氯化锌标准滴定溶液浓度的准确数值，单位为摩尔每升(mol/L)；

m ——试料的质量的数值，单位为克(g)；

M ——三氧化二铝($1/2Al_2O_3$)摩尔质量的数值，单位为克每摩尔(g/mol)(M=50.98)。

取平行测定结果的算术平均值为测定结果，两次平行测定结果的绝对差值不大于 0.1%。

A.6 氧化钠的测定

A.6.1 方法提要

样品经处理后，将试样溶液导入火焰发射计中，经喷雾系统以气溶胶形式引入火焰中，靠火焰将试样溶液蒸发、原子化和激发而产生谱线，钠原子在特征波长 589.0 nm 下发生谱线，其谱线强度与氧化钠含量成正比，与标准系列比较定量。

A.6.2 试剂和材料

A.6.2.1 高氯酸。

A.6.2.2 氢氟酸。

A.6.2.3 盐酸。

A.6.2.4 钠标准液：1 mL 溶液含钠(Na)0.1 mg。

移取 10.00 mL 按 HG/T 3696.2 配制的钠标准溶液，置于 100 mL 容量瓶中，用水稀释至刻度，摇匀。该溶液使用前制备。

A.6.2.5 硫酸钠标准溶液：1 mL 溶液含硫酸钠(Na_2SO_4)100 mg。

准确称取 10.00 g 经 95 ℃～105 ℃干燥 2 h，并冷却至室温的无水硫酸钠，溶于水，移入 100 mL 容量瓶中，用水稀释至刻度，摇匀，置于冰箱中保存，备用。

A.6.2.6 二级水：符合 GB/T 6682—2008。

A.6.3 仪器和设备

A.6.3.1 火焰光度计。

A.6.3.2 电导仪。

A.6.4 分析步骤

A.6.4.1 矫正硫酸钠的测定

A.6.4.1.1 试样溶液的制备

称取 12.5 g 已于 105 ℃±2 ℃烘 2 h 的试样，精确至 0.000 2 g，置于 400 mL 烧杯中加水 240 mL，高速搅拌至少 5 min。将混合物完全转移至 100 mL 容量瓶中，用水稀释至刻度，摇匀。

A.6.4.1.2 标准溶液的制备

移取硫酸钠标准溶液 0.00 mL、0.50 mL、1.00 mL、2.00 mL、5.00 mL，分别置于 100 mL 容量瓶中，用水稀释至刻度，摇匀。

A.6.4.1.3 测定

用电导仪检测试样溶液和标准溶液。以电导率为纵坐标，硫酸钠的质量(mg)为横坐标，绘制工作曲线。

A.6.4.1.4 结果计算

矫正硫酸钠含量以氧化钠(Na_2O)质量分数 F 计，数值以%表示，按公式(A.3)计算：

$$F=\frac{m_1\times 0.437/10^3}{m}\times 100\% \quad \cdots\cdots(A.3)$$

式中：

m_1 ——从工作曲线上查出的试样溶液中硫酸钠的质量的数值，单位为毫克(mg)；

m ——试料的质量的数值，单位为克(g)；

0.437——将硫酸钠换算为氧化钠的系数。

取平行测定结果的算术平均值为测定结果，两次平行测定结果的绝对差值不大于 0.1%。

A.6.4.2 试样溶液的制备

称取约 0.3 g 已于 105 ℃±2 ℃烘 2 h 的试样，精确至 0.000 2 g，放入铂坩埚中，用 8 滴～10 滴水润湿。加入 15 mL 高氯酸和 10 mL 氢氟酸，在通风橱加热板上加热直至生成大量高氯酸白色烟雾，蒸至近干，冷却后加入 10 mL 氢氟酸，再次加热至生成密集白色烟雾，蒸至近干，加入 4 mL 盐酸，加热溶解，冷却后完全转移至 500 mL 容量瓶中，用热水洗净铂坩埚并将洗液并入容量瓶中，用水稀释至刻度，摇匀。移取上述溶液 10.00 mL 置于 100 mL 容量瓶中，用水稀释至刻度，摇匀。同时同样处理空白试验溶液。

A.6.4.3 空白试验溶液的制备

空白试验除不加试样外，其他操作及加入试剂的种类和量与试样溶液的制备相同。

A.6.4.4 标准溶液的制备

移取钠标准液 0.00 mL、1.00 mL、2.00 mL、3.00 mL、4.00 mL，分别置于 100 mL 容量瓶中，用水稀释至刻度，摇匀。

A.6.4.5 测定

将试验溶液和标准溶液，于波长 589.0 nm 处，以水调零点，测定谱线强度。以钠的质量(mg)为横坐标，对应的谱线强度为纵坐标，绘制工作曲线。

A.6.5 结果计算

氧化钠含量以氧化钠(Na_2O)质量分数 w_3 计，数值以%表示，按公式(A.4)计算：

$$w_3 = \frac{(m_1 - m_0) \times 1.348/10^3}{m \times 10/500} \times 100\% - F \quad \cdots\cdots\cdots(A.4)$$

式中：

m_1 ——从工作曲线上查出的试验溶液中钠的质量的数值，单位为毫克(mg)；

m_0 ——从工作曲线上查出的空白溶液中钠的质量的数值，单位为毫克(mg)；

m ——试料的质量的数值，单位为克(g)；

1.348——将钠换算为氧化钠的系数；

F ——按照A.6.4.1测定的矫正硫酸钠的质量分数，%。

取平行测定结果的算术平均值为测定结果，两次平行测定结果的绝对差值不大于0.1%。

A.7 铅的测定

A.7.1 试剂和材料

A.7.1.1 4-甲基戊酮-2(MIBK)。

A.7.1.2 盐酸溶液：1+20。

A.7.1.3 氨水溶液：1+1。

A.7.1.4 硫酸铵溶液：300 g/L。

称取30 g硫酸铵[$(NH_4)_2SO_4$]，用水溶解并加水至100 mL。

A.7.1.5 柠檬酸铵溶液：250 g/L。

称取25 g柠檬酸铵，用水溶解并加水至100 mL。

A.7.1.6 溴百里酚蓝水溶液：1 g/L。

A.7.1.7 二乙基二硫代氨基甲酸钠(DDTC)溶液：50 g/L。

A.7.1.8 称取5 g二乙基二硫代氨基甲酸钠，用水溶解并加水至100 mL。

A.7.1.9 铅标准溶液：1 mL溶液含铅(Pb)0.001 mg。

移取1.00 mL按HG/T 3696.2配制的铅标准溶液，置于1 000 mL容量瓶中，用水稀释至刻度，摇匀。该溶液使用前制备。

A.7.1.10 二级水：符合GB/T 6682—2008。

A.7.2 仪器和设备

原子吸收分光光度计。

A.7.3 分析步骤

A.7.3.1 试验溶液的制备

称取10.00 g±0.01 g试样，置于250 mL烧杯中，加入50 mL盐酸溶液，盖上表面皿，缓慢加热至沸，并保持沸腾15 min，冷却，静置使不溶物沉降。将溶液过滤至100 mL容量瓶中，分三次用热水清洗烧杯(尽量使不溶物留在烧杯内)，每次10 mL水量，最后用15 mL热水清洗滤纸，滤液并入100 mL容量瓶中。冷却后用水稀释至刻度，摇匀，备用，保留此溶液定为滤液B，用于铅含量、砷含量、重金属含量的测定。

用移液管移取10.00 mL滤液B,置于125 mL分液漏斗中,补加水至60 mL。加2 mL柠檬酸铵溶液,3滴～5滴溴百里酚蓝指示液,用氨水调pH至溶液由黄变蓝,加10 mL硫酸铵溶液,10 mL二乙基二硫代氨基甲酸钠(DDTC)溶液,摇匀。放置5 min左右,移入10.00 mL 4-甲基戊酮-2(MIBK),剧烈振摇提取1 min,静置分层后,弃去水层,将4-甲基戊酮-2(MIBK)层放入10 mL带塞刻度管中,备用。

A.7.3.2 空白试验溶液的制备

空白试验除不加试样外,其他操作及加入试剂的种类和量与试验溶液的制备相同。

A.7.3.3 标准参比溶液的制备

分别移取0.00 mL、2.00 mL、4.00 mL、6.00 mL、8.00 mL铅标准溶液,置于五个125 mL分液漏斗中,各加入5 mL盐酸溶液,按7.3.1从"补加水至60 mL……"开始与试样溶液同时同样处理。

A.7.3.4 测定

将试验溶液和标准溶液,于波长283.3 nm处,以水调零点,测定吸光度。以铅的质量(mg)为横坐标,对应的吸光度为纵坐标,绘制工作曲线。

A.7.4 结果计算

铅以铅(Pb)的质量分数 w_4 计,数值以mg/kg表示,按公式(A.5)计算:

$$w_4 = \frac{m_1 - m_0}{m \times 10^{-3} \times 10/100} \qquad \cdots\cdots(A.5)$$

式中:

m_1——从工作曲线上查出的试验溶液中铅的质量的数值,单位为毫克(mg);

m_0——从工作曲线上查出的空白试验溶液中铅的质量的数值,单位为毫克(mg);

m——试料的质量的数值,单位为克(g)。

取平行测定结果的算术平均值为测定结果,两次平行测定结果的绝对差值不大于1 mg/kg。

A.8 砷的测定

A.8.1 试剂和材料

同GB/T 5009.76—2003的第9章。

A.8.2 仪器和设备

同GB/T 5009.76—2003的第10章。

A.8.3 分析步骤

移取10.00 mL滤液B(A.7.3.1),置于测砷装置的锥形瓶中,以下按GB/T 5009.76—2003的第11章操作。

限量标准溶液的配制:移取3.00 mL砷标准溶液(1 mL溶液含有1.0 μgAs),与试样同时同样处理。

A.9 重金属(以Pb计)的测定

A.9.1 试剂和材料

A.9.1.1 盐酸溶液:$c(HCl) \approx 0.5$ mol/L。

A.9.1.2 盐酸溶液:1+20。

A.9.1.3 氨水溶液:1+3。

A.9.1.4 硝酸溶液:1+9。

A.9.1.5 酚酞指示液。

A.9.1.6 硫化钠甘油溶液。

A.9.1.7 乙酸盐缓冲溶液:pH=3.5。

称取25.0 g乙酸铵溶于25 mL水中,加45 mL盐酸溶液(A.9.1.1),用盐酸溶液(A.9.1.2)或氨水溶液调节pH值至3.5(pH计),用水稀释至100 mL。

A.9.1.8 铅标准溶液:1 mL溶液含铅(Pb)0.001 mg。

移取1.00 mL按HG/T 3696.2配制的铅标准溶液,置于1 000 mL容量瓶中,用水稀释至刻度,摇匀。该溶液使用前制备。

A.9.2 分析步骤

A.9.2.1 A管:移取10.00 mL铅标准溶液置于50 mL比色管中,加入5 mL盐酸(A.9.1.2),加水至25 mL,加入1滴酚酞指示液,滴加盐酸溶液(A.9.1.2)或氨水溶液使溶液粉红色恰好褪去,再加入5 mL乙酸盐缓冲溶液,混匀,备用。

A.9.2.2 B、C管:分别移取10.00 mL滤液B(A.7.3.1)置于两支50 mL比色管中,各加入1滴酚酞指示液,滴加氨水溶液至粉红色后,再滴加盐酸溶液(A.9.1.2)中和至溶液粉红色褪去,加水至25 mL,摇匀。C管中移入10.00 mL铅标准溶液。B、C管分别再加入5 mL乙酸盐缓冲溶液,混匀,备用。

A.9.2.3 限量比色:向各管中加入2滴硫化钠甘油溶液,并加水至50 mL刻度,混匀,于暗处放置5 min后,在白色背景下观察,B管的色度不得深于A管的色度,C管的色度应与A管的色度相当或深于A管的色度。

A.10 干燥减量的测定

A.10.1 仪器和设备

A.10.1.1 电热恒温干燥箱:能控制温度105 ℃±2 ℃。

A.10.1.2 瓷坩埚。

A.10.2 分析步骤

使用105 ℃±2 ℃下烘至质量恒定的瓷坩埚,称取约5 g试样,精确至0.000 2 g。于105 ℃±2 ℃电热恒温干燥箱中烘2 h,冷却后称其质量。

A.10.3 结果计算

干燥减量以质量分数w_5计,数值以%表示,按公式(A.6)计算:

$$w_5=\frac{m-(m_2-m_1)}{m}\times 100\% \qquad \cdots\cdots(A.6)$$

式中:

m_1——坩埚质量的数值,单位为克(g);

m_2——105 ℃±2 ℃下烘2 h后坩埚及试样质量的数值,单位为克(g);

m——试料质量的数值,单位为克(g)。

取平行测定结果的算术平均值为测定结果,两次平行测定结果的绝对差值不大于0.2%。

A.11 灼烧减量的测定

A.11.1 仪器和设备

A.11.1.1 高温炉:能控制温度 900 ℃±25 ℃。

A.11.1.2 瓷坩埚。

A.11.2 分析步骤

使用 900 ℃±25 ℃下烘至质量恒定的瓷坩埚,称取约 5 g 试样,精确至 0.000 2 g。于 900 ℃±25 ℃高温炉中灼烧至质量恒定。

A.11.3 结果计算

灼烧减量以质量分数 w_6 计,数值以%表示,按公式(A.7)计算:

$$w_6=\frac{m-(m_3-m_1)}{m}\times 100\% \qquad \text{(A.7)}$$

式中:

m_1——坩埚质量的数值,单位为克(g);

m_3——900 ℃±25 ℃高温炉中灼烧至质量恒定后坩埚及试样质量的数值,单位为克(g);

m ——试料质量的数值,单位为克(g)。

取平行测定结果的算术平均值为测定结果,两次平行测定结果的绝对差值不大于 0.2%。

A.12 pH 的测定

A.12.1 仪器和设备

pH 计:分度值为 0.02。

A.12.2 分析步骤

称取 20.00 g±0.01 g 试样,置于 250 mL 烧杯中。用 100 mL 不含二氧化碳的蒸馏水溶解。搅拌至呈均匀水浆液,按 GB/T 9724 的规定测定溶液的 pH。

中华人民共和国国家标准

GB 25584—2010

食品安全国家标准
食品添加剂 氯化镁

2010-12-21 发布 2011-02-21 实施

中华人民共和国卫生部 发布

前　言

本标准的附录 A 为规范性附录。

食品安全国家标准
食品添加剂 氯化镁

1 范围

本标准适用于以水氯镁石或直接用制盐母液为原料经加工制成的食品添加剂氯化镁。

2 规范性引用文件

本标准中引用的文件对于本标准的应用是必不可少的。凡是注日期的引用文件，仅所注日期的版本适用于本标准。凡是不注日期的引用文件，其最新版本(包括所有的修改单)适用于本标准。

3 分子式和相对分子质量

3.1 分子式

$MgCl_2 \cdot nH_2O(n=0、6)$

3.2 相对分子质量

95.20($n=0$)(按 2007 年国际相对原子质量)
203.3($n=6$)(按 2007 年国际相对原子质量)

4 技术要求

4.1 感官要求：应符合表 1 的规定。

表 1 感官要求

项 目	要 求	检验方法
色泽	白色	取适量试样置于 50 mL 烧杯中，在自然光下观察色泽和组织状态
组织状态	片状或粒状结晶	

4.2 理化指标：应符合表 2 的规定。

表 2 理化指标

项 目			指 标	检验方法
氯化镁，w/%	以 $MgCl_2 \cdot 6H_2O$ 计	≥	99.0	附录 A 中 A.4
	以 $MgCl_2$ 计	≥	46.4	
钙(Ca)，w/%		≤	0.10	附录 A 中 A.5
硫酸盐(以 SO_4 计)，w/%		≤	0.40	附录 A 中 A.6

表 2（续）

项　目		指　标	检验方法
水不溶物，w/%	≤	0.10	附录 A 中 A.7
色度/黑曾	≤	30	附录 A 中 A.8
铅(Pb)/(mg/kg)	≤	1	附录 A 中 A.9
砷(As)/(mg/kg)	≤	0.5	附录 A 中 A.10
铵(NH_4)/(mg/kg)	≤	50	附录 A 中 A.11

附　录　A
（规范性附录）
检 验 方 法

A.1　警示

本标准的检验方法中使用的部分试剂具有腐蚀性，操作者须小心谨慎！如溅到皮肤上应立即用水冲洗，严重者应立即就医。使用有挥发性的有机溶剂的操作应在通风橱中进行。

A.2　一般规定

本标准的检验方法中所用试剂和水，在没有注明其他要求时，均指分析纯试剂和 GB/T 6682—2008 中规定的三级水。试验中所需标准滴定溶液、杂质标准溶液、制剂及制品，在没有注明其他要求时，均按 HG/T 3696.1、HG/T 3696.2、HG/T 3696.3 之规定制备。

A.3　鉴别试验

A.3.1　试剂和材料

A.3.1.1　氨水溶液：2＋3。

A.3.1.2　氯化铵溶液：100 g/L。

A.3.1.3　碳酸铵溶液：100 g/L。

A.3.1.4　硝酸银溶液：42 g/L。

A.3.1.5　磷酸氢二钠溶液（$Na_2HPO_3 \cdot 12H_2O$）：160 g/L。

A.3.2　分析步骤

A.3.2.1　镁离子的鉴别

取约 0.2 g 试样，加 10 mL 水溶解。加入氯化铵溶液和碳酸铵溶液不产生沉淀，再加入磷酸氢二钠溶液时，应产生白色沉淀。分离沉淀，加氨水溶液，沉淀应不溶解。

A.3.2.2　氯化物的鉴别

取约 0.2 g 试样，加 10 mL 水溶解，加硝酸银溶液即产生白色沉淀，此沉淀不溶于硝酸，溶于过量的氨水溶液中。

A.4　氯化镁的测定

A.4.1　方法提要

用三乙醇胺掩蔽少量三价铁、三价铝和二价锰等离子，在 pH 为 10 时，以铬黑 T 作指示剂，用乙二胺四乙酸二钠标准滴定溶液滴定钙镁含量，从中减去钙含量，计算出氯化镁含量。

A.4.2　试剂和材料

A.4.2.1　盐酸溶液：1+1。

A.4.2.2　三乙醇胺溶液：1+3。

A.4.2.3　氨-氯化铵缓冲溶液(甲)(pH≈10)。

A.4.2.4　硝酸银溶液：10 g/L。

A.4.2.5　乙二胺四乙酸二钠标准滴定溶液：c(EDTA)=0.02 mol/L。

A.4.2.6　铬黑T指示剂。

A.4.3　分析步骤

A.4.3.1　试验溶液A的制备

称取约10 g试样，精确至0.000 2 g，置于250 mL烧杯中，用20 mL水溶解。加1 mL盐酸溶液，加热至沸，并微沸1 min～2 min，冷却后转移至250 mL容量瓶中，用水稀释至刻度，摇匀，此溶液为试验溶液A。保留此溶液用于氯化镁含量、钙含量的测定。

A.4.3.2　测定

移取25.00 mL试验溶液A，置于250 mL容量瓶中，用水稀释至刻度，摇匀。移取25.00 mL上述溶液，置于250 mL锥形瓶中，加入50 mL水、5 mL三乙醇胺溶液、10 mL氨-氯化铵缓冲溶液甲和0.1 g铬黑T指示剂，用乙二胺四乙酸二钠标准滴定溶液滴定至溶液由紫红色变为纯蓝色。

A.4.4　结果计算

A.4.4.1　氯化镁含量以六水氯化镁($MgCl_2 \cdot 6H_2O$)的质量分数w_1计，数值以%表示，按公式(A.1)计算：

$$w_1 = \frac{[(V_1 - V_2/20)/1\ 000]cM_1}{m \times (25/250) \times (25/250)} \times 100\% \quad \cdots\cdots\cdots\cdots (A.1)$$

式中：

V_1——滴定试验溶液所消耗的乙二胺四乙酸二钠标准滴定溶液体积的数值，单位为毫升(mL)；

V_2——A.5滴定钙所消耗的乙二胺四乙酸二钠标准滴定溶液体积的数值，单位为毫升(mL)；

c——乙二胺四乙酸二钠标准滴定溶液浓度的准确数值，单位为摩尔每升(mol/L)；

m——试料的质量的数值，单位为克(g)；

M_1——六水氯化镁($MgCl_2 \cdot 6H_2O$)的摩尔质量的数值，单位为克每摩尔(g/mol)(M_1=203.3)。

取平行测定结果的算术平均值为测定结果，两次平行测定结果的绝对差值不大于0.2%。

A.4.4.2　氯化镁含量以氯化镁($MgCl_2$)的质量分数w_2计，数值以%表示，按公式(A.2)计算：

$$w_2 = \frac{[(V_1 - V_2/20)/1\ 000]cM_2}{m \times (25/250) \times (25/250)} \times 100\% \quad \cdots\cdots\cdots\cdots (A.2)$$

式中：

V_1——滴定试验溶液所消耗的乙二胺四乙酸二钠标准滴定溶液体积的数值，单位为毫升(mL)；

V_2——A.5滴定钙所消耗的乙二胺四乙酸二钠标准滴定溶液体积的数值，单位为毫升(mL)；

c——乙二胺四乙酸二钠标准滴定溶液浓度的准确数值，单位为摩尔每升(mol/L)；

m——试料的质量的数值，单位为克(g)；

M_2——氯化镁($MgCl_2$)摩尔质量的数值，单位为克每摩尔(g/mol)(M_2=95.20)。

取平行测定结果的算术平均值为测定结果,两次平行测定结果的绝对差值不大于0.1%。

A.5 钙的测定

A.5.1 试剂和材料

A.5.1.1 氢氧化钠溶液:100 g/L。

A.5.1.2 三乙醇胺溶液:1+3。

A.5.1.3 乙二胺四乙酸二钠标准滴定溶液:c(EDTA)=0.02 mol/L。

A.5.1.4 钙试剂羧酸钠盐指示剂。

A.5.2 仪器和设备

微量滴定管:分度值为0.02 mL。

A.5.3 分析步骤

移取50.00 mL试验溶液A,置于250 mL锥形瓶中,加入30 mL水,5 mL三乙醇胺溶液,摇动下滴加氢氧化钠溶液,当溶液刚出现沉淀物时,加入0.1 g钙试剂羧酸钠盐指示剂,继续滴加氢氧化钠溶液至溶液由蓝色变为酒红色,过量0.5 mL。用乙二胺四乙酸二钠标准滴定溶液滴定至溶液由酒红色变为纯蓝色。

A.5.4 结果计算

钙含量以钙(Ca)的质量分数w_3计,数值以%表示,按公式(A.3)计算:

$$w_3=\frac{(V_2/1\,000)cM}{m\times 50/500}\times 100 \qquad \cdots\cdots(A.3)$$

式中:

V_2——滴定试验溶液所消耗的乙二胺四乙酸二钠标准滴定溶液体积的数值,单位为毫升(mL);

c——乙二胺四乙酸二钠标准滴定溶液浓度的准确数值,单位为摩尔每升(mol/L);

m——试料的质量的数值,单位为克(g);

M——钙(Ca)摩尔质量的数值,单位为克每摩尔(g/mol)(M=40.01)。

取平行测定结果的算术平均值为测定结果,两次平行测定结果的绝对差值不大于0.02%。

A.6 硫酸盐的测定

A.6.1 试剂和材料

A.6.1.1 盐酸溶液:1+1。

A.6.1.2 硝酸溶液:1+4。

A.6.1.3 氯化钡溶液:100 g/L。

A.6.1.4 硝酸银溶液:20 g/L。

A.6.1.5 甲基红指示液:2 g/L。

A.6.2 仪器和设备

高温炉:能控制温度850 ℃±50 ℃。

A.6.3 分析步骤

A.6.3.1 试验溶液 B 的制备

称取约 25 g 试样，精确至 0.01 g，加适量水溶解，加 2 mL 盐酸溶液，置于电炉上加热至沸，并保持微沸 1 min～2 min。冷却后转移至 250 mL 容量瓶中，用水稀释至刻度，摇匀。用中速定性滤纸干过滤，弃去初滤液 20 mL。滤液作为试验溶液 B。

A.6.3.2 测定

移取 25.00 mL 试验溶液 B，置于 250 mL 烧杯中，加水至 50 mL，加 1 mL 盐酸溶液，在电炉上加热煮沸，在搅拌下滴加 5 mL 氯化钡溶液，滴加时间约为 1 min。继续搅拌并微沸 2 min～3 min，然后盖上表面皿，保持微沸 5 min。取下静置过夜。用慢速定量滤纸过滤，用淀帚擦拭烧杯壁，用温水洗净烧杯和沉淀，洗涤至无氯离子为止(取 5 mL 洗涤液，加 1 mL 硝酸溶液，用硝酸银溶液检验)。

将沉淀连同滤纸转移至已于 800 ℃±50 ℃下灼烧至质量恒定的瓷坩埚中，在电炉上灰化后，置于高温炉中，于800 ℃±50 ℃灼烧至质量恒定。

A.6.4 结果计算

硫酸盐含量以硫酸根(SO_4)的质量分数 w_4 计，数值以%表示，按公式(A.4)计算：

$$w_4=\frac{(m_2-m_1)\times 0.4116}{m\times(25/250)}\times 100\% \qquad \cdots\cdots(A.4)$$

式中：

m_2 ——坩埚和沉淀的质量的数值，单位为克(g)；

m_1 ——空坩埚的质量的数值，单位为克(g)；

0.411 6——硫酸钡换算成硫酸根的系数；

m ——试料的质量的数值，单位为克(g)。

取平行测定结果的算术平均值为测定结果，两次平行测定结果的绝对差值不大于 0.05%。

A.7 水不溶物的测定

A.7.1 试剂和材料

A.7.1.1 硝酸溶液：1+4。

A.7.1.2 硝酸银溶液：17 g/L。

A.7.2 仪器和设备

玻璃砂坩埚：滤板孔径 5 μm～15 μm。

A.7.3 分析步骤

称取约 10 g 试样，精确至 0.01 g，置于 500 mL 烧杯中，加 150 mL 水，在不断搅拌下加热近沸使样品全部溶解，静置温热 10 min。用预先于 105 ℃±2 ℃下干燥至质量恒定的玻璃砂坩埚过滤。用热水洗至无氯离子为止(取 5 mL 洗涤液，加 1 mL 硝酸，用硝酸银溶液检查)。在 105 ℃±2 ℃下干燥至质量恒定。

A.7.4 结果计算

水不溶物以质量分数 w_5 计，数值以%表示，按公式(A.5)计算：

$$w_5 = \frac{m_2 - m_1}{m} \times 100\% \quad \cdots\cdots\cdots\cdots\cdots\cdots\cdots\cdots\cdots\cdots\cdots(A.5)$$

式中：

m_1——玻璃砂坩埚质量的数值，单位为克(g)；

m_2——水不溶物和玻璃砂坩埚质量的数值，单位为克(g)；

m ——试料的质量的数值，单位为克(g)。

取平行测定结果的算术平均值为测定结果，两次平行测定结果的绝对差值不大于0.02%。

A.8 色度的测定

A.8.1 试剂和材料

500黑曾单位铂-钴标准溶液。

其他同GB/T 3143—1982的4.1。

A.8.2 仪器和设备

比色管：容积50 mL。

A.8.3 分析步骤

A.8.3.1 铂-钴标准溶液的制备

移取3.00 mL 500黑曾单位铂-钴标准溶液，置于比色管中，用水稀释至刻度。

A.8.3.2 测定

称取50.00 g±0.01 g试样，置于100 mL烧杯中，加约40 mL水溶解。转移至比色管中，用水稀释至刻度，摇匀，放置40 min消除气泡。将试样溶液比色管与标准溶液比色管置于白色背景下，沿比色管轴线方向用目测比较，试样溶液所产生的色度不得大于标准溶液所产生的色度。

A.9 铅的测定

A.9.1 试剂和材料

A.9.1.1 三氯甲烷。

A.9.1.2 硝酸。

A.9.1.3 盐酸溶液：1+4。

A.9.1.4 氢氧化钠溶液：100 g/L。

A.9.1.5 吡咯烷二硫代氨基甲酸铵(APDC)溶液：20 g/L。

称取2.00 g±0.01 g吡咯烷二硫代氨基甲酸铵(APDC)溶于100 mL水中。如有不溶物，使用前过滤。

A.9.1.6 铅标准溶液：1 mL溶液含铅(Pb)0.010 mg。

用移液管移取1.00 mL按HG/T 3696.2中配制的铅标准溶液，置于100 mL容量瓶中，加水至刻度，摇匀。该溶液现用现配。

A.9.1.7 精密pH试纸：0.5～5.0。

A.9.2 仪器和设备

A.9.2.1 分液漏斗:250 mL。

A.9.2.2 原子吸收分光光度计:配有铅空心阴极灯。

A.9.3 测定步骤

A.9.3.1 铅标准测定溶液的制备

移取 1.00 mL 铅标准溶液,置于 150 mL 烧杯中,用盐酸溶液调节溶液的 pH 为 1.0～1.5(用精密 pH 试纸检验)。将溶液移入分液漏斗中,用水稀释至约 200 mL。加入 2 mL 吡咯烷二硫代氨基甲酸铵(APDC)溶液,摇匀。用三氯甲烷萃取两次,每次加入 20 mL,将萃取液(即有机相)收集于 50 mL 烧杯中,在通风橱中用水浴加热蒸发至干。在残余物中加入 3 mL 硝酸,加热近干。加入 0.5 mL 硝酸和 10 mL 水,加热至剩余液体体积为 3 mL～5 mL,移入 10 mL 容量瓶中,用水稀释至刻度。

A.9.3.2 试验溶液的制备

称取 10.00 g±0.01 g 试样,置于 150 mL 烧杯中,加入 30 mL 水,加入 10 mL 盐酸溶液,盖上表面皿并加热至沸,沸腾 5 min。冷却,用氢氧化钠溶液调节 pH 值为 1.0～1.5(用精密 pH 试纸检验)。然后按 A.9.3.1 中从"将溶液移入分液漏斗中……"开始操作。

A.9.3.3 测定

选用空气-乙炔火焰,于 283.3 nm 波长处,用水调零,使用原子吸收分光光度计测定铅标准测定溶液和试验溶液的吸光度。

A.9.4 结果判定

试验溶液的吸光度不得大于铅标准测定溶液的吸光度。

A.10 砷的测定

称取 2.00 g±0.01 g 试样,置于 250 mL 烧杯中,加 50 mL 水,加入 10 mL 盐酸,作为试验溶液。

限量标准溶液的配制:移取 1.00 mL 砷标准溶液[1 mL 溶液含砷(As)0.001 mg],以下按 GB/T 5009.76—2003 中第 11 章进行测定。

A.11 铵的测定

A.11.1 试剂和材料

A.11.1.1 纳氏试剂。

A.11.1.2 氢氧化钠溶液:100 g/L。

A.11.1.3 酒石酸钾钠($KNaC_4H_4O_6 \cdot 4H_2O$)溶液:500 g/L。

A.11.1.4 铵标准溶液:1.00 mL 溶液含铵(NH_4)0.02 mg。

用移液管移取 2.00 mL 按 HG/T 3696.2 配制的铵标准溶液,用水稀释至 100 mL,摇匀。该溶液现用现配。

A.11.1.5 无铵蒸馏水:按 HG/T 3696.3 进行制备,本试验所有试剂均用无铵蒸馏水配制。

A.11.2 分析步骤

A.11.2.1 工作曲线绘制

移取 0.00 mL、0.50 mL、1.00 mL、1.50 mL、2.00 mL 铵标准溶液，分别置于 50 mL 比色管中，加入 1 mL 酒石酸钾钠溶液，摇匀。加 2 mL 纳氏试剂，摇匀，用水稀释至刻度，摇匀。放置 15 min，于分光光度计上，在 420 nm 处，使用 1 cm 比色皿，以水调零测量其吸光度。

从每个标准溶液的吸光度中减去试剂空白溶液的吸光度，以铵的质量(mg)为横坐标，对应的吸光度为纵坐标，绘制工作曲线。

A.11.2.2 测定

称取约 5 g 试样，精确至 0.01 g，置于 150 mL 烧杯，加水溶解。转移至 250 mL 容量瓶中，加 50 mL 氢氧化钠溶液，加水稀释至刻度，摇匀，静置 2 h。

移取 20.00 mL 上层清液，置于 50 mL 比色管中，加 1 mL 酒石酸钾钠溶液，摇匀。加 2 mL 纳氏试剂，摇匀，用水稀释至刻度，摇匀。放置 15 min，于分光光度计上，在 420 nm 处，使用 1 cm 比色皿，以水调零测量其吸光度。从工作曲线上查出试验溶液中铵的质量。

A.11.3 结果计算

铵含量以铵(NH_4)的质量分数 w_6 计，数值以 mg/kg 表示，按公式(A.6)计算：

$$w_6 = \frac{m_1}{m \times (20/250) \times 10^{-3}} \qquad \text{(A.6)}$$

式中：

m_1——从标准曲线上查得铵质量的数值，单位为毫克(mg)；

m ——试料的质量的数值，单位为克(g)。

取平行测定结果的算术平均值为测定结果，两次平行测定结果的绝对差值不大于 10 mg/kg。

中华人民共和国国家标准

GB 25585—2010

食品安全国家标准
食品添加剂 氯化钾

2010-12-21 发布　　2011-02-21 实施

中华人民共和国卫生部 发布

前言

本标准的附录A为规范性附录。

食品安全国家标准

食品添加剂　氯化钾

1　范围

本标准适用于以氯化镁和氯化钾为主要成分的岩盐光卤石或海盐生产的氯化钾,经精制而得的食品添加剂氯化钾。

2　规范性引用文件

本标准中引用的文件对于本标准的应用是必不可少的。凡是注日期的引用文件,仅所注日期的版本适用于本标准。凡是不注日期的引用文件,其最新版本(包括所有的修改单)适用于本标准。

3　分子式和相对分子质量

3.1　分子式

KCl

3.2　相对分子质量

74.55(按2007年国际相对原子质量)

4　技术要求

4.1　感官要求:应符合表1的规定。

表1　感官要求

项　目	要　求	检　验　方　法
色泽	无色或白色	取适量试样置于50 mL烧杯中,在自然光下观察色泽和组织状态
组织状态	结晶或粉末	

4.2　理化指标:应符合表2的规定。

表2　理化指标

项　　目		指　标	检验方法
氯化钾(干基计),w/%	≥	99.0	附录A中A.4
干燥减量,w/%	≤	1.0	附录A中A.5
酸碱度		通过试验	附录A中A.6

表 2（续）

项　　目		指　标	检验方法
碘和溴		通过试验	附录 A 中 A.7
钠(Na),w/%	≤	0.5	附录 A 中 A.8
重金属(以 Pb 计)/(mg/kg)	≤	5	附录 A 中 A.9
砷(As)/(mg/kg)	≤	2	附录 A 中 A.10

附 录 A
（规范性附录）
检 验 方 法

A.1 警示

本标准的检验方法中使用的部分试剂具有毒性或腐蚀性，操作时须小心谨慎！如溅到皮肤上应立即用水冲洗，严重者应立即治疗。在使用挥发性酸时，需在通风橱中进行。

A.2 一般规定

本标准的检验方法中所用试剂和水，在没有注明其他要求时，均指分析纯试剂和GB 6682—2008中规定的三级水。本标准试验中所需标准溶液、杂质标准溶液、制剂和制品，在没有注明其他要求时均按HG/T 3696.1、HG/T 3696.2、HG/T 3696.3之规定制备。

A.3 鉴别试验

A.3.1 钾离子的鉴别

称取约2 g试样，置于烧杯中，加入约10 mL水使其溶解。将玻璃棒（顶端带有铂丝环）的铂丝在盐酸中浸湿后在火焰上燃烧至无色，再蘸取少许试验溶液在火焰上燃烧，在钴玻璃下应呈紫色火焰。

A.3.2 氯离子的鉴别

取试样溶液（A.3.1），加硝酸银溶液（10 g/L）即产生白色沉淀，此沉淀不溶于硝酸。

A.4 氯化钾的测定

A.4.1 方法提要

同GB/T 3050—2000的第2章。

A.4.2 试剂和材料

A.4.2.1 硝酸溶液：1+1。

A.4.2.2 硝酸钾饱和溶液。

A.4.2.3 溴酚蓝指示液：1 g/L乙醇溶液。

A.4.2.4 硝酸银标准滴定溶液：$c(AgNO_3)\approx 0.1$ mol/L。

A.4.3 仪器和设备

A.4.3.1 电位计：分度值为2 mV，量程为－500 mV～＋500 mV。

A.4.3.2 参比电极：双液接型饱和甘汞电极。

A.4.3.3 测量电极：银电极。

A.4.4 分析步骤

称取约 0.25 g 按照 A.5 干燥 2 h 后的试样，精确到 0.000 1 g，置于 100 mL 烧杯中，加 40 mL 水溶解，加 1 滴溴酚蓝指示液，滴加 1 滴至 2 滴硝酸溶液，使溶液恰呈黄色，用浓度约为 0.1 mol/L 的硝酸银标准滴定溶液，以下按照 GB/T 3050—2000 的 4.6 中从"放入电磁搅拌子……"开始操作，记录每次加入硝酸银标准滴定溶液后的总体积和对应的电位值，并计算出滴定至终点所消耗的硝酸银标准滴定溶液体积(V)。

A.4.5 结果计算

氯化钾含量以氯化钾(KCl)的质量分数 w_1 计，数值以%表示，按公式(A.1)计算：

$$w_1 = \frac{VcM/1\ 000}{m(1-w_0)} \times 100\% \qquad \cdots\cdots(\text{A.1})$$

式中：

V ——滴定所消耗的硝酸银标准滴定溶液的体积的数值，单位为毫升(mL)；

c ——硝酸银标准滴定溶液浓度的准确数值，单位为摩尔每升(mol/L)；

w_0——由 A.5 所测得干燥减量的质量分数的数值，以%表示；

m ——试料质量的数值，单位为克(g)；

M ——氯化钾(KCl)的摩尔质量的数值，单位为克每摩尔(g/mol)(M=74.55)。

取平行测定结果的算术平均值为测定结果，两次平行测定结果的绝对差值不大于 0.2%。

A.5 干燥减量的测定

A.5.1 仪器和设备

A.5.1.1 称量瓶：ϕ30 mm×25 mm。

A.5.1.2 电烘箱，能控制在 105 ℃±2 ℃。

A.5.2 分析步骤

在预先于 105 ℃±2 ℃下干燥至质量恒定的称量瓶中称取约 2 g 试样，精确到 0.000 2 g，置于电烘箱内，在 105 ℃±2 ℃下加热 2 h。

A.5.3 结果计算

干燥减量以质量分数 w_0 计，数值以%表示，按公式(A.2)计算：

$$w_0 = \frac{m_1 - m_2}{m} \times 100\% \qquad \cdots\cdots(\text{A.2})$$

式中：

m_1——试料和称量瓶的质量的数值，单位为克(g)；

m_2——干燥后试料和称量瓶质量的数值，单位为克(g)；

m ——试料的质量的数值，单位为克(g)。

取平行测定结果的算术平均值为测定结果，平行测定结果的绝对差值不大于 0.2%。

A.6 酸碱度

A.6.1 试剂和材料

A.6.1.1 无二氧化碳的水。

A.6.1.2　氢氧化钠标准滴定溶液：$c(NaOH)\approx0.02$ mol/L。

A.6.1.3　酚酞指示液。

A.6.2　分析步骤

称取约 5 g 试样，溶于 50 mL 新配制的无二氧化碳的水中，滴入 3 滴酚酞指示液后，溶液不得呈现粉红色。滴加 0.3 mL 的氢氧化钠标准滴定溶液后，试液应呈现粉红色。

A.7　碘和溴的测定

A.7.1　试剂和材料

A.7.1.1　三氯甲烷。

A.7.1.2　次氯酸钠溶液。

A.7.2　分析步骤

称取 2 g 试样，精确至 0.01 g，置于 25 mL 比色管中，加入 6 mL 水，溶解。加入 1 mL 三氯甲烷，然后边滴加 5 mL 次氯酸钠溶液边振摇比色管。观察三氯甲烷层不得出现暂时的紫色或永久的橙色。

A.8　钠的测定

A.8.1　试剂和材料

A.8.1.1　盐酸：优级纯。

A.8.1.2　钠标准溶液贮备液：1 mL 溶液含钠(Na)0.1 mg。

配制：用移液管移取 10 mL 按 HG/T 3696.2 配制的钠标准溶液置于 100 mL 容量瓶中，稀释至刻度，摇匀。

A.8.1.3　钠标准溶液：1 mL 溶液含钠(Na)0.01 mg。

配制：用移液管移取 10 mL 钠标准溶液贮备液(A.8.1.2)置于 100 mL 容量瓶中，稀释至刻度，摇匀。

A.8.1.4　氯化铯溶液：20 g/L。

称取 2 g 氯化铯(光谱纯)，置于 100 mL 烧杯中，加适量的水使其溶解完全，用水稀释至 100 mL，摇匀。贮存于塑料瓶中。

A.8.1.5　乙炔：高纯。

A.8.1.6　水：符合 GB/T 6682—2008 的二级水。

A.8.2　仪器和设备

原子吸收分光光度计：配有钠空心阴极灯。

A.8.3　分析步骤

A.8.3.1　试样溶液的制备

称取约 0.2 g 试样，精确至 0.001 g，置于烧杯中，用水溶解，全部移入 250 mL 容量瓶中，稀释至刻度，摇匀。移取 10.00 mL 试样溶液于 100 mL 容量瓶中，加入 2 mL 盐酸、2.5 mL 氯化铯溶液，稀释至刻度，摇匀，用原子吸收分光光度计测定试样溶液的吸光度。

同时制备空白试验溶液。空白试验溶液除不加试样外，其他操作及加入试剂的种类和量与试样溶液的制备相同。

A.8.3.2 工作曲线的绘制

于5个100 mL容量瓶中，按表A.1分别移取钠标准溶液，再分别加入2 mL盐酸、2.5 mL氯化铯溶液，稀释至刻度，摇匀。用原子吸收分光光度计测定各溶液的吸光度，从各标准参比溶液的吸光度减去试剂空白溶液的吸光度，以各标准参比溶液中钠的质量(mg)为横坐标，对应的吸光度为纵坐标绘制工作曲线。

表 A.1 钠工作曲线表

容量瓶编号	1	2	3	4	5
钠标准溶液体积/mL	0	1.00	2.00	3.00	4.00
钠参比溶液中钠的质量/mg	0	0.010	0.020	0.030	0.040

A.8.4 结果计算

钠含量以钠(Na)的质量分数 w_2 计，数值以%表示，按公式(A.3)计算：

$$w_2 = \frac{(m_1 - m_0) \times 10^{-3}}{m \times (10/250)} \times 100\% \qquad \cdots\cdots (A.3)$$

式中：

m_1——从工作曲线上查得试样溶液中钠的质量的数值，单位为毫克(mg)；

m_0——从工作曲线上查得空白溶液中钠的质量的数值，单位为毫克(mg)；

m ——试料质量的数值，单位为克(g)。

取平行测定结果的算术平均值为测定结果，平行测定结果的绝对差值不大于0.02%。

A.9 重金属的测定

称取2.00 g±0.01 g试样，置于250 mL烧杯中，加入20 mL水和1 mL盐酸，微沸15 min，冷却至室温，全部移入50 mL比色管中，备用。

标准比色溶液：于250 mL烧杯中，加入20 mL水和1 mL盐酸，微沸15 min.，冷却至室温，全部移入50 mL比色管中，用移液管加入1 mL铅标准溶液[1 mL溶液含铅(Pb)0.01 mg]，备用。

然后按GB/T 5009.74—2003中第6章进行操作。

A.10 砷的测定

称取1.00 g±0.01 g试样，置于锥形瓶中，用水润湿，用盐酸中和至中性(用pH试纸检验)，再过量5 mL，摇匀。移取2.00 mL砷标准溶液[1 mL溶液含砷(As)0.001 mg]作为标准，置于另一只锥形瓶中。各加入5 mL盐酸溶液(1+3)。然后按照GB/T 5009.76—2003中6.2或第11章进行测定。

二乙氨基二硫代甲酸银比色法为仲裁法。

中华人民共和国国家标准

GB 25586—2010

食品安全国家标准

食品添加剂　碳酸氢三钠（倍半碳酸钠）

2010-12-21 发布　　　　2011-02-21 实施

中华人民共和国卫生部　发布

前言

本标准的附录A为规范性附录。

食品安全国家标准

食品添加剂　碳酸氢三钠(倍半碳酸钠)

1　范围

本标准适用于以碳酸钠、碳酸氢钠或天然碱为原料采用重结晶法生产的食品添加剂碳酸氢三钠(倍半碳酸钠)。

2　规范性引用文件

本标准中引用的文件对于本标准的应用是必不可少的。凡是注日期的引用文件,仅所注日期的版本适用于本标准。凡是不注日期的引用文件,其最新版本(包括所有的修改单)适用于本标准。

3　分子式和相对分子质量

3.1　分子式

$Na_2CO_3 \cdot NaHCO_3 \cdot 2H_2O$

3.2　相对分子质量

226.03(按 2007 年国际相对原子质量)

4　技术要求

4.1　感官要求:应符合表 1 的规定。

表 1　感官要求

项　目	要　求	检　验　方　法
色泽	白色	取适量试样置于 50 mL 烧杯中,在自然光下观察色泽和组织状态
组织状态	针状、片状结晶或结晶粉末	

4.2　理化指标:应符合表 2 的规定。

表 2　理化指标

项　目	指　标	检验方法
碳酸氢钠($NaHCO_3$),w/%	35.0～38.6	附录 A 中的 A.4
碳酸钠(Na_2CO_3),w/%	46.4～50.0	附录 A 中的 A.5
氯化物(以 Cl 计),w/%　　≤	0.3	附录 A 中的 A.6

表 2（续）

项　　目		指　标	检验方法
水分，w/%		13.8～16.7	附录 A 中的 A.7
铁(Fe)/(mg/kg)	≤	20	附录 A 中的 A.8
重金属(以 Pb 计)/(mg/kg)	≤	5	附录 A 中的 A.9
铅(Pb)/(mg/kg)	≤	2	附录 A 中的 A.10
砷(As)/(mg/kg)	≤	1	附录 A 中的 A.11
硫酸盐(以 SO_4 计)，w/%	≤	0.02	附录 A 中的 A.12
澄清度		通过试验	附录 A 中的 A.13
堆积密度，ρ/(g/mL)	≥	0.7	附录 A 中的 A.14

附 录 A
（规范性附录）
检 验 方 法

A.1 警示

本标准的检验方法中使用的部分试剂具有毒性或腐蚀性，操作时须小心谨慎！如溅到皮肤上应立即用水冲洗，严重者应立即治疗。会产生挥发性有害气体的操作，应在通风橱中进行。

A.2 一般规定

本标准的检验方法中所用试剂和水，在没有注明其他要求时，均指分析纯试剂和GB/T 6682—2008中规定的三级水。试验中所用标准滴定溶液、杂质标准溶液、制剂及制品，在没有注明其他要求时，均按HG/T 3696.1、HG/T 3696.2、HG/T 3696.3之规定制备。

A.3 鉴别试验

A.3.1 钠离子的鉴别

用盐酸润湿铂丝，在火焰上燃烧至无色，再蘸取少许试验溶液在火焰上燃烧，火焰即呈亮黄色。

A.3.2 碳酸盐的鉴别

取试样少许，加盐酸溶液(1＋2)后可产生气体，该气体通入氢氧化钙溶液(3 g/L)中有白色沉淀产生。

A.4 碳酸氢钠的测定

A.4.1 盐酸滴定法(仲裁法)

A.4.1.1 方法提要

将试样溶解后加入一定量的氢氧化钠标准滴定溶液，再加入氯化钡溶液使之与碳酸钠反应，加入酚酞指示剂，用盐酸标准滴定溶液滴定至终点。

A.4.1.2 试剂和材料

A.4.1.2.1 无二氧化碳的水。

A.4.1.2.2 氯化钡溶液：100 g/L。

A.4.1.2.3 氢氧化钠标准滴定溶液：$c(NaOH)=1$ mol/L。

A.4.1.2.4 盐酸标准滴定溶液：$c(HCl)=1$ mol/L。

A.4.1.2.5 酚酞指示液。

A.4.1.3 分析步骤

称取约2 g试样，精确至0.000 2 g，置于400 mL烧杯中，加入200 mL冷却的无二氧化碳的水溶解。准确加入 20 mL 氢氧化钠标准滴定溶液，加入 100 mL 氯化钡溶液，摇匀。加入 3 滴～5 滴酚酞指示液，用盐酸标准滴定溶液滴定至溶液呈恰好无色为终点。同时进行空白试验。

空白试验除不加试样外，其他操作及加入试剂的种类和量(标准滴定溶液除外)与测定试验相同。

A.4.1.4　**结果计算**

碳酸氢钠含量以碳酸氢钠($NaHCO_3$)的质量分数 w_1 计，数值以%表示，按公式(A.1)计算：

$$w_1=\frac{[(V_0-V)/1\,000]cM}{m}\times 100\% \quad \cdots\cdots(A.1)$$

式中：

V_0——空白试验所消耗的盐酸标准滴定溶液体积的数值，单位为毫升(mL)；

V——滴定试验溶液所消耗的盐酸标准滴定溶液的体积的数值，单位为毫升(mL)；

c——盐酸标准滴定溶液浓度的准确数值，单位为摩尔每升(mol/L)；

m——试料质量的数值，单位为克(g)；

M——碳酸氢钠($NaHCO_3$)的摩尔质量的数值，单位为克每摩尔(g/mol)(M=84.01)。

取平行测定结果的算术平均值为测定结果，两次平行测定结果的绝对差值不大于 0.2%。

A.4.2　**氢氧化钠滴定法**

A.4.2.1　**方法提要**

试样中的碳酸氢钠与氢氧化钠反应，根据所消耗的氢氧化钠的体积数，计算碳酸氢钠含量。

A.4.2.2　**试剂和材料**

A.4.2.2.1　无二氧化碳的水。

A.4.2.2.2　氢氧化钠标准滴定溶液：c(NaOH)=1 mol/L。

A.4.2.2.3　硝酸银溶液：100 g/L。

A.4.2.3　**分析步骤**

称取约 8.4 g 试样，精确至 0.000 2 g，置于 250 mL 烧杯中，加入 50 mL 冷却的无二氧化碳的水溶解。用 1 mol/L 氢氧化钠标准滴定溶液滴定，直至取 1 滴试验溶液与 1 滴硝酸银溶液反应，在滴定板上相遇时呈深褐色为止。同时进行空白试验。

空白试验除不加试样外，其他操作及加入试剂的种类和量(标准滴定溶液除外)与测定试验相同。

A.4.2.4　**结果计算**

碳酸氢钠含量以碳酸氢钠($NaHCO_3$)的质量分数 w_1 计，数值以%表示，按公式(A.2)计算：

$$w_1=\frac{[(V-V_0)/1\,000]cM}{m}\times 100\% \quad \cdots\cdots(A.2)$$

式中：

V——滴定试验溶液所消耗的氢氧化钠标准滴定溶液的体积的数值，单位为毫升(mL)；

V_0——空白试验所消耗的氢氧化钠标准滴定溶液体积的数值，单位为毫升(mL)；

c——氢氧化钠标准滴定溶液浓度的准确数值，单位为摩尔每升(mol/L)；

m——试料质量的数值，单位为克(g)；

M——碳酸氢钠($NaHCO_3$)的摩尔质量的数值，单位为克每摩尔(g/mol)(M=84.01)。

取平行测定结果的算术平均值为测定结果，两次平行测定结果的绝对差值不大于 0.2%。

A.5 碳酸钠的测定

A.5.1 试剂和材料

A.5.1.1 盐酸标准滴定溶液：$c(HCl)=1$ mol/L。

A.5.1.2 溴甲酚绿-甲基红指示液。

A.5.2 分析步骤

称取约 2.5 g 试样，精确至 0.000 2 g，置于 250 mL 锥形瓶中，加 50 mL 水使之全部溶解。滴加 10 滴溴甲酚绿-甲基红指示液，用盐酸标准滴定溶液滴定至试验溶液由绿色变为暗红色后，煮沸 2 min，冷却至室温，用盐酸标准滴定溶液继续滴定至暗红色为终点。同时进行空白试验。

空白试验除不加试样外，其他操作及加入试剂的种类和量（标准滴定溶液除外）与测定试验相同。

A.5.3 结果计算

碳酸钠含量以碳酸钠（Na_2CO_3）的质量分数 w_2 计，数值以%表示，按公式（A.3）计算：

$$w_2=\frac{[(V-V_0)/1\ 000]cM}{m}\times 100\%-w_1\times 0.630\ 9 \quad\cdots\cdots(A.3)$$

式中：

V ——滴定试验溶液所消耗的盐酸标准滴定溶液体积的数值，单位为毫升（mL）；

V_0 ——空白试验所消耗的盐酸标准滴定溶液体积的数值，单位为毫升（mL）；

c ——盐酸标准滴定溶液浓度的准确数值，单位为摩尔每升（mol/L）；

m ——试料质量的数值，单位为克（g）；

M ——碳酸钠（$1/2Na_2CO_3$）的摩尔质量的数值，单位为克每摩尔（g/mol）（$M=53.00$）；

w_1 ——由 A.4 测得的碳酸氢钠（$NaHCO_3$）的质量分数，%；

0.630 9 ——碳酸氢钠换算成碳酸钠的系数。

取平行测定结果的算术平均值为测定结果，两次平行测定结果的绝对差值不大于 0.2%。

A.6 氯化物的测定

A.6.1 试剂和材料

A.6.1.1 95%乙醇。

A.6.1.2 硝酸溶液：1+6。

A.6.1.3 硝酸银溶液：17 g/L。

A.6.1.4 氯化物标准溶液：1 mL 溶液含氯（Cl）0.10 mg。

移取 10.00 mL 按 HG/T 3696.2 要求配制的氯化物标准溶液，置于 100 mL 容量瓶中，用水稀释至刻度，摇匀。

A.6.2 分析步骤

称取 1.00 g±0.01 g 试样，置于 50 mL 烧杯中，加入适量的水使之溶解，全部转移至 100 mL 容量瓶中，用水稀释至刻度，摇匀。用移液管移取 10 mL 上述试验溶液，置于 50 mL 比色管中，加入 1 mL 95%乙醇，3 mL 硝酸溶液和 2 mL 硝酸银溶液，用水稀释至刻度，轻轻摇匀。静置 10 min 后，于黑背景下与标准比浊溶液比对，所产生的浊度不得深于标准比浊溶液。

标准比浊溶液是移取 3.00 mL 氯化物标准溶液，与试料同时同样处理。

A.7 水分的测定

结果计算

水分以质量分数 w_4 计,数值以%表示,按公式(A.4)计算:

$$w_4 = 100 - w_1 - w_2 - 1.648\,5w_3 \qquad \text{(A.4)}$$

式中

w_1 ——A.4 所测碳酸氢钠的质量分数的数值,%;

w_2 ——A.5 所测碳酸钠的质量分数的数值,%;

w_3 ——A.6 所测氯的质量分数的数值,%;

1.648 5——氯换算成氯化钠的系数。

A.8 铁的测定

A.8.1 试剂和材料

A.8.1.1 盐酸溶液:1+3。

A.8.1.2 其他试剂和材料同 GB/T 3049—2006 的第 4 章。

A.8.2 仪器和设备

分光光度计:配有 4 cm 比色皿。

A.8.3 分析步骤

A.8.3.1 工作曲线的绘制

按 GB/T 3049—2006 中 6.3 的规定,使用 4 cm 比色皿,绘制铁含量为 10 μg~100 μg 工作曲线。

A.8.3.2 测定

称取约 2 g 试样,精确至 0.01 g,置于 150 mL 烧杯中,加入 8 mL 盐酸。以下按 GB/T 3049—2006 中 6.4 规定从"必要时,加水至 60 mL……"开始进行操作。同时同样处理空白试验溶液。从工作曲线上查出相应的铁的质量。

A.8.4 结果计算

铁含量以铁(Fe)的质量分数 w_5 计,数值以 mg/kg 表示,按公式(A.5)计算:

$$w_5 = \frac{m_1 - m_0}{m \times 10^{-3}} \qquad \text{(A.5)}$$

式中:

m_1——从工作曲线上查出的试验溶液中铁的质量的数值,单位为毫克(mg);

m_0——从工作曲线上查出的空白试验溶液中铁的质量的数值,单位为毫克(mg);

m ——试料质量的数值,单位为克(g)。

取平行测定结果的算术平均值为测定结果,两次平行测定结果的绝对差值不大于 5 mg/kg。

A.9 重金属的测定

A.9.1 试剂和材料

A.9.1.1 盐酸溶液:1+1。

A.9.1.2 氢氧化钠-甘油溶液：

用移液管移取 40 g/L 氢氧化钠溶液 15.00 mL，加入 50 mL 水和 20 mL 甘油，摇匀（也可称 3 g 氢氧化钠溶于 75 mL 水，再加 250 mL 水，然后加入 100 mL 甘油，混合）。

A.9.1.3 硫代乙酰胺溶液：40 g/L（于棕色瓶内保存，保质期不多于 7 d）。

A.9.1.4 硫代乙酰胺-氢氧化钠-甘油混合溶液：

用移液管移取氢氧化钠-甘油溶液 10.00 mL，置于 100 mL 烧杯中，缓慢加入 2 mL 硫代乙酰胺溶液，在 50 ℃左右水浴上加热 20 s，冷却后立即使用。

A.9.1.5 铅标准溶液：1 mL 溶液含铅（Pb）0.010 mg。

移取 1.00 mL 按 HG/T 3696.2 要求配制的铅标准溶液，置于 100 mL 容量瓶中，用水稀释至刻度，摇匀。该溶液现用现配。

A.9.1.6 其他试剂同 GB/T 5009.74—2003 的第 3 章。

A.9.2 仪器和设备

同 GB/T 5009.74—2003 的第 4 章。

A.9.3 分析步骤

称取 2.00 g±0.01 g 试样，置于 100 mL 烧杯中，加 10 mL 水溶解，再加盐酸溶液中和后，调至酸性 pH≈2（用精密试纸检验），全部转移至 50 mL 比色管中，加入 4 mL pH 为 3.5 的乙酸盐缓冲溶液、4 mL 硫代乙酰胺-氢氧化钠-甘油混合溶液，用水稀释至刻度，摇匀。在暗处放置 5 min 后，在白色背景下观察，其色度不得深于标准比色溶液。

标准比色溶液是用移液管移取 1.00 mL 铅标准溶液，置于 50 mL 比色管中，加入 10 mL 水，加 1 滴～2 滴盐酸溶液，以下从“加入 4 mL pH 为 3.5 的乙酸盐缓冲溶液”开始与试料同时同样处理。

A.10 铅的测定

A.10.1 双硫腙比色法（仲裁法）

A.10.1.1 分析步骤

称取 5.00 g±0.01 g 试样，置于 100 mL 烧杯中，加适量水使试样完全溶解，置于分液漏斗中。

移取 1.00 mL 铅标准溶液，置于分液漏斗中，作为标准比对溶液，以下按 GB/T 5009.75—2003 规定进行测定。

A.10.2 原子吸收分光光度法

A.10.2.1 试剂和材料

A.10.2.1.1 盐酸。

A.10.2.1.2 三氯甲烷。

A.10.2.1.3 硝酸。

A.10.2.1.4 氢氧化钠溶液：250 g/L。

A.10.2.1.5 吡咯烷二硫代氨基甲酸铵（APDC）溶液：2%。

称取 2 g 吡咯烷二硫代氨基甲酸铵（APDC）溶于 100 mL 水中。如有不溶物，使用前过滤。

A.10.2.1.6 铅标准溶液：1 mL 溶液含铅（Pb）0.010 mg。

移取 1.00 mL 按 HG/T 3696.2 要求配制的铅标准溶液，置于 100 mL 容量瓶中，用水稀释至刻度，摇匀。该溶液现用现配。

A.10.2.1.7 精密 pH 试纸:pH 0.5～5.0。

A.10.2.1.8 二级水:符合 GB/T 6682—2008 的规定。

A.10.2.2 仪器和设备

A.10.2.2.1 分液漏斗:250 mL。

A.10.2.2.2 原子吸收分光光度计。

A.10.2.3 分析步骤

A.10.2.3.1 铅标准测定溶液的制备及测定

准确移取 2.00 mL 铅标准溶液,置于 150 mL 烧杯中,加 30 mL 水,10 mL 盐酸,(盖上表面皿)加热至沸,并沸腾 5 min。冷却,用氢氧化钠溶液调节溶液的 pH 为 1.0～1.5(用精密 pH 试纸检验)。将溶液移入分液漏斗中,用水稀释至约 200 mL。加入 2 mL 吡咯烷二硫代氨基甲酸铵(APDC)溶液,摇匀。用三氯甲烷萃取两次,每次加入 20 mL,将萃取液(即有机相)收集于 50 mL 烧杯中,(在通风橱中)用水浴加热蒸发至干。在残余物中加入 3 mL 硝酸,加热近干。加入 0.5 mL 硝酸和 10 mL 水,加热至剩余液体体积为 3 mL～5 mL,移入 10 mL 容量瓶中,用水稀释至刻度。选用空气-乙炔火焰,于 283.3 nm 波长处,用水调零,测定溶液的吸光度。

A.10.2.3.2 试样测定溶液的制备及测定

称取 10.0 g±0.01 g 试样置于 150 mL 烧杯中,加入 30 mL 水,加入 10 mL 盐酸,(盖上表面皿)加热使试样溶解,并沸腾 5 min。然后按 A.10.2.3.1 从"冷却,用氢氧化钠溶液调节溶液的 pH 为 1.0～1.5……"开始进行操作,测其相应吸光值。

A.10.2.4 结果判定

试样测定溶液的吸光度不得大于铅标准测定溶液的吸光度。

A.11 砷的测定

A.11.1 试剂和材料

A.11.1.1 盐酸溶液:1+3。

A.11.1.2 砷标准溶液:1 mL 溶液含 1.0 μg 砷(As)。

移取 1.00 mL 按 HG/T 3696.2 要求配制的砷标准溶液,置于 1 000 mL 容量瓶中,用水稀释至刻度,摇匀。该溶液现用现配。

A.11.1.3 其他试剂同 GB/T 5009.76—2003 的第 9 章。

A.11.2 仪器和设备

同 GB/T 5009.76—2003 的第 10 章。

A.11.3 分析步骤

称取 1.00 g±0.01 g 试样,置于定砷瓶中。加入 10 mL 盐酸溶液将试样溶解。

限量标准溶液的配制:移取 1.00 mL 砷标准溶液,置于定砷瓶中,以下按 GB/T 5009.76—2003 的第 11 章规定进行测定。

A.12 硫酸盐的测定

A.12.1 试剂和材料

A.12.1.1 盐酸溶液:1+2。

A.12.1.2 氯化钡溶液:100 g/L。

A.12.1.3 硫酸盐标准溶液:1 mL 溶液含硫酸根(SO_4^{2-})0.10 mg。

移取 10.00 mL 按 HG/T 3696.2 要求配制的硫酸盐标准溶液,置于 100 mL 容量瓶中,用水稀释至刻度,摇匀。

A.12.2 仪器和设备

恒温水浴箱:温度能控制在 40 ℃~50 ℃。

A.12.3 分析步骤

称取 1.00 g±0.01 g 试样,置于 100 mL 烧杯中,加水使之溶解,加入盐酸溶液中和至 pH 接近 7(pH 试纸检验),并过量 5 滴,煮沸 3 min~5 min,以赶尽二氧化碳,冷却。全部转移至 50 mL 比色管中,加入 2 mL 氯化钡溶液,加水至刻度,摇匀。置于 40 ℃~50 ℃水浴中,10 min 后比较,其浊度不得深于标准比浊溶液。

标准比浊溶液是移取 2.00 mL 硫酸盐标准溶液,与试料同时同样处理。

A.13 澄清度的检验

A.13.1 试剂和材料

A.13.1.1 六次甲基四胺溶液:100 g/L。

称取 10.0 g±0.1 g 预先于硅胶干燥器中干燥 24 h 的六次甲基四胺,置于烧杯中,加少量水溶解,全部转移至 100 mL 容量瓶中,用水稀释至刻度,摇匀。

A.13.1.2 硫酸联氨溶液:10 g/L。

称取 1.0 g±0.1 g 预先于硅胶干燥器中干燥 24 h 的硫酸联氨,置于烧杯中,加少量水溶解,全部转移至 100 mL 容量瓶中,用水稀释至刻度,摇匀。

A.13.1.3 标准比浊溶液:

用移液管移取 25.00 mL 六次甲基四胺溶液和 25.00 mL 硫酸联氨溶液,置于干燥的试剂瓶中,摇匀,室温下放置 24 h,制成标准比浊溶液 A。此溶液有效日期 60 d。

用移液管移取 10.00 mL 标准比浊溶液 A,置于 1 000 mL 容量瓶中,用水稀释至刻度,摇匀,制成标准比浊溶液 B。此溶液有效期 1 d。

A.13.2 分析步骤

称取 1.00 g±0.01 g 试样,置于 25 mL 比色管中。加水溶解后,用水稀释至刻度,摇匀。放置 5 min 后,与标准比浊溶液比较,对着黑色背景,从比色管上方观察,试验溶液的澄清度不得低于标准比浊溶液所示的澄清度。

标准比浊溶液是用移液管移取 5.00 mL 标准比浊溶液 B,置于 25 mL 比色管中,用水稀释至刻度,摇匀。

A.14 堆积密度的测定

A.14.1 仪器和设备

A.14.1.1 堆积密度的测定装置如图 A.1 所示。

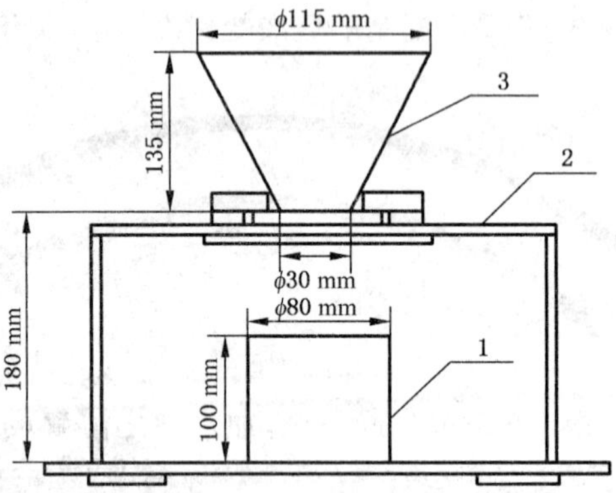

1——料罐(500 mL 或 250 mL);

2——支架;

3——漏斗。

图 A.1 堆积密度测定装置图

A.14.1.2 料罐体积的测定

将料罐洗净、晾干,盖上玻璃片,称得料罐和玻璃片的质量。小心将水倒入料罐中,近满时用滴管加水至全满,盖上玻璃片,用滤纸吸干料罐及玻璃片外部的水,玻璃片与料罐中水之间应无气泡。再称量料罐和玻璃片的质量。

料罐体积 V,数值以毫升(mL)表示,按公式(A.6)计算:

$$V=\frac{m_1-m_2}{\rho_{水}} \qquad \cdots\cdots(A.6)$$

式中:

m_1——灌满水的料罐及玻璃片的质量的数值,单位为克(g);

m_2——未灌水的料罐及玻璃片的质量的数值,单位为克(g);

$\rho_{水}$——测定温度下纯水密度的数值,单位为克每毫升(g/mL),近似为 1 g/mL。

料罐体积每年至少校准一次。

A.14.2 分析步骤

按图 A.1 安装好堆积密度测定装置。称取料罐质量,精确至 1 g。关好漏斗下底,将试样自然倒满,用直尺刮去高出部分,放好已知质量的料罐,打开漏斗下底,使试料全部自动流入料罐中,用直尺刮去高出部分(刮平前勿移动料罐),称量试料和料罐的质量,精确至 1 g。

A.14.3 结果计算

堆积密度以单位体积的质量 ρ 计,数值以克每毫升(g/mL)表示,按公式(A.7)计算:

$$\rho = \frac{m_1 - m_2}{V} \tag{A.7}$$

式中：

m_1——料罐和试料的质量的数值，单位为克(g)；

m_2——料罐的质量的数值，单位为克(g)；

V——料罐的体积的数值，单位为毫升(mL)。

取平行测定结果的算术平均值为测定结果，两次平行测定结果的绝对差值不大于 0.02 g/mL。

中华人民共和国国家标准

GB 25587—2010

食品安全国家标准

食品添加剂　碳酸镁

2010-12-21 发布　　2011-02-21 实施

中华人民共和国卫生部　发布

前　言

本标准的附录 A 为规范性附录。

食品安全国家标准
食品添加剂 碳酸镁

1 范围

本标准适用于用二氧化碳与氢氧化镁乳浊液反应或碳酸钠与可溶性镁盐反应制得的食品添加剂碳酸镁。

2 规范性引用文件

本标准中引用的文件对于本标准的应用是必不可少的。凡是注日期的引用文件,仅所注日期的版本适用于本标准。凡是不注日期的引用文件,其最新版本(包括所有的修改单)适用于本标准。

3 分子式

$x\mathrm{MgCO_3} \cdot y\mathrm{Mg(OH)_2} \cdot n\mathrm{H_2O}$

4 要求

4.1 感官要求:应符合表1的规定。

表1 感官要求

项 目	要 求	检 验 方 法
色泽、气味	白色,无臭	取适量试样置于50 mL烧杯中,在自然光下观察色泽和组织状态。嗅其气味
组织状态	粉末	

4.2 理化指标:应符合表2的规定。

表2 理化指标

项 目		指 标	检验方法
氧化镁(MgO),w/%		40.0～44.0	附录A中A.4
酸不溶物,w/%	≤	0.05	附录A中A.5
氧化钙(CaO),w/%	≤	0.60	附录A中A.6
可溶性盐,w/%	≤	1.0	附录A中A.7
砷(As)/(mg/kg)	≤	3	附录A中A.8
重金属(以Pb计)/(mg/kg)	≤	10	附录A中A.9

附 录 A
（规范性附录）
检 验 方 法

A.1 安全提示

本标准的检验方法中使用的部分试剂具有毒性或腐蚀性，操作时须小心谨慎！如溅到皮肤上应立即用水冲洗，严重者应立即治疗。

A.2 一般规定

本标准的检验方法中所用试剂和水在没有注明其他要求时，均指分析纯试剂和 GB/T 6682—2008 中规定的三级水。试验中所用标准滴定溶液、杂质标准溶液、制剂及制品，在没有注明其他要求时，均按 HG/T 3696.1、HG/T 3696.2、HG/T 3696.3 之规定制备。

A.3 鉴别试验

A.3.1 试剂和材料

A.3.1.1 盐酸溶液：1＋2。
A.3.1.2 氨水：1＋3。
A.3.1.3 氯化铵溶液：100 g/L。
A.3.1.4 碳酸铵溶液：100 g/L。
A.3.1.5 磷酸氢二钠溶液：100 g/L。
A.3.1.6 氢氧化钙溶液：3 g/L。

A.3.2 镁的鉴别

取少量试样，加盐酸溶液，试样溶解。用氨水调至中性，加入氯化铵溶液和碳酸铵溶液不产生沉淀，再加入磷酸氢二钠溶液时应产生白色沉淀。分离沉淀，加氨水也不应溶解。

A.3.3 碳酸盐的鉴别

取少量试样，加盐酸溶液后应产生气泡，该气体通入氢氧化钙溶液中应有白色沉淀产生。

A.4 氧化镁的测定

同 HG/T 2959—2000 的 4.4。

A.5 酸不溶物的测定

同 HG/T 2959—2000 的 4.2。

A.6 氧化钙的测定

同 HG/T 2959—2000 的 4.3。

A.7 可溶性盐的测定

A.7.1 试剂和材料

正丙醇溶液:1+1。

A.7.2 仪器和设备

电热恒温干燥箱:能控制温度在 105 ℃～110 ℃。

A.7.3 分析步骤

称取约 2 g 试样,精确至 0.01 g,加 100 mL 正丙醇溶液。于搅拌下加热至沸,冷却至室温。转移至 100 mL 容量瓶中,加水至刻度,摇匀,干过滤,弃去前滤液 15 mL。用移液管移取 50 mL 滤液,置于已于 105 ℃～110 ℃干燥至质量恒定的烧杯中,在蒸汽浴上蒸发至干。移入电热恒温干燥箱中,在 105 ℃～110 ℃下干燥至质量恒定。

A.7.4 结果计算

可溶性盐含量以质量分数 w_1 计,数值以%表示,按公式(A.1)计算:

$$w_1=\frac{m_1-m_0}{m\times 50/100}\times 100\% \quad\cdots\cdots(A.1)$$

式中:

m_0——烧杯的质量的数值,单位为克(g);

m_1——烧杯和残渣的质量的数值,单位为克(g);

m——试样的质量的数值,单位为克(g)。

取平行测定结果的算术平均值为测定结果,两次平行测定结果的绝对差值不大于 0.2%。

A.8 砷的测定

A.8.1 二乙基二硫代氨基甲酸银分光光度法(仲裁法)

同 GB/T 5009.76—2003 的第 2 章。

A.8.2 砷斑法

称取 1.00 g±0.01 g 试样,置于测砷装置的锥形瓶中,加 5 mL(1+3)盐酸溶解,以下按 GB/T 5009.76—2003 的第 11 章操作。

限量标准溶液的配制:移取 3.00 mL 砷标准溶液[1 mL 溶液含砷(As)1.0 μg],与试样同时同样处理。

A.9 重金属(以 Pb 计)的测定

称取 1.00 g±0.01 g 试样,加 10 mL(1+3)盐酸溶液溶解试样,作为试样溶液。

移取 1.00 mL 铅标准溶液[1 mL 溶液含铅(Pb)0.01 mg]作为标准溶液,以下按 GB/T 5009.76—2003 的第 6 章进行测定。

中华人民共和国国家标准

GB 25588—2010

食品安全国家标准
食品添加剂　碳酸钾

2010-12-21 发布　　　　2011-02-21 实施

中华人民共和国卫生部　发布

前言

本标准的附录A为规范性附录。

食品安全国家标准

食品添加剂　碳酸钾

1　范围

本标准适用于电解法和离子交换法制得的食品添加剂碳酸钾。

2　规范性引用文件

本标准中引用的文件对于本标准的应用是必不可少的。凡是注日期的引用文件，仅所注日期的版本适用于本标准。凡是不注日期的引用文件，其最新版本(包括所有的修改单)适用于本标准。

3　分子式和相对分子质量

3.1　分子式

K_2CO_3

3.2　相对分子质量

138.20(按 2007 年国际相对原子质量)

4　技术要求

4.1　感官要求：应符合表 1 的规定。

表 1　感官要求

项　目	要　求	检　验　方　法
色泽	白色	取适量试样置于 50 mL 烧杯中，在自然光下观察色泽和组织状态
组织状态	粉末或颗粒状结晶	

4.2　理化指标：应符合表 2 的规定。

表 2　理化指标

项　　目		指　标	检验方法
碳酸钾(以干基计)，w/%	≥	99.0	附录 A 中 A.4
氯化物(以 KCl 计)(以干基计)，w/%	≤	0.015	附录 A 中 A.7
硫化合物(以 K_2SO_4 计)(以干基计)，w/%	≤	0.01	附录 A 中 A.8
铁(Fe)(以干基计)，w/%	≤	0.001 0	附录 A 中 A.9

表 2（续）

项　目		指　标	检验方法
水不溶物（以干基计），w/%	≤	0.02	附录 A 中 A.10
重金属（以 Pb 计）/（mg/kg）	≤	10	附录 A 中 A.11
砷（As）/（mg/kg）	≤	2	附录 A 中 A.12
灼烧减量，w/%	≤	0.60	附录 A 中 A.13

附 录 A
(规范性附录)
检 验 方 法

A.1 警示

本标准的检验方法中使用的部分试剂具有腐蚀性,操作者须小心谨慎!如溅到皮肤上应立即用水冲洗,严重者应立即就医。使用易燃品时,严禁使用明火加热。

A.2 一般规定

本标准的检验方法中所用试剂和水,在没有注明其他要求时,均指分析纯试剂和GB/T 6682—2008中规定的三级水。试验中所用标准滴定溶液、杂质标准溶液、制剂及制品,在没有注明其他要求时,均按HG/T 3696.1、HG/T 3696.2、HG/T 3696.3之规定制备。

A.3 鉴别试验

A.3.1 试剂和材料

A.3.1.1 盐酸。
A.3.1.2 无水乙醇。
A.3.1.3 氢氧化钙饱和溶液:
称取3 g氢氧化钙放入1 000 mL水中,经剧烈搅拌或振摇后,放置澄清,取澄清液备用。
A.3.1.4 硫酸镁溶液:120 g/L。
A.3.1.5 四苯硼钠乙醇溶液:34 g/L。
A.3.1.6 红色石蕊试纸。

A.3.2 分析步骤

A.3.2.1 碳酸盐的鉴别

A.3.2.1.1 取50 mL 0.1 g/mL试验溶液,置于250 mL锥形瓶中,滴加盐酸,即放出气体。将此气体导入氢氧化钙饱和溶液中,发生白色浑浊。
A.3.2.1.2 取适量0.1 g/mL试验溶液,滴加硫酸镁溶液,即发生白色沉淀。

A.3.2.2 钾离子的鉴别

A.3.2.2.1 取适量0.1 g/mL试验溶液,加入四苯硼钠溶液,即有大量白色沉淀生成。
A.3.2.2.2 用盐酸浸润的铂丝先在无色火焰上燃烧至无色。再蘸取少许试验溶液,在无色火焰上燃烧,通过钴玻璃观察火焰呈紫色。

A.4 碳酸钾的测定

A.4.1 四苯硼钾重量法(仲裁法)

A.4.1.1 方法提要

在弱酸性介质中,碳酸钾与四苯硼钠生成四苯硼钾沉淀。根据四苯硼钾沉淀的质量扣除氯化钾、硫酸钾的质量计算碳酸钾的含量。

A.4.1.2 试剂和材料

A.4.1.2.1 无水乙醇。

A.4.1.2.2 冰乙酸溶液:1+9。

A.4.1.2.3 四苯硼钠乙醇溶液:34 g/L。

A.4.1.2.4 四苯硼钾乙醇饱和溶液。

A.4.1.2.5 甲基红指示液:1 g/L。

A.4.1.3 仪器和设备

A.4.1.3.1 玻璃砂坩埚:滤板孔径 5 μm～15 μm。

A.4.1.3.2 电热恒温干燥箱:能控制温度 120 ℃～125 ℃。

A.4.1.4 分析步骤

称取 0.8 g～0.85 g 于 270 ℃～300 ℃灼烧至质量恒定的试样,精确至 0.000 2 g,溶于水,移入 500 mL 容量瓶中,用水稀释至刻度,摇匀。如试验溶液浑浊,则需干过滤,弃去初始 10 mL～15 mL 滤液。用移液管移取 25 mL 试验溶液置于 100 mL 烧杯中,加 35 mL 水,1 滴甲基红指示液,用冰乙酸溶液调至红色,于水浴上加热至 40 ℃。在搅拌下逐滴加入 8.5 mL 四苯硼钠乙醇溶液,放置 10 min 取下,冷至室温。用已于 120 ℃～125 ℃下烘至质量恒定的玻璃砂坩埚抽滤,用四苯硼钾乙醇饱和溶液转移沉淀,并每次用 15 mL 四苯硼钾乙醇饱和溶液洗涤沉淀 3 次～4 次,抽干。取下玻璃砂坩埚,用 2 mL 无水乙醇沿玻璃砂坩埚壁洗一次,抽干。置于电热恒温干燥箱中,于 120 ℃～125 ℃下干燥至质量恒定。

A.4.1.5 结果计算

碳酸钾含量以碳酸钾(K_2CO_3)的质量分数 w_1 计,数值以%表示,按公式(A.1)计算:

$$w_1=\frac{m_1\times 0.1928}{m(25/500)}\times 100\%-(0.9269w_4+0.7931w_5) \quad\cdots\cdots(A.1)$$

式中:

m_1 ——四苯硼钾沉淀的质量的数值,单位为克(g);

m ——试料质量的数值,单位为克(g);

0.192 8——将四苯硼钾换算成碳酸钾的系数;

w_4 ——按照 A.7 测定的氯化物(以 KCl 计)的质量分数,%;

w_5 ——按照 A.8 测定的硫化合物(以 K_2SO_4 计)的质量分数,%;

0.926 9——将氯化钾换算为碳酸钾的系数;

0.793 1——将硫酸钾换算为碳酸钾的系数。

取平行测定结果的算术平均值为测定结果,两次平行测定结果的绝对差值不大于 0.3%。

A.4.2 酸碱滴定法

A.4.2.1 方法提要

碳酸钾在水溶液中呈碱性,用盐酸标准滴定溶液滴定试验溶液,根据盐酸标准滴定溶液的消耗量,并扣除碳酸钠、碳酸钙、碳酸镁的量,确定碳酸钾的含量。

A.4.2.2 试剂和材料

A.4.2.2.1 盐酸标准滴定溶液：c(HCl)=0.5 mol/L。

A.4.2.2.2 溴甲酚绿-甲基红混合指示液。

A.4.2.3 仪器和设备

高温炉：能控制温度在 270 ℃～300 ℃。

A.4.2.4 分析步骤

称取约 1 g 于 270 ℃～300 ℃灼烧至质量恒定的试样，精确至 0.000 2 g。置于 250 mL 锥形瓶中，加 50 mL 水溶解。加入 5 滴溴甲酚绿-甲基红混合指示液，用盐酸标准滴定溶液滴定至溶液由绿变为暗红色。将溶液煮沸 2 min，冷却后，继续滴定至暗红色。

同时作空白试验。空白试验除不加试样外，其他操作及加入试剂的种类和量（标准滴定溶液除外）与测定试验相同。

A.4.2.5 结果计算

碳酸钾含量以碳酸钾(K_2CO_3)的质量分数 w_1 计，数值以%表示，按公式(A.2)计算：

$$w_1=\frac{[(V-V_0)/1\,000]cM}{m}\times 100\%-(3.006w_2+5.686w_3) \quad \cdots\cdots\cdots\cdots(\text{A.2})$$

式中：

V ——滴定试验溶液所消耗的盐酸标准滴定溶液体积的数值，单位为毫升(mL)；

V_0 ——滴定空白试验溶液所消耗的盐酸标准滴定溶液体积的数值，单位为毫升(mL)；

c ——盐酸标准滴定溶液浓度的准确数值，单位为摩尔每升(mol/L)；

m ——试料的质量的数值，单位为克(g)；

M ——碳酸钾($1/2K_2CO_3$)摩尔质量的数值，单位为克每摩尔(g/mol)(M=69.10)；

w_2 ——按照 A.5 测得的钠含量的质量分数，以%表示；

w_3 ——按照 A.6 测得的钙、镁(以 Mg 计)总量的质量分数，以%表示；

3.006 ——将钠换算为碳酸钾的系数；

5.686 ——将镁换算为碳酸钾的系数。

取平行测定结果的算术平均值为测定结果，两次平行测定结果的绝对差值不大于 0.3%。

A.5 钠的测定

A.5.1 试剂和材料

A.5.1.1 碳酸钾(光谱纯)溶液：20 g/L。

A.5.1.2 钠标准溶液：1 mL 溶液含钠(Na)0.1 mg。

用移液管移取 10 mL 按 HG/T 3696.2 配制的钠标准溶液，置于 100 mL 容量瓶中，用水稀释至刻度，摇匀。

A.5.2 仪器和设备

火焰分光光度计。

A.5.3 分析步骤

A.5.3.1 工作曲线的绘制

在一系列 250 mL 的容量瓶中，各加入 10 mL 碳酸钾溶液。再分别加入 0.00 mL、2.50 mL、

5.00 mL、10.00 mL 的钠标准溶液。用水稀释至刻度，摇匀。使用火焰分光光度计，在波长 589 nm 处，以水调零，测量发射强度。以钠含量为横坐标，以扣除试剂空白后对应的发射强度为纵坐标绘制工作曲线。

A.5.3.2 测定

称取约 0.2 g 试样，精确至 0.000 2 g，置于烧杯中。加少量水溶解，转入 250 mL 容量瓶中，用水稀释至刻度，摇匀。使用火焰分光光度计，在波长 589 nm 处，以水调零，测量试验溶液的发射强度。

A.5.4 结果计算

钠含量以钠(Na)的质量分数 w_2 计，数值以%表示，按公式(A.3)计算：

$$w_2=\frac{m_1\times 10^{-3}}{m(1-w_8)}\times 100\% \qquad \text{(A.3)}$$

式中：

m_1——从工作曲线上查得的试验溶液中钠的质量的数值，单位为毫克(mg)；

m——试料的质量的数值，单位为克(g)；

w_8——按照 A.13 测定的灼烧减量，%。

取平行测定结果的算术平均值为测定结果，两次平行测定结果的绝对差值不大于 0.005%。

A.6 钙、镁总量的测定

A.6.1 试剂和材料

A.6.1.1 盐酸溶液：1+1。

A.6.1.2 氨水溶液：2+3。

A.6.1.3 氨-氯化铵缓冲溶液甲：pH≈10。

A.6.1.4 镁标准溶液：1 mL 溶液含镁(Mg)1 mg。

A.6.1.5 乙二胺四乙酸二钠(EDTA)标准滴定溶液：c(EDTA)≈0.05 mol/L。

A.6.1.6 铬黑 T 指示剂。

A.6.2 仪器和设备

微量滴定管：分度值为 0.02 mL。

A.6.3 分析步骤

称取约 5 g 试样，精确至 0.01 g，置于 250 mL 锥形瓶中，加 90 mL 水溶解，加盐酸溶液中和至 pH≈4(以 pH 试纸检查)，加热煮沸 5 min，冷却。用移液管加入 5.00 mL 镁标准溶液，用氨水调节 pH≈8(以 pH 试纸检验)，加入 5 mL 氨-氯化铵缓冲溶液甲，加 0.1 g 铬黑 T 指示剂，摇匀。用 EDTA 标准滴定溶液滴定至溶液由紫红变为蓝色。

同时作空白试验。空白试验除不加试样外，其他操作及加入试剂的种类和量(标准滴定溶液除外)与测定试验相同。

A.6.4 结果计算

钙、镁总量以镁(Mg)的质量分数 w_3 计，数值以%表示，按公式(A.4)计算：

$$w_3=\frac{[(V-V_0)/1\,000]cM}{m(1-w_8)}\times 100\% \qquad \text{(A.4)}$$

式中：

V ——滴定试验溶液所消耗的EDTA标准滴定溶液体积的数值，单位为毫升(mL)；

V_0——滴定空白试验溶液所消耗的EDTA标准滴定溶液的数值，单位为毫升(mL)；

c ——EDTA标准滴定溶液浓度的准确数值，单位为摩尔每升(mol/L)；

m ——试料的质量的数值，单位为克(g)；

w_8——按照A.13测定的灼烧减量，%；

M——镁(Mg)的摩尔质量的数值，单位为克每摩尔(g/mol)(M=24.31)。

取平行测定结果的算术平均值为测定结果，两次平行测定结果的绝对差值不大于0.005%。

A.7 氯化物的测定

A.7.1 电位滴定法(仲裁法)

A.7.1.1 试剂和材料

同GB/T 3050—2000的第4章。

A.7.1.2 仪器和设备

同GB/T 3050—2000的第5章。

A.7.1.3 分析步骤

称取1.9 g～2.1 g试样，精确至0.01 g，置于50 mL烧杯中，加少量水润湿。滴加4 mL硝酸溶液使试料溶解，加1滴溴酚蓝指示剂，继续滴加硝酸溶液至试验溶液恰呈黄色，再加15 mL 95%乙醇，以下用硝酸银标准滴定溶液[$c(AgNO_3)$≈0.005 mol/L]按GB/T 3050—2000的4.6所述，从“放入电磁搅拌子……”开始操作，同时做空白试验。

空白试验溶液是在50 mL烧杯中，加入4 mL硝酸溶液，用氢氧化钠溶液调节pH值至中性(用pH试纸检验)，按上述测定的“加1滴溴酚蓝指示剂……”开始，与试验溶液同时同样进行。

A.7.1.4 结果计算

氯化物含量以氯化钾(KCl)的质量分数w_4计，数值以%表示，按公式(A.5)计算：

$$w_4=\frac{[(V-V_0)/1\,000]cM}{m(1-w_8)}\times 100\% \qquad\cdots\cdots(\text{A.5})$$

式中：

V ——滴定试验溶液所消耗的硝酸银标准滴定溶液体积的数值，单位为毫升(mL)；

V_0 ——滴定空白试验溶液所消耗的硝酸银标准滴定溶液体积的数值，单位为毫升(mL)；

c ——硝酸银标准滴定溶液浓度的准确数值，单位为摩尔每升(mol/L)；

m ——试料的质量的数值，单位为克(g)；

w_8——按照A.13测定的灼烧减量，%；

M ——氯化钾(KCl)摩尔质量的数值，单位为克每摩尔(g/mol)(M=74.55)。

取平行测定结果的算术平均值为测定结果，两次平行测定结果的绝对差值不大于0.003%。

A.7.2 比浊法

A.7.2.1 试剂和材料

A.7.2.1.1 硝酸溶液：1+1。

A.7.2.1.2 稳定剂：

量取 200 mL 丙三醇、200 mL 无水乙醇，加入 100 mL 水，充分混匀。

A.7.2.1.3 氯化钾标准溶液：1 mL 该溶液含有氯化钾(KCl)0.10 mg。

准确称取 0.100 0 g 于 500 ℃～600 ℃灼烧至质量恒定的氯化钾，溶解于水，转移至 1 000 mL 容量瓶中，用水稀释至刻度，摇匀。

A.7.2.1.4 硝酸银溶液：17 g/L。

A.7.2.2 分析步骤

称取约 10 g 试样，精确至 0.01 g，溶于水，转移至 100 mL 容量瓶中，用水稀释至刻度，摇匀，备用。

用移液管移取 10 mL 试验溶液，置于 100 mL 烧杯中，加 10 mL 水。逐滴加入 2 mL 硝酸溶液，加热煮沸冷却后，移入 50 mL 比色管中，加 1 mL 硝酸溶液，10 mL 稳定剂，1 mL 硝酸银溶液，用水稀释至刻度，摇匀。放置 10 min，与标准比浊溶液比较。

标准比浊溶液是于 50 mL 比色管中，加入 0.00 mL、0.50 mL、1.00 mL、1.50 mL、2.00 mL、2.50 mL 氯化钾标准溶液，加 20 mL 水，以下操作自“加 1 mL 硝酸溶液……”开始，与试验溶液同时同样处理。

A.7.2.3 结果计算

氯化物含量以氯化钾(KCl)的质量分数 w_4 计，数值以%表示，按公式(A.6)计算：

$$w_4 = \frac{m_1 \times 10^{-3}}{m(1-w_8)(10/100)} \times 100\% \qquad \text{(A.6)}$$

式中：

m_1——与试验溶液的浊度相对应的标准比浊溶液中含氯化钾质量的数值，单位为毫克(mg)；

m——试料质量的数值，单位为克(g)；

w_8——按照 A.13 测定的灼烧减量，%。

取平行测定结果的算术平均值为测定结果，两次平行测定结果的绝对差值不大于 0.005%。

A.8 硫化合物的测定

A.8.1 试剂和材料

A.8.1.1 30%过氧化氢。

A.8.1.2 95%乙醇。

A.8.1.3 盐酸溶液：1+11。

A.8.1.4 氯化钡溶液：100 g/L。

A.8.1.5 硫酸钾标准溶液：1 mL 溶液含硫酸钾(K_2SO_4)0.10 mg。

准确称取 0.100 0 g 经 105 ℃～110 ℃干燥至质量恒定的无水硫酸钾(K_2SO_4)，溶于水，移入 1 000 mL 容量瓶中，用水稀释至刻度，摇匀。

A.8.2 分析步骤

称取约 10 g 试样，精确至 0.01 g，溶于水，转移至 100 mL 容量瓶中，用水稀释至刻度，摇匀。用移液管移取 10.00 mL 试验溶液，置于 50 mL 烧杯中，加 2 滴 30%过氧化氢，用 15 mL 盐酸溶液中和，加热煮沸 2 min。冷却后，转移至 50 mL 比色管中，加 2 mL 盐酸溶液，用水稀释至 40 mL，再加 5 mL 95%乙醇、3 mL 氯化钡溶液，摇匀，在 30 ℃～35 ℃水浴中保持 10 min，用水稀释至刻度，摇匀，与标准比浊溶液进行比较。

标准比浊溶液是于4支50 mL比色管中，分别加入0.00 mL、0.50 mL、1.00 mL、1.50 mL硫酸钾标准溶液。各加10 mL水，2滴30%过氧化氢，自“加2 mL盐酸溶液……”开始与试验溶液同时同样操作。

A.8.3 结果计算

硫化合物含量以硫酸钾(K_2SO_4)的质量分数w_5计，数值以%表示，按公式(A.7)计算：

$$w_5=\frac{m_1\times 10^{-3}}{m(1-w_8)(10/100)}\times 100\% \quad \cdots\cdots\cdots(A.7)$$

式中：

m_1——与试验溶液的浊度相对应的标准比浊溶液所含硫酸钾质量的数值，单位为毫克(mg)；

m——试料的质量的数值，单位为克(g)；

w_8——按照A.13测定的灼烧减量，%。

取平行测定结果的算术平均值为测定结果，两次平行测定结果的绝对差值不大于0.002%。

A.9 铁的测定

A.9.1 试剂和材料

A.9.1.1 盐酸。

A.9.1.2 氨水溶液：1+1。

其他同GB/T 3049—2006的第4章。

A.9.2 仪器和设备

分光光度计：配有4 cm的吸收池。

A.9.3 分析步骤

A.9.3.1 工作曲线的绘制

按GB/T 3049—2006中6.3规定，选用厚度为4 cm比色皿及相应的铁标准溶液，绘制工作曲线。

A.9.3.2 试验溶液的制备

称取约2 g试样，精确至0.01 g，置于100 mL烧杯中，加入30 mL水溶解，加入4 mL盐酸，加热煮沸3 min，冷却。

A.9.3.3 空白试验溶液的制备

在100 mL烧杯中，加入30 mL水、4 mL盐酸，用氨水溶液调节pH值至中性(用pH试纸检验)，加热煮沸3 min，冷却。

A.9.3.4 测定

将试验溶液和空白试验溶液，按GB/T 3049—2006的6.4，从“加水至60 mL……”开始进行操作。测定时选用与工作曲线相同的吸收池。

A.9.4 结果计算

铁含量以铁(Fe)的质量分数w_6计，数值以%表示，按公式(A.8)计算：

$$w_6 = \frac{(m_1 - m_0) \times 10^{-3}}{m(1 - w_8)} \times 100\% \quad \cdots\cdots(\text{A.8})$$

式中：

m_1——从工作曲线上查出的试验溶液中铁的质量的数值，单位为毫克(mg)；

m_0——从工作曲线上查出的空白试验溶液中铁的质量的数值，单位为毫克(mg)；

m ——试料质量的数值，单位为克(g)；

w_8——按照 A.13 测定的灼烧减量，%。

取平行测定结果的算术平均值为测定结果，两次平行测定结果的绝对差值不大于 0.000 5%。

A.10 水不溶物的测定

A.10.1 试剂和材料

A.10.1.1 酚酞指示液：10 g/L。

A.10.1.2 酸洗石棉：

取适量酸洗石棉浸泡在盐酸溶液(1+3)中，煮沸 20 min，用布氏漏斗过滤并用水洗涤至中性。再用碳酸钾溶液(70 g/L)浸泡并煮沸 20 min，用布氏漏斗过滤并用水洗涤至中性，用水调成糊状，备用。

A.10.2 仪器和设备

A.10.2.1 古氏坩埚：20 mL。

A.10.2.2 电热恒温干燥箱：能控制温度 105 ℃±2 ℃。

A.10.3 分析步骤

A.10.3.1 准备过滤坩埚

将古氏坩埚置于抽滤瓶上，在筛板上下各均匀铺一层石棉，每层厚约 3 mm，用蒸馏水洗至滤液不含石棉毛。将古氏坩埚移入电热恒温干燥箱内，于 105 ℃±2 ℃下烘干后称量。以后从“用蒸馏水洗至滤液不含棉毛”开始重复操作，直至古氏坩埚质量恒定。

将古氏坩埚装置于抽滤瓶上，用水润湿石棉层，备用。

A.10.3.2 测定

称取约 20 g 试样，精确至 0.01 g。置于 400 mL 烧杯中，加入 300 mL 水，使之溶解。用已质量恒定的古氏坩埚过滤。用蒸馏水洗涤不溶物，直到 20 mL 洗液加 2 滴酚酞后不显红色为止。将不溶物同古氏坩埚一并于 105 ℃±2 ℃干燥至质量恒定。

A.10.4 结果计算

水不溶物含量以质量分数 w_7 计，数值以%表示，按公式(A.9)计算：

$$w_7 = \frac{m_1 - m_2}{m(1 - w_8)} \times 100\% \quad \cdots\cdots(\text{A.9})$$

式中：

m_2——古氏坩埚质量的数值，单位为克(g)；

m_1——古氏坩埚与不溶物质量的数值，单位为克(g)；

m ——试料的质量的数值，单位为克(g)；

w_8——按照 A.13 测定的灼烧减量，%。

取平行测定结果的算术平均值为测定结果，两次平行测定结果的绝对差不大于0.005%。

A.11 重金属(以Pb计)的测定

A管：在50 mL比色管中，移取1.00 mL铅标准溶液[1 mL溶液含铅(Pb)0.01 mg]，加水至25 mL。

B管和C管：各称取1.00 g±0.01 g试样，置于50 mL比色管中，加入21 mL水溶解。滴加约4 mL盐酸溶液(1+1)，待溶液不发生气泡时，向C管中用移液管移入1.00 mL铅标准溶液。

以下按GB/T 5009.74—2003的第6章进行测定。

A.12 砷的测定

称取1.00 g±0.01 g试样，置于测砷装置的锥形瓶中，加入25 mL水使试样溶解。滴加盐酸中和至溶液不发生气泡(约1.5 mL盐酸)，再加入5 mL盐酸，做为试验溶液。

限量标准溶液的配制：用移液管移取2.00 mL砷标准溶液[1 mL溶液含砷(As)1.00 μmg]，以下按GB/T 5009.76—2003的第11章操作，从“分别置于锥形瓶中……”开始测定。

A.13 灼烧减量的测定

A.13.1 仪器和设备

高温炉：能控制温度270 ℃～300 ℃。

A.13.2 分析步骤

于270 ℃～300 ℃灼烧至质量恒定的瓷坩埚中称取约5 g试样，精确至0.000 2 g。置于高温炉中，于270 ℃～300 ℃灼烧至质量恒定。

A.13.3 结果计算

灼烧减量以质量分数 w_8 计，数值以%表示，按公式(A.10)计算：

$$w_8 = \frac{m - m_1}{m} \times 100\% \qquad \cdots\cdots(\text{A.10})$$

式中：

m_1——灼烧后试料的质量的数值，单位为克(g)；

m ——灼烧前试料的质量的数值，单位为克(g)。

取平行测定结果的算术平均值为测定结果，两次平行测定结果的绝对差值不大于0.05%。

中华人民共和国国家标准

GB 25589—2010

食品安全国家标准
食品添加剂　碳酸氢钾

2010-12-21 发布　　2011-02-21 实施

中华人民共和国卫生部　发布

前　言

本标准的附录 A 为规范性附录。

食品安全国家标准
食品添加剂　碳酸氢钾

1　范围

本标准适用于以离子膜法氢氧化钾为原料经二次碳化法生产的食品添加剂碳酸氢钾。

2　规范性引用文件

本标准中引用的文件对于本标准的应用是必不可少的。凡是注日期的引用文件，仅所注日期的版本适用于本标准。凡是不注日期的引用文件，其最新版本（包括所有的修改单）适用于本标准。

3　分子式和相对分子质量

3.1　分子式

$KHCO_3$

3.2　相对分子质量

100.11（按2007年国际相对原子质量）

4　技术要求

4.1　感官要求：应符合表1的规定。

表1　感官要求

项　目	要　求	检　验　方　法
色泽	白色	取适量试样置于50 mL烧杯中，在自然光下观察色泽和组织状态
组织状态	晶体或粉末	

4.2　理化指标：应符合表2的规定。

表2　理化指标

项　目		指　标	检验方法
总碱量（以 $KHCO_3$ 计，以干基计），w/%		99.0～101.5	附录A中A.4
水不溶物，w/%	≤	0.02	附录A中A.5
干燥减量，w/%	≤	0.25	附录A中A.6
pH（100 g/L溶液）	≤	8.6	附录A中A.7
重金属（以Pb计）/（mg/kg）	≤	5	附录A中A.8
砷（As）/（mg/kg）	≤	3	附录A中A.9

附 录 A
（规范性附录）
检 验 方 法

A.1 警示

本标准的检验方法中使用的部分试剂具有毒性或腐蚀性，操作时须小心谨慎！如溅到皮肤上应立即用大量水冲洗，严重者应立即治疗。试验中所用易燃品，操作时不应使用明火。

A.2 一般规定

本标准的检验方法中所用试剂和水，在没有注明其他要求时，均指分析纯试剂和GB/T 6682—2008中规定的三级水。试验中所用标准滴定溶液、杂质标准溶液、制剂及制品，在没有注明其他要求时，均按HG/T 3696.1、HG/T 3696.2、HG/T 3696.3之规定制备。

A.3 鉴别试验

A.3.1 试剂和材料

A.3.1.1 盐酸。

A.3.1.2 无水乙醇。

A.3.1.3 氢氧化钙饱和溶液：称取3 g氢氧化钙放入1 000 mL水中，经剧烈搅拌或振摇后，放置澄清，取澄清液备用。

A.3.1.4 硫酸镁溶液：120 g/L。

A.3.1.5 四苯硼钠乙醇溶液：34 g/L。

A.3.1.6 红色石蕊试纸。

A.3.2 分析步骤

A.3.2.1 碳酸盐的鉴别

A.3.2.1.1 取50 mL 0.1 g/mL试样溶液，置于250 mL锥形瓶中，滴加盐酸，即放出气体。将此气体导入氢氧化钙饱和溶液中，产生白色浑浊。

A.3.2.1.2 取适量0.1 g/mL试样溶液，滴加硫酸镁溶液，即产生白色沉淀。

A.3.2.2 钾离子的鉴别

A.3.2.2.1 取适量0.1 g/mL试样溶液，加入四苯硼钠乙醇溶液，即有大量白色沉淀生成。

A.3.2.2.2 用盐酸浸润的铂丝先在无色火焰上燃烧至无色。再蘸取少许试样溶液，在无色火焰上燃烧，通过钴玻璃观察火焰呈紫色。

A.4 总碱量的测定

A.4.1 试剂和材料

A.4.1.1 盐酸标准滴定溶液：$c(HCl)=0.5$ mol/L。

A.4.1.2 溴甲酚绿-甲基红指示液。

A.4.2 分析步骤

称取约 1.5 g 于硅胶干燥器中干燥 4 h 的试样，精确至 0.000 2 g。置于 250 mL 锥形瓶中，用 50 mL 水溶解，加入 5 滴溴甲酚绿-甲基红指示液，用盐酸标准滴定溶液滴定至溶液由绿色变为暗红色。将溶液煮沸 2 min，冷却后，继续滴定至暗红色，在 30 s 内不褪色即为终点。

同时作空白试验。空白试验除不加试样外，其他操作及加入试剂的种类和量(标准滴定溶液除外)与测定试验相同。

A.4.3 结果计算

总碱量以碳酸氢钾($KHCO_3$)的质量分数 w_1 计，数值以%表示，按公式(A.1)计算：

$$w_1=\frac{[(V-V_0)/1\,000]cM}{m}\times 100\% \qquad\cdots\cdots\text{(A.1)}$$

式中：

V ——滴定试验溶液所消耗的盐酸标准滴定溶液体积的数值，单位为毫升(mL)；

V_0——滴定空白试验溶液所消耗的盐酸标准滴定溶液体积的数值，单位为毫升(mL)；

c ——盐酸标准滴定溶液浓度的准确数值，单位为摩尔每升(mol/L)；

m ——试料的质量的数值，单位为克(g)；

M——碳酸氢钾($KHCO_3$)摩尔质量的数值，单位为克每摩尔(g/mol)(M=100.1)。

取平行测定结果的算术平均值为测定结果，两次平行测定结果的绝对差值不大于 0.3%。

A.5 水不溶物的测定

A.5.1 仪器和设备

A.5.1.1 玻璃砂坩埚：滤板孔径 5 μm～15 μm。

A.5.1.2 电热恒温干燥箱：控制温度 105 ℃±2 ℃。

A.5.2 分析步骤

称量约 50 g 试样，精确至 0.1 g，置于 400 mL 烧杯中，加 300 mL 水，加热溶解。用已质量恒定的玻璃砂坩埚抽滤，用热水洗涤至滤液呈中性(用 pH 试纸检验)。将玻璃砂坩埚置于 105 ℃±2 ℃的电热恒温干燥箱中干燥至质量恒定。

A.5.3 结果计算

水不溶物含量以质量分数 w_2 计，数值以%表示，按公式(A.2)计算：

$$w_2=\frac{m_1-m_0}{m}\times 100\% \qquad\cdots\cdots\text{(A.2)}$$

式中：

m_1——残渣和玻璃砂坩埚质量的数值，单位为克(g)；

m_0——玻璃砂坩埚质量的数值，单位为克(g)；

m ——试料的质量的数值，单位为克(g)。

取平行测定结果的算术平均值为测定结果，两次平行测定结果的绝对差值不大于 0.002%。

A.6 干燥减量的测定

A.6.1 仪器和设备

称量瓶：ϕ50 mm×30 mm。

A.6.2 分析步骤

用已于硅胶干燥器中干燥至质量恒定的称量瓶称取约 2 g 试样，精确至 0.000 2 g，使试样平铺于称量瓶底部。将称量瓶置于硅胶干燥器中，放置 4 h 后称量。

A.6.3 结果计算

干燥减量以质量分数 w_3 计，数值以%表示，按公式(A.3)计算：

$$w_3 = \frac{m - m_1}{m} \times 100\% \quad \cdots\cdots\cdots\cdots (\text{A}.3)$$

式中：

m ——干燥前试料的质量的数值，单位为克(g)；

m_1——干燥后试料的质量的数值，单位为克(g)。

取平行测定结果的算术平均值为测定结果，两次平行测定结果的绝对差值不大于 0.03%。

A.7 pH 的测定

A.7.1 试剂和材料

无二氧化碳的水。

A.7.2 仪器和设备

pH 计：分度值为 0.02。

A.7.3 分析步骤

称取 10.00 g±0.01 g 试样，置于 100 mL 烧杯中，用无二氧化碳的水溶解，移入 100 mL 容量瓶中，用水稀释至刻度，摇匀。倒入 100 mL 干燥的烧杯中，用 pH 计测定试验溶液的 pH 值。

取平行测定结果的算术平均值为测定结果，平行测定结果的绝对差值不大于 0.2。

A.8 重金属(以 Pb 计)的测定

A.8.1 试剂和材料

A.8.1.1 盐酸溶液：1+1。

A.8.1.2 氨水溶液：2+3。

A.8.1.3 硫化钠溶液：

称取 5 g 硫化钠，溶于 10 mL 水中，加 30 mL 丙三醇，混合均匀。该试剂使用期为 1 个月。

A.8.1.4 乙酸盐缓冲溶液：pH=3.5；

称取 25 g 乙酸铵溶于 25 mL 水中，加 45 mL 1+1 盐酸溶液，用稀盐酸或稀氨水调节 pH 值至 3.5(用 pH 计检验)，用水稀释至 100 mL。

A.8.1.5 铅标准溶液:1 mL溶液含铅(Pb)0.01 mg;

移取1.00 mL按HG/T 3696.2配制的铅标准溶液,置于100 mL容量瓶中,用水稀释至刻度,摇匀。此溶液即用即配。

A.8.1.6 酚酞指示液:10 g/L。

A.8.2 分析步骤

A管:在50 mL比色管中,移取1.00 mL铅标准溶液,加水至25 mL,备用。

B管和C管:各称取2.00 g±0.01 g试样,置于150 mL烧杯中,加入20 mL水,加热至试样溶解,冷却。滴加盐酸溶液至不发生气泡(约4.5 mL盐酸溶液),加热至沸,冷却后转移至50 mL比色管中,控制溶液体积不超过35 mL。用移液管向C管中加入1.0 mL铅标准溶液,备用。

三个比色管中分别加入1滴酚酞指示液,用氨水溶液和盐酸溶液调节溶液的pH值为中性(酚酞红色刚褪去),加入5 mL pH 3.5乙酸盐缓冲溶液,混匀。加入2滴硫化钠溶液,加水至50 mL,混匀。于暗处放置5 min,在白色背景下观察,B管的色度不得深于A管的色度,C管的色度应与A管色度相当或深于A管的色度。

A.9 砷的测定

称取1.00 g±0.01 g试样,置于测砷装置的锥形瓶中,加入25 mL水使试样溶解。滴加盐酸中和至溶液不发生气泡(约2.0 mL盐酸),再加入5 mL盐酸,作为试验溶液。

限量标准溶液的配制:移取3.00 mL砷标准溶液[1 mL溶液含砷(As)1.0 μg],以下按GB/T 5009.76—2003的第11章测定。

中华人民共和国国家标准

GB 25590—2010

食品安全国家标准
食品添加剂　亚硫酸氢钠

2010-12-21 发布　　　　2011-02-21 实施

中华人民共和国卫生部　发布

前　言

本标准的附录 A 为规范性附录。

食品安全国家标准
食品添加剂　亚硫酸氢钠

1　范围

本标准适用于工业碳酸钠吸收以硫磺产生的二氧化硫而生产的食品添加剂亚硫酸氢钠。

2　规范性引用文件

本标准中引用的文件对于本标准的应用是必不可少的。凡是注日期的引用文件，仅所注日期的版本适用于本标准。凡是不注日期的引用文件，其最新版本(包括所有的修改单)适用于本标准。

3　分子式和相对分子质量

3.1　分子式

$NaHSO_3$

3.2　相对分子质量

104.06(按 2007 年国际相对原子质量)

4　技术要求

4.1　感官要求：应符合表 1 的规定。

表 1　感官要求

项　目	要　求	检　验　方　法
色泽	白色	取适量试样置于 50 mL 烧杯中，在自然光下观察色泽和组织状态
组织状态	晶体粉末或颗粒	

4.2　理化指标：应符合表 2 的规定。

表 2　理化指标

项　　目		指　标	检验方法
主含量(以 SO_2 计)，w/%		58.5～67.4	附录 A 中 A.4
水不溶物，w/%	≤	0.01	附录 A 中 A.5
铁(Fe)/(mg/kg)	≤	50	附录 A 中 A.6
砷(As)/(mg/kg)	≤	2	附录 A 中 A.7

表 2（续）

项　　目	指　标	检验方法
重金属(以 Pb 计)/(mg/kg)　　　≤	5	附录 A 中 A.8
铅(Pb)/(mg/kg)　　　≤	2	附录 A 中 A.9
硒(Se)/(mg/kg)　　　≤	5	附录 A 中 A.10

附 录 A
（规范性附录）
检 验 方 法

A.1 警示

本标准的检验方法中使用的部分试剂具有毒性或腐蚀性，操作者须小心谨慎！如溅到皮肤上应立即用水冲洗，严重者应立即治疗。使用易燃品时，严禁使用明火加热。

A.2 一般规定

本标准的检验方法中所用试剂和水，在没有注明其他要求时，均指分析纯试剂和GB/T 6682—2008中规定的三级水。试验中所用标准滴定溶液、杂质标准溶液、制剂及制品，在没有注明其他要求时，均按HG/T 3696.1、HG/T 3696.2、HG/T 3696.3的规定制备。

A.3 鉴别试验

A.3.1 试剂和材料

A.3.1.1 盐酸。

A.3.1.2 盐酸溶液：1+3。

A.3.1.3 碘化钾溶液：360 g/L。

A.3.1.4 碘溶液：取1.4 g碘，置于10 mL碘化钾溶液中，加两滴盐酸，加水溶解，稀释至100 mL，贮存于棕色瓶中避光保存。

A.3.1.5 硝酸亚汞溶液：取15 g硝酸亚汞，加90 mL水、10 mL硝酸溶液（1+9）溶解后，加一滴汞，避光密封保存待用。

A.3.2 分析步骤

A.3.2.1 亚硫酸盐的鉴别

试样的水溶液加入碘溶液后黄色即褪。

试样的水溶液滴入盐酸溶液后即有二氧化硫气体逸出，以硝酸亚汞溶液浸润的试纸检验，显黑色。

A.3.2.2 钠离子的鉴别

用盐酸浸润的铂丝先在无色火焰上燃烧至无色。再蘸取少许试样溶液，在无色火焰上燃烧，火焰即呈亮黄色。

A.4 主含量（以SO_2计）的测定

A.4.1 方法提要

在弱酸性溶液中，用碘将亚硫酸盐氧化成硫酸盐。以淀粉为指示剂，用硫代硫酸钠标准滴定溶液滴定过量的碘。

A.4.2 试剂和材料

A.4.2.1 乙酸溶液:1+3。
A.4.2.2 碘标准溶液:$c(1/2I_2)=0.1$ mol/L。
A.4.2.3 硫代硫酸钠标准滴定溶液:$c(Na_2S_2O_3)=0.1$ mol/L。
A.4.2.4 淀粉指示液:5 g/L。

A.4.3 分析步骤

迅速称取约0.2 g试样,精确至0.000 2 g。置于预先用移液管加入50 mL碘标准溶液及30 mL~50 mL水的250 mL碘量瓶中,加入5 mL乙酸溶液,立即盖上瓶塞,水封,缓缓摇动溶解后,置于暗处放置5 min。以硫代硫酸钠标准滴定溶液滴定,近终点时加入约3 mL淀粉指示液,继续滴定至蓝色消失即为终点。同时进行空白试验。

空白试验除不加试样外,其他操作及加入试剂的种类和量(标准滴定溶液除外)与测定试样相同。

A.4.4 结果计算

主含量以二氧化硫(SO_2)的质量分数 w_1 计,数值以%表示,按公式(A.1)计算:

$$w_1=\frac{[(V_0-V_1)/1\,000]cM}{m}\times 100\% \qquad \cdots\cdots(A.1)$$

式中:

V_0——滴定空白试验溶液所消耗的硫代硫酸钠标准滴定溶液的体积的数值,单位为毫升(mL);
V_1——滴定试验溶液所消耗的硫代硫酸钠标准滴定溶液的体积的数值,单位为毫升(mL);
c ——硫代硫酸钠标准滴定溶液浓度的准确数值,单位为摩尔每升(mol/L);
m ——试料质量的数值,单位为克(g);
M——二氧化硫($1/2SO_2$)的摩尔质量的数值,单位为克每摩尔(g/mol)(M=32.03)。

取平行测定结果的算术平均值为测定结果,两次平行测定结果的绝对差值不大于0.2%。

A.5 水不溶物的测定

A.5.1 仪器和设备

A.5.1.1 玻璃砂坩埚:滤板孔径5 μm~15 μm。
A.5.1.2 电热干燥箱:温度能控制在105 ℃±2 ℃。

A.5.2 分析步骤

称取约20 g试样,精确至0.01 g。置于400 mL烧杯中,用约100 mL水溶解。用已于105 ℃±2 ℃干燥至质量恒定的玻璃砂坩埚过滤,用60 ℃~80 ℃的水洗涤残渣4次~5次,每次用约30 mL水。将玻璃砂坩埚和残渣于105 ℃±2 ℃下干燥至质量恒定。

A.5.3 结果计算

水不溶物含量以质量分数 w_2 计,数值以%表示,按公式(A.2)计算:

$$w_2=\frac{m_2-m_1}{m}\times 100\% \qquad \cdots\cdots(A.2)$$

式中:

m_1——玻璃砂坩埚的质量的数值,单位为克(g);

m_2——水不溶物和玻璃砂坩埚的质量的数值，单位为克(g)；
m ——试料质量的数值，单位为克(g)。
取平行测定结果的算术平均值为测定结果。两次平行测定结果的绝对差值不大于 0.005%。

A.6 铁的测定

A.6.1 试剂和材料

同 GB/T 3049—2006 的第 4 章。

A.6.2 仪器和设备

同 GB/T 3049—2006 的第 5 章。

A.6.3 分析步骤

A.6.3.1 工作曲线的绘制

按 GB/T 3049—2006 中 6.3 的规定，使用光程 4 cm 或 5 cm 的吸收池及相应的铁标准溶液用量，绘制工作曲线。

A.6.3.2 试验溶液的制备

称取约 5 g 试样，精确至 0.01 g。置于 250 mL 高型烧杯中，用少量水溶解，加 25 mL 盐酸溶液，在沸水浴蒸干。用水溶解残渣，全部移入 100 mL 容量瓶中，用水稀释至刻度，摇匀。

A.6.3.3 空白试验溶液的制备

在 250 mL 高型烧杯中，加少量的水，再加 25 mL 盐酸，在沸水浴中蒸干，用水溶解残渣，冷却后全部移入 100 mL 容量瓶中。

A.6.3.4 测定

试验溶液和空白试验溶液分别按 GB/T 3049—2006 的 6.4，从“必要时，加水至 60 mL……”开始进行操作。

空白试验除不加试样外，其他操作及加入试剂的种类和量与测定试样相同。

A.6.4 结果计算

铁含量以铁(Fe)的质量分数 w_3 计，数值以 mg/kg 表示，按公式(A.3)计算：

$$w_3=\frac{m_1-m_2}{m\times 10^{-3}} \qquad \text{(A.3)}$$

式中：
m_1——从工作曲线上查得的试验溶液中铁的质量的数值，单位为毫克(mg)；
m_2——从工作曲线上查得的空白试验溶液中铁的质量的数值，单位为毫克(mg)；
m ——试料质量的数值，单位为克(g)。
取平行测定结果的算术平均值为测定结果。两次平行测定结果的绝对差值不大于 1 mg/kg。

A.7 砷的测定

称取 1 g 试样，精确至 0.01 g，用于二乙氨基二硫代甲酸银比色法测定，或称取 1.00 g±0.01 g 试样，用于砷斑法测定。试样置于锥形瓶中，用水润湿，用盐酸中和至中性（用 pH 试纸检验），再过量 5 mL，摇匀。移取 2.00 mL 砷标准溶液[1 mL 溶液含 1.0 μg 砷（As）]作为标准，置于另一只锥形瓶中。各加入 5 mL 盐酸溶液（1+3）。然后按照 GB/T 5009.76—2003 中 6.2 或第 11 章进行测定。

二乙氨基二硫代甲酸银比色法为仲裁法。

A.8 重金属（以 Pb 计）的测定

称取 2.00 g±0.01 g 试样，置于 100 mL 烧杯中，加 5 mL 水溶解，加 2 mL 盐酸，在水浴上蒸发至干。加 5 mL 水、1 mL 盐酸，再在水浴上蒸发至干。加 0.5 mL 冰乙酸溶液、20 mL 水溶解残渣，加入 1 滴酚酞指示液，以氨水（1+1）调至粉红色，以下按 GB/T 5009.74—2003 的第 6 章进行测定。

标准比色溶液是用移液管移取 1 mL 铅标准溶液[1 mL 溶液含 0.010 mg 铅（Pb）]，置于 50 mL 纳氏比色管中，加 0.5 mL 冰乙酸溶液、20 mL 水，加入 1 滴酚酞指示液，以氨水（1+1）调至粉红色，以下按 GB/T 5009.74—2003 的第 6 章进行测定。

A.9 铅的测定

称取 5.00 g±0.01 g 试样用于限量试验；或称取 5 g 试样，精确至 0.01 g，用于定量测定。将试样置于 150 mL 烧杯中，加 20 mL 水溶解，加 1 mL 硝酸溶液（1+1），在水浴上蒸发至干。以下按 GB/T 5009.75—2003 的第 6 章进行测定。

定量测定为仲裁法。

A.10 硒的测定

称取 5.00 g 试样，精确至 0.01 g，置于 150 mL 烧杯中，加 20 mL 水溶解，加 1 mL 硝酸溶液（1+1），在水浴上蒸发至干。以下按 GB 5009.93—2010 中的氢化物原子荧光光谱法进行测定。

中华人民共和国国家标准

GB 25591—2010

食品安全国家标准
食品添加剂　复合膨松剂

2010-12-21 发布　　2011-02-21 实施

中华人民共和国卫生部　发布

前　言

本标准的附录A、附录B和附录C为规范性附录，附录D为资料性附录。

食品安全国家标准
食品添加剂　复合膨松剂

1　范围

本标准适用于 GB 2760 允许使用的食品添加剂品种经物理方法混合而成的复合膨松剂(又称为泡打粉、发泡粉、发酵粉)。

2　规范性引用文件

本标准中引用的文件对于本标准的应用是必不可少的。凡是注日期的引用文件,仅所注日期的版本适用于本标准。凡是不注日期的引用文件,其最新版本(包括所有的修改单)适用于本标准。

3　技术要求

3.1　感官要求:应符合表 1 的规定。

表 1　感官要求

项　　目	要　　求	检验方法
色泽	白色	取适量试样置于 50 mL 烧杯中,在自然光下观察色泽和组织状态
组织状态	粉末	

3.2　理化指标:应符合表 2 的规定。

表 2　理化指标

项　　目		指　　标	检验方法
二氧化碳气体发生量(标准状态下)/(mL/g)	≥	35.0	附录 A 中 A.3
加热减量,w/%	≤	3.0	附录 A 中 A.4
硝酸不溶物,w/%	≤	2.0	附录 A 中 A.5
砷(As)/(mg/kg)	≤	2	附录 A 中 A.6
重金属(以 Pb 计)/(mg/kg)	≤	20	附录 A 中 A.7
pH(10 g/L 溶液)		5.0～9.0	附录 A 中 A.8
细度(通过 180 μm 试验筛)/%	≥	95.0	附录 A 中 A.9

4　其他

应在包装标识上标示产品的铝含量,检验方法参见附录 D。

附 录 A
(规范性附录)
检 验 方 法

A.1 警示

本标准的检验方法中使用的部分试剂具有毒性或腐蚀性,操作时须小心谨慎!如溅到皮肤上应立即用水冲洗,严重者应立即治疗。

A.2 一般规定

本标准的检验方法中所用试剂和水在没有注明其他要求时,均指分析纯试剂和GB/T 6682—2008中规定的三级水。试验中所用标准滴定溶液、杂质标准溶液、制剂及制品,在没有注明其他要求时,均按HG/T 3696.1、HG/T 3696.2、HG/T 3696.3的规定制备。

A.3 二氧化碳气体发生量的测定

A.3.1 方法提要

在75 ℃水浴中,用稀盐酸与试样反应,放出的二氧化碳进入装有置换溶液的气体量管,测定气体体积,再换算为标准状态的气体体积。

A.3.2 试剂和材料

A.3.2.1 盐酸溶液:1+2。

A.3.2.2 置换溶液:称取100 g氯化钠,置于烧杯中,加入350 mL水使之溶解,再加1 g碳酸氢钠和2滴甲基橙指示液,滴加盐酸溶液至溶液呈微红色。

A.3.3 仪器和设备

二氧化碳气体发生量测定装置,见图A.1。

A.3.4 分析步骤

按图A.1所示连接装置的各部分。旋转三通阀5,使装置通大气,升降水准瓶7,以移动内部的置换溶液,调准气体量管6的刻度至零点。将冷凝管4通冷却水,旋转三通阀5,使冷凝管4与气体量管6连通。

取下气体发生瓶1,加入100 mL水,并将用软纸包裹的约1 g(精确至0.000 2 g)试样投入气体发生用圆底烧瓶1中,迅速将烧瓶连接好,置于75 ℃的水浴中加热,降低水准瓶7,由滴液漏斗3加入20 mL盐酸溶液,立即关闭滴液漏斗的阀,不断缓慢振摇气体发生瓶。

3 min后,适当调节水准瓶7的位置,当气体量管6和水准瓶7的液面取得平衡时,读取液面刻度V(mL)和温度计8的读数,同时测定大气压力。根据附录B和附录C查出大气压及蒸汽压的校正值。

按上述步骤作空白试验。

空白试验除不加试样外,其他操作及加入试剂的种类和量(标准滴定溶液除外)与测定试验相同。

单位：mm

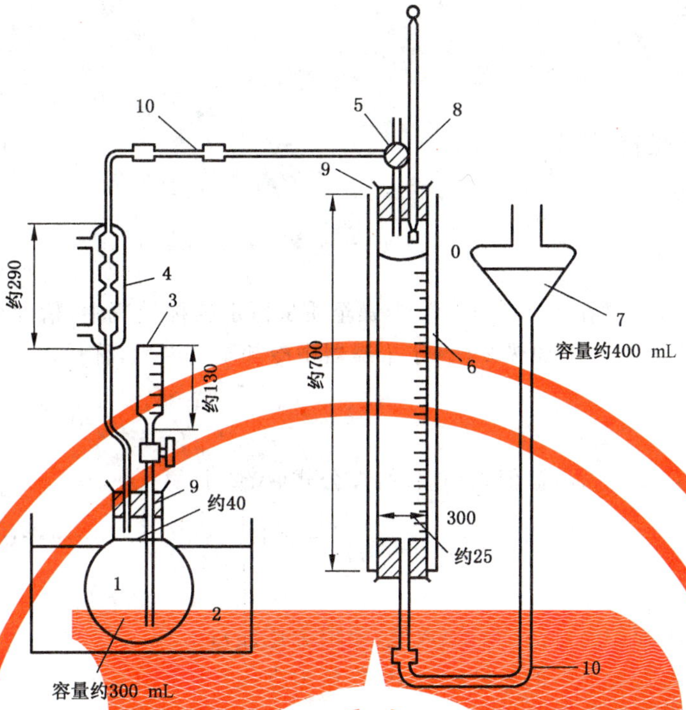

1——气体发生用圆底烧瓶；
2——水浴；
3——滴液漏斗；
4——冷凝管；
5——三通阀；
6——有外套的气体量管；
7——水准瓶；
8——温度计；
9——胶塞；
10——胶管。

图 A.1　二氧化碳气体发生量测定装置

A.3.5　结果计算

气体发生量以标准状态下每克试料所产生的二氧化碳体积 w_1 计，数值以 mL/g 表示，按公式(A.1)计算：

$$w_1=\frac{(V-V_0)\times(p-p_0)}{101.3\times m}\times\frac{273}{273+t}\quad\cdots\cdots(\text{A.1})$$

式中：

V ——测定试样时气体量管液面刻度值，单位为毫升(mL)；

V_0 ——空白试验时气体量管液面刻度值，单位为毫升(mL)；

p ——测定时的校正后的大气压的数值，单位为千帕(kPa)；

p_0 ——t℃时水的校正后的蒸汽压的数值，单位为千帕(kPa)；

t ——测定时的温度计读数的数值，单位为摄氏度(℃)；

m ——试料的质量的数值，单位为克(g)；

101.3 ——标准状态下的大气压的数值，单位为千帕(kPa)；

273 ——标准状态下的温度的数值，单位为摄氏度(℃)。

取平行测定结果的算术平均值为测定结果，两次平行测定结果的绝对差值不大于 3 mL/g。

A.4 加热减量的测定

A.4.1 仪器和设备

A.4.1.1 电热恒温干燥箱。

A.4.1.2 称量瓶：ϕ50 mm×30 mm。

A.4.2 分析步骤

称取约 5 g 试样，置于已在 105 ℃±2 ℃干燥至质量恒定的称量瓶中，精确至 0.000 2 g，移入电热恒温干燥箱中，在 60 ℃±2 ℃下加热 2 h。于干燥器中冷却至室温后，称量。

A.4.3 结果计算

加热减量以质量分数 w_2 计，数值以%表示，按公式(A.2)计算：

$$w_2=\frac{m_1-m_2}{m}\times 100\% \qquad \text{(A.2)}$$

式中：

m_1——加热前称量瓶和试料的质量的数值，单位为克(g)；

m_2——加热后称量瓶和试料的质量的数值，单位为克(g)；

m ——试料的质量的数值，单位为克(g)。

取平行测定结果的算术平均值为测定结果，两次平行测定结果的绝对差值不大于 0.1%。

A.5 硝酸不溶物的测定

A.5.1 试剂和材料

硝酸溶液：1+9。

A.5.2 仪器和设备

高温炉：温度可控制在 550 ℃±25 ℃。

A.5.3 分析步骤

称取约 5 g 试样，精确至 0.01 g，置于 250 mL 烧杯中，缓慢加入 30 mL 约 80 ℃的热水，振摇混合 3 min 后，过滤不溶物，用沸水充分洗涤。然后用玻棒在滤纸底部戳一小孔，用胶头滴管将 40 mL 硝酸溶液把不溶物完全洗入另一 250 mL 烧杯中，加热煮沸 1 min。趁热用中速定量滤纸过滤，用沸水洗至洗涤液不显酸性为止(用蓝色石蕊试纸检验不显红色)。将滤纸连同残渣一并移入已在 550 ℃±25 ℃灼烧至质量恒定的瓷坩埚中，在电炉上炭化，于 550 ℃±25 ℃的高温炉中灼烧至质量恒定。

A.5.4 结果计算

硝酸不溶物以质量分数 w_3 计，数值以%表示，按公式(A.3)计算：

$$w_3=\frac{m_1-m_0}{m}\times 100\% \qquad \text{(A.3)}$$

式中：

m_1——灼烧后坩埚连同残渣的质量的数值，单位为克(g)；

m_0——坩埚的质量的数值，单位为克(g)；

m ——试料的质量的数值，单位为克(g)。

取平行测定结果的算术平均值为测定结果，两次平行测定结果的绝对差值不大于0.1%。

A.6 砷的测定

A.6.1 试剂和材料

同GB/T 5009.76—2003的第9章。

A.6.2 仪器和设备

同GB/T 5009.76—2003的第10章。

A.6.3 分析步骤

称取1.00 g±0.01 g试样，置于定砷器的广口瓶中，加入50 mL水，摇匀。加入5 mL盐酸，1 g碘化钾及2 mL氯化亚锡溶液，摇匀。放置5 min后，加3 g无砷锌，立即将已装好乙酸铅棉花及溴化汞试纸的玻璃管塞紧于广口瓶上，于暗处放置1 h。取出，与标准砷斑进行比较，样品的色斑不得深于标准色斑。

限量标准溶液的制备：用移取2.00 mL砷标准溶液[1 mL溶液含砷(As)0.001 mg]，置于定砷器的广口瓶中，与试料同时同样处理。

A.7 重金属(以Pb计)的测定

A.7.1 试剂和材料

A.7.1.1 硫酸。

A.7.1.2 硝酸。

A.7.1.3 盐酸羟胺。

A.7.1.4 盐酸溶液：1+1。

A.7.1.5 氨水溶液：1+3。

A.7.1.6 乙酸铵缓冲溶液：pH≈3.5。

称取25.0 g乙酸铵溶于25 mL水中，加45 mL盐酸溶液(6 mol/L)，用稀盐酸或稀氨水调节pH至3.5，稀释至100 mL。

A.7.1.7 硫化氢饱和溶液：将硫化氢气体通入无二氧化碳的水中至饱和为止。此溶液临用前配制。

A.7.1.8 铅标准溶液：1 mL溶液含铅(Pb)0.01 mg。

用移液管移取1.00 mL按GB/T 3696.2配制的铅标准溶液，置于100 mL容量瓶中，加硝酸溶液(1+199)至刻度，摇匀。

A.7.2 仪器和设备

A.7.2.1 石英坩埚：50 mL。或硬质玻璃蒸发皿：100 mL。

所有坩埚、玻璃器皿使用前需以硝酸溶液(1+5)浸泡过夜，用水反复冲洗，最后用去离子水冲洗干净。

A.7.2.2 纳氏比色管：50 mL。

A.7.3 分析步骤

称取1.00 g±0.01 g试样，置于石英坩埚或硬质玻璃蒸发皿中，加适量硫酸浸润样品，进行灰化。

小火至试料炭化后，加 1 mL 硝酸和 2 滴硫酸，小心加热，直到白色烟雾挥尽，移入高温炉中，于 550 ℃±25 ℃灰化完全。取出冷却，用盐酸溶液湿润残渣，于水浴上慢慢蒸发至干。用一滴盐酸溶液湿润残渣，并加 10 mL 水，于水浴上再次加热 2 min。将溶液过滤于 50 mL 比色管中，洗涤，用氨水调节 pH 值约为 3(用精密 pH 试纸检验)。加入 0.5 g 盐酸羟胺，5 mL 乙酸铵缓冲溶液，摇匀。加入 10 mL 硫化氢饱和溶液，加水至刻度，摇匀。放置 10 min 后，在白色背景下观察，所呈颜色不得深于标准比色溶液。

标准比色溶液的制备：用移液管移取 2.00 mL 铅标准溶液置于比色管中，加水至总体积约 25 mL，以下按“用氨水调节 pH 值约为 3……”开始与试料同时同样处理。

A.8 pH 的测定

A.8.1 试剂和材料

无二氧化碳的水。

A.8.2 仪器和设备

pH 计：分度值为 0.02。

A.8.3 分析步骤

称取 1.00 g±0.01 g 试样置于 250 mL 烧杯中，加入 100 mL 水，盖上表面皿，置于沸水浴中保温 1 h，快速冷却至室温，用酸度计测定溶液的 pH。

取平行测定结果的算术平均值为测定结果。两次平行测定结果的绝对差值不大于 0.3。

A.9 细度的测定

A.9.1 仪器和设备

试验筛：R40/3 系列，ϕ200 mm×50 mm/0.18 mm，附有筛底及筛盖。

A.9.2 分析步骤

称取约 50 g 试样，精确至 0.01 g，置于装好筛底的试验筛中，盖好筛盖，以约 90 次/min 的频率手工筛动 2 min，并不断敲打，若试样中有假粗(团聚)现象，可用牛角勺轻轻压碎样品过筛，称取筛余物的质量，精确至 0.01 g。

A.9.3 结果计算

细度以通过 180 μm 试验筛的质量分数 w_4 计，数值以%表示，按公式(A.4)计算：

$$w_4 = \frac{m - m_1}{m} \times 100\% \qquad \cdots\cdots(A.4)$$

式中：

m_1——筛余物的质量的数值，单位为克(g)；

m ——试料的质量的数值，单位为克(g)。

取平行测定结果的算术平均值为测定结果，两次平行测定结果的绝对差值不大于 1.0%。

附 录 B
（规范性附录）
气压计读数的校正

气压计的读数应先按仪器说明书的要求进行校正，然后从气压计读数中减去表 B.1 所给的校正值。

表 B.1 气压计读数的温度校正

室温/ ℃	气压计读数/hPa							
	925	950	975	1 000	1 025	1 050	1 075	1 100
10	1.51	1.55	1.59	1.63	1.67	1.71	1.75	1.79
11	1.66	1.70	1.75	1.79	1.84	1.88	1.93	1.97
12	1.81	1.86	1.90	1.95	2.00	2.05	2.10	2.15
13	1.96	2.01	2.06	2.12	2.17	2.22	2.28	2.33
14	2.11	2.16	2.22	2.28	2.34	2.39	2.45	2.51
15	2.26	2.32	2.38	2.44	2.50	2.56	2.63	2.69
16	2.41	2.47	2.54	2.60	2.67	2.73	2.80	2.87
17	2.56	2.63	2.70	2.77	2.83	2.90	2.97	3.04
18	2.71	2.78	2.85	2.93	3.00	3.07	3.15	3.22
19	2.86	2.93	3.01	3.09	3.17	3.25	3.32	3.40
20	3.01	3.09	3.17	3.25	3.33	3.42	3.50	3.58
21	3.16	3.24	3.33	3.41	3.50	3.59	3.67	3.76
22	3.31	3.40	3.49	3.58	3.67	3.76	3.85	3.94
23	3.46	3.55	3.65	3.74	3.83	3.93	4.02	4.12
24	3.61	3.71	3.81	3.90	4.00	4.10	4.20	4.29
25	3.76	3.86	3.96	4.06	4.17	4.27	4.37	4.47
26	3.91	4.01	4.12	4.23	4.33	4.44	4.55	4.66
27	4.06	4.17	4.28	4.39	4.50	4.61	4.72	4.83
28	4.21	4.32	4.44	4.55	4.66	4.78	4.89	5.01
29	4.36	4.47	4.59	4.71	4.83	4.95	5.07	5.19
30	4.51	4.63	4.75	4.87	5.00	5.12	5.24	5.37
31	4.66	4.49	4.91	5.04	5.16	5.29	5.41	5.54
32	4.81	4.94	5.07	5.20	5.33	5.46	5.59	5.72
33	4.96	5.09	5.23	5.36	5.49	5.63	5.76	5.90
34	5.11	5.25	5.38	5.52	5.66	5.80	5.94	6.07
35	5.26	5.40	5.54	5.68	5.82	5.97	6.11	6.25

附 录 C
（规范性附录）
水的饱和蒸汽压表(0 ℃～50 ℃)

表 C.1 水的饱和蒸汽压(0 ℃～50 ℃)

温度/℃	压强/Pa	温度/℃	压强/Pa	温度/℃	压强/Pa
0	610.51	17	1 937.27	34	5 319.82
1	657.31	18	2 063.93	35	5 623.81
2	705.31	19	2 197.26	36	5 941.14
3	758.64	20	2 338.59	37	6 275.79
4	813.31	21	2 486.58	38	6 619.78
5	871.97	22	2 646.58	39	6 991.77
6	934.64	23	2 809.24	40	7 375.75
7	1 001.30	24	2 983.90	41	7 778.41
8	1 073.30	25	3 167.89	42	8 199.73
9	1 147.96	26	3 361.22	43	8 639.71
10	1 227.96	27	3 565.21	44	9 101.03
11	1 311.96	28	3 779.87	45	9 583.68
12	1 402.62	29	4 005.20	46	10 086.33
13	1 497.28	30	4 242.53	47	10 612.98
14	1 598.61	31	4 493.18	48	11 160.96
15	1 705.27	32	4 754.51	49	11 735.61
16	1 817.27	33	5 030.50	50	12 334.26

附　录　D
（资料性附录）
铝的测定方法

D.1　铝的测定

D.1.1　方法提要

试样中的铝与已知过量的乙二胺四乙酸二钠反应，生成络合物。在 pH 值约为 6 时，以二甲酚橙为指示剂，用锌标准滴定溶液滴定过量的乙二胺四乙酸二钠。

D.1.2　试剂和材料

D.1.2.1　盐酸溶液：1+1。

D.1.2.2　乙酸-乙酸钠缓冲溶液：pH≈6。

D.1.2.3　氨水溶液：1+1。

D.1.2.4　氯化锌标准滴定溶液：$c(ZnCl_2)=0.02$ mol/L。

D.1.2.5　乙二胺四乙酸二钠溶液：$c(EDTA)=0.05$ mol/L。

D.1.2.6　二甲酚橙指示剂：2 g/L（使用期不超过 15 d）。

D.1.3　分析步骤

D.1.3.1　试验溶液的制备

称取约 2.5 g 试样，精确至 0.000 2 g，置于 250 mL 烧杯中。加 100 mL 水和 6 mL 盐酸溶液，加盖表面皿，加热溶解并煮沸 5 min（必要时过滤）。冷却后全部转移至 250 mL 容量瓶中，用水稀释至刻度，摇匀。

D.1.3.2　测定

用移液管移取 25.00 mL 上述试验溶液，置于 250 mL 锥形瓶中，用移液管加入 20 mL 乙二胺四乙酸二钠溶液，放入一小块刚果红试纸，然后用氨水溶液调至试纸呈暗红色（pH≈4.5），煮沸 1 min，冷却后加入 15 mL 乙酸-乙酸钠缓冲溶液和 2 滴二甲酚橙指示液，用氯化锌标准滴定溶液滴定至浅粉红色。

同时做空白试验。

D.1.4　结果计算

铝含量以铝（Al）的质量分数 w_5 计，数值以%表示，按公式（D.1）计算：

$$w_5=\frac{c(V_0-V)M}{m\times(25/250)\times 1\,000}\times 100 \qquad \text{(D.1)}$$

式中：

V ——测定中所消耗的氯化锌标准滴定溶液体积的数值，单位为毫升（mL）；

V_0——空白试验溶液所消耗的氯化锌标准滴定溶液体积的数值，单位为毫升（mL）；

c ——氯化锌标准滴定溶液浓度的准确数值，单位为摩尔每升(mol/L)；

m ——试料质量的数值，单位为克(g)；

M ——铝(Al)摩尔质量的数值，单位为克每摩尔(g/mol)(M=26.996)。

取平行测定结果的算术平均值为测定结果。两次平行测定结果的绝对差值不大于0.1%。

中华人民共和国国家标准

GB 25592—2010

食品安全国家标准
食品添加剂　硫酸铝铵

2010-12-21 发布　　　　2011-02-21 实施

中华人民共和国卫生部　发布

前　言

本标准的附录 A 为规范性附录。

食品安全国家标准
食品添加剂　硫酸铝铵

1　范围

本标准适用于在硫酸铝与硫酸铵中加水，加热溶解，经过滤、浓缩、冷却结晶而成的食品添加剂硫酸铝铵。

2　规范性引用文件

本标准中引用的文件对于本标准的应用是必不可少的。凡是注日期的引用文件，仅所注日期的版本适用于本标准。凡是不注日期的引用文件，其最新版本(包括所有的修改单)适用于本标准。

3　分子式和相对分子质量

3.1　分子式

$AlNH_4(SO_4)_2 \cdot 12H_2O$

3.2　相对分子质量

453.33(按 2007 年国际相对原子质量)

4　技术要求

4.1　感官要求：应符合表 1 的规定。

表 1　感官要求

项　　目	要　　求	检验方法
色泽	白色或无色	取适量试样置于 50 mL 烧杯中，在自然光下观察色泽和组织状态
组织状态	结晶粉末或块状	

4.2　理化指标：应符合表 2 的规定。

表 2　理化指标

项　　目	指　　标	检验方法
硫酸铝铵[以 $AlNH_4(SO_4)_2 \cdot 12H_2O$ 计](以干基计)，w/%	99.5～100.5	附录 A 中 A.4
水分，w/%　　≤	4.0	附录 A 中 A.5
水不溶物，w/%　　≤	0.20	附录 A 中 A.6

表 2（续）

项　　目	指　　标	检验方法
砷(As)/(mg/kg)　　　　≤	2	附录 A 中 A.7
重金属(以 Pb 计)/(mg/kg)　　　　≤	20	附录 A 中 A.8
铅(Pb)/(mg/kg)　　　　≤	10	附录 A 中 A.9
氟化物(以 F 计)/(mg/kg)　　　　≤	30	附录 A 中 A.10
硒(Se)/(mg/kg)　　　　≤	30	附录 A 中 A.11

附 录 A
（规范性附录）
检验方法

A.1 警示

本标准的检验方法中使用的部分试剂具有毒性或腐蚀性，操作时须小心谨慎！如溅到皮肤上应立即用水冲洗，严重者应立即治疗。

A.2 一般规定

本标准的检验方法中所用试剂和水在没有注明其他要求时，均指分析纯试剂和 GB/T 6682—2008 中规定的三级水。试验中所用标准滴定溶液、杂质标准溶液、制剂及制品，在没有注明其他要求时，均按 HG/T 3696.1、HG/T 3696.2、HG/T 3696.3 之规定制备。

A.3 鉴别试验

A.3.1 试剂和材料

A.3.1.1 氢氧化钠溶液：40 g/L 和 100 g/L。

A.3.1.2 氯化钡溶液：50 g/L。

A.3.1.3 盐酸溶液：1+4。

A.3.1.4 硝酸亚汞试纸：将滤纸浸入 50 g/L 硝酸亚汞溶液内，取出晾干。

A.3.1.5 石蕊试纸。

A.3.2 分析步骤

A.3.2.1 铝盐鉴别

取试验溶液，加氢氧化钠溶液，即发生白色的胶状沉淀。沉淀能在过量的氢氧化钠溶液中溶解。

A.3.2.2 硫酸盐鉴别

取试样水溶液，加氯化钡溶液，即发生白色沉淀。加盐酸溶液沉淀不溶解。

A.3.2.3 铵盐鉴别

取试样溶液于表面皿上，加一定量的 100 g/L 氢氧化钠溶液后，再盖上贴有湿润的红色石蕊试纸的表面皿，能观察到石蕊试纸变蓝色。

A.4 硫酸铝铵的测定

A.4.1 方法提要

在弱酸性介质中，EDTA 与铝形成络合物，用硝酸铅返滴定过量的 EDTA，从而确定硫酸铝铵的含量。

A.4.2　试剂和材料

A.4.2.1　盐酸溶液：1+4。

A.4.2.2　氨水溶液：1+1。

A.4.2.3　乙酸-乙酸钠缓冲溶液：pH≈6。

A.4.2.4　乙二胺四乙酸二钠标准滴定溶液：c(EDTA)=0.05 mol/L。

A.4.2.5　硝酸铅标准滴定溶液：$c[Pb(NO_3)_2]$=0.05 mol/L。

A.4.2.6　刚果红试纸。

A.4.2.7　二甲酚橙指示液：2 g/L。

A.4.3　分析步骤

称取约 5 g 按 A.5.2 研磨并经干燥的试样，精确至 0.000 2 g，置于 150 mL 烧杯中，加入 80 mL 水，加热溶解，冷却后移入 250 mL 容量瓶中，加 10 滴盐酸溶液，用水稀释至刻度，摇匀（混浊时可过滤，弃去初始滤液）。

用移液管移取 25.00 mL 试验溶液，置于 250 mL 锥形瓶中，再用移液管加入 50 mL 乙二胺四乙酸二钠标准滴定溶液。放入一小块刚果红试纸，然后用氨水溶液调至试纸呈紫红色（pH≈6），加 15 mL 乙酸-乙酸钠缓冲溶液，煮沸 3 min。冷却后加 3 滴～4 滴二甲酚橙指示液，用硝酸铅标准滴定溶液滴定至橙黄色为终点。

同时做空白试验。

空白试验除不加试样外，其他操作及加入试剂的种类和量（标准滴定溶液除外）与测定试验相同。

A.4.4　结果计算

硫酸铝铵含量以十二水硫酸铝铵$[AlNH_4(SO_4)_2 \cdot 12H_2O]$的质量分数 w_1 计，数值以%表示，按公式(A.1)计算：

$$w_1=\frac{[(V_0-V)/1\,000]cM}{m(25/250)}\times 100\% \qquad \text{(A.1)}$$

式中：

c ——硝酸铅标准滴定溶液浓度的准确数值，单位为摩尔每升(mol/L)；

V_0——滴定空白试验溶液所消耗的硝酸铅标准滴定溶液的体积的数值，单位为毫升(mL)；

V ——滴定试验溶液所消耗的硝酸铅标准滴定溶液的体积的数值，单位为毫升(mL)；

m ——试料的质量的数值，单位为克(g)；

M ——硫酸铝铵$[AlNH_4(SO_4)_2 \cdot 12H_2O]$的摩尔质量的数值，单位为克每摩尔(g/mol)($M$=453.08)。

取平行测定结果的算术平均值为测定结果，两次平行测定结果的绝对差值不大于 0.2%。

A.5　水分的测定

A.5.1　仪器和设备

A.5.1.1　称量瓶：ϕ50 mm×30 mm。

A.5.1.2　试验筛：R40/3 系列，ϕ200 mm×50 mm/355 μm，ϕ200 mm×50 mm/250 μm。

A.5.2　分析步骤

用已质量恒定的称量瓶称量约 1 g 研磨并通过孔径为 355 μm 试验筛且不通过 250 μm 试验筛的试

样，精确至 0.000 2 g，均匀摊开，放入硅胶干燥器内，干燥至质量恒定。

A.5.3 结果计算

水分以质量分数 w_2 计，数值以%表示，按公式(A.2)计算：

$$w_2 = \frac{m - m_1}{m} \times 100\% \qquad \cdots\cdots(A.2)$$

式中：

m ——试料干燥前的质量的数值，单位为克(g)；

m_1——试料干燥后的质量的数值，单位为克(g)。

取平行测定结果的算术平均值为测定结果，两次平行测定结果的绝对差值不大于 0.05%。

A.6 水不溶物的测定

A.6.1 仪器和设备

A.6.1.1 坩埚式过滤器：滤板孔径 5 μm～15 μm。

A.6.1.2 电热恒温干燥箱。

A.6.2 分析步骤

称取约 20 g 研磨后的试样，精确至 0.01 g，置于 250 mL 烧杯中，加入 150 mL 沸水，搅拌溶解。用经 105 ℃至 110 ℃烘干至质量恒定的玻璃砂坩埚过滤，再用沸水洗涤残渣至滤液不含硫酸根(用 10 g/L 氯化钡溶液检查)。将坩埚于 105 ℃～110 ℃烘干至质量恒定。

A.6.3 结果计算

水不溶物含量以质量分数 w_3 计，数值以%表示，按公式(A.3)计算：

$$w_3 = \frac{m_2 - m_1}{m} \times 100\% \qquad \cdots\cdots(A.3)$$

式中：

m_1——玻璃砂坩埚的质量的数值，单位为克(g)；

m_2——干燥后玻璃砂坩埚与水不溶物的质量的数值，单位为克(g)；

m ——试料的质量的数值，单位为克(g)。

取平行测定结果的算术平均值为测定结果，两次平行测定结果的绝对差值不大于 0.02%。

A.7 砷的测定

A.7.1 试剂和材料

同 GB/T 5009.76—2003 的第 9 章。

A.7.2 仪器和设备

同 GB/T 5009.76—2003 的第 10 章。

A.7.3 分析步骤

称取 1.00 g±0.01 g 试样，置于定砷器的广口瓶中，加入 50 mL 水，摇匀。加入 5 mL 盐酸、1 g 碘化钾及 2 mL 氯化亚锡溶液，摇匀，放置 5 min 后，加 3 g 无砷锌，立即将已装好乙酸铅棉花及溴化汞试纸的玻璃管塞紧于广口瓶上，于暗处放置1 h。取出，与标准砷斑进行比较，样品的色斑不得深于标准色斑。

限量标准溶液的配制：用移液管取2 mL砷标准溶液[1 mL溶液含砷(As)0.001 mg]，置于定砷器的广口瓶中，与试料同时同样处理。

A.8 重金属(以Pb计)的测定

A.8.1 试剂和材料

A.8.1.1 同GB/T 5009.74—2003的第3章。

A.8.1.2 铅标准溶液：1 mL溶液含铅(Pb)0.01 mg。

配制：用移液管移取1.00 mL按HG/T 3696.2配制的铅标准溶液，置于100 mL容量瓶中，加(1+199)硝酸溶液至刻度，摇匀。

A.8.2 分析步骤

称取5.00 g±0.01 g研磨后的试样，置于100 mL烧杯中，加水溶解，移入100 mL容量瓶中，用水稀释至刻度，摇匀，干过滤，弃去前滤液20 mL。移取20.00 mL滤液于50 mL比色管中，以下按GB/T 5009.74—2003中第6章的规定进行测定。

标准比色溶液的配制：用移液管移取1.00 mL铅标准溶液置于比色管中，与试料同时同样处理。

A.9 铅的测定

A.9.1 试剂和材料

同GB/T 5009.75—2003的第3章。

A.9.2 仪器和设备

分光光度计：带有1 cm的吸收池。

A.9.3 分析步骤

称取1.00 g±0.01 g试样，加适量水溶解后作为试验溶液。

移取1.00 mL铅标准溶液(A.8.1.2)作为标准，以下操作按GB/T 5009.75—2003的6.1进行。

A.10 氟化物的测定

A.10.1 试剂和材料

同HG 2927—1999的4.5.2。

A.10.2 仪器和设备

同HG 2927—1999的4.5.3。

A.10.3 分析步骤

称取约2 g试样，精确至0.001 g，加少量水溶解。以下按HG 2927—1999中4.5.4的规定进行测定。

标准比色溶液是移取 6.00 mL 氟化物标准溶液[1 mL 溶液含氟(F)0.01 mg],与试验溶液同时同样处理。

A.11 硒的测定

A.11.1 试剂和材料

A.11.1.1 盐酸溶液:c(HCl)=4 mol/L。

A.11.1.2 氢氧化铵溶液:1+2。

A.11.1.3 盐酸羟胺。

A.11.1.4 环己烷。

A.11.1.5 硒标准溶液:1 mL 溶液含有硒(Se)0.001 mg。

移取 1.00 mL 按 HG/T 3696.2 配制的硒标准溶液,置于 1 000 mL 容量瓶中,用水稀释至刻度,摇匀。

A.11.1.6 2,3-二氨基萘溶液:

称取 0.100 g 2,3-二氨基萘和 0.500 g 盐酸羟胺,溶解在 100 mL 0.1 mol/L 盐酸溶液中。

A.11.2 仪器和设备

分光光度计:带有 1 cm 的比色皿。

A.11.3 分析步骤

A.11.3.1 标准溶液的制备

用移液管移取 6.00 mL 硒标准溶液,置于 150 mL 烧杯中,加 25 mL 盐酸溶液。

A.11.3.2 试验溶液的制备

称取 0.20 g±0.01 g 试样,置于 150 mL 烧杯中,加 25 mL 盐酸溶液。

A.11.3.3 测定

向上述两种溶液中分别加入 5 mL 氢氧化铵溶液,然后用氢氧化铵溶液调节溶液的 pH 值到(2.0±0.2),用水稀释至 60 mL,用 10 mL 水转移至分液漏斗中,加 10 mL 水,加 0.2 g 盐酸羟胺,摇匀至溶解,立刻加 5.0 mL 2,3-二氨基萘溶液。塞上塞子,摇匀,在室温放置 10 min。加 5.0 mL 环己烷,用力摇 2 min,使其分层。去掉水相,离心分离除去痕量水,于 380 nm 处使用 1 cm 比色皿测定每种萃取液的吸光度,试验溶液的吸光度应不大于标准溶液的吸光度。

中华人民共和国国家标准

GB 25593—2010

食品安全国家标准

食品添加剂

N,2,3-三甲基-2-异丙基丁酰胺

2010-12-21 发布　　　　2011-02-21 实施

中华人民共和国卫生部　发布

前　言

本标准的附录 A 为规范性附录，附录 B 为资料性附录。

食品安全国家标准

食品添加剂
N,2,3-三甲基-2-异丙基丁酰胺

1 范围

本标准适用于由异丙基溴和丙腈为原料制得的食品添加剂 *N*,2,3-三甲基-2-异丙基丁酰胺。

2 规范性引用文件

本标准中引用的文件对于本标准的应用是必不可少的。凡是注日期的引用文件，仅所注日期的版本适用于本标准。凡是不注日期的引用文件，其最新版本(包括所有的修改单)适用于本标准。

3 化学名称、分子式、相对分子质量和结构式

3.1 化学名称

N,2,3-三甲基-2-异丙基丁酰胺

3.2 CAS 号

51115-67-4

3.3 分子式

$C_{10}H_{21}NO$

3.4 相对分子质量

171.28(按 2007 年国际相对原子质量)

3.5 结构式

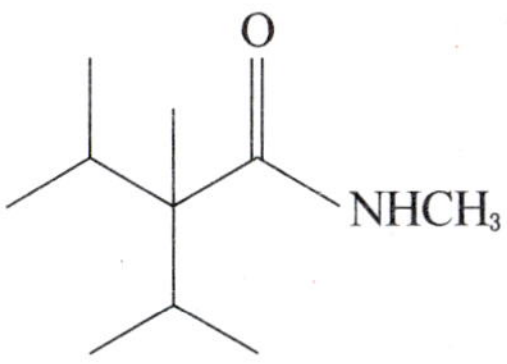

4 技术要求

4.1 感官要求：应符合表 1 的规定。

表 1　感官要求

项　　目	要　　求	检验方法
色泽	白色	将试样置于一洁净白纸上,用目测法观察
组织状态	结晶性固体	
香气、香味	薄荷样的凉味	GB/T 14454.2

4.2　理化指标:应符合表 2 的规定。

表 2　理化指标

项　　目		指　　标	检验方法
熔点/℃		60～63	GB/T 14457.3
酸值(以 KOH 计)/(mg/g)	≤	1	GB/T 14455.5
含量(GC,面积归一化法)/%	≥	99.0	附录 A
重金属含量(以 Pb 计)/(mg/kg)	≤	10	GB/T 5009.74
砷(As)/(mg/kg)	≤	3	GB/T 5009.76

附　录　A
（规范性附录）
含量的测定

A.1　仪器和设备

A.1.1　色谱仪：按 GB/T 11538—2006 中第 5 章的规定。
A.1.2　毛细管柱。
A.1.3　氢火焰离子化检测器。

A.2　测定方法

面积归一化法：按 GB/T 11538—2006 中 10.4 测定含量。
试样制备：称取本品 1 g 溶于 2 mL 无水乙醇中，摇匀备用。

A.3　重复性及结果表示

按 GB/T 11538—2006 中 11.4 规定进行，应符合要求。
食品添加剂 *N*,2,3-三甲基-2-异丙基丁酰胺典型气相色谱图（面积归一化法）参见附录 B。

附　录　B

（资料性附录）

食品添加剂 *N*,2,3-三甲基-2-异丙基丁酰胺典型气相色谱图

（面积归一化法）

B.1　食品添加剂 *N*,2,3-三甲基-2-异丙基丁酰胺典型气相色谱图见图 B.1。

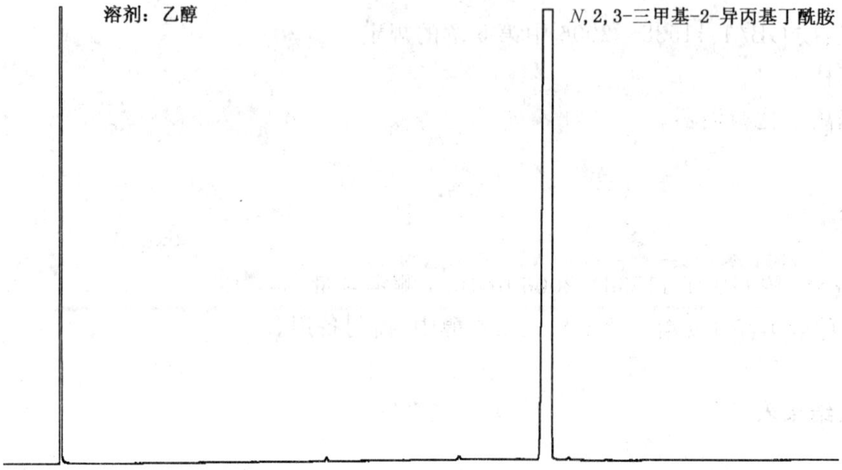

图 B.1

B.2　操作条件

B.2.1　柱：毛细管柱，长 30 m，内径约 0.25 mm。

B.2.2　固定相：聚乙二醇。

B.2.3　膜厚：0.25 μm。

B.2.4　色谱炉温度：线性程序升温从 100 ℃至 150 ℃，速率 2.5 ℃/min；最后在 150 ℃恒温 10 min。

B.2.5　进样口温度：220 ℃。

B.2.6　检测器温度：250 ℃。

B.2.7　检测器：氢火焰离子化检测器。

B.2.8　载气：氮气。

B.2.9　载气流速：1.2 mL/min。

B.2.10　进样量：约 0.2 μL。

B.2.11　分流比：1/80。

中华人民共和国国家标准

GB 25594—2010

食品安全国家标准
食品工业用酶制剂

2010-12-21 发布　　2011-02-21 实施

中华人民共和国卫生部　发布

食品安全国家标准
食品工业用酶制剂

1 范围

本标准适用于 GB 2760 允许使用的食品工业用酶制剂。

2 规范性引用文件

本标准中引用的文件对于本标准的应用是必不可少的。凡是注日期的引用文件,仅所注日期的版本适用于本标准。凡是不注日期的引用文件,其最新版本(包括所有的修改单)适用于本标准。

3 术语和定义

3.1 酶制剂

由动物或植物的可食或非可食部分直接提取,或由传统或通过基因修饰的微生物(包括但不限于细菌、放线菌、真菌菌种)发酵、提取制得,用于食品加工,具有特殊催化功能的生物制品。

3.2 抗菌活性

抑制或杀灭微生物的能力。

4 技术要求

4.1 原料要求

4.1.1 用于生产酶制剂的原料应符合良好生产规范或相关要求,在正常使用条件下不应对最终食品产生有害健康的残留污染。

4.1.2 来源于动物的酶制剂,其动物组织应符合肉类检疫要求。

4.1.3 来源于植物的酶制剂,其植物组织不得霉变。

4.1.4 微生物生产菌种应进行分类学和(或)遗传学的鉴定,并应符合有关规定。菌种的保藏方法和条件应保证发酵批次之间的稳定性和可重复性。

4.2 污染物限量

应符合表 1 的规定。

表 1 理化指标

项 目		指 标	检验方法
铅(Pb)/(mg/kg)	≤	5	GB 5009.12
无机砷/(mg/kg)	≤	3	GB/T 5009.11

4.3 微生物指标

应符合表 2 的规定，由基因重组技术的微生物生产的酶制剂不应检出生产菌。

表 2 微生物指标

项 目	指 标	检验方法
菌落总数/(CFU/g 或 CFU/mL) ≤	50 000	GB 4789.2
大肠菌群/(CFU/g 或 CFU/mL) ≤	30	GB 4789.3 平板计数法
大肠杆菌/(25 g 或 25 mL)	不得检出	GB/T 4789.38
沙门氏菌/(25 g 或 25 mL)	不得检出	GB 4789.4

4.4 抗菌活性

微生物来源的酶制剂不得检出抗菌活性。

中华人民共和国国家标准

GB 25595—2010

食品安全国家标准
乳 糖

2010-12-21 发布　　2011-02-21 实施

中华人民共和国卫生部 发布

食品安全国家标准
乳　糖

1　范围

本标准适用于从乳清中结晶出来的，经干燥、研磨等工艺制成的供食用的乳糖。

2　规范性引用文件

本标准中引用的文件对于本标准的应用是必不可少的。凡是注日期的引用文件，仅所注日期的版本适用于本标准。凡是不注日期的引用文件，其最新版本（包括所有的修改单）适用于本标准。

3　术语和定义

乳糖

从乳清中提取出来的碳水化合物，以无水或含一分子结晶水的形式存在，或以这两种混合物的形式存在。

4　技术要求

4.1　原料要求

可使用干酪乳清或干酪素乳清。

4.2　感官要求：应符合表1的规定。

表1　感官要求

项　目	要　求	检　验　方　法
色泽	白色到浅黄色	取适量试样于白色浅盘中，在自然光线下，观察期色泽和组织状态，并嗅其气味
滋味、气味	微甜无异味	
组织状态	晶体或粉状晶体	

4.3　理化指标：应符合表2的规定。

表 2 理化指标

项 目		指 标	检 验 方 法
乳糖[a](干基中)/(g/100 g)	≥	99.0	—
水分/(g/100 g)	≤	6.0	GB 5009.3—2010 卡尔·费休法
灰分/(g/100 g)	≤	0.3	GB 5009.4
pH/(10%水溶液)		4.5～7.0	称取 10 g 乳糖于 100 mL 烧杯中,加蒸馏水制成 10%的水溶液,用 pH 计测其 pH 值
[a] 乳糖含量按(100 − 水分 − 灰分)/(100 − 水分)计算。			

中华人民共和国国家标准

GB 25596—2010

食品安全国家标准
特殊医学用途婴儿配方食品通则

2010-12-21 发布　　2012-01-01 实施

中华人民共和国卫生部　发布

前　言

本标准的附录 A、附录 B 为规范性附录。

食品安全国家标准

特殊医学用途婴儿配方食品通则

1 范围

本标准适用于特殊医学用途婴儿配方食品。

2 规范性引用文件

本标准中引用的文件对于本标准的应用是必不可少的。凡是注日期的引用文件，仅所注日期的版本适用于本标准。凡是不注日期的引用文件，其最新版本(包括所有的修改单)适用于本标准。

3 术语和定义

3.1 婴儿

0月龄～12月龄的人。

3.2 特殊医学用途婴儿配方食品

针对患有特殊紊乱、疾病或医疗状况等特殊医学状况婴儿的营养需求而设计制成的粉状或液态配方食品。在医生或临床营养师的指导下，单独食用或与其他食物配合食用时，其能量和营养成分能够满足0月龄～6月龄特殊医学状况婴儿的生长发育需求。

4 技术要求

4.1 一般要求

特殊医学用途婴儿配方食品的配方应以医学和营养学的研究结果为依据，其安全性、营养充足性以及临床效果均需要经过科学证实，单独或与其他食物配合使用时可满足0月龄～6月龄特殊医学状况婴儿的生长发育需求。

常见特殊医学用途婴儿配方食品的类别及主要技术要求应符合附录A的规定。

特殊医学用途婴儿配方食品的加工工艺应符合国家有关规定。

4.2 原料要求

特殊医学用途婴儿配方食品中所使用的原料应符合相应的食品安全国家标准和(或)相关规定，禁止使用危害婴儿营养与健康的物质。

所使用的原料和食品添加剂不应含有谷蛋白。

不应使用氢化油脂。

不应使用经辐照处理过的原料。

4.3 感官要求：应符合表1的规定。

表 1 感官要求

项　目	要　求
色泽	符合相应产品的特性。
滋味、气味	符合相应产品的特性。
组织状态	符合相应产品的特性，产品不应有正常视力可见的外来异物。
冲调性	符合相应产品的特性。

4.4 必需成分

4.4.1 特殊医学用途婴儿配方食品的能量、营养成分及含量应以本标准规定的必需成分为基础，但可以根据患有特殊紊乱、疾病或医疗状况婴儿的特殊营养需求，按照附录 A 列出的产品类别及主要技术要求进行适当调整，以满足上述特殊医学状况婴儿的营养需求。

4.4.2 产品在即食状态下每 100 mL 所含有的能量应在 250 kJ(60 kcal)～295 kJ(70 kcal)，但针对某些婴儿的特殊医学状况和营养需求，其能量可进行相应调整。能量的计算按每 100 mL 产品中蛋白质、脂肪、碳水化合物的含量，分别乘以能量系数 17 kJ/g、37 kJ/g、17 kJ/g(膳食纤维的能量系数，按照碳水化合物能量系数的 50%计算)，所得之和为千焦/100 毫升(kJ/100 mL)值，再除以 4.184 为千卡/100 毫升(kcal/100 mL)值。

4.4.3 通常情况下，特殊医学用途婴儿配方食品每 100 kJ(100 kcal)所含蛋白质、脂肪、碳水化合物的量应符合表 2 的规定。

4.4.4 对于特殊医学用途婴儿配方食品，除特殊需求(如乳糖不耐受)外，首选碳水化合物应为乳糖和(或)葡萄糖聚合物。只有经过预糊化后的淀粉才可以加入到特殊医学用途婴儿配方食品中。不得使用果糖。

表 2 蛋白质、脂肪和碳水化合物指标

营养素	每 100 kJ		每 100 kcal		检验方法
	最小值	最大值	最小值	最大值	
蛋白质[a]	0.45	0.70	1.88	2.93	GB 5009.5
脂肪[b]/(g)	1.05	1.40	4.39	5.86	GB 5413.3
其中：亚油酸/(g)	0.07	0.33	0.29	1.38	GB 5413.27
α-亚麻酸/(mg)	12	N.S.[c]	50	N.S.[c]	GB 5413.27
亚油酸与 α-亚麻酸比值	5∶1	15∶1	5∶1	15∶1	—
碳水化合物[d]/(g)	2.2	3.3	9.2	13.8	—

[a] 蛋白质含量的计算，应以氮(N)×6.25。

[b] 终产品脂肪中月桂酸和肉豆蔻酸(十四烷酸)总量<总脂肪酸的 20%；反式脂肪酸最高含量<总脂肪酸的 3%；芥酸含量<总脂肪酸的 1%；总脂肪酸指 C4～C24 脂肪酸的总和。

[c] N.S. 为没有特别说明。

[d] 碳水化合物的含量 A_1，按式(1)计算：

$$A_1 = 100 - (A_2 + A_3 + A_4 + A_5 + A_6) \quad \cdots\cdots(1)$$

式中：

A_1——碳水化合物的含量，g/100 g；

A_2——蛋白质的含量，g/100 g；

A_3——脂肪的含量，g/100 g；

A_4——水分的含量，g/100 g；

A_5——灰分的含量，g/100 g；

A_6——膳食纤维的含量，g/100 g。

4.4.5 维生素:应符合表3的规定。

表3 维生素指标

营养素	每 100 kJ		每 100 kcal		检验方法
	最小值	最大值	最小值	最大值	
维生素 A/(μg RE)[a]	14	43	59	180	GB 5413.9
维生素 D/(μg)[b]	0.25	0.60	1.05	2.51	
维生素 E /(mg α-TE)[c]	0.12	1.20	0.50	5.02	
维生素 K_1/(μg)	1.0	6.5	4.2	27.2	GB 5413.10
维生素 B_1/(μg)	14	72	59	301	GB 5413.11
维生素 B_2/(μg)	19	119	80	498	GB 5413.12
维生素 B_6/(μg)	8.5	45.0	35.6	188.3	GB 5413.13
维生素 B_{12}/(μg)	0.025	0.360	0.105	1.506	GB 5413.14
烟酸(烟酰胺)/(μg)[d]	70	360	293	1 506	GB 5413.15
叶酸/(μg)	2.5	12.0	10.5	50.2	GB 5413.16
泛酸/(μg)	96	478	402	2 000	GB 5413.17
维生素 C/(mg)	2.5	17.0	10.5	71.1	GB 5413.18
生物素/(μg)	0.4	2.4	1.5	10.0	GB 5413.19

[a] RE 为视黄醇当量。1 μg RE =1 μg 全反式视黄醇(维生素 A)=3.33 IU 维生素 A。维生素 A 只包括预先形成的视黄醇,在计算和声称维生素 A 活性时不包括任何的类胡萝卜素组分。

[b] 钙化醇,1 μg 维生素 D=40 IU 维生素 D。

[c] 1 mg α-TE(α-生育酚当量)=1 mg d-α-生育酚。每克多不饱和脂肪酸中至少应含有 0.5 mg α-TE,维生素 E 含量的最小值应根据配方食品中多不饱和脂肪酸的双键数量进行调整:0.5 mg α-TE/g 亚油酸(18:2 n-6);0.75 mg α-TE/g α-亚麻酸 (18:3 n-3);1.0 mg α-TE/g 花生四烯酸(20:4 n-6);1.25 mg α-TE/g 二十碳五烯酸(20:5 n-3);1.5 mg α-TE/g 二十二碳六烯酸(22:6 n-3)。

[d] 烟酸不包括前体形式。

4.4.6 矿物质:应符合表4的规定。

表4 矿物质指标

营养素	每 100 kJ		每 100 kcal		检验方法
	最小值	最大值	最小值	最大值	
钠/(mg)	5	14	21	59	GB 5413.21
钾/(mg)	14	43	59	180	
铜/(μg)	8.5	29.0	35.6	121.3	
镁/(mg)	1.2	3.6	5.0	15.1	
铁/(mg)	0.10	0.36	0.42	1.51	
锌/(mg)	0.12	0.36	0.50	1.51	
锰/(μg)	1.2	24.0	5.0	100.4	
钙/(mg)	12	35	50	146	

表 4(续)

营养素	每 100 kJ		每 100 kcal		检验方法
	最小值	最大值	最小值	最大值	
磷/(mg)	6	24	25	100	GB 5413.22
钙磷比值	1∶1	2∶1	1∶1	2∶1	—
碘/(μg)	2.5	14.0	10.5	58.6	GB 5413.23
氯/(mg)	12	38	50	159	GB 5413.24
硒/(μg)	0.48	1.90	2.01	7.95	GB 5009.93

4.5 可选择性成分

4.5.1 除了4.4中的必需成分外,如果在产品中选择添加或标签中标示含有表5中一种或多种成分,其含量应符合表5的规定。

表 5 可选择性成分指标

可选择性成分	每 100 kJ		每 100 kcal		检验方法
	最小值	最大值	最小值	最大值	
铬/(μg)	0.4	2.4	1.5	10	—
钼/(μg)	0.4	2.4	1.5	10	—
胆碱/(mg)	1.7	12.0	7.1	50.2	GB/T 5413.20
肌醇/(mg)	1.0	9.5	4.2	39.7	GB 5413.25
牛磺酸/(mg)	N.S.[a]	3	N.S.[a]	13	GB 5413.26
左旋肉碱/(mg)	0.3	N.S.[a]	1.3	N.S.[a]	—
二十二碳六烯酸/(%总脂肪酸[b,c])	N.S.[a]	0.5	N.S.[a]	0.5	GB 5413.27
二十碳四烯酸/(%总脂肪酸[b,c])	N.S.[a]	1	N.S.[a]	1	GB 5413.27

[a] N.S.为没有特别说明。

[b] 如果特殊医学用途婴儿配方食品中添加了二十二碳六烯酸(22∶6 n-3),至少要添加相同量的二十碳四烯酸(20∶4 n-6)。长链不饱和脂肪酸中二十碳五烯酸(20∶5 n-3)的量不应超过二十二碳六烯酸的量。

[c] 总脂肪酸指C4~C24脂肪酸的总和。

4.5.2 根据患有特殊紊乱、疾病或医疗状况婴儿的特殊营养需求,可选择性地添加GB 14880或本标准附录B中列出的L型单体氨基酸及其盐类,所使用的L型单体氨基酸质量规格应符合附录B的规定。

4.5.3 如果在产品中添加表5和附录B之外的其他物质,应符合国家相关规定。

4.6 其他指标:应符合表6的规定。

表 6 其他指标

项　目		指　标	检验方法
水分/(%)[a]	≤	5.0	GB 5009.3
灰分			GB 5009.4
粉状产品/(%)	≤	5.0	
液态产品(按总干物质计)/(%)	≤	5.3	

表 6（续）

项　　目		指　　标	检验方法
杂质度			
粉状产品/(mg/kg)	≤	12	GB 5413.30
液态产品/(mg/kg)	≤	2	
[a] 仅限于粉状特殊医学用途婴儿配方食品。			

4.7　污染物限量：应符合表 7 的规定。

表 7　污染物限量（以粉状产品计）

项　　目		指　　标	检验方法
铅/(mg/kg)	≤	0.15	GB 5009.12
硝酸盐（以 $NaNO_3$ 计）/(mg/kg)	≤	100	GB 5009.33
亚硝酸盐（以 $NaNO_2$ 计）/(mg/kg)	≤	2	

4.8　真菌毒素限量：应符合表 8 的规定。

表 8　真菌毒素限量（以粉状产品计）

项　　目		指　　标	检验方法
黄曲霉毒素 M_1/(μg/kg)	≤	0.5	GB 5009.24
黄曲霉毒素 B_1/(μg/kg)	≤	0.5	

4.9　微生物限量：粉状特殊医学用途婴儿配方食品的微生物指标应符合表 9 的规定，液态特殊医学用途婴儿配方食品的微生物指标应符合商业无菌的要求，按 GB/T 4789.26 规定的方法检验。

表 9　微生物限量

项　　目	采样方案[a] 及限量（若非指定，均以 CFU/g 或 CFU/mL 表示）				检验方法
	n	c	m	M	
菌落总数[b]	5	2	1 000	10 000	GB 4789.2
大肠菌群	5	2	10	100	GB 4789.3 平板计数法
金黄色葡萄球菌	5	2	10	100	GB 4789.10 平板计数法
阪崎肠杆菌	3	0	0/100 g	—	GB 4789.40
沙门氏菌	5	0	0/25 g	—	GB 4789.4

[a] 样品的分析及处理按 GB 4789.1 和 GB 4789.18 执行。

[b] 不适用于添加活性菌种（好氧和兼性厌氧益生菌）的产品[产品中活性益生菌的活菌数应≥10^6 CFU/g(mL)]。

4.10　食品添加剂和营养强化剂

4.10.1　食品添加剂和营养强化剂质量应符合相应的安全标准和有关规定。

4.10.2　食品添加剂和营养强化剂的使用应符合 GB 2760 和 GB 14880 的规定。

4.11 脲酶活性:含有大豆成分的产品中脲酶活性应符合表10的规定。

表10 脲酶活性指标

项　　目	指　　标	检验方法
脲酶活性定性测定	阴性	GB/T 5413.31[a]
[a] 液态特殊医学用途婴儿配方食品的取样量应根据干物质含量进行折算。		

5 其他

5.1 标签

5.1.1 产品标签应符合GB 13432的规定,营养素和可选择成分应增加“每100千焦(10 0kJ)”含量的标示。

5.1.2 标签中应明确注明特殊医学用途婴儿配方食品的类别(如:无乳糖配方)和适用的特殊医学状况。早产/低出生体重儿配方食品,还应标示产品的渗透压。可供6月龄以上婴儿食用的特殊医学用途配方食品,应标明“6月龄以上特殊医学状况婴儿食用本品时,应配合添加辅助食品”。

5.1.3 标签上应明确标识“请在医生或临床营养师指导下使用”。

5.1.4 标签上不能有婴儿和妇女的形象,不能使用“人乳化”、“母乳化”或近似术语表述。

5.2 使用说明

5.2.1 有关产品使用、配制指导说明及图解、贮存条件应在标签上明确说明。当包装最大表面积小于100 cm^2 或产品质量小于100 g时,可以不标示图解。

5.2.2 指导说明应该对不当配制和使用不当可能引起的健康危害给予警示说明。

5.3 包装

可以使用食品级或纯度≥99.9%的二氧化碳和(或)氮气作为包装介质。

附 录 A
（规范性附录）
常见特殊医学用途婴儿配方食品

表 A.1 常见特殊医学用途婴儿配方食品

产品类别	适用的特殊医学状况	配方主要技术要求
无乳糖配方或低乳糖配方	乳糖不耐受婴儿	1. 配方中以其他碳水化合物完全或部分代替乳糖； 2. 配方中蛋白质由乳蛋白提供。
乳蛋白部分水解配方	乳蛋白过敏高风险婴儿	1. 乳蛋白经加工分解成小分子乳蛋白、肽段和氨基酸； 2. 配方中可用其他碳水化合物完全或部分代替乳糖。
乳蛋白深度水解配方或氨基酸配方	食物蛋白过敏婴儿	1. 配方中不含食物蛋白； 2. 所使用的氨基酸来源应符合 GB 14880 或本标准附录 B 的规定； 3. 可适当调整某些矿物质和维生素的含量。
早产/低出生体重婴儿配方	早产/低出生体重儿	1. 能量、蛋白质及某些矿物质和维生素的含量应高于 4.4 的规定； 2. 早产/低体重婴儿配方应采用容易消化吸收的中链脂肪作为脂肪的部分来源，但中链脂肪不应超过总脂肪的 40%。
母乳营养补充剂	早产/低出生体重儿	可选择性地添加 4.4 及 4.5 中的必需成分和可选择性成分，其含量可依据早产/低出生体重儿的营养需求及公认的母乳数据进行适当调整，与母乳配合使用可满足早产/低出生体重儿的生长发育需求。
氨基酸代谢障碍配方	氨基酸代谢障碍婴儿	1. 不含或仅含有少量与代谢障碍有关的氨基酸，其他的氨基酸组成和含量可根据氨基酸代谢障碍做适当调整； 2. 所使用的氨基酸来源应符合 GB 14880 或本标准附录 B 的规定； 3. 可适当调整某些矿物质和维生素的含量。

附　录　B
（规范性附录）
可用于特殊医学用途婴儿配方食品的单体氨基酸

表 B.1　可用于特殊医学用途婴儿配方食品的单体氨基酸[a]

序号	氨基酸	化合物来源	化学名称	分子式	相对分子质量	比旋光度 [α]D,20 ℃	pH	纯度/% ≥	水分/% ≤	灰分/% ≤	铅/(mg/kg) ≤	砷/(mg/kg) ≤
1	天冬氨酸	L-天冬氨酸	L-氨基丁二酸	$C_4H_7NO_4$	133.1	+24.5～+26.0	2.5～3.5	98.5	0.2	0.1	0.3	0.2
		L-天冬氨酸镁	L-氨基丁二酸镁	$2(C_4H_6NO_4)\cdot Mg$	288.49	+20.5～+23.0	—	98.5	0.2	0.1	0.3	0.2
2	苏氨酸	L-苏氨酸	L-2-氨基-3-羟基丁酸	$C_4H_9NO_3$	119.12	−26.5～−29.0	5.0～6.5	98.5	0.2	0.1	0.3	0.2
3	丝氨酸	L-丝氨酸	L-2-氨基-3-羟基丙酸	$C_3H_7NO_3$	105.09	+13.6～+16.0	5.5～6.5	98.5	0.2	0.1	0.3	0.2
4	谷氨酸	L-谷氨酸	α-氨基戊二酸	$C_5H_9NO_4$	147.13	+31.5～+32.5	3.2	98.5	0.2	0.1	0.3	0.2
		L-谷氨酸钾	α-氨基戊二酸钾	$C_5H_8KNO_4\cdot H_2O$	203.24	+22.5～+24.0	—	98.5	0.2	0.1	0.3	0.2
5	谷氨酰胺	L-谷氨酰胺	2-氨基-4-酰胺基丁酸	$C_5H_{10}N_2O_3$	146.15	+6.3～+7.3	—	98.5	0.2	0.1	0.3	0.2
6	脯氨酸	L-脯氨酸	吡咯烷-2-羧酸	$C_5H_9NO_2$	115.13	−84.0～−86.3	5.9～6.9	98.5	0.2	0.1	0.3	0.2
7	甘氨酸	甘氨酸	氨基乙酸	$C_2H_5NO_2$	75.07	—	5.6～6.6	98.5	0.2	0.1	0.3	0.2
8	丙氨酸	L-丙氨酸	L-2-氨基丙酸	$C_3H_7NO_2$	89.09	+13.5～+15.5	5.5～7.0	98.5	0.2	0.1	0.3	0.2
9	胱氨酸	L-胱氨酸	L-3,3′-二硫双(2-氨基丙酸)	$C_6H_{12}N_2O_4S_2$	240.3	−215～−225	5.0～6.5	98.5	0.2	0.1	0.3	0.2
		L-半胱氨酸	L-α-氨基-β-巯基丙酸	$C_3H_7NO_2S$	121.16	+8.3～+9.5	4.5～5.5	98.5	0.2	0.1	0.3	0.2
		L-盐酸半胱氨酸	L-2-氨基-3-巯基丙酸盐酸盐	$C_3H_7NO_2S\cdot HCl\cdot H_2O$	175.63	+5.0～+8.0	—	98.5	0.2	0.1	0.3	0.2
10	缬氨酸	L-缬氨酸	L-2-氨基-3-甲基丁酸	$C_5H_{11}NO_2$	117.15	+26.7～+29.0	5.5～7.0	98.5	0.2	0.1	0.3	0.2
11	蛋氨酸	L-蛋氨酸	2-氨基-4-甲巯基丁酸	$C_5H_{11}NO_2S$	149.21	+21.0～+25.0	5.6～6.1	98.5	0.2	0.1	0.3	0.2
		N-乙酰基-L-甲硫氨酸	N-乙酰-2-氨基-4-甲巯基丁酸	$C_7H_{13}NO_3S$	191.25	−18.0～−22.0	—	98.5	0.2	0.1	0.3	0.2

表 B.1（续）

序号	氨基酸	化合物来源	化学名称	分子式	相对分子质量	比旋光度 [α]D,20 ℃	pH	纯度/% ≥	水分/% ≤	灰分/% ≤	铅/(mg/kg) ≤	砷/(mg/kg) ≤
12	亮氨酸	L-亮氨酸	L-2-氨基-4-甲基戊酸	$C_6H_{13}NO_2$	131.17	+14.5～+16.5	5.5～6.5	98.5	0.2	0.1	0.3	0.2
13	异亮氨酸	L-异亮氨酸	L-2-氨基-3-甲基戊酸	$C_6H_{13}NO_2$	131.17	+38.6～+41.5	5.5～7.0	98.5	0.2	0.1	0.3	0.2
14	酪氨酸	L-酪氨酸	S-氨基-3(4-羟基苯基)-丙酸	$C_9H_{11}NO_3$	181.19	−11.0～−12.3	—	98.5	0.2	0.1	0.3	0.2
15	苯丙氨酸	L-苯丙氨酸	L-2-氨基-3-苯丙酸	$C_9H_{11}NO_2$	165.19	−33.2～−35.2	5.4～6.0	98.5	0.2	0.1	0.3	0.2
16	赖氨酸	L-盐酸赖氨酸	L-2,6-二氨基己酸盐酸盐	$C_6H_{14}N_2O_2 \cdot HCl$	182.65	+20.3～+21.5	5.0～6.0	98.5	0.2	0.1	0.3	0.2
		L-赖氨酸醋酸盐	L-2,6-二氨基己酸醋酸盐	$C_6H_{14}N_2O_2 \cdot C_2H_4O_2$	206.24	+8.5～+10.0	6.5～7.5	98.5	0.2	0.1	0.3	0.2
17	精氨酸	L-精氨酸	L-2-氨基-5-胍基戊酸	$C_6H_{14}N_4O_2$	174.2	+26.0～+27.9	10.5～12.0	98.5	0.2	0.1	0.3	0.2
		L-盐酸精氨酸	L-2-氨基-5-胍基戊酸盐酸盐	$C_6H_{14}N_4O_2 \cdot HCl$	210.66	+21.3～+23.5	—	98.5	0.2	0.1	0.3	0.2
18	组氨酸	L-组氨酸	α-氨基 β-咪唑基丙酸	$C_6H_9N_3O_2$	155.15	+11.5～+13.5	7.0～8.5	98.5	0.2	0.1	0.3	0.2
		L-盐酸组氨酸	L-2-氨基-3-咪唑基丙酸盐酸盐	$C_6H_9N_3O_2 \cdot HCl \cdot H_2O$	209.63	+8.5～+10.5	—	98.5	0.2	0.1	0.3	0.2
19	色氨酸	L-色氨酸	L-2-氨基-3-吲哚基-1-丙酸	$C_{11}H_{12}N_2O_2$	204.23	−30.0～−33.0	5.5～7.0	98.5	0.2	0.1	0.3	0.2

[a] 不得使用非食用的动植物原料作为单体氨基酸的来源。